BRITISCHE SPORTWAGEN

RAINER W. SCHLEGELMILCH

HARTMUT LEHBRINK

Britische Sportwagen

BRITISCHE

Sportwagen

VORWORT

von Lord Montagu of Beaulieu

*Englands Tradition als Hersteller von erstklassigen Sportwagen wurzelt in den Anfängen des Autos.
Ich habe das Glück gehabt, die meisten der besten unter ihnen zu fahren.
Einige wie die frühen Bentley hatten bereits viel Patina,
andere wie etwa die neuesten Modelle von Jaguar oder Aston Martin waren jüngeren Ursprungs.*

*Auf leeren Straßen habe ich die Kombination von Tempo, Charakter, Straßenlage
bei offenem Verdeck stets als unwiderstehlich empfunden.*

*Heute sind die Verkehrswege oft überfüllt und die Geschwindigkeitsbegrenzungen werden immer rigoroser.
Dennoch: Am richtigen Ort zur richtigen Zeit bereitet es mir nach wie vor Vergnügen,
einen modernen Jaguar, einen Lotus, einen MG, einen Morgan oder einen TVR zu fahren.
Das lohnt nicht allein wegen der schieren Leistung, sondern auch wegen des Kitzels, den es auslöst,
und weil diese schönen Autos ganz einfach so etwas wie Persönlichkeit haben.*

*Bereits 1910 gab es den „Prince Henry" Vauxhall, in den Zwanzigern die klassischen Bentley.
Doch dabei handelte es sich um Automobile für die Glücklichen, die mit Geld gesegnet waren.
Erst in den dreißiger Jahren wurde in England das Erlebnis, einen Sportwagen lenken zu dürfen, jedermann zugänglich,
denn die Zweisitzer von MG, Morgan und Singer konnten sich auch die weniger Bemittelten zulegen.
Zur gleichen Zeit etablierten sich Marken wie AC, Frazer Nash und SS-Jaguar in der automobilen Mittelklasse
und festigten Englands Ruf, schöne offene Autos herzustellen.*

*In der zweiten Hälfte des 20. Jahrhunderts nahm das Ansehen des englischen Sportwagens immer mehr zu, wie man weiß.
Unsere Industrie verstand es, ein vernünftiges Verhältnis von Leistung, Stil und Preis herzustellen,
und überzeugte die Welt, dass unsere Autos in diesem Segment die besten waren.
Nicht nur Jaguar, MG und Aston Martin schnitten sich große Stücke aus dem Kuchen heraus,
sondern auch Austin-Healey, Lotus, Sunbeam und Triumph erschlossen sich überall neue Märkte.*

*Wie so etwas passieren konnte? Warum waren es ausgerechnet die Engländer,
mehr als jede andere Nation mit Ausnahme vielleicht der Italiener,
welche die Entwicklung des Sportwagens solchen Höhen zuführten?
Vielleicht weil wir als Nation stets einen ausgeprägten Sinn fürs Vergnügen gehabt haben
und weil dieses Land immer voll war mit einfallsreichen Ingenieuren und Leuten,
die nicht einfach von A nach B fahren wollten.*

*Eigentlich gäbe es genug Gründe, weshalb auch eine andere Nation es den großartigen Errungenschaften
von W.O. Bentley in den zwanziger Jahren hätte gleichtun können.
Fahrzeuge wie der MG Midget oder der Jaguar XK 120 basierten auf Komponenten aus ganz gewöhnlichen Familienautos.
Das hätten auch andere europäische Marken zu Stande bringen können.
Aber das geschah nicht, warum auch immer.*

Lord Montagu vor seinem Museum und vor seinem Landsitz (folgende Doppelseite)

Unsere englischen Designer haben irgendwie das richtige Rezept dafür gefunden, wie man einen echten Gegenwert fürs Geld bietet. Dagegen kamen die meisten unserer Konkurrenten einfach nicht an. Ich glaube, dass es keiner Nation der Erde zu der jeweiligen Zeit gelungen wäre, der ursoliden Qualität eines Bentley oder dem schlichten Charme eines MG Midget aus den Dreißigern etwas Gleichwertiges entgegenzusetzen oder den Jaguar E-Type zu entwickeln, der 240 Stundenkilometer lief und dennoch für einen absurd niedrigen Preis zu haben war.

Ob ich einen Favoriten unter den englischen Sportwagen habe? Das hängt von der Zeit, der Gelegenheit und viel Nachdenken ab. Aber heute, bei schönem Wetter und wenn jemand dabei wäre, den ich mag, würde ich sagen: mein „Prince Henry" Vauxhall von 1914.

Montagu of Beaulieu

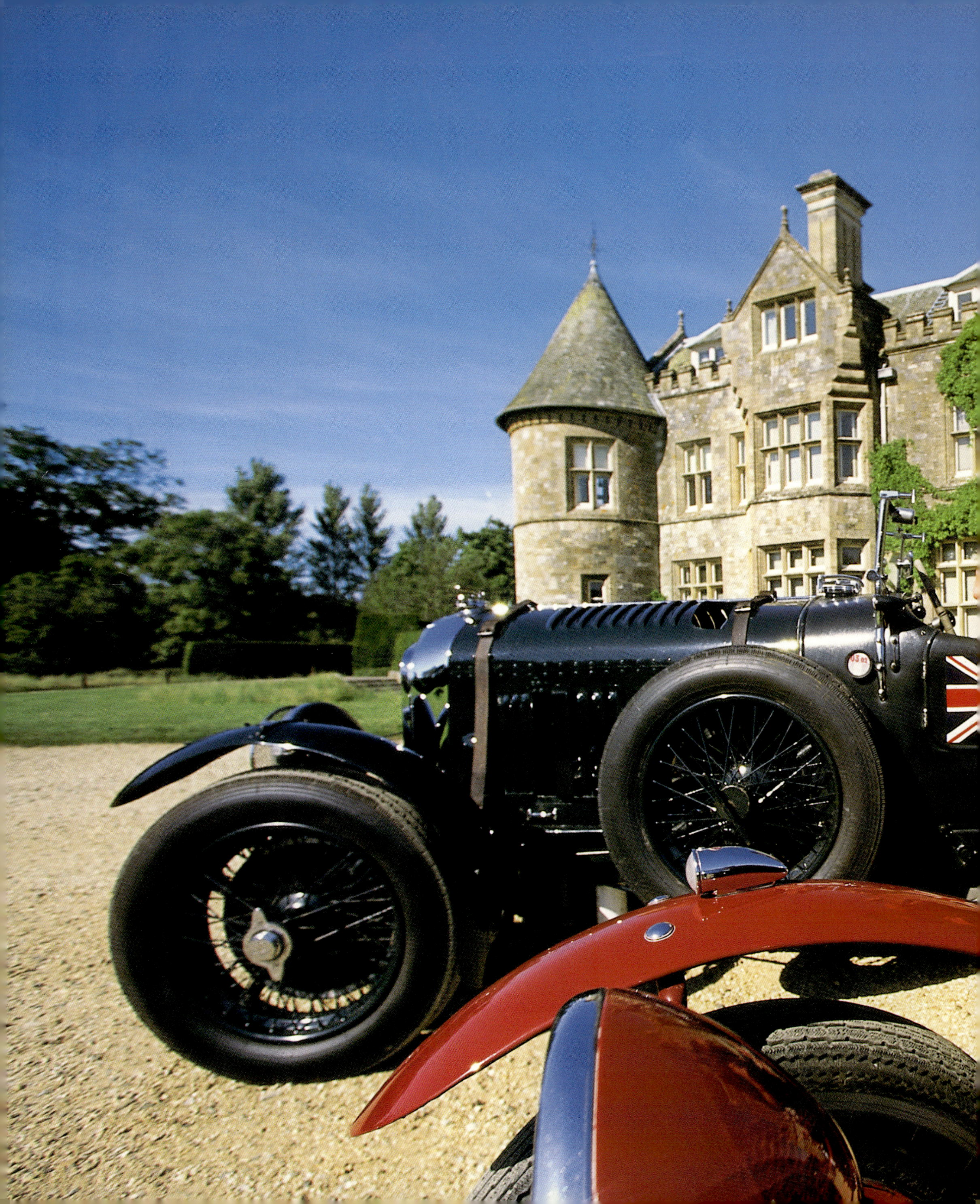

AC ACE & ACECA

Das Rennfahrzeug, mit dem der Privatfahrer Cliff Davis 1953 auf englischen Circuits in der Zweiliterklasse Furore macht, ist nach landläufigen Begriffen ein Special, zusammengeschraubt aus Komponenten unterschiedlicher Herkunft. Das Chassis stammt von John Tojeiro, der zu jener Zeit auf Bestellung Renn- und Sportautos anfertigt. Es ist verblüffend simpel und garantiert gleichwohl eine exzellente Straßenlage: ein Rohrrahmen mit Traversen, Einzelradaufhängung ringsum mit unteren Dreiecksquerlenkern und oben liegenden Querblattfedern sowie einer Doppelgelenk-Antriebswelle. Der Motor kommt von Bristol und seine Genealogie führt zurück zum Triebwerk des BMW 328, ein Reihensechszylinder mit einer seitlichen Nockenwelle. Der Leichtmetallaufbau schließlich ist unverblümt dem von Touring karossierten Ferrari Barchetta nachempfunden, wie

er 1949 in Le Mans gewann, zeitlos schmuck und daher noch heute eine Augenweide.

Als die Gebrüder William und Charles Hurlock, seit 1930 Chefs der kleinen Sportwagen-Manufaktur AC (für Auto-Carriers) zu Thames Ditton in der Grafschaft Surrey, das flotte Unikat zu Gesicht bekommen, entschließen sie sich spontan, eine kleine Serie aufzulegen. Für die ersten 100 Exemplare soll Tojeiro Tantiemen von jeweils 5 Pfund Sterling erhalten. Auf der London Motor Show 1953 ist das fertige Produkt zu besichtigen. Ein paar optische Retuschen von AC-Direktor Allan Turner haben seiner Linie entschieden gut getan, und unter seiner vorderen Haube dürstet ein Sechszylinder aus dem eigenen Hause mit 1991 cm³ Volumen, einer oben liegenden Nockenwelle und 86 (ab 1958 102) PS nach Freiheit und Abenteuer.

Da dieser auf eine Konstruktion von Firmengründer John Weller von 1919 zurückgeht, bedeckt ihn die Patina ehrwürdigen Alters. Gleichwohl taugt er zwischen 1954 und 1959 zu zahlreichen Klassensiegen auch in den Vereinigten Staaten, wo der AC Ace ein beliebter Importartikel für den ambitionierten Sportfahrer ist. Ab 1956 bieten die Hurlocks als Option die allgegenwärtige Bristol-Maschine wie übrigens auch einen Schnellgang von Laycock de Normanville an. Zeitgenössische Tester überbieten einander an Lob. Im vierten Gang könne man damit bei 1000/min und Tempo 30 dahintrödeln, aber auch stotterfrei bis an die Drehzahlgrenze bei 6000/min hochbeschleunigen, wobei bei 2500/min energischer Schub einsetze und ab 4000/min die Unterhaltung zwischen den beiden Passagieren unterbunden würde. Im Laufe der Zeit ersetzt man das Moss-Getriebe durch ein

Mediterrane Anleihen, eine Form wie aus einem Guss ohne Schnörkel und Schnickschnack von rundlicher Glätte mit ausgeprägtem Hüftschwung. Nicht einmal äußere Türgriffe drängen sich störend ins Bild. Für Leichtigkeit im physischen Sinne sorgt der Werkstoff Aluminium. Viele sagen, kein automobiler Zeitgenosse sei schöner. Dazu tragen auch die serienmäßigen Speichenräder bei.

Von penibler Liebe zum Detail zeugen zum Beispiel die markenstolz beschrifteten Pedale und das griffig und übersichtlich ausgebreitete Bordwerkzeug auf einer Kappe über dem Reserverad.

Pendant aus eigener Fertigung mit einem AC-Gehäuse und Innereien aus dem Triumph TR3. Im Grenzbereich wischt das Heck des Ace weg, nicht ohne den Piloten gutmütig vorzuwarnen. Um sich Zugang zu seinem Auto zu verschaffen, muss dieser einen Teil der Seitenscheibe abspreizen und dann im Inneren einen Griff betätigen. Ab Oktober 1957 spendiert man wahlweise, später als Standard, Scheibenbremsen vorn und 1962, im letzten Jahr der Fertigung, wird die Frontpartie noch einmal überarbeitet. Immer schon gab es eine teurere geschweifte und eine billigere flache Windschutzscheibe.

Wiederum in Earls Court stellt man 1954 dem Roadster das komfortable Coupé Aceca zur Seite, bald anerkennend Businessman's Express geheißen. Es schaut den Betrachter mit dem typischen AC-Gesicht an, während sein Fastback offensichtlich vom Aston Martin DB2/4 inspiriert wurde, was seinem Schöpfer Allan Turner wenig Kopfzerbrechen bereitet. Rund einen Zentner schwerer als der offene Bruder, bewegt sich der Aceca etwas behäbiger, ist aber andererseits wegen seines Festdachs und seiner windschlüpfigeren Form gut zehn Stundenkilometer schneller. Seine Evolution während der acht Jahre seines Modell-Lebens schreitet ungemein behutsam voran. Abgesehen von den Änderungen, die auch den Ace betreffen, sind ab 1958 die unteren Ecken der Windschutzscheiben gerundet anstatt eckig wie bisher, und 1960 werden die Regenrinnen, bisher angeschraubt, zum integralen Teil der Karosserie. *Autoparade*-Tester W.O. Probst hebt die pingelige Verarbeitung bis ins winzigste Detail hervor, bescheinigt dem Prüfling „horrendes Temperament" auf Grund seines günstigen Leistungsgewichts von 7,4 kg pro PS und stellt fest, die Grenzen bei zügigem Umgang mit dem Aceca würden nicht vom Auto selbst, sondern von den Fähigkeiten seines Fahrers vorgegeben.

1959 erreicht die Hurlocks die knapp formulierte Hiobspost, Lieferant Bristol sei in finanzieller Bredouille. Man müsse daher in Zukunft von der Zustellung des allseits beliebten Triebwerks absehen. Zum Glück lässt sich Abhilfe schaffen in Gestalt des Sechszylinders aus dem Ford Zephyr mit 2,6 Litern in fünf Varianten von 85 über 120 bis hin zu 170 PS. Für die verschiedenen Tuningstufen zeichnet Ruddspeed verantwortlich. Auch AC selber ist keineswegs auf Rosen gebettet: Derek Hurlock, der Charles Hurlock um diese Zeit in der Führung der Firma ablöst, macht keinen Hehl daraus, dass der Autozweig des Unternehmens bei 727 Ace und 329 Aceca nie Profit abgeworfen habe.

Zum Glück kommt allerdings Anfang der Sechziger der Texaner Carroll Shelby auf die Idee, einen Ford-V8 von vier Litern mit einem Chassis von AC zu kreuzen. Aber das ist eine andere Geschichte.

Während des Ersten Weltkriegs von Firmenvater John Weller entworfen, hat der AC-Reihensechszylinder wenig an Aktualität verloren und – von drei SU-Vergasern anständig ernährt – einiges an Biss gewonnen.

ACB 1

SMITHS
OIL
MPH
6CYL

Im Herbst 1954 stellen die Gebrüder Hurlock dem Roadster Ace das Fastbackcoupé Aceca an die Seite, für das behagliche Reisen zu allen vier Jahreszeiten. Das Armaturenbrett gibt sich aufgeräumt, wenn auch einige Informationen dem unmittelbaren Blickfeld des Fahrers entrückt sind. Der Sechszylinder aus dem Ford Zephyr wird gegen Ende des Modell-Lebens in fünf Versionen angeboten. In der schärfsten, überarbeitet von Tony Rudd, stellt er 170 PS bereit.

ALLARD J2X

Im Grunde genommen gibt es zwei Möglichkeiten, auf dem vergleichsweise schmalen Sportwagenmarkt zu bestehen: Entweder man sucht den Wettbewerb oder nimmt ihn zumindestens in Kauf, oder man bezieht durch ein unverwechselbares Produkt eine relativ sichere Nische. Sydney Allard, Jahrgang 1920, Chef der Allard Motor Co. Ltd. in Clapham im Londoner Südwesten, gehört entschieden zu der zweiten Spezies. Unter bescheidenen Verhältnissen kreuzt er mit einem kleinen Team in altväterischer Handarbeit englische Härte mit amerikanischer Kraft, großkalibrige V8-Triebwerke aus dem Land der unbegrenzten Möglichkeiten mit Chassis vom Komfort eines nicht allzu dicht besiedelten Nagelbretts. Angezogen werden diese gewissermaßen mit leichter Freizeitkleidung, türlos und auch sonst unter sparsamer Verwendung von Aluminium mit eng anliegenden Motorradkotflügeln, prähistorisch-brutale Lotus-Seven-Vorläufer sozusagen. Denn heraus kommen dabei veritable Macho-Mobile für Männer mit Haaren auf der Brust, *daddies of the dragsters,* wie ein späterer Tester stabreimend scherzt.

Keine zwei gleichen einander, und da in den Irrungen und Wirrungen der Nachkriegszeit die US-V8 auf der Insel knapp sind, werden etliche Allard ohne Motor und Getriebe in die Vereinigten Staaten verschifft und erst dort fahrfertig aufbereitet, häufig mit brüllenden getunten Maschinen. Denn in jenen Jahren ist für den ambitioniert-unerschrockenen Pisten-Amateur kein Sportinstrument zu haben, das preiswerter, einfacher, effizienter und leichter zu warten ist.

Der berühmteste Allard ist der J2X. Er beginnt sein Leben zeitgerecht für die Saison 1950 als J2, ein simpler Zweisitzer von geringer Bodenfreiheit und ohne Kofferraum auf einem massiven Kastenrohrrahmen, verstärkt durch Planken an strategisch wichtigen Stellen. Hinten werden die Räder an einer De-Dion-Achse mit Schraubenfedern geführt, vorn, wo Schraubenfedern die bisherige Querblattfeder abgelöst haben, unabhängig an Schwingachsen. Syd Allard sägt dazu eine Ford-Starrachse in zwei Hälften und montiert die inneren Enden am Chassis. Die Straßenlage, die auf diese Weise erzeugt wird, ist gewöhnungsbedürftig. Die still-fanatischen Jünger der Marke bekommen sie jedoch in den Griff und sehen sich eher mit dem Problem konfrontiert, dass die Trommelbremsen des Allard gelegentlich seiner überschäumenden Stärke nicht gewachsen sind.

Bereits das Standardtriebwerk Mercury V8 mit 4375 cm^3 leistet nämlich 110 PS. Eine überarbeitete Version mit

hängenden Ventilen, vom künftigen Corvette-Schöpfer Zora Arkus-Duntov in seiner Ardun Engine Corporation, Broadway, New York, mit Zylinderköpfen aus Leichtmetall versehen, wartet bereits mit 140 PS auf und verhilft dem 940 kg leichten Roadster zu einem Leistungsgewicht von 6,7 kg pro PS. Dem sind nach unten kaum Grenzen gesetzt: 180 Pferdestärken setzt zum Beispiel ein brutal brotzelnder Cadillac-Motor frei, so dass eine davon lediglich für die Beförderung von 5,2 kg zuständig ist.

Dass Sydney Allard seine skurrilen Geschöpfe auch im Zorn zu bewegen vermag, zeigt sein dritter Platz in Le Mans 1950, zusammen mit dem Amerikaner Tom Cole. Diese Leistung kann nicht hoch genug bewertet werden, weil ihn in seiner Jugend ein Geschoss aus einem Luftgewehr im linken Auge getroffen und dessen Sehfähigkeit stark geschmälert hat.

Der letzte von insgesamt 99 J2 wird 1951 gebaut, der erste von 83 J2X wenig später ausgeliefert. Das X steht für einen Anbau an das Chassis in Fahrtrichtung, ohne dass der Radstand verändert wird. Nur so kann mehr Fußraum für hoch gewachsene Piloten geschaffen werden, indem der Motor und mit ihm Teile der vorderen Aufhängung um 190 mm nach vorn verlagert werden. Die Straßenlage, berichten begeisterte Kunden, sei durch diesen Eingriff um 100 % verbessert worden. Als Antrieb dient ein größeres Spektrum von Motoren als je zuvor, wobei Allard herzlich wenig Rücksicht nimmt auf real existierende Rivalitäten und Konkurrenzverhältnisse: Sie stammen von Cadillac, Chevrolet, Lincoln und Chrysler und den zahlreichen Tuning-Schmieden, die die nordamerikanische Rennszene beliefern.

Noch einmal erfährt Syd Allard einen Augenblick der Glorie, als er 1953 in Le Mans eine Runde führt, mit dem Wettbewerbswagen J2R, der aus dem J2X entwickelt wurde und dessen Kotflügel in die Karosserie einbezogen worden sind. Im gleichen Jahr wird in Clapham der letzte J2X gefertigt und im kommenden an seinen Besitzer überstellt. Wie Dinosaurier tapsen die J-Modelle von Allard in das neue Zeitalter. Der Jaguar XK 120, der Triumph TR2 und der Austin-Healey 100 beginnen auf der Straße neue Maßstäbe zu setzen, der Jaguar C-Type sowie diverse Ferrari-Modelle auf der Piste.

Der hartgesottene Allard-Fan, von Wind und Wetter gegerbt und vom Hauch des unverwüstlichen Naturburschen umfächelt, hat für dergleichen nur Verachtung übrig.

Der ultimative Test für den englischen Sportwagen ist von alters her das 24-Stunden-Rennen von Le Mans, wo Allard 1950 immerhin einen dritten Rang vorzuweisen hat. Da Motorradkotflügel 1952 nicht mehr zugelassen sind, stellt man sich in Clapham auf die veränderte Situation ein und baut elf Exemplare des J2X mit einem alles umhüllenden Aufbau. Neun davon werden allerdings in die Vereinigten Staaten exportiert.

Die glatte Silhouette des J2X Le Mans betont die Horizontale und entspricht den Standards der Zeit. Trendsetter war der Ferrari Barchetta von 1948. Der mächtige Ansaugkamin zielt auf den Luftfilter des einsamen Rochester-Fallstromvergasers, der für die Verpflegung des gurgelnden Cadillac-Achtzylinders im Bug des Allard zuständig ist. Hinsichtlich der Auswahl des Triebwerks sind den Piloten keine Grenzen gesetzt, wenn man von einem Anflug von freiwilliger Selbstkontrolle absieht: Sie müssen amerikanischer Provenienz und stark sein.

Axel Anders A+
B
UBS

Vom Vorgänger TB 14 übernimmt der TB 21 die üppigen Wülste über der spärlich besiedelten Armaturentafel. Hinsichtlich der Alvis-Kühlerfiguren markiert der Zweite Weltkrieg den Übergang vom Opfer zum Täter, vom Hasen zum Adler. Da von dem grimmigen Raubvogel auch eine Gefahr für Fußgänger ausgeht, bleibt sein Platz bei der Hauptuntersuchung am besten leer. Der hauseigene Sechszylinder scheint für die Ewigkeit geschaffen, möchte allerdings mit 28 Litern je 100 Kilometer bei Laune gehalten werden.

ALVIS TB 21

Im November 1940 wird während eines zwölfstündigen Bombenhagels auch das Anwesen der Alvis Limited in der Holyhead Road zu Coventry in Schutt und Asche gelegt. Damit schlägt für die kleine Firma, die sich mit hochwertigen Fahrzeugen einen guten Namen gemacht hat, eine zweite Stunde Null. Nach 1945 wagt man einen neuen Anfang mit dem kaum modifizierten Sortiment der Vorkriegszeit in Gestalt des Fourteen: des viertürigen Tourenwagens TA 14 und eines Drophead Coupés mit zwei Türen namens TB 14 mit Vierzylindermotoren von 1892 cm^3.

Auf der London Motor Show 1948 wird diese schmale Palette erweitert um den TB 14 Sports Tourer und damit um einen sanft exotischen Farbtupfer: Sein Frontgrill erinnert in sonderbarer Weise an den zeitgenössischer Grand-Prix-Wagen wie des Alfetta 158. Hinter verchromten Gitterstäben blinzeln seine Scheinwerfer hervor, wie man es von den Peugeot-202-Modellen jener Jahre kennt. Eine der Türen enthält eine Minibar, so dass der Lenker etwa bei den Opernfestspielen in Glyndebourne auf eine preiswerte Getränkeversorgung in eigener Regie nicht verzichten müsste. Und an der Stelle des üblichen Handschuhfachs findet sich ein komplettes Beauty-Outfit für die Dame, die vielleicht anlässlich der gleichen Gelegenheit ihr Make-up noch einmal auffrischen möchte. Mit der Anfertigung des wenig ansprechenden Aufbaus mit seinen markant gekerbten Türen betraut man die ortsansässige Karosseriefabrik AP Metalcraft, Auflage: 100 Exemplare. Ein paar Kleinigkeiten werden noch geändert. So wandern zum Beispiel die Scheinwerfer in die Spitzen der Kotflügel. Mit dem TA 14 ist man recht gemächlich unterwegs: 21,2 Sekunden misst die Fachpublikation *The Autocar* 1953 für den Anlauf auf 60 Meilen pro Stunde.

Im März 1950 wird die Baureihe TA 21 vorgestellt, Indiz dafür, dass Alvis nun Tritt gefasst und sich milder Innovation keineswegs verschlossen hat. Die Wahl des Frühjahrssalons in Genf zeigt, dass man seine Produkte nun auch gerne exportieren möchte. Herzstück der Limousine und des Drophead Coupés ist ein neuer kurzhubiger Sechszylinder mit drei Litern und 86 PS mit dem Solex-Doppelvergaser AAP. Zu seiner trotzigen Robustheit tragen nicht zuletzt die sieben Lager bei, in denen die Kurbelwelle rotiert. Das Chassis besteht aus U-Profilträgern mit sechs Traversen. Die Aufhängung vorn ist unabhängig an doppelten Querlenkern und Schraubenfedern, wogegen sich hinten mit einer Starrachse und halbelliptischen Federn eher bewahrende Denkungsart manifestiert. Die vorderen Primärbackenbremsen neigen zum Rubbeln.

Der Sports Tourer, der im Herbst 1950 als Derivat des TA 21 angekündigt wird, mag seine Ähnlichkeit zum TA 14 gar nicht verleugnen. Allerdings muss sein Aufbau über 76 mm mehr Radstand verlängert werden und an Stelle der von vielen als skurril empfundenen Nase des TB 14 steht aufrecht der markentypische Alvis-Grill, der erstaunlich gut mit den fließenden Linien des TB 21 harmoniert. Wieder werden bei Metalcraft 100 Karosserien bestellt.

Zwei Faktoren nehmen indessen auf das Schicksal des offenen Alvis einen unguten Einfluss. Mit dem Jaguar XK 120 ist auf der Londoner Ausstellung im Oktober 1948 bereits dem Vorgänger ein übermächtiger Gegner erwachsen, überdies 300 Pfund billiger als sein weit weniger attraktiver Konkurrent aus derselben Stadt. Und als im Frühjahr 1951

die englische Kaufsteuer auf 66,6 % verdoppelt wird, reduziert man das Auftragsvolumen an Metalcraft erschreckt auf 30 Exemplare. Ohnehin verlaufen die Verkäufe im Gegensatz etwa zu denen der Limousine schleppend. Dass beispielsweise das Fahrzeug mit der Chassisnummer 25142 im Februar 1951 fertig gestellt, aber erst ein Jahr später zugelassen wird, spricht für sich selbst. 1953 verplätschert die Produktion des Alvis TB 21, der zwar nie den erhofften Erfolg erzielte, gleichwohl aber einen unverwechselbaren Beitrag zur Artenvielfalt englischer Sportwagen leistete.

Das Gleiche gilt für Alvis als Ganzes. Gewiss ist der harte Kern einer gut betuchten Klientel wie der Duke of Edinburgh durchaus am Bestand der Marke interessiert. Dann aber hagelt es Schicksalsschläge, etwa als Alvis die Karosserielieferanten Tickford (an Aston Martin) und Mulliners (an Standard-Triumph) abhanden kommen. Eine Zeit lang springt der Schweizer Karossier Graber in Bern ein, dessen Aufbauten später von Park Ward in London in Lizenz gefertigt werden. Schließlich lässt die Nachfrage nach Autos von Alvis rapide nach und im Jahre 1965 werden die stolzen Reste des einstigen Nobelunternehmens von Rover übernommen, als es wie so viele andere kleine Hersteller den Kampf ums Überleben verloren hat. Das letzte Auto wird im Herbst 1967 ausgeliefert, ein TF 21 der vierten Serie, jeder Zoll ein automobiles Individuum wie die 6937 Nachkriegs-Alvis vor ihm.

Dass der Kühler des TB 21 wieder in eine trotzige Vertikale aufgerichtet worden ist, bedeutet im Grunde genommen einen Rückschritt gegenüber dem überall rundlichen Vorläufer. Auch sonst ähnelt der Alvis gewagt-modernen Designs insofern, als diese ihren Jüngern zum Vergnügen gereichen, ansonsten aber nicht jedermanns Sache sind. Aber er atmet förmlich eine Anmutung gediegener Solidität.

ASTON MARTIN INTERNATIONAL

Zum Glück, pflegte Thomas Mann zu sagen, wird selten bekannt, unter welchen Bedingungen und vor welchen Hintergründen Kunst manchmal entsteht.

Der Satz lässt sich auf über sieben Jahrzehnte Aston-Martin-Geschichte übertragen. Eine frühe Parabel: das Modell International von 1929, ein erstklassiges Produkt, geboren aus beklagenswerten Umständen. Im Jahre 1926 haben sich zwei Motorenbauer aus Birmingham des schwer kranken Unternehmens angenommen, William Somerville Renwick und Augustus Cesare Bertelli, wegen seines jovialen Auftretens bald kumpelhaft „Our Bert" genannt. Man erwirbt eine neue Produktionsstätte an der Victoria Road in Feltham in der Grafschaft Middlesex und widmet die Firma im Oktober jenes Jahres um in Aston Martin Motors. Auf Rosen ist sie gleichwohl auch jetzt nicht gebettet. 1929 werden in den ersten neun Monaten lediglich sieben Fahrzeuge verkauft und „Our Bert" wird allenthalben vorstellig, um die notwendigen Mittel zusammenzukratzen.

Seine beredt vorgetragenen Bitten stoßen keineswegs auf taube Ohren. Vor allem seitens der Zulieferer gibt man ihm zu verstehen, ein Juwel wie Aston Martin dürfe einfach nicht untergehen. Schließlich gewinnt er einen potenten Teilhaber in Sidney C. Whitehead. Ein neuer Name ist fällig, Aston Martin Ltd. Mit dem damit verbundenen Stühlerücken stellt sich auch Bertellis Bruder Enrico, genannt Harry, ein und bezieht ein Nachbargrundstück mit seiner Karosserieschmiede Enrico Bertelli Ltd. Sein Händchen für schöne Formen hat Harry bislang vor allem an Kutschen ausprobiert. Papierkram ist ihm lästig: Neue Konzepte werden zunächst einmal im Maßstab 1 : 1 mit Kreide an eine mächtige Schiefertafel gezeichnet.

Als erste Frucht dieses neuen Teams wird auf der Londoner Autoausstellung 1929 der International vorgestellt, angeboten als Zwei- und Viersitzer auf dem gleichen Kurzchassis von 2590 mm Radstand. Der Name ist programmatisch, denn er enthält die kaum verschlüsselte Botschaft, das Modell entspreche den Anforderungen der Motorsport-Legislative

Vielerlei im Habitus des Aston Martin bezeugt sein sportliches Naturell: die umlegbare Windschutzscheibe zum Beispiel, der außenbords verlaufende Brooklands-Auspuff, der doppelte Zugang zum Benzinreservoir im Spitzheck. Zwischen den Ausläufern des Chassis der ungefähr 95 International der ersten Serie wird vorn der Öltank der Trockensumpfschmierung sichtbar und frei zu Tage tritt auch die Aufhängung der Vorderräder mit den längs angebrachten Reibungsstoßdämpfern.

AIACR (für Association Internationale des Automobile Clubs Reconnus). Der International zielt genau auf das Herz einer handverlesenen sportiv orientierten Klientel, getreu der Firmendevise von Anbeginn an, der Rennsport sei der Vater aller Dinge.

Sportlich ist sein Auftritt mit den eng anliegenden Motorradkotflügeln, die sich mit der Drehung des Lenkrads mitbewegen und die Silhouette von vorn niedrig halten. Das Fehlen von Trittbrettern erleichtert überdies das Schmieren von Teilen im Souterrain und das Nachstellen der Bremsen.

Sportlich ist das Anderthalblitertriebwerk mit einer oben liegenden Nockenwelle, eine Mitgift von Ingenieur Claude Hill, der einst im Gefolge von Renwick und Bertelli zu Aston Martin gestoßen ist. Eine markante Eigentümlichkeit: die Trockensumpfschmierung mit einem Behälter ganz vorn zwischen den Ausläufern des Chassis, wie sie sich 1928 in Le Mans bei den beiden Werkswagen LM1 und LM2 bewährt hat. Als Angebot an alle, für die es etwas mehr sein darf, ist gegen 50 Pfund Aufpreis ab 1930 eine getunte Ulster-Version des Motors erhältlich.

Der International schlägt gut ein, nicht zuletzt wegen eines begeisterten Echos in der Presse. So ist etwa die angesehene Fachzeitschrift *The Autocar* vom 18. September 1931 voller Lob. Der kleine Aston erfülle voll die vier Erwartungen, die man an einen echten Sportwagen stelle. Seine Leistung sei ungewöhnlich hoch. Er hafte an der Straße wie festgeleimt. Er sei präzise zu fahren und überdies eine Augenweide. Besonders angetan zeigt sich der Berichterstatter von der Maschine. Sie schnurre leise und kultiviert wie ein Sechszylinder, lasse sich selbst im höchsten Gang aus niedrigsten Drehzahlen ohne zu mucken beschleunigen. Man könne dahintrödeln, verfüge jedoch im Bedarfsfall über eine Menge überschüssige Kraft, eine höchst willkommene Qualität auf den „modernen, überfüllten" Straßen. Bis zu 5000/min könne man dabei getrost drehen. Der Motor springe unter allen Bedingungen willig an, nie verölten die Kerzen.

Diese Umgänglichkeit finde sich auch beim Fahrwerk: Sein Komfort gleiche dem eines Tourenwagens, fern von jener Härte, die man bei Autos vom Schlage des International gewöhnlich finde. Glänzend sei die Sitzposition zwischen den einfach und präzise einstellbaren Schalensitzen und dem genau richtig stehenden Dreispeichenlenkrad. Und ein ausgesprochenes Vergnügen bereite es, das kurze, trotzige Schaltknüppelchen durch die sichtbare Kulisse zu führen.

Den Schlusssatz werden „Our Bert" und die Männer um ihn mit besonderem Vergnügen gelesen haben: Es sei schwer vorzustellen, dass der wahre Enthusiast nicht sofort süchtig werde nach dem kleinen Aston Martin.

In schönstem Pflegezustand bietet sich hier der Vierzylinder des Triebwerksspezialisten Claude Hill dem Auge dar, besondere Kennzeichen: eine oben liegende Nockenwelle und Trockensumpfschmierung. Er wird von zwei SU-Horizontalvergasern gespeist. Deutlich sichtbar ist das Gestänge zum Gaspedal mit den Möglichkeiten ihrer Synchronisierung. Ein Gesteck von vier Reservekerzen wartet an der Spritzwand auf seinen Einsatz.

ASTON MARTIN DB1

Zwei Dinge tragen Aston Martin durch Düsternis und Tristesse der Kriegsjahre: das Prinzip Hoffnung und, als Hoffnungsträger, der Prototyp Atom von 1939, halb brav, halb futuristisch mit einem Gitterrohrrahmen, einer ungewöhnlichen Aufhängung und einer elektrischen Cotal-Schaltung.

Die unverbrüchliche Zuversicht, alles werde schon gut gehen, mündet im Februar 1947 in einen Neubeginn. Im Spätherbst 1946 beim Morgentee neugierig gemacht durch eine unauffällige Kleinanzeige auf der ersten Seite der *Times,* geht David Brown, Boss der gleichnamigen Firmengruppe, der Sache auf den Grund. Er stellt fest, dass Aston-Martin-Chef Gordon Sutherland sein Unternehmen auf diesem durchaus ungewöhnlichen Wege feilbietet und greift zu, nachdem man einen Kaufpreis von 20 000 Pfund vereinbart hat. Auch der Atom, inzwischen ein wenig zur Vision von gestern verkümmert, spielt einen Part in dem Deal: Eine Probefahrt lässt das Interesse Browns zum Entschluss reifen.

Sein Erstling dürfe sich durchaus von der Fund-Sache inspirieren lassen, solle aber entschieden sportlicher ausfallen, gibt der kleine, aber dynamische Unternehmer seinen Ingenieuren vor. Frank Feeley, der vor dem Kriege die mächtigen Zwölfzylinder von Lagonda schön eingekleidet hat, antwortet mit einer Aluminiumkarosserie von sinnlicher Rundlichkeit, wenn auch ein wenig ausladend angesichts der relativ schmalen Spurbreite. Die gesamte Vorderpartie lässt sich abnehmen, womit sich ein durch nichts behinderter Zugang zum Triebwerk und zur Vorderradaufhängung eröffnet. Sie ist allerdings somit in ihrer Gesamtheit gegen Blessuren verwundbar. Für kleinere Einblicke oder Zuwendungen gibt es indes auch einen schmalen Deckel. Zwei Fächer in den Kotflügeln dienen der Batterie und dem Bordwerkzeug einerseits sowie dem aufrecht stehenden Reserverad andererseits als Behausung. Hinter einem externen Zugang am Heck verbirgt sich ein vergleichsweise bescheidener Kofferraum. Allerdings findet sich als Pendant ein größeres Gepäckabteil hinter der Sitzbank für drei Passagiere in der ersten Reihe, unter Umständen nutzbar als wenig kommode Unterkunft für einen weiteren Fahrgast.

Das Triptychon der Öffnungen vorn hat zunächst einmal eine praktische Funktion, führt in seinem Mitteltrakt dem Kühler Luft zu und ventiliert links und rechts die Trommelbremsen und die Radkästen. Bei näherem Hinsehen entdeckt der Betrachter das Urbild künftiger Aston-Martin-Gesichter, abgewandelt, variiert und stilisiert bis auf den heutigen Tag.

Feeleys schwellende Kreation ruht auf einem Fachwerk von Rohren rechteckigen Querschnitts, das nur im Bereich der Türen tiefer ausgeschnitten ist und die Silhouette des ersten Nachkriegs-Aston grob vorgibt.

Die Aufhängung weist eine vage Ähnlichkeit auf zu der der Auto-Union-Silberpfeile der Dreißiger: jeweils zwei Kurbellängslenker mit Schraubenfedern vorn, eine Starrachse mit Längslenkern, Schraubenfedern und einem Panhardstab hinten. Als Triebwerk, eher hausbacken und deshalb David Brown eigentlich ein Dorn im Auge, dient eine Kreation von Langzeit-Mitarbeiter Claude Hill – ein Vierzylinder mit seitlich hoch angesetzter Nockenwelle, preisgünstiger und unkomplizierter herzustellen und zu warten als raffiniertere Motoren des Hauses vor dem Kriege. Die Cotal-Automatik hat man kurzerhand auf den Müllhaufen der Geschichte geworfen und ersetzt durch ein robustes Viergang-Schaltgetriebe aus David Browns eigener Fertigung.

Im März des Jahres 1948 wird der 2-Litre Sports, erst später aus Gründen der Analogie DB1 geheißen, angekündigt und in seiner endgültigen Form im Oktober auf der Autoausstellung in Earls Court vorgestellt. Im Juli hat man ihn, getreu der Devise des Hauses, Ruhm, Rasse und Renommee würden vor allem durch Erfolge im Rennsport gespeist, in abgespeckter Form beim 24-Stunden-Rennen von Spa eingesetzt. Die Mission war erfolgreich: Rang eins für die Pilotenriege „Jock" Horsfall und Leslie Johnson. Die Fachpresse überbietet sich in Begeisterung. „Ein Drophead Coupé mit der Linie eines Supersportwagens", frohlockt *Motor* am 6. Oktober 1948. Und: Der 2-Litre Sports entspreche genau den Vorstellungen, wie ein zeitgemäßes schnelles Auto auszusehen habe, freut sich *The Autocar* ein Jahr später.

Dennoch missrät er zum Flop in einer kümmerlichen Verbreitung von 15 Exemplaren. Denn da ist auch der Jaguar XK 120 mit seiner zeitlos schmissigen Silhouette, seinem seidig summenden Sechszylinder, mit 160 PS stattliche 70 PS stärker als der Aston Martin – und mit 998 Pfund satte 1333 Pfund preiswerter.

Bis hin auf die Höhe der Windschutzscheibe kann der komplette Aufbau des Aston Martin 2-Litre Sports alias DB1 abgehoben werden. Das hat zwei Vorteile. Zum einen werden somit die mechanischen Elemente darunter frei zugänglich. Zum anderen wird das glatte Äußere des Dreisitzers kaum durch Fugen, Spalten und potentielle Quellen für Klappern, Ächzen und Zischeln unterbrochen. Die Batterie (links) und das aufrecht stehende Reserverad (rechts) sind allerdings in zwei eigenen Gehäusen untergebracht. Die üppigen Formen der Karosserie werden durch das Gebälk des Chassis darunter bereits angedeutet.

Großzügigkeit waltete ebenfalls bei der Ausgestaltung der Innenarchitektur. Durch das Dreispeichenlenkrad fällt der Blick ungezwungen auf Tachometer und Drehzahlmesser, und da fünf weitere kleinere Instrumente im Chronometerdesign in seiner Nähe angesiedelt sind, nimmt auch der Copilot teil an der Befindlichkeit des Organismus Aston Martin 2-Litre Sports. Das Radio fällt gar gänzlich in seine Zuständigkeit. Um dem Vierzylinder kleinere Aufmerksamkeiten zu erweisen, kann man einen schmalen Deckel darüber öffnen.

Während der Kühlergrill an frühen DB2 noch als Triptychon ausgebildet war, bildet er hier bereits eine Einheit und gibt damit spätere Aston-Martin-Gesichter vor. Hinter dem Deckel unten am Heck verbirgt sich das horizontal liegende Reserverad.

ASTON MARTIN DB2

Das Jahr 1947 wird zur Gelenkstelle im Dasein des ruhelos rührigen David Brown: Kaum sind die Turbulenzen abgeebbt, die der Erwerb von Aston Martin aufgerührt hat, da gliedert er seinem Imperium mit Lagonda eine weitere Not leidende Auto-Manufaktur ein. Als ideellen Gegenwert für die bescheidene Kaufsumme von 50 000 Pfund erhält Brown deren guten Namen, als real existierendes Pendant einen soliden Reihensechszylinder von 2,6 Litern Volumen, den Lagonda-Kostgänger Walter Owen Bentley in die Liaison einbringt.

Getreu einer uralten Gepflogenheit meldet Aston Martin für das 24-Stunden-Rennen von Le Mans 1949 drei Werkswagen auf der Basis des 2-Litre Sports, als Coupés, um die Reibungsverluste durch Windwiderstand zu minimieren. In zweien davon verrichtet Claude Hills biederer Vierzylinder seine Arbeit, im dritten mit dem polizeilichen Kennzeichen UMC 66 Bentleys Prachtstück. Zwar fällt UMC 66 vorzeitig mit einem Schaden an der Wasserpumpe aus, wird indessen zum Ahnherrn der Baureihe DB2, in der sich David Brown zum ersten Mal mit seinen Initialen verewigt.

Vorgestellt wird der DB2 anlässlich der New York Motor Show am 12. April 1950, dem Prototyp von Le Mans durchaus ähnlich, allerdings 100 mm höher. Mit seiner schlichten Linienführung beweist Designer Frank Feeley viel Feeling für italienisches Flair, ohne sich dem Verdacht des Plagiats auszusetzen. Das komplette Vorderteil ist nun nach vorne abklappbar, während in einem von außen zugänglichen Kämmerlein hinten über dem Tank das Reserverad verstaut ist. Kofferraum oder alternativ eine Mitfahrgelegenheit von beklemmender Enge findet sich hinter der vorderen Sitzbank, in zwei Hälften geteilt durch den Kardantunnel. Auf diesem thront vorn das Schaltknüppelchen, falls man nicht der Zeitmode folgt und eine Lenkradschaltung neben dem dünnen und teleskopartig verstellbaren Dreispeichenvolant ordert. Wie beim DB1 lagert die schöne Hülle auf einem höchst verwindungssteifen Rohrgerippe. Dass nun auch die Hinterräder an je zwei Längslenkern aufgehängt sind, verhilft dem DB2 zu einer vorzüglichen Straßenlage. Selbst grobe Unebenheiten bügelt er geschmeidig aus. Dies, das sanfte, aber energische Wirken des Triebwerks sowie das attraktive Erscheinungsbild des Aston Martin bewegen den aufstrebenden kalifornischen Rennfahrer Phil Hill spontan zum Kauf eines der ersten DB2, der den Weg auf den nordamerikanischen Kontinent findet.

108 PS leistet der DB2 in seiner ursprünglichen Form, 125 PS gegen Ende des Jahres 1950 als Vantage, ab sofort der Name für Aston-Martin-Offerten an diejenigen Kunden, denen der Sinn nach etwas mehr steht. Der anfänglich dreigeteilte Kühlergrill ist nun zu einer Einheit zusammengewachsen. In einer Population von 411 Exemplaren, ungefähr 100 davon Drophead Coupés, bricht der DB2 in deutsche und italienische Domänen ein und installiert die Firma fest auf dem Sportwagenmarkt.

Als Angebot an die Familienväter unter den Freunden der Marke folgt im Oktober 1953 für die nächsten beiden Jahre der DB2/4 in einer Verbreitung von 565 Einheiten. Mit zwei chirurgischen Eingriffen hat man über der Hinterachse rudimentären Sitzraum frei gemacht. Der DB2/4 ist 178 mm länger als sein Vorgänger und hinten ein Stückchen höher. Zwei weitere Maßnahmen sind seiner Linie durchaus bekömmlich: Der Mittelsteg auf der neuerdings leicht gekrümmten Frontscheibe entfällt, das Kofferabteil unter einer großen Heckklappe kann von außen beladen werden. Seit Mitte 1954 verfügt das Modell mit einer Dreilitermaschine von 140 PS über mehr Punch und mehr Power.

In der Evolutionsstufe Mark II, bis zum August 1957 199 Mal unter die Leute gebracht, ist die Karosserie vorn teilweise fest am Chassis verankert. Die Passagiere verfügen über mehr Kopffreiheit, kleine Finnen hinten tragen dem Zeitgeschmack Rechnung. Als weitere Variante ist der Mark II mit Hardtop zu haben. Gekrönt wird die Baureihe vom Genfer Frühjahrssalon 1957 an durch den DB Mk III in einer Rekordauflage von 550. Das aggressiv gespitzte Kühlermaul des Rennsportwagens DB3S steht ihm gut zu Gesicht. Unter einem Wulst sind nun im Gesichtsfeld des Fahrers die Instrumente versammelt, die früher weit über die Armaturentafel verstreut waren.

Unter den kundigen Händen des Exilpolen Tadek Marek hat der Motor erheblich an Kraft gewonnen. Der Lenker des DB Mk III gebietet über 162 PS in der Basisversion, 178 PS, wenn ein Doppelauspuff das Seinige dazu beisteuert, oder gar 195 PS auf Grund von weiteren potenzfördernden Maßnahmen. Zu dem David-Brown-Getriebe werden ab 1958 ein Overdrive und ein Jahr später eine Automatik angeboten. Girling-Scheibenbremsen sind zunächst Option und später Norm.

Mit dem Erscheinen des DB4 allerdings sieht der letzte Abkömmling aus dem Stamme Atom plötzlich so aus, wie er in Wirklichkeit ist: ziemlich alt.

Folgende Doppelseite: Der Charme des Aston Martin DB2 besteht darin, dass Designer Frank Feeley zwar typische Elemente zeitgenössischer italienischer Formkunst aufnimmt, sie aber in ein durchaus eigenständiges Ganzes einfließen lässt. Die Hauptinstrumente sind groß und gut lesbar. Weniger wichtige Informationsquellen werden gleichwohl ins Gesichtsfeld des Beifahrers ausgesiedelt.

Coachwork by ASTON MARTIN
ASTON-MARTIN

ASTON MARTIN DB4

Mit dem DB4 steigt Aston Martin endgültig in die Oberliga für Sportwagen auf, in der bislang Ferrari, Maserati und Mercedes fast ungestört gegeneinander spielen durften.

Am 10. Oktober 1958 wird er anlässlich des Pariser Salons feierlich enthüllt. Auf der London Motor Show in Earls Court wenig später avanciert er zum Star, mit vaterländischen Hochgefühlen und -rufen begrüßt von einer patriotisch eingestimmten heimischen Presse.

Erst 1959 erreichen indes die ersten Serienwagen den Kunden. Vier Jahre dauerte die Inkubationszeit zwischen Entschluss und Realisation. Schon Mitte der fünfziger Jahre hat Aston-Martin-Mitarbeiter Harold Beach einen Kastenrahmen konzipiert, über dem nach dem Superleggera-Prinzip der Mailänder Carrozzeria Touring mit deren Lizenz ein Skelett aus Rohren und Röhrchen errichtet und dann mit einem Aufbau von graziler Leichtigkeit vor allem im Umfeld des Glaspavillons bekleidet wird. Keineswegs lässt sich ein Bruch mit der Tradition ausmachen: Bereits der Atom wies ein ähnliches Rückgrat auf. Und in der Silhouette finden sich Anklänge etwa an den Mark III, der sich noch, 150 kg leichter und 600 Pfund billiger, bis 1959 als DB4-Stellvertreter halten wird. Denn der DB4 ist zweifellos teuer, schlägt beispielsweise in Deutschland mit 46 000 Mark zu Buche, wo ein Mercedes 300 SL Roadster für bloße 33 000 Mark zu haben ist.

Ebenfalls seit 1955 ist in Feltham ein völlig neuer Sechszylinder herangereift, aus Aluminium und damit ein Drittel leichter als das bisherige Triebwerk. Mit 3,7 Litern Volumen und den „quadratischen" Zylindermaßen 92 x 92 mm durchaus noch ausbaufähig, ist er das Meister-Stück des polnischen Ingenieurs Tadek Marek, der in den Kriegswirren auf abenteuerliche Weise nach England gelangt ist. 243 PS gibt man als Leistung an. Davon bleiben im scharfen Licht der Deutschen Industrie-Norm ungefähr 210 übrig – noch immer reichlich.

Das ebenfalls etwas blauäugig geäußerte Versprechen, der DB4 lasse sich in einer halben Minute auf Tempo 160 beschleunigen und wieder zum Stillstand abbremsen, wird zu allgemeiner Erleichterung etwa von Werkspilot Roy Salvadori eingelöst, der es auf 27,4 Sekunden bringt und diese Tortur zur Bekräftigung gleich noch einmal wiederholt.

In bloßen 20 Sekunden schafft dies nicht zuletzt dank riesiger Girling-Scheibenbremsen der Rennleiter und ehemalige Rennfahrer in Aston-Martin-Diensten Reg Parnell mit

Die flüssigen und schmissigen Linien des Aston Martin DB4 sind gezeichnet von der Mailänder Carrozzeria Touring. Nach deren Superleggera-Prinzip krümmen sich auch die Aluminiumpaneelen seines Aufbaus über einem Fachwerkskelett. Die Panoramascheibe gestattet trotz relativ stark geneigter A-Säulen gute Sicht, ohne dass der Zutritt zum Innenraum beeinträchtigt würde. Vorn geht es großzügig zu, für die Mitreisenden im zweiten Glied deutlich beengter. Speichenräder mit Zentralverschlüssen sind im Basispreis inbegriffen.

4359 ML

WEBER
WEBER
WEBER

dem DB4GT, der ein Jahr nach dem Basismodell seine Aufwartung macht. Als Waffe gegen den Ferrari 250 GT Short Wheel Base gedacht, steht er allerdings im Krieg auf der Piste auf verlorenem Posten, vor allem, als 1962 dessen schier unwiderstehliche Sublimationsstufe 250 GTO erscheint. Bleibt immerhin ein höchst vergnügliches Straßenauto, mit Tempo 245 Spitze um 20 Stundenkilometer schneller als der Normal-DB4. 80 kg hat man abgespeckt, nicht zuletzt durch die Verwendung von Plexiglas. Der Radstand wurde um 127 auf 2362 mm verkürzt, die Türen sind deutlich schmaler. Die knapp dimensionierten Rücksitze entfallen. Aus aerodynamischen Gründen führen die Scheinwerfer nun ein zurückgezogenes Dasein hinter Plexi-Häubchen. Drei Doppelvergaser von Weber, eine höhere Verdichtung sowie schärfere Nockenwellen verhelfen dem Triebwerk zu realistischen 267 PS.

Noch ein bisschen besser kann all dies der DB4GT Zagato, der nach seiner Präsentation in Earls Court im September 1960 lediglich die schwache Verbreitung von 19 Exemplaren erfährt, jedes davon im Grunde ein Unikat. Neun Wochen vergingen zwischen der Auftragserteilung an die kleine Carrozzeria in Terrazzano di Rho. Dort werden die von Aston Martin angelieferten rollenden Chassis auch angezogen mit einem dünnhäutigen Aluminiumgewand, ohne Stoßstangen rüden Rempeleien auf Straße und Piste schutzlos preisgegeben. 125 kg Mindergewicht gegenüber dem DB4 Saloon resultieren im Übrigen aus noch mehr Aluminium und noch mehr Plexiglas. Die 285 gefräßigen Pferdestärken des Zagato werden gespeist aus einem 135-Liter-Tank, der mit dem auf ihm reitenden Reserverad den Kofferraum fast ausfüllt.

Fünf Schübe machen Chronisten in der Evolution des DB4 aus, in denen man 170 Verbesserungen in das Modell einbringt. Insgesamt 1103 Saloons und 75 GT (ausschließlich der Zagato-Varianten) werden ihren glücklichen Besitzern zugeführt. Erst 1961 findet die Eröffnung des DB4 in Form einer schmucken Convertible-Version statt. Zugleich feiert der Begriff Vantage fröhliche Urständ, wie üblich als Indiz für mehr Kraft: Der DB4 Vantage mobilisiert reale 240 PS – genau die Stärke, die für das Ur-Exponat in Earls Court 1958 verheißen worden war.

Kein Wunder, dass die Fachpublikation *Sporting Motorist* im Juni 1962 gewissermaßen zum Ehebruch bläst: Dieses Auto könne einem wichtiger werden als die eigene Frau.

Die Zagato-Variante des Aston Martin DB4GT, mit der Firmenchef David Brown der Baureihe und seinem bisherigen Schaffen 1960 ein Glanzlicht aufsetzt, zählt zu den berühmtesten Sportwagen überhaupt. Mit seiner Doppelzündung und gepäppelt von drei Doppelkörpervergasern von Weber leistet der Sechszylinder bei 6000/min 270 PS, 27 mehr als die Basisversion. Ohne schützende Stoßfänger vorn und hinten ist der DB4GT Zagato gleichwohl auf behutsame Behandlung durch seinen Lenker und die übrigen Verkehrsteilnehmer angewiesen, ein verletzlicher Aristokrat.

ASTON MARTIN DB6

Mit dem DB6 wird 1965 die dritte und letzte Sublimation des DB4 vorgestellt, wie üblich auf der London Motor Show als patriotischem Forum. Die Tendenz ist klar: In einem Aston Martin, meint Firmenchef David Brown, solle man nicht nur schnell und sicher reisen können, sondern auch kommod, selbst im zweiten Glied.

Von seinem Vorgänger DB5 unterscheidet er sich beim ersten wie beim zweiten Hinsehen. Vordere Ausstellfenster verbessern die Ventilation, die hinteren enden stumpf abgerundet. Die nicht sehr robusten Stoßfänger sind geteilt. Vorn unterhalb des ungeschützten Mitteltrakts findet sich ein Ölkühler, von einem grobmaschigen Gitter sowie horizontalen Stäben gegen Steinschlag gesichert. Das Modell endet im Steilabfall des Kamm-Hecks mit einer kess aufgeworfenen Spoilerlippe darüber. Der Abtrieb hinten – ermittelt man im Windkanal – wird somit um 30 % verstärkt.

Gleichwohl ist der DB6 50 mm länger, bietet 20 mm mehr Kopffreiheit und hat eine stärker geneigte Windschutzscheibe. Die harmonischen Proportionen der Baureihe blieben also grundsätzlich unangetastet. Kurz vor den Ausschnitten für die Hinterräder hat der zuständige Ingenieur Albert Thickpenny 90 mm zusätzlichen Radstand eingefügt. In Verbindung mit flacheren Kissen springt somit eine viel geräumigere Unterkunft für die Passagiere im Fond heraus. Dem gleichen Ziel dient ein ungewöhnlicher Eingriff unter der Haut: Die beiden oberen Längslenker wurden verkürzt, um Platz auch für breitere Gesäße zu schaffen. Obwohl die Inschrift Superleggera links und rechts auf der Motorhaube noch eine Zeit lang das Gegenteil auszuweisen scheint, liefert man das Chassis ohne das typische Rohrgerippe der Mailänder Karosseriefabrik Touring aus dem Werk Huddersfield an.

Gegenüber dem Vorgänger DB5 ist der DB6 um 50 mm länger geworden. Gleichwohl illustriert sein stumpfes Heck mit der keck aufgeworfenen Spoilerlippe Theorie und Praxis des Aerodynamik-Professors Wunibald Kamm von der Effizienz des kleinsten Abreißquerschnitts. Die vordere Stoßstange ist geteilt und unter dem Kennzeichen hängt ein Lufteinlass für den Ölkühler. Neu sind auch die stärker angewinkelte Windschutzscheibe und die vorderen Ausstellfenster, während die Anordnung der Instrumente trotz teilweise veränderter Größe dieselbe blieb.

Als erster Aston Martin wird der DB6 ab 1966 mit Servolenkung ausgestattet, zunächst als Option, später als Standard. Standard sind seit 1963, wie übrigens auch die hinter Plexiglas versenkten Scheinwerfer, die Vierliter-Ausbaustufen des Leichtmetalltriebwerks von Tadek Marek, erhältlich mit drei SU-Vergasern und 286 PS, von denen man ungefähr 42 der großzügigen SAE-Norm verdankt, oder als Vantage-Variante mit drei Weber-Vergasern und 325 PS, von denen man getrost 53 abziehen kann. Ob der DB6 mit der einen oder der anderen Version, mit einem Fünfgang-Schaltgetriebe von ZF oder einem dreigängigen Borg-Warner-Automaten daherkommt – sein Preis ist immer gleich, nämlich 4998 Pfund. Die Zukunft sieht rosig aus: Bald wird die Wochenrate in Newport Pagnell von zwölf auf achtzehn Einheiten angehoben.

Dann aber verdüstert sich der Horizont: Im Juli 1966 wertet die Labour-Regierung unter Harold Wilson das Pfund Sterling ab und setzt die Kaufsteuer um 10 % herauf. Die

Nachfrage beginnt abzuebben. David Brown antwortet mit einer dramatischen Maßnahme, indem er seine schönen Produkte mit 1000 Pfund Abschlag für einen Preis ein ganzes Stück unter den Herstellungskosten anbietet.

Der DB6 kommt in zwei Schüben, 1327 Saloons bis zum Juli 1969, dazu 240 Exemplare eines Mark II bis zum November 1970. Dieser steht bereits im Schatten des neuen Modells DBS. Von diesem übernimmt er aus Gründen der Rationalisierung die Sechs-Zoll-Felgen mit entsprechenden Pneus, die in verbreiterten Radkästen untergebracht werden müssen. Auf eine Auflage von 215 Stück bringt es das Cabriolet, zunächst noch auf dem Fahrgestell des DB5.

Die Würdigung durch die Fachpresse ist wie fast immer ungemein positiv. So stellt etwa *Motor* vom 8. Januar 1966 fest, der zur Verfügung gestellte Vantage, schnellster Testwagen in der Geschichte des Blatts bislang, lasse die 70-Meilen-Grenze auf englischen Autobahnen wie einen Witz aussehen. Vorsicht sei geboten: Die Bremsen verzögerten so effektiv, dass so mancher Hintermann da nicht mithalten könne. In der Tat häufen sich in der Reparaturabteilung die Fahrzeuge mit Heckschäden. Man verzeichnet keinerlei Fading, allenfalls rieche es ein wenig brenzlig.

Ab Tempo 30, entsprechend 800/min, lasse sich der potente Sechszylinder geschmeidig und ohne zu mucken hochdrehen. Das ZF-Getriebe sei dabei ein kongenialer Partner, gebe sich allerdings in kaltem Zustand entschieden kratzig, widersetze sich vor allem dem Versuch, den zweiten Gang einzulegen. Der Fahrkomfort sei ausgezeichnet für ein Auto mit starrer Hinterachse, wäre allerdings mit einer unabhängigen Aufhängung hinten (verhindert durch die hohen Kosten einer solchen Auslegung) durchaus noch zu verbessern.

Der Bericht schließt mit einem fiktiven und für den Probanden ungemein schmeichelhaften Dialog. Der Aston Martin könne zu 99 % aller Produktionswagen sagen: Was auch immer du zu bieten hast – ich kann es noch besser.

ASTON MARTIN
DBS V8/V8

872

An die Stelle der weichen Rundungen des DB6 sind schärfere Profile getreten. Sorgfältige Recherchen im MIRA-Windtunnel haben jegliche Verstümmelung durch Spoiler am Heck des Viersitzers überflüssig gemacht. Unter den beiden Deckelchen links und rechts unter der hinteren Scheibe recken sich die Einfüllstutzen des Tanks. Das Triebwerk wird durch eine mechanische Einspritzung in die Ansaugrohre zwangsernährt. Beim abgelichteten Fahrzeug handelt es sich gleichwohl um ein Übergangsmodell: Offenbar waren nach dem Wachwechsel in Newport Pagnell noch ein paar DBS-Schildchen übrig. Eigentlich sollten ja alle Erinnerungen an Aston-Martin-Vorbesitzer David Brown ausgemerzt werden.

Ein Vierteljahrhundert hält der Mann David Brown die Marke und die Idee Aston Martin hoch. Zwei Jahrzehnte sorgt, während sich die Eigentümer der noblen kleinen Firma in Newport Pagnell gewissermaßen die Klinke in die Hand geben, ein Modell für Kontinuität: der DBS V8, später schlicht V8.

Die Übergänge sind fließend. Schon seit 1963 arbeiten Tadek Marek und eine Projektgruppe an dem mit 240 kg ebenso leichten wie statusträchtigen Aluminium-V8, der dem Aston Martin für die Siebziger und Achtziger den Namen geben wird. Die Rahmenbedingungen sind schwierig: Das Budget ist schmal. Andere Verpflichtungen binden eine Menge Zeit. Möglichst viele Teile sollen aus der laufenden Produktion übernommen werden. Überdies darf dem Triebwerk das Zeugnis der Reife erst nach einer Feuerprobe im Rennsport ausgehändigt werden, im Lola T70 des ehemaligen Formel-1-Champions John Surtees.

Der neue Typ DBS, für den Mareks V-Waffe eigentlich vorgesehen ist, debütiert auf der London Motor Show 1967. Für das Chassis, das auf dem des DB6 basiert, sich jedoch mit einer De-Dion-Achse für größere Aufgaben gerüstet zeigt, zeichnet Dudley Gershon verantwortlich. Mit dem ansprechend proportionierten, aber durchaus voluminösen Aufbau war der hauseigene Designer William Towns betraut. In dem geräumigen Appartement für den Motor indessen verbirgt sich vorerst wie verloren der bekannte Sechszylinder.

Erst im September 1969 findet zusammen, was stets zusammengehörte: der DBS und sein V8, mit 5340 cm³ Volumen, vier oben liegenden Nockenwellen, einer Achtstempel-Einspritzpumpe von Bosch und 315 PS. Diese werden durch ein Fünfganggetriebe von ZF an die Hinterachse weitergeleitet oder wahlweise durch den Automaten Chrysler Torqueflite, der allerdings eine Menge Kraft in Schlupf und Wärme umsetzt. Die Werksangabe von 270 Stundenkilometern Spitze erweist sich als ein wenig generös: 241,7 misst die Fachzeitschrift *auto motor und sport* und ist auch davon noch sehr angetan.

405 Exemplare des DBS V8 haben den Weg zu ihren Eignern gefunden, da kündet 1972 der Fortfall des Kürzels DBS von neuen Besitzverhältnissen. David Brown ist seiner schönsten, aber schwierigen Tochter Aston Martin überdrüssig geworden und hat sie zum symbolischen Preis von 100 Pfund an die Company Developments Limited abgestoßen. Diese speist den V8 zunächst kaum verändert mit Einzelscheinwerfern anstatt der doppelten bislang in den Markt ein, wird aber dann zu größeren Eingriffen gezwungen. Da das wichtige Exportland USA dem Exportartikel aus der Alten Welt wegen unmäßiger Emissionen die Einbürgerung verweigert, reißt man die Einspritzanlage ab und errichtet 1973 im Tal zwischen den beiden Zylinderbänken die monumentale Gemischaufbereitung von vier Weber-Doppelvergasern, von außen kenntlich an einem großen Buckel auf der Haube. Doch weiteres Ungemach droht: Auch Aston Martin krankt an den Dreitagewochen von 1974, die der englischen Wirtschaft insgesamt erheblichen Schaden zufügen.

Schließlich eilen mit dem Amerikaner Peter Sprague und dem Kanadier George Minden neue Samariter zu Hilfe, denen sich die beiden Briten Denis Flather und Alan Curtis

anschließen. Allmählich fasst man wieder Tritt und setzt mit dem V8 Vantage vom Februar 1977 einen 380 DIN-PS starken Akzent. Hinten wuchert diesem der obligatorische Heckspoiler, der Wulst auf der Fronthaube ist nun nach vorne geschlossen, Änderungen, die ab Oktober 1978 auf alle Aston Martin übertragen werden.

Ein Vierteljahr vorher hat auf Grund der wachsenden Nachfrage auf dem nordamerikanischen Markt das Cabriolet V8 Volante das Licht dieser Welt erblickt, für das Harold Beach ein ursolides elektrisch-hydraulisches Verdeck entworfen hat. Viele Kritiker empfinden es als schnöden Eingriff in eine schöne Form, als diesem 1986 Elemente des zeitgenössischen Vantage wie Kotflügelverbreiterungen und schräge Schweller verpasst werden. Manche Kunden wie etwa der dem Hause Aston Martin in Treue zugetane Prinz Charles verzichten daher gerne auf diese Requisiten.

In den elf Jahren seiner Fertigung bis 1989 entstehen 849 Volante, in den zwanzig Jahren seines Modell-Lebens bis zum gleichen Jahr 2658 Saloons, davon 350 Vantage. Auf dem Genfer Frühjahrssalon 1986 lassen Victor Gauntlett und Peter Livanos, die im Januar 1981 die Chefetage in Newport Pagnell bezogen haben, eine alte Geschäftsverbindung wieder aufleben. Sie vereinbaren mit den Gebrüdern Gianni und Elio Zagato eine kleine, exklusive und teure Auflage von 85 Zagato-Versionen des V8 Vantage, davon 35 Volante.

Dem 432 PS starken Coupé bleibt der Eintritt in den Club der 300-Stundenkilometer-Autos wegen einer Kleinigkeit verwehrt: Die französische Publikation *Sport-Auto* zum Beispiel konstatiert lediglich Tempo 299 Spitze.

ASTON MARTIN VIRAGE/V8

In den Mittachtzigern ist der Aston Martin V8 endgültig zum Denkmal seiner selbst geworden, eine ehrwürdige Autoerscheinung, allseits geschätzt, aber auch aufwändig und somit teuer in der Herstellung. Als man die Ärmel hochkrempelt, um ein neues Modell zu schaffen, wirft Firmenchef Victor Gauntlett zugleich hierarchische Prinzipien über Bord. Für einen attraktiven neuen Namen, der gleichwohl der Tradition genügen und mit V anfangen soll wie Vantage und Volante, lobt man einen Preis aus unter den Angestellten des Hauses und den Mitgliedern des Aston Martin Owners Club. Die Wahl fällt auf die dynamisch-fremdartige Vokabel Virage, die allerdings 1994 irgendwie wieder verloren geht.

Fünf Designteams werden beauftragt, bis Ende August 1986 einen ansprechenden Entwurf einzureichen, eingeschränkt durch die Vorgabe, er müsse mit einem verkürzten Lagonda-Chassis eine Symbiose eingehen können. Gewinner ist das Duo Ken Greenley und John Heffernan vom Royal College of Arts.

Der bestehende Motor wird zwischen dem April 1986 und dem Dezember 1987 einem gründlichen Update unterzogen, bei Callaway Engineering in Connecticut, nicht zuletzt mit der Maßgabe, dass er sich von bleifreiem Treibstoff ernähren und den schärfsten denkbaren Emissionsbestimmungen genügen müsse. Die untere Hälfte bleibt dabei weitgehend unangetastet, während etwa in einem kräftig retuschierten Kopf vier Ventile pro Zylinder für lebhafteren Stoffwechsel sorgen. Von einer Weber-Marelli-Einspritzung gefüttert, bringt es das neue Triebwerk auf 330 PS.

Bei seiner Präsentation auf der Show in Birmingham 1988 wird dem Virage allgemeine Akklamation zuteil. Das Gleiche gilt für seine offenen Pendants, einen zweisitzigen Volante auf dem selben Forum zwei Jahre später, eine 2+2-sitzige Version im Frühjahr 1992 sowie einen Viersitzer 1997. Im August 1993 bescheinigt Autor Mark Hughes in der Zeitschrift *Fast Lane* dem Zweiplätzer, er sei das aristokratischste Cabriolet überhaupt, gleichermaßen britisch und brutal. Überall finde man sich im Mittelpunkt des Interesses. Dazu trage nicht zuletzt das sonore Grollen bei, das dem Auspuff des Volante entströme und viel tiefer sei als bei den gewohnten Zweiventilern. Die Qualitätsanmutung sei hervorragend, auch die des Verdecks. Es öffne sich auf einen Knopfdruck am Armaturenbrett hin wie von Zauberhand bewegt und versinke in dem dafür vorgesehenen Verlies, nachdem bereits die hinteren

Seitenfensterchen aus dem Blickfeld verschwunden seien. Dies gehe allerdings entschieden auf Kosten des ohnehin karg bemessenen Kofferraums.

Ab 1993 bietet man für den Virage einen Viergang-automaten von Chrysler an als Alternative zum Fünfgang-Schaltgetriebe von ZF. Im gleichen Jahr küsst man mit einer viertürigen Langversion den Namen Lagonda aus seinem Dornröschenschlaf wach. Automobile Maßkonfektion heißt nun die Devise, und man besetzt damit eine ergiebige Marktnische. In diese gehören die zehn Limited Edition Coupés vom Oktober 1994 in British Racing Green ebenso wie mit Hilfe von Conversion Kits aufbereitete Einzelexemplare mit bis zu 6,3 Litern Hubraum und 465 PS sowie entsprechenden chirurgischen Maßnahmen an Fahrwerk und Karosserie.

Gekrönt wird diese Vielfalt starker Individuen wieder durch einen Serienwagen, den ultimativen Vantage vom Oktober 1992, dem zwei Eaton-Kompressoren 550 PS einblasen. Urige Kraftentfaltung von ganz unten heraus machen ihn mit zehn Sekunden auf Tempo 160 zum schnellsten Aston Martin aller Zeiten, obwohl er mit 298 knapp an der 300-Stundenkilometer-Hürde scheitert. Äußerlich hebt den Vantage zum Beispiel ein anderer Frontgrill vom Basis-Saloon ab, flankiert von jeweils drei kleinen Leuchten, wo bei jenem die Lampen des VW Corrado arglos in die Welt blicken, aber auch ein unterschiedlich geformtes Heck mit integrierter Spoilerlippe. In sanft fließender Evolution werden viele seiner Merkmale ab dem März 1996 dem Virage-Nachfolger anverwandelt, der nun wieder wie frühere Generationen zur Verwirrung der Chronisten V8 Coupé heißt.

Eine Sonderedition von 40 Vantage Le Mans, 600 markige PS stark wie schon die jüngste Evolutionsstufe des Normal-Vantage von 1998, im Angedenken an den historischen Aston-Martin-Sieg auf dem Sarthekurs 40 Jahre zuvor läutet 1999 den Schwanengesang für die V8-Modelle ein. Deren Ära klingt stilvoll aus mit einer abschließenden Miniauflage von sechs Vantage Volante im August 2000, jeder ein bisschen anders als die anderen. Zugleich endet mit der extensiven Handarbeit, die das unscheinbare Werk beiderseits der Tickford Street in Newport Pagnell zu einer Enklave des Althergebrachten in einer Welt voller hirn- und seelenloser Roboter gemacht hat, eine Tradition, die tief im Mittelalter wurzelt. Denn der Vanquish, Top-Aston für das neue Jahrtausend, nimmt anschließend zwar am alten Ort Gestalt an, wird aber in gemäßigter Moderne gefertigt.

So präsentiert sich der Aston Martin Virage Volante in seiner ursprünglichen Form: 17-Zoll-Felgen, vordere Lampen vom VW Corrado, Heckleuchten vom VW Scirocco, Außenspiegel vom Citroën CX. Seinem stattlichen Erscheinungsbild tun diese Anleihen keinen Abbruch. Das solide Stoffdach des Volante kann vom Armaturenbrett aus per Knopfdruck elektrisch versenkt oder errichtet werden. Das Rückfenster besteht aus beheizbarem Glas.

N550
WORKS SERVICE

Das Top-Modell Vantage ab 1992 gibt sich ein gutes Stück eigenständiger als der Basis-Virage, mit 18-Zoll-Felgen, Leuchten aus eigener Produktion vorn wie hinten, einem neuen Frontspoiler und einem anderen Heck mit integrierter Lippe. Auch die rückwärtige Ansicht wirkt aggressiv.

Instrumente und Schalter sind einleuchtend gruppiert. Sie ruhen als Intarsien in schönen Paneelen aus per Hand zugeschnittenem und eingepasstem Edelholz. Das vielfältig verstellbare Gestühl gewährt hervorragenden Halt. Da fühlen sich die Passagiere in der zweiten Reihe eher stiefmütterlich behandelt. Auch sie dürfen dafür am betörenden Duft des Connolly-Leders teilhaben, für das Kühe aus edelsten Familien die Haut hinhalten mussten.

Zwei riemengetriebene Kompressoren bewirken eine kontinuierlichere Kraftentfaltung des V8, als Turbolader sie zu Stande bringen würden. Mit 550 PS nimmt das 5,3-Liter-Triebwerk des Vantage einen Logenplatz unter den stärksten Produktionsmaschinen überhaupt ein. Schon deshalb manifestiert sich überall sichtbar der Markenstolz der Männer aus Newport Pagnell.

ASTON MARTIN DB7

Auf den ersten Blick erscheint der DB7, bei seiner Premiere 1994 in Genf als Neuankömmling in den Gefilden der Mercedes SL, Porsche 928 und Ferrari-Dreier gefeiert, als zeitgemäße Variation typischer Aston-Martin-Motive. Er erweist sich indessen als multikulturelles Ereignis, die gelungene Legierung von Herkömmlichem und Fortschrittlichem, von Eigenem und Fremdem.

Seit 1987 kuschelt sich die noble Firma in Newport Pagnell unter dem Dach der mächtigen Mutter Ford, zunächst mit drei Vierteln der Anteile mit von der Partie, ab 1994 ganz und gar. Ford-Tochter ist auch Jaguar, und so gibt es Familienähnlichkeiten und Schnittmengen – das Gebot der Stunde im Zeitalter der Rationalisierung. Von Jaguar stammt das Chassis mit markanten Elementen der Aufhängung wie doppelten Querlenkern vorn und einzelnen Querlenkern hinten, wo den Halbachsen tragende Funktion zugewiesen wird.

Aus den Regalen des früheren Konkurrenten wird auch das 3,2-Liter-Triebwerk entnommen, ein Reihensechszylinder mit zwei oben liegenden Nockenwellen und somit eigentlich auf uraltes Aston-Martin-Brauchtum zugeschnitten. Allerdings unterzieht man den Vierventiler energischen Retuschen und spannt ihn zusammen mit einem Eaton-Kompressor, der ihm 317 PS einbläst, wobei ein wassergekühlter Intercooler für ein angenehmes Betriebsklima sorgt. Diese Maßnahme verrät die Handschrift des früheren Ford-Managers Walter Hayes, der zunächst als Berater und zwischen 1991 und 1994 als Chef für Aston Martin tätig ist und das ganze Projekt klug koordiniert. Lediglich diese Form der Aufladung komme in Frage, doziert Hayes. Denn nur mit ihr antworte der Motor ohne zu zaudern auf die Impulse des Fahrers. Von Jaguar stammt schließlich die Produktionsstätte für den Neuen in Bloxham, Oxfordshire, früherer Mieter: der XJ220.

Was die Form des DB7 anbelangt, nimmt Hayes die Inspiration des jungen Designers Ian Callum gewissermaßen selbst in die Hand, als er je einen DB4, DB5 und DB6 in dessen Studio stellt mit den aufmunternden Worten „Weiter in diesem Stil". Callum lässt sich nicht lumpen mit einem Entwurf von einschmeichelnden Linien und Proportionen, aus Stahl mit Kompositteilen. So angetan ist der greise David Brown, dass er der Callum-Kreation spontan seinen Segen und die Nutzungsrechte für das Kürzel DB erteilt, das seit 1972 ungenutzt herumgelegen hat. Die angesehene Fachzeitschrift *Autocar* aber rückt den DB7 in ihrer Ausgabe vom 19. Oktober 1994 in die Nähe des Jaguar E-Type, jenes Inbegriffs klassischer Autoschönheit schlechthin. Mit seinem Preis von 78 500 Pfund sei er der feinste Gran Turismo, den man für eine fünfstellige Summe bekommen könne. In der Tat entwickelt er sich rasch zum Bestseller bislang: 1998 zum Beispiel sind 600 von 700 verkauften Aston Martin DB7.

Schon beim Virage wurde der Volante parallel zum Saloon entwickelt. Dies geschieht auch im Falle des DB7, dessen offene Version im Januar 1996 auf den Motor Shows von Detroit und Los Angeles die Begehrlichkeiten vor allem nordamerikanischer Kunden weckt. Damit nicht genug: In Genf debütiert im März 1999 der DB7 Vantage, mit dem man sich dem diskreten Charme des magischen Dutzends verschrieben hat. *Auto motor und sport* apostrophiert ihn am 30. Juni jenes Jahres schlicht als „den besten Aston Martin, den es je gab". Bei dem kompakten und leichten V12 unter seiner Haube handelt es sich um eine Gemeinschaftsproduktion mit Ford

und Cosworth, 410 solide PS stark. Auf entsprechende Anweisung an die Ingenieure machen sich diese keineswegs säuselnd Luft, sondern mit einem cremig-aggressiven Sound. Ein veränderter Kühlergrill aus poliertem Metall und breitere Ansaugöffnungen als Teile eines leistungsfähigeren Kühlsystems zeugen von der Anwesenheit des Zwölfzylinders. Dessen Urkraft hat man auch mit neuen Längs- und Querlenkern vorn sowie einem Horizontalgestänge hinten Rechnung getragen. Ein raffiniertes Visteon-Motormanagement kümmert sich um Einspritzung, Zündung, Antischlupfregelung, Alarmanlage und Abgas und diagnostiziert jederzeit die Befindlichkeit der Maschine. Riesige Scheiben mit Vierkolbensätteln von Brembo garantieren eine buchstäblich atemberaubende Verzögerung. Im Inneren des Vantage erwarten Pilot und Passagier eine Reihe von Knöpfen und Schaltern aus dem Ford-Sortiment, vor allem aber der betörende Duft von Connolly-Leder, für das Kühe edelsten Geblüts die Haut hinhalten mussten. Mit diesem bespannt sind vielfältig verstellbare Schalensitze, während ein roter Anlasserknopf auf der Mittelkonsole poppig an uralte Zeiten gemahnt. Nirgends jedoch findet sich in britischer Diskretion ein Hinweis auf die zwölf prestigeträchtigen Verbrennungseinheiten vorn unter der langen Haube.

In Deutschland kostet der Vantage nur 20 630 Mark mehr als der 237 000 Mark preiswerte Sechszylinder – eher schon eine Verlockung als eine bloße Alternative …

Der DB7, schreibt ein begeisterter Berichterstatter, sei die siebente Symphonie von Aston Martin. Fürs Äußere gilt dabei dasselbe wie fürs Interieur: Beide sind geprägt von behutsamem Vorausdenken und von bewahrender Denkart. In dem Beau aus Bloxham verquickt sich ein Puzzle von Anspielungen an große Vorfahren, ohne jemals in einen anachronistischen Retro-Look auszuarten. Bei den Felgen des Coupés im Bild in ihrem sportiv-attraktiven Fünfspeichendesign handelt es sich um Sonderausstattung.

Anstatt des aufgeladenen Sechszylinders residiert im Motorraum des DB7 Vantage – hier in seiner Volante-Spielart – ein ästhetisch ansprechend aufbereiteter V12. Die 48 Ventile in seinen Köpfen verrichten ihr Tagewerk unter der Knute von vier oben liegenden Nockenwellen. Trotz diverser Zutaten aus dem üblichen Ford-Repertoire verwöhnt der Wohnbereich die Passagiere mit jenem Ambiente, das von einem Luxusliner dieser Preisklasse zu erwarten ist. Das beginnt mit dem Wohlgeruch von Connolly-Leder.

V777 DBV
DB7
VANTAGE

ASTON MARTIN VANQUISH

Ursprünglich sieht es aus, als hätten sich die Ingenieure von Aston Martin, gewöhnt an die unablässige Verfeinerung von ehrwürdigen Konzepten, nur ein wenig auf der kreativen Spielwiese tollen dürfen: Eine Serienfertigung, erklärt der damalige Firmenchef Bob Dover bei der Vorstellung der Studie Project Vantage anlässlich der North American Auto Show zu Detroit im Januar 1998, sei nicht geplant.

Das ist so, als habe Meisterkoch Paul Bocuse einem Haufen hungriger und dürstender Gourmets die schönsten Schmankerln aus Küche und Keller auf den Tisch gestellt und dann wieder weggenommen. Eine hinreichende Anzahl von automobilen Feinschmeckern, vor allem in den Vereinigten Staaten, zeigt sich denn auch ungehalten. Und so wirft man den Entschluss, es bei einem Unikat fürs Ego und fürs Museum zu belassen, nach der Ausstellung flugs über Bord. Der Blickfang aus Buckinghamshire ist einfach zu schön, um nicht wahr zu sein.

Bevor er indessen auf dem Genfer Frühlingssalon 2001 mit dem unbritisch-aggressiven Kriegernamen Vanquish (zu Deutsch: Sieger sein) offiziell seine Aufwartung macht und der erste Produktionswagen am 15. Juni aus den antikischen Werkhallen an der Tickford Street zu Newport Pagnell rollt, sind noch ein paar Dinge zu erledigen. Gewiss grenzt seine Form an Perfektion, ein knapp sitzender Anzug von betörendem Zuschnitt, durch den gewissermaßen seine Kraft hindurchatmet. Gleichwohl überarbeitet der Schotte Ian Callum, Schöpfer des DB7 und inzwischen unter dem gemeinsamen Dach der Premier Automotive Group von Amts wegen mit der Schaffung von Jaguar-Schönheit betraut, seinen Entwurf noch einmal ein Quäntchen: Die Flanken werden etwas breiter, das Heck etwas höher. Im Übrigen, kündigt er an, bleibe der Vanquish ein echter Aston Martin – „geradlinig, sehr maskulin, etwas konservativ".

Zum Zweiten empfindet Dovers Nachfolger Ulrich Bez Unbehagen angesichts einiger Schwächen der Inneneinrichtung wie etwa Lüftungsrosetten aus dem Vernunftmobil Ford Ka: Dem Vanquish-Eigner müsse man nicht unbedingt die Zugehörigkeit des noblen Fabrikats zur weitläufigen Ford-Familie unter die Nase reiben. Auch veranlasst er spontan die Umgestaltung der mächtigen, mit Aluminium bekleideten Mittelkonsole. Zum Dritten werden 50 Prototypen auf 1,6 Millionen Testkilometern gequält und geschunden. Einer von ihnen: Der Erprobungsträger mit der Codenummer SCFAC13332, den mehr als 8000 Kilometer unter arktischen

Bedingungen frösteln machen, bevor er sich bei weiteren 12 000 beispielsweise in der Gluthitze der Wüsten Nevadas und Kaliforniens aufwärmen darf.

Die Voraussetzungen zu einem Examen summa cum laude sind allerdings glänzend. Acht Wochen benötigt man in Newport Pagnell, einen einzigen Vanquish auf die Räder zu stellen, obwohl das Maß an Handwerk entschieden zurückgegangen ist. Seine Hauptstruktur wird gebildet von einer Wanne aus verklebten und genieteten Aluminiumblechen, die sich einem Mitteltunnel aus Kohlefaser anlagert. Dieser preziöse Werkstoff findet sich auch in den A-Säulen und im Vorderwagen, wo er im Verbund mit Stahl- und Aluminiumelementen zu vorbildlichem Verhalten bei einem Crash beitragen soll. Hinten überwiegt glasfaserverstärkter Kunststoff. Gehüllt ist der Vanquish in Aluminiumblech, nicht mehr von Hand gedengelt, sondern warm gepresst. Man bezieht es vom englischen Zulieferer Superform, der auch den Morgan Aero 8 einkleidet. Aston Martin überzieht die Paneelen mit acht Lackschichten und bedient in dieser Hinsicht ebenso die ausgefallensten Geschmäcker wie bei der Wahl der Farbe für das Connolly-Leder im Inneren, wo zwölf Quadratmeter edler Wilton-Teppich ausgelegt sind.

Der gleiche Sechsliter-V12 wie im DB7 Vantage, allerdings in der Ford-Filiale Cosworth unter kundigen Händen mit vorsichtigen Eingriffen um 40 auf 457 PS erstarkt, wuchtet das 1800 kg schwere Coupé in fünf Sekunden auf Tempo 100 und bei Lust, Laune und leeren Autobahnen auf 306 Stundenkilometer Spitze. Die brutal-sinfonische Klangkulisse, die den beiden fetten Auspuffrohren entströmt, lässt dabei keinen Zweifel: Hier walten enorme Kräfte, allerdings auf edelste Weise hervorgebracht. Im Zusammenwirken mit dem italienischen Spezialisten Magneti Marelli entwickelt wurde das automatisierte Schaltgetriebe. Die sechs Gänge dieses Wolfs im Wolfspelz können während eines Wimpernschlags von 250 Millisekunden auch manuell mittels paddelförmiger Tasten hinter dem Lenkrad gewechselt werden.

Für gute Lage und gute Haftung sorgt ein zusammen mit Lotus abgestimmtes Fahrwerk. An doppelten Dreiecksquerlenkern aus geschmiedetem Aluminium ringsum sind voluminöse 19-Zoll-Leichtmetallräder mit Yokohama-Reifen des Kalibers 255/40 ZR19 vorn und 285/40 ZR19 hinten aufgehängt – maßgeschneidert für den Vanquish und signiert mit den AML-Initialen. Zum umfassenden elektronischen Management des Top-Aston zählt, dass Reifendruck und -temperatur individuell überwacht werden. Riesige innen belüftete Scheibenbremsen von Brembo nehmen ihn stets unnachgiebig an die Kandare.

Es gibt den Vanquish als Zweisitzer oder in der Konfiguration 2+2. Die geplanten 300 Exemplare pro Jahr werden vermutlich nicht einmal der dringendsten Nachfrage gerecht, trotz eines Einstandspreises von 456 000 Mark in Deutschland. Eines ist sicher: Wie schon häufig in der Vergangenheit wird ein Erblasser in seinem Testament festhalten müssen, wer nach seinem Ableben den Aston Martin bekommt.

Vom Auftritt des Aston Martin Vanquish geht etwas Animalisch-Raubtierhaftes aus, so als sei er auf dem Sprung, seine Gegner zu überwältigen und zu verzehren. Das riesige Kühlermaul, vorerst letzte Variation eines Themas, das einst durch den 2-Litre Sports angeschlagen wurde, wird flankiert von Zusatzscheinwerfern und den Fahrtrichtungsanzeigern.

In der Silhouette des neuen Aston-Martin-Flaggschiffs vereinigen sich in einer Fülle von Anspielungen auf frühere Produkte des hohen Hauses traditionelle Elemente mit zeitgemäßen Stilmerkmalen eines Supercars. Auffällig sind der kurze Überhang hinten und die in den Kofferraumdeckel integrierte dezent ausgeprägte Spoilerlippe. Weiße Instrumente überwachen das Wohlbefinden des mächtigen V12, dessen Zuwachs an Stärke gegenüber dem DB7 Vantage unter anderem aus neuen Einlass- und Auspuffkrümmern erwächst.

AUSTIN-HEALEY 100

Liebe auf den ersten Blick führt manchmal zu spontanen Reaktionen: Bei einem Bummel über die Londoner Motor Show in Earls Court im Oktober 1952 bleibt Leonard Lord, Boss der just gegründeten British Motor Corporation, wie angewurzelt vor einem eisblauen offenen Zweisitzer stehen, dem Healey 100. Dessen schöne Form stammt aus der Feder von Gerry Coker, seit zwei Jahren Kostgänger der Sportwagenschmiede Donald Healeys in Warwick. Sie verhüllt vergleichsweise derbe Hausmannskost: einen unter der Achse geführten Kastenrahmen mit Kreuzverstrebung, den Healey-Ingenieur Barrie Bilby entworfen hat, vorne Einzelradaufhängung mit doppelten Dreiecksquerlenkern und Schraubenfedern, hinten eine Starrachse mit Halbelliptikfedern und Panhardstab. Der Reihenvierzylinder mit 2660 cm³ und 94 PS stammt aus dem Austin A40, das Getriebe vom gleichen Spender. Der erste Gang läuft allerdings ungenutzt mit, während der dritten und vierten

Fahrstufe jeweils ein Overdrive zugeschaltet werden kann. Die Frontscheibe lässt sich umlegen, was die manifeste Sportlichkeit des Exponats noch unterstreicht.

Am gleichen Abend lädt Lord Healey in sein Hotel ein. Dort fließen Komplimente und etliche Drinks, und Donald Healey erzählt unter anderem, bei dem Blauen handele es sich keineswegs um einen lendenlahmen Salonlöwen, sondern man sei mit ihm gerade in Belgien gewesen und habe auf der Autoroute zwischen Jabbeke und Aeltre 180 Stundenkilometer erreicht.

Die beiden scheiden als Freunde voneinander. Und als Partner: Der Hundred soll vom kommenden Tag an Austin-Healey heißen und, besonders schmeichelhaft für Donald Healey – nichts soll an seiner Konzeption geändert werden. Kein Wunder: Der Austin-Healey 100 sei das perfekte Beispiel dafür, wie man ganz normale Komponenten so miteinander verquicken könne, dass dabei ein geradezu atemberaubendes Ergebnis herauskomme, schreibt etwa die amerikanische Fachzeitschrift *Road & Track* im Juli 1954.

Die Begegnung der beiden Männer ist der Beginn einer wunderbaren Erfolgsgeschichte. 25 Pilotfahrzeuge entstehen noch in Warwick, dann zieht man mit Sack und Pack um in die Austin-Garnison Longbridge.

Zwischen dem März 1953 und dem August 1955 entstehen dort 10 688 Einheiten des 100/4 BN1, erhältlich zum Spottpreis von 750 Pfund – 100 weniger, als es ein Schildchen auf dem Healey-Stand in Earls Court ausgewiesen hat. Innerhalb der nächsten zwölf Monate folgt der leicht modifizierte BN2 in einer Auflage von 3924 Stück mit einem Vierganggetriebe plus Overdrive und einer robusteren Hinterachse. Ungefähr um dieselbe Zeit entstehen auf vielfachen Wunsch 1159 Austin-Healey 100M. Seine Zweifarblackierung, ein quer über den Bug gespannter Lederriemen sowie die von Kühlschlitzen aufgebrochene Motorhaube weisen auf die Anwesenheit von 112 PS unter derselben hin. Mit 132 PS, in der Stärke-Schmiede des renommierten Tuners Harry Weslake in Rye aus einem Leichtmetallzylinderkopf sublimiert, kann dies der 100S noch besser. Anders als die anderen mit seiner Karosserie aus Leichtmetall, dem elliptischen Kühlergrill und Dunlop-Scheibenbremsen ringsum, wird er ausschließlich 1955 in einer streng limitierten Edition aufgelegt, als Sonderangebot an eine sportlich orientierte Klientel, ohne sich indessen besonders mit Ruhm zu bedecken.

Im August 1956 schlägt die Stunde des 100/6 BN4. Sein Reihensechszylinder aus dem Austin Westminster mit 2639 cm^3 ist allerdings mehr ein Statussymbol, als dass er ihn mit lediglich 102 PS zu spektakulären Leistungen beflügeln würde. Denn der BN4, geschaffen bis 1959 in einer Auflage von 10 289, wiegt immerhin 190 kg mehr als die bisherigen Vierzylinder. Markante Merkmale des Six sind die nun starr aufrecht stehende Windschutzscheibe, der ovale Lufteinlass vorn, mit einem Grill aus waagerechten Gitterstäben versehen wie auch der kleine Einlass zu Beginn des Motorraumdeckels, sowie externe Türgriffe.

Das Chassis ist ungefähr auf deren Höhe gestreckt, der Radstand um 46 auf 2336 mm verlängert, wodurch ein Notsitz im Fond geschaffen wurde. Scheibenräder werden bereits 1956 als Option angeboten. Ein schmuckes Hardtop ist ab 1957 verfügbar. Vom gleichen Jahr an werden die großen Healey neben dem Sprite und dem MGA in der MG-Fabrik zu Abingdon montiert.

Dem allgemeinen Ruf nach mehr Kraft entspricht man im November 1957 mit einer Aufrüstung auf 117 PS. In der gleichen Konfiguration und mit der gleichen Leistung hält das Sechszylindertriebwerk Einzug in den Maschinenraum von 4150 BN6 ab April 1958, die wieder lediglich zwei Personen den Aufbruch frischwärts gestatten. Wie für all die anderen gilt auch für diese die Schlussbemerkung des bereits zitierten Berichts aus *Road & Track:* Der Austin-Healey sei „ein außergewöhnlicher Allrounder, ein Glücksfall für eine große Zahl von Enthusiasten, die von einem Sportwagen einen moderaten Preis, gutes Aussehen, eine hohe Leistung sowie Zuverlässigkeit erwarten".

Im Herbst 1954 angekündigt und nur in 50 Exemplaren aufgelegt, verrät der Austin-Healey 100S seine sportliche Herkunft und Intention durch ein besonderes Erscheinungsbild: keine Stoßfänger und deshalb gefällig veränderte Karosserieenden, kleinerer ovaler Kühlergrill, niedrigere Windschutzscheibe, die sich nicht umlegen lässt, Scheibenbremsen ringsum, Zweifarblackierung, häufig in Blauweiß.

Auch das Triebwerk des 100S weicht von der Norm ab. Der Zylinderkopf besteht aus Leichtmetall, Saugkanäle und Auslasskanäle, Vergaser und Krümmer sind nach rechts umgesiedelt worden. Links finden sich Verteiler und Lichtmaschine. Der Tankeinfüllstutzen, sonst unter dem Kofferraumdeckel verborgen, ragt hinter dem Fahrer aus dem Aufbau hervor.

AUSTIN-HEALEY SPRITE

Man sollte, lässt BMC-Boss Leonard Lord Mitte der fünfziger Jahre in ein Gespräch mit Donald Healey und dessen Sohn Geoffrey einfließen, dem Hundred einen preiswerten kleinen offenen Zweisitzer auf der Basis des Austin 35 an die Seite stellen.

So beginnt die Geschichte vom Froschauge, einem geborenen Liebling, dem kleinen Sportwagenglück in einer Verbreitung von 48 999 Exemplaren, ganz zu schweigen von den unzähligen Zweit- und Drittbesitzern, falls man sich aus welchen Gründen auch immer unter Schmerzen von ihm trennen musste. Das Wägelchen ist ganz einfach jung und ein Gottesgeschenk für die Jungen, schier unbezahlbar sein Beitrag zum Liebesleben einer ganzen Generation. Denn mit dem Sprite vor der Haustür ist es viel leichter, sich das nette Mädchen von nebenan zu angeln und ein paar um die Ecke gleich dazu.

Und weil er so geliebt wird, verzeiht man ihm auch bereitwillig seine Schwächen, sein betuliches Phlegma zum Beispiel: Zu 126 Stundenkilometern Spitze schwingt sich 1958 der knallgelbe Testwagen von *auto motor und sport* auf, nimmt sich für die Anreise auf Tempo 100 gar eine halbe Minute Zeit. Oder die Tatsache, dass sich den Insassen unwirtliche Witterung selbst bei geschlossenem Verdeck mitteilt, wenn auch in sanft verdünnter Form. Oder dass man aus Gründen der Kostenersparnis auf elementare ergonomische Annehmlichkeiten wie externe Türgriffe verzichten muss. Oder die rotzfrech aus dem im Ganzen hochklappbaren Vorderteil hervorglotzenden Frontlampen, die dem Modell seinen Spitznamen eintragen – für andere gerade die pfiffige Attraktion des kleinen Healey. Dabei haben die BMC-Techniker aus der Not eine Tugend gemacht: Ursprünglich waren Klappscheinwerfer angedacht, dann jedoch verworfen worden, da zu teuer und wahrscheinlich ein Stein des Anstoßes aus der Sicht der amerikanischen Auto-Einwanderungsbehörden. Zu einer raffinierteren Lösung fehlt am Ende die Zeit.

Aber der Reihe nach: Am 31. Januar 1957 wird Lords Nachfolger George Harriman ein Prototyp des Modells AN5 vorgestellt, BMC-hausintern Project 13 des ADO (für Austin Drawing Office). Genau ein Jahr später lässt man dem ersten Sprite Mk I den letzten Schliff angedeihen. Der Name Sprite (= Kobold) ist schon etwas gebraucht: So hießen bereits ein Riley und ein Daimler. Von Healey-Hausdesigner Gerry Coker mit sicherer Hand gezeichnet, bietet der Mk I in technischer Hinsicht wenig Delikates, eine selbsttragende Ganzstahlkarosserie, Einzelradaufhängung vorn an doppelten Querlenkern, Schraubenfedern und Hebelstoßdämpfern, hinten eine an längs liegenden Viertelelliptik-

federn unten und Längslenkern oben aufgehängte Starrachse mit Kolbenstoßdämpfern.

Dem BMC-A-Motor von 948 cm^3 hat man 42,5 PS abgerungen, mit leichten und gut verträglichen Modifikationen: besonderen Auslassventilen, Ventilfedern und Kurbelwellenlagern sowie einer Verdichtung von 8,3 : 1.

Der Auftrag zur Produktion ergeht mit ausdrücklicher Billigung des dortigen BMC-Statthalters John Thornley an das MG-Werk in Abingdon. Dort wächst aus weitläufig voneinander getrennten Quellen eine wahrhaft bemerkenswerte Collage zusammen: der Unterbau von den John Thompson Motor Pressings aus Wolverhampton, der Rest des Aufbaus von der Pressed Steel Company in Swindon, Motor, Getriebe wie auch die Lenkung vom Morris Minor aus Coventry. In der Healey-Garnison Warwick blüht der Handel mit diversen Extras, etwa einem Shorrock-Kompressor. Der verhilft dem Sprite zu 65 SAE-PS bei 5600/min, einer Höchstgeschwindigkeit von 145 Stundenkilometern und auch sonst ganz schön auf die Sprünge, was allerdings mit Auswirkungen auf die Lebenserwartung und Störanfälligkeit des winzigen Vierzylinders bezahlt werden muss. Für den emsigen Heimwerker gibt es ein Special Tuning Manual.

Abgesehen von den wenigen kritischen Anmerkungen, die er seiner Pflicht zur Sorgfalt schuldig ist, lässt sich der gestrenge spätere *auto-motor-und-sport*-Chefredakteur Reinhard Seiffert in dem oben bereits zitierten Artikel vom Charme des 6990 Mark preiswerten Prüflings durchaus einfangen. Vor allem sagt ihm dessen beispielhafte Handlichkeit zu: Nur 2 ⅓ Drehungen des Zweispeichenlenkrads trennten die vollen Einschläge und wegen seines niedrigen Schwerpunkts läge der Sprite auf der Straße wie ein Brett, mit einer kaum merklichen Tendenz zum Übersteuern.

Als drolliges Markenzeichen des wendigen Winzlings macht Seiffert jenen markanten Basedow-Blick aus. Just diesen eliminiert der Londoner Tuner Sprinzel an seinem durchaus flotteren Sebring-Sprite im Interesse von dessen Windschlüpfigkeit, und auch in einer Special-Variante kommen dem Modell die Froschaugen abhanden: *Form follows function*. Der Pfiff geht dem Kobold aus Abingdon dabei allerdings verloren.

Als halbherzige Notlösung entstanden, werden die hoch herausgestülpten Scheinwerfer des Sprite zum Markenzeichen dieses Stars in der Einliterklasse. In den Winkeln seines Kühlermundes, hier des Schutzes durch die übliche dünne Stoßstange gänzlich beraubt, scheint sich ein permanentes kleines Lächeln zu verstecken.

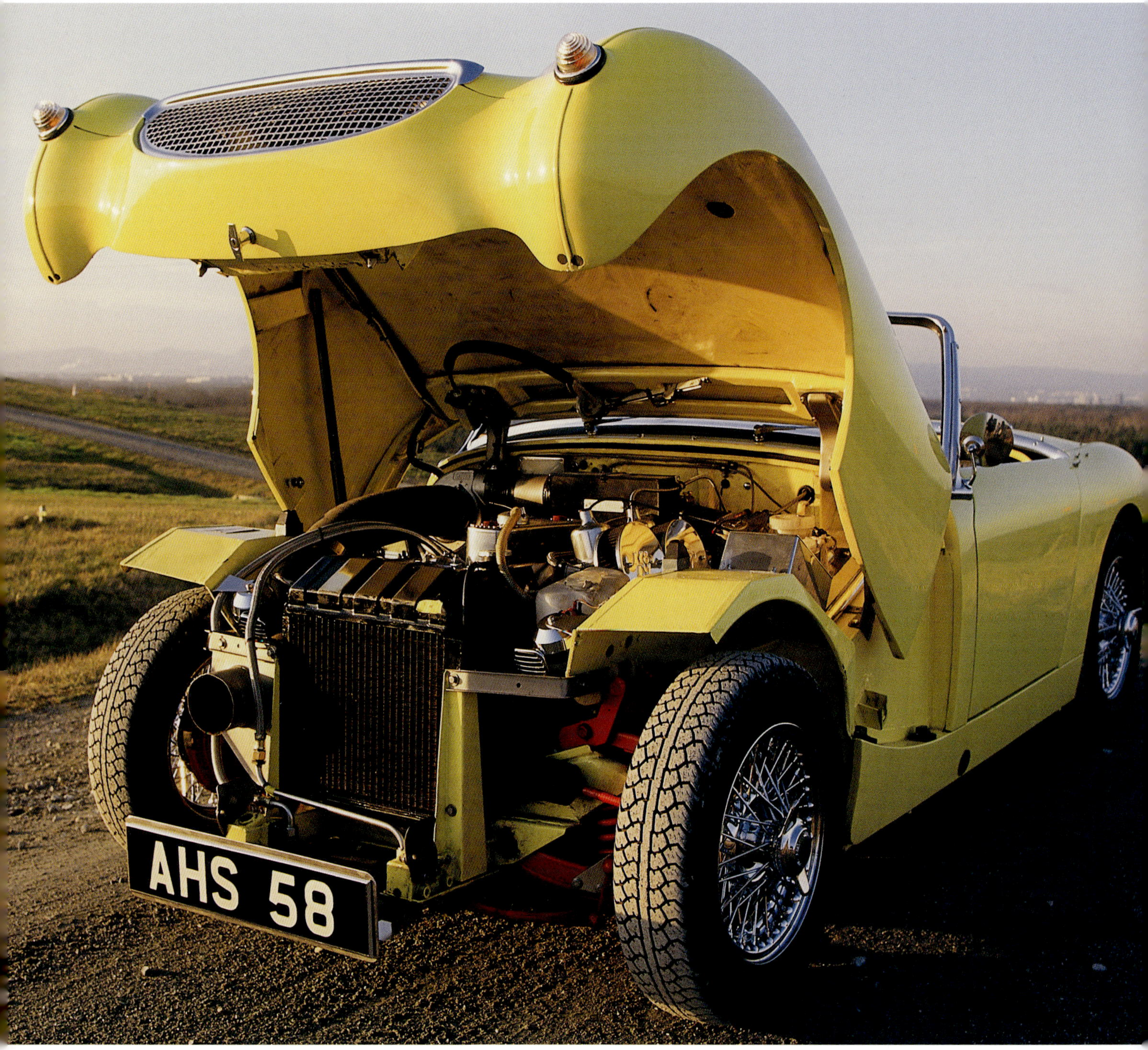
AHS 58

Unter der riesigen, komplett hochzuklappenden und keineswegs leichten Fronthaube kauert verschüchtert das Vierzylinderchen der BMC-A-Serie mit 948 cm³. Ein Kofferraumdeckel ist hingegen nicht vorgesehen, so dass das Reserverad nur schwer zugänglich ist und Gepäckstücke erst nach dem Falten der Sitze ein- und ausgeladen werden können. Auch sonst ist die Ausstattung von spartanischem Charme. Ohnehin verzeiht man dem Sprite alles.

AUSTIN-HEALEY 3000

Mit der Fertigung der letzten Austin-Healey „Sixes“ vom Typ BN4 und BN6 und des ersten 3000 im März 1959 beginnt der Erfolgsgeschichte zweiter Teil. 42 922 Dreiliter folgen, bis am 14. März 1968 das Fahrzeug mit der Chassisnummer 43 026 einen Schlusspunkt setzt. Da ist es allerdings auch schon an der Zeit: Bereits im Februar 1965 merkt *Road & Track* säuerlich an, der Augenblick für einen ehrenvollen Ruhestand sei nun da. BMC möge in Abingdon endlich mit einem unbeschriebenen Blatt beginnen.

Mähliche Evolution kennzeichnet den Weg des Modells. Bereits der Übergang vom 100/6 vollzieht sich ohne Brüche und Sprünge. Der Motor ist auf 2912 cm³ aufgebohrt, die Kompression von 8,5 auf 9 : 1 erhöht worden. Als Resultat dieser behutsamen Eingriffe leistet er 124 PS. Dass sich Scheibenbremsen vorn erst jetzt eingestellt haben, mutet verwunderlich an – bereits der 100S von 1955 hatte vier davon.

Trotz der Bleifuß-Beiträge von Pat Moss, die als begnadete Autofahrerin hochoktaniges Benzin im Blut hat wie ihr berühmter Bruder Stirling, gilt der 3000 als Spielzeug für den harten Burschen, der den Tod nur bedingt und den Teufel überhaupt nicht fürchtet. 1962 dringt einer in Le Mans bis auf Rang acht im Gesamtklassement vor, bevor ein Kolbenschaden interveniert. Und 40 Gesamtsiege auf großen Rallyes unter der Stabführung von Competition Manager Marcus Chambers gehen auf sein Konto. Sie knüpfen sich an die Namen der Besten der Branche: der Zwillinge Donald und Erle Morley zum Beispiel, Paddy Hopkirk, Rauno Aaltonen, Timo Makinen, Pat Moss und Ann Wisdom. Die Fernfahrt Liège–Rome–Liège gewinnt der Big Healey zweimal – als einziger englischer Sportwagen, wie die Werbung stolz herausstellt.

The Autocar in der Ausgabe vom 28. August 1959 arbeitet die Unterschiede zum 100/6 heraus: Mit 32,8 Sekunden brauche der 3000 fünf Sekunden weniger auf Tempo 160 und sei mit 183,5 Stundenkilometern um acht schneller. Der Motor komme mit dem Zentner Mehrgewicht trotz der längeren

Hinterachse von 3,9 : 1 (100/6: 4,1 : 1) gut zurecht. Schon im unteren Bereich sei erfreulicher Punch vorhanden. Im Stadtverkehr habe sich der Kandidat willig und diszipliniert gegeben. Gleichwohl sei in seinem Lenker der heftige Wunsch nach freier Wildbahn aufgekommen. Der Overdrive, welcher der dritten und vierten Fahrstufe zugeschaltet werden könne, wirke sich spürbar mäßigend auf Geräuschpegel und Konsumgebaren des Austin-Healey aus.

Auf den Mk I in den Versionen BT7 und BN7 folgt im Jahre 1961 für zwei Jahre der Mk II in den gleichen Varianten mit drei Vergasern an der Stelle der bisherigen zwei. 1962 gesellt sich ihm, ebenfalls mit zwei Jahren Verweildauer, der Mk II BJ7 mit 131 PS zu. Die Rückrüstung auf zwei SU-Vergaser hat lediglich eine Pferdestärke gekostet. Abgelöst wird der BJ7 bis zum Ende der Produktion vom Mk III BJ8. Immer noch ursolide 148 Pferdestärken haben die BMC-Techniker aus seinen sechs Zylindern sublimiert. Servobremsen sorgen für mehr Sicherheit, Walnussfurnier auf der Armaturentafel für eher visuelles Wohlgefallen, Kurbelfenster für ein Plus an Komfort. Ab Chassis 26705 werden 1964 mit einer Wölbung des Rahmens nach unten mehr Spielraum für die Bewegungen der Hinterachse geschaffen und der Panhardstab durch doppelte Führungsarme ersetzt, mit spürbar positiven Auswirkungen auf das Fahrverhalten des Austin-Healey 3000. Im BMC-Code stehen übrigens N für den Zweisitzer, T für den 2+2-Plätzer und J für das Convertible.

In dem bereits genannten Testbericht bescheinigt *Road & Track* dem BJ8 jenes leichte Untersteuern, das ein Auto für den Normalverbraucher so umgänglich macht. Im Grenzbereich könne man allerdings das Heck nach Art der Rallyepiloten heraushängen und mit dem Gasfuß kontrollieren, vor allem auf topfebenen Fahrbahnen. Auf welligen Straßen neige der Healey zum Hüpfen wie schon die anderen vor ihm. Die Lenkung setze dem Fahrer bei niedrigem Tempo einigen Widerstand entgegen, der aber dann progressiv abnehme. Die zusätzliche Unterkunft hinter den Sitzen sei vor allem willkommen gewesen als Dependance für den Kofferraum, der mit der Batterie und dem Reserverad bereits gut ausgelastet sei. Die Kurbelfenster verbesserten die Wintertauglichkeit des Convertibles ganz entschieden, allerdings müsse man den beiden Vergasern stets mit langen Choke-Phasen Schützenhilfe leisten.

1968 kommt es zu einem kurzen Nachspiel, als Donald Healey drei Prototypen mit Vierlitermotoren aus dem Vanden Plas ausrüstet. Die Idee setzt sich nicht durch, und so gehört das Kult-Auto Austin-Healey in seinen verschiedenen Metamorphosen der Vergangenheit an.

Bei flüchtigem Hinsehen ist der Austin-Healey 3000, enthüllt im heißen Sommer des Jahres 1959, von seinem Vorgänger 100/6 nicht zu unterscheiden. Lediglich der schräge Schriftzug 3000 als Intarsie im Kühlergrill weist normalerweise auf die Anwesenheit des Dreiliters dahinter hin. Wenn das Modell mit Speichenrädern ausgeliefert wird, scheinen die vorderen Scheibenbremsen durch.

Austin-Healey

Die Anordnung der Instrumente, in Zweiergruppen links und rechts der Lenksäule zusammengefasst und in ein von einem schmalen Chromwulst eingefasstes Oval eingebettet, hat sich ebenfalls nicht geändert. Der Kofferraum, in dem sich bereits das Reserverad und die Batterie breit machen, wird durch eine große Klappe über eine niedrige Ladekante zugänglich.

BENTLEY 4½-LITRE SUPERCHARGED

Für die verschworene Bentley-Gemeinde besteht da überhaupt kein Zweifel: Ihre Blüte hat die noble Marke in den Jahren der Unabhängigkeit zwischen 1920 und 1931 in Cricklewood erfahren. Mehr noch – in jener fernen Dekade ist im Zeichen des geflügelten B der englische Sportwagen geboren worden, dem Geiste und dem Buchstaben nach.

Vater aller Dinge ist Walter Owen Bentley, den Gott und die Welt immer nur auf seine Initialen W.O. verknappen. Den Grundstein zu einer sehr britischen Legende legt W.O., als er 1919 in der Nähe der Londoner Baker Street ein Ladenlokal kauft und zusammen mit seinen Partnern Frank T. Burgess und Harry Varley das erste Auto seines Namens auf die Räder stellt. Dass Bentley eigentlich zum Eisenbahningenieur ausgebildet worden ist, erklärt vielleicht die stämmige Solidität seiner Produkte.

Der Debütant mit dem Chassis EX.1, bei seiner Vorstellung auf der ersten Londoner Motor Show nach dem Kriege weder ganz fertig noch uneingeschränkt fahrbereit und selbst bei seiner Zulassung für den öffentlichen Straßenverkehr am 11. Dezember 1919 in ziemlich kruder Verfassung, weist gleichwohl schon programmatisch in die Zukunft. Sein Dreiliter-Vierzylinder spiegelt die Philosophie hinter den Rennmotoren von 1914 wider. Block und Kopf bilden eine Einheit. Kurbel- und Nockenwelle rotieren in jeweils fünf Lagern. Letztere wird zur Arbeit angehalten durch eine Königswelle, angesiedelt vorn im Kurbelgehäuse. Wie dieses aus Leichtmetall gefertigt sind die Kolben. Eine separate Wanne fängt das Öl der Druckumlaufschmierung auf. Jeder Brennraum wird von zwei Kerzen befeuert, das Tandem der Zündmagneten durch eine Querwelle synchronisiert. Die Zylindermaße 80 x 149 mm kommen der englischen Steuerformel entgegen, die Bohrung und Zahl der Verbrennungseinheiten miteinander ins Verhältnis setzt. Den Rahmen bilden Längsträger im U-Profil mit vier Querstreben sowie zwei rohrförmigen Stützen. Die Starrachsen sind an Halbelliptikfedern aufgehängt und Reibungsstoßdämpfer wehren die Püffe der Piste ab. Die Bremsen wirken zunächst nur auf die Hinterräder ein, ab 1923 auf alle vier. Man gewährt fünf Jahre Garantie auf das Chassis, allerdings nicht ohne den mit einem Aufbau komplettierten Wagen einem gründlichen Werktest unterzogen zu haben. 1622 Fahrgestelle werden bis 1929 ausgeliefert, viele davon durch Vanden Plas oder Gurney Nutting eingekleidet. Auf das Konto der Dreiliter-Bentley gehen die prestigeträchtigen Le-Mans-Siege von 1924 und 1927.

In den späten Zwanzigern sind allerdings seine Entwicklungsmöglichkeiten so gut wie ausgereizt. Überdies wächst sich die Konkurrenz etwa durch den Vauxhall 30/98 zur Bedrohung aus. Da die 6½-Litre-Bentley im Sportbetrieb ihre Reifen mit beängstigendem Heißhunger verschlingen, stellen sie keine echte Alternative dar. Folglich beginnt man Ende 1927 in Cricklewood mit der Serienfertigung des 4½-Litre, der seinem Vorgänger wie aus dem Gesicht geschnitten ist und von manchen als Fossil aus der Epoche Eduards VII geschmäht wird. 653 der 665 Fahrgestelle bis 1931 weisen einen Radstand von 3302 mm auf, nur zwölf 2984 mm. Bis 1929 ist das Modell nach alter Väter Brauch mit einer Konuskupplung ausgestattet, anschließend mit einer Scheibenkupplung. Da das Triebwerk – gespeist von zwei SU-Vergasern – mit zwischen 105 und 115 PS nur gering ausgelastet ist, glänzt es durch eine geradezu alttestamentarische Lebenserwartung. Sporterfolge stellen sich zuhauf ein, beispielsweise der Sieg in Le Mans 1928 oder die Plätze zwei bis vier 1930 auf dem Sarthekurs, wo man sich einem Speed Six aus dem eigenen Hause beugen muss.

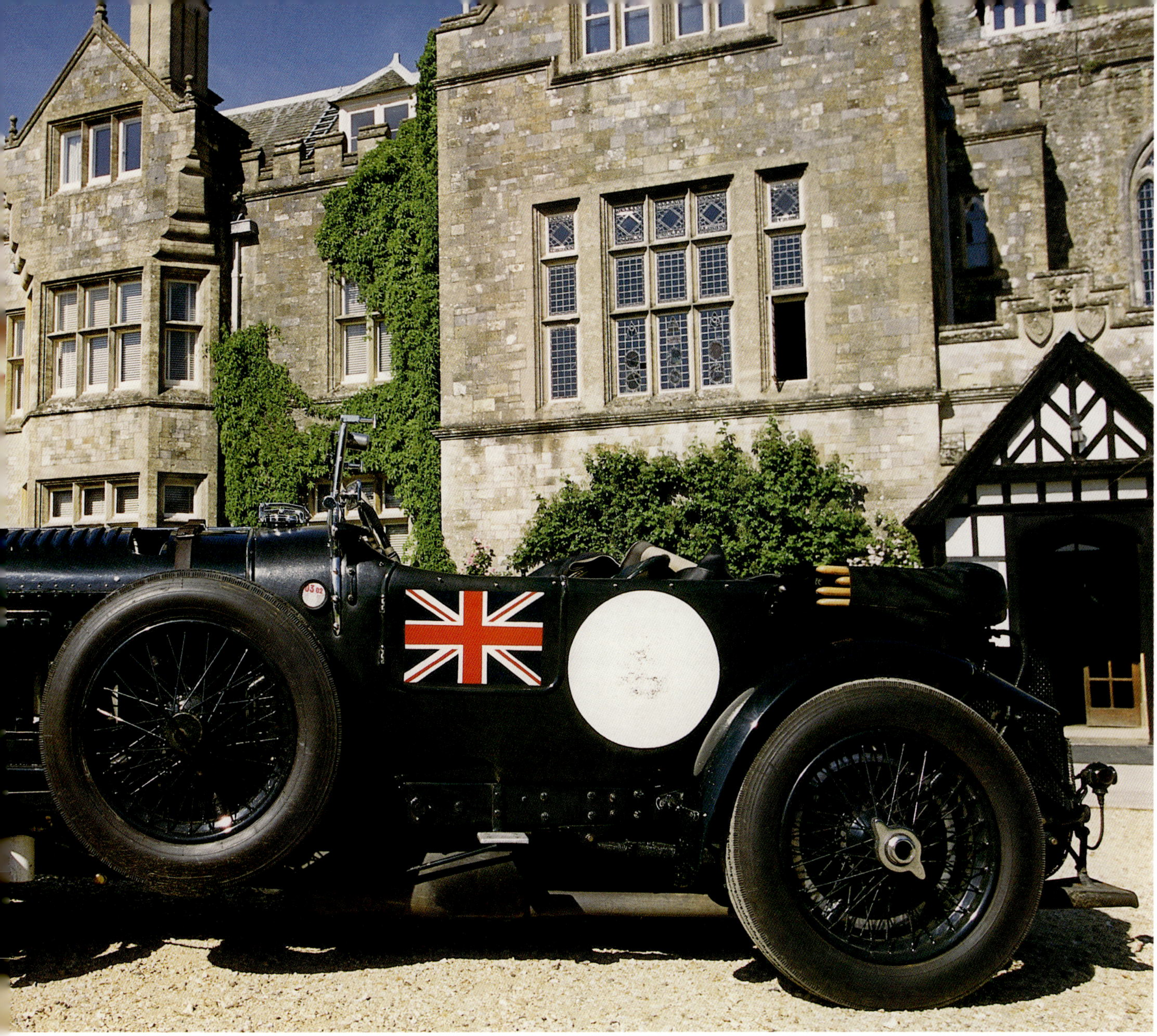

Das französische Marathon im Sinn hat man auch bei der Konzeption des „Blower“-Bentley, der ab 1929 die Baureihe nach oben abrundet. 50 Exemplare müssen zur Homologation geschaffen werden, auf 55 bringt es der 4½-Litre Supercharged bis 1931 tatsächlich. Finanziert wird er von Dorothy Paget, entwickelt von Sir Henry Birkin und Amherst Villiers, der Adresse, die auch den Doppelblattkompressor nach dem System Roots beisteuert. Das Standardchassis wird mit robusteren vorderen Querverstrebungen verstärkt, das Triebwerk völlig überarbeitet: Block, Kurbelwelle, Pleuel, Kolben sowie die gerippte Ölwanne sind neu. Den Kompressor und die beiden SU-Vergaser hat man unweit des Kühlers unter einem Drahtgitter zwischen den Chassisholmen verstaut. 182 PS leistet die Straßenversion, bis zu 250 die schärfste Waffe für die Rennstrecke, mit entsprechendem Top-Tempo zwischen 160 und 200 Stundenkilometern. 100 Stundenkilometer erreicht der Le-Mans-erprobte Rennsportwagen des Birkin-Paget-Teams bereits in ersten Gang. Vor allem die geschlossenen Varianten des majestätischen Mobils machen eine längere Reise durch einen wahren Höllenspektakel zur Tortur.

Obwohl der „Blower“-Bentley dem geflügelten B im Firmensignet gleichsam zu einer zweiten Symbolik auf höherer Ebene verhilft, ist Gründervater W.O. mit ihm keineswegs einverstanden. Mit Recht: Der Verbrauch des 4½-Litre wird durch seine Zwangsbeatmung von vertretbaren 17 Litern auf schlemmerhafte 28 Liter je 100 km gesteigert. Erhebliche Mängel bei der Ölversorgung und Kühlprobleme verprellen die Klientel. Vor allem bleiben die gewohnten Erfolge im Motorsport aus. Und das Rennen, das ihm eigentlich auf den Leib geschnitten sein sollte, gewinnt er nie: Le Mans.

Ohne Zweifel eine mächtige Autopersönlichkeit, hoch gewachsen und bedrohlich: Zu seiner Zeit konnte man mit dem Bentley 4½-Litre Supercharged so ziemlich allem das Nachsehen geben, was da so über englische und kontinentale Straßen kreuchte und fleuchte. Das abgebildete Fahrzeug begann seine Vita als Sportsman's Coupé mit einer Karosserie von Vanden Plas, wurde später zur Le Mans Replica umgebaut und gehört inzwischen zum Bestand des National Motor Museums zu Beaulieu.

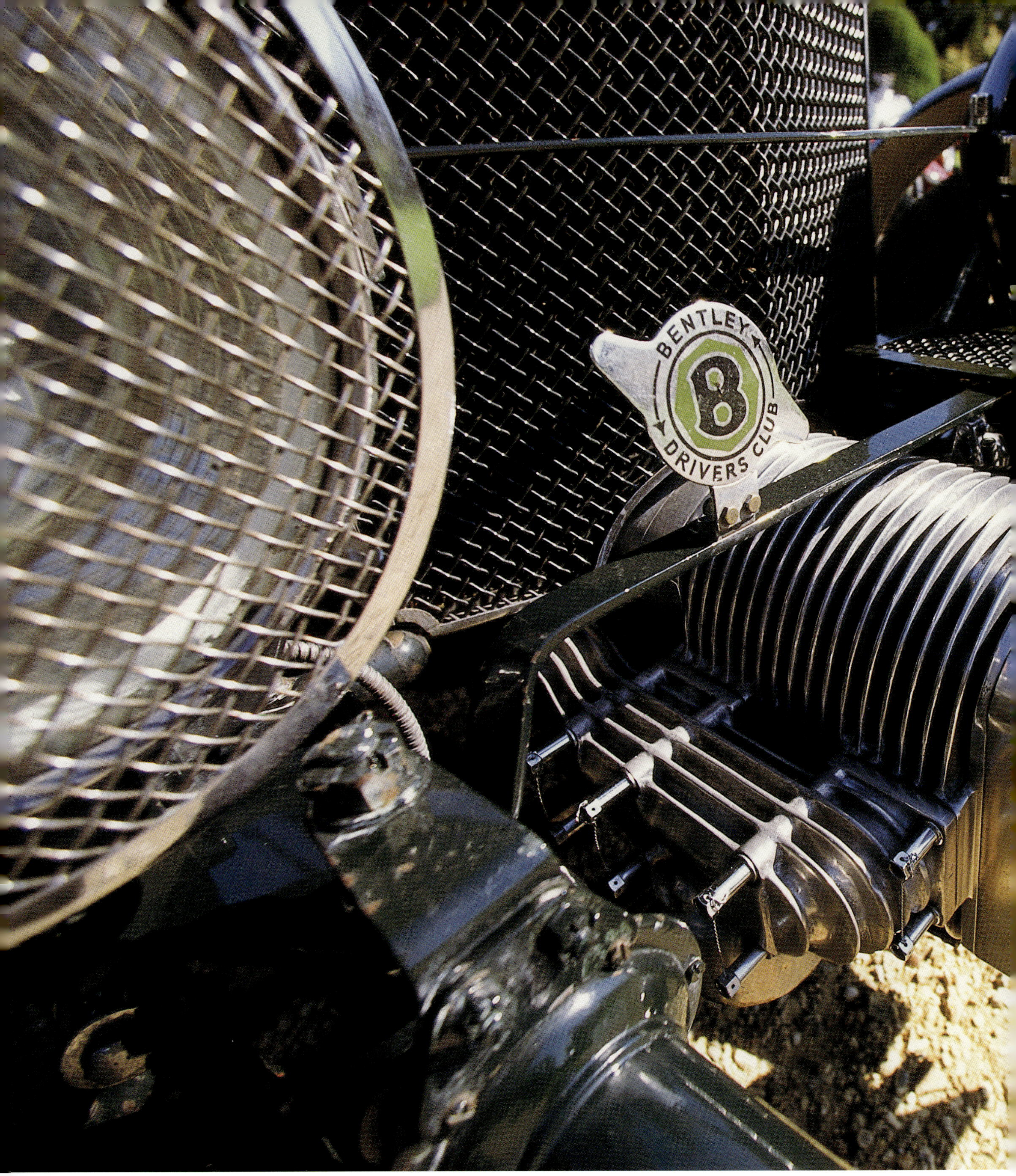
BENTLEY
B
DRIVERS CLUB

Unter dem Kühler ragt in all seinem Glanz und all seiner Glorie der Kompressor hervor. Er bläst dem voluminös-statuarischen Vierzylinder 182 PS ein, nicht ohne 35 davon für seinen eigenen Betrieb zu verschlingen. Das Gitter links, typisch für die Birkin-Wettbewerbswagen, soll Ungemach von den Vergasern fern halten. Heute sind die Lenkräder von Rennwagen kleiner, damals waren sie größer als der Durchschnitt, da erhebliche Kräfte aufzubringen waren.

BRISTOL 404

Im Jahr des Neubeginns 1945 gründet die Bristol Aeroplane Company eine kleine Autofiliale, um brachliegende Kapazitäten zu nutzen. Die Philosophie: wenige Autos in Handarbeit herzustellen gemäß dem hohen Standard und einigen der Prinzipien, die in der Flugzeugindustrie Brauch sind. Überdies möchte man so autark wie möglich bleiben. Dieser elitäre Ansatz ruft auch Kritiker auf den Plan: Warum sollte sich Bristol ein Teil für fünf Pfund zuliefern lassen, spotten manche, wenn man es doch für 30 Pfund selber fertigen könnte?

In Opus eins, dem Modell 400, das auf dem Genfer Salon 1947 vorgestellt wird, findet sich erstklassige Vorkriegsware zusammen – made in Bavaria. Das Fahrgestell leitet sich her vom BMW 326, ein geschlossener Kastenrahmen mit hinteren Auslegern, einer Starrachse und längs liegenden Torsionsstäben, Einzelradaufhängung vorn an einem oberen Dreiecksquerlenker und einer Querblattfeder, als Baueinheit demontierbar. Der Motor stammt im Prinzip vom BMW 328, ein Reihensechszylinder mit seitlicher Nockenwelle und 1971 cm³ Volumen, 90 PS stark. Sie machen sich keineswegs sonderlich diskret Luft: Der Wald von Stößeln, der die Ventile auf Trab halte, schreibt ein aufmerksamer Zuhörer, verursache ein Geräusch, als wenn tausend Großmütter strickten. Die Karosserie zeigt sich vom BMW 327 inspiriert.

Um eine Raubkopie handelt es sich indessen keineswegs. Der ursprüngliche, etwas unhandliche Name des Exponats verrät auch warum: Frazer-Nash-Bristol. Frazer-Nash-Boss H.J. Aldington unterhält bereits vor dem Krieg freundschaftliche Beziehungen zu den Bayerischen Motoren Werken, erwirbt die Verkaufs- und Fertigungsberechtigung für England und verfügt schließlich über die Baupläne der Typen 327 und 328 als Reparationsleistungen. Bristol ersteht die Rechte, die sich Aldington aber wieder zurückholt – wie seinen Namensanteil an dem neuen Produkt.

Diesem gesellt sich im Oktober 1948 der Bristol 401 zu, ein von der Mailänder Carrozzeria Touring in Superleggera-

Bauweise frisch eingekleideter Saloon, der viel aerodynamische Feinarbeit verrät und sich mit ungewöhnlich stabilen Stoßfängern gegen Rempler von vorn und hinten zu schützen weiß. 1949 weckt Bristol in Genf die Begehrlichkeiten wohlhabender Kunden mit dem Cabriolet 402, dessen schöne Linie die Meisterhand Pinin Farinas verrät. Im Frühjahr 1953 folgt der 403 als zeitgemäße Ausbaustufe des 401 mit einer stärkeren Kurbelwelle und größeren Einlassventilen, so dass die Oma-Riege jetzt an 100 PS strickt. Auch Bremsen und Aufhängung sind retuschiert, unübersehbar aber noch immer die Familienähnlichkeiten zu den deutschen Vorfahren.

Erst bei dem 404 im Herbst jenes Jahres sucht man nach diesen weitgehend vergeblich. Sein zweisitziger Coupéaufbau lässt keinen Zweifel aufkommen, dass wiederum der Windkanal konsultiert wurde. Die gerade Gürtellinie endet vorn ebenso in einer sanften Rundung wie hinten, wo zierliche aufgesetzte Finnen an die riesigen Heckflossen des Renncoupés Typ 450 erinnern. Auch mit dem schmucklos-funktionellen Kühlermaul zitiert Bristol sich selber: Ein ganz ähnliches findet sich an den Brabazon-Flugzeugen des Mischkonzerns. Wie am Aston Martin DB1 ist das Reserverad in einem Behältnis links hinter der Vorderachse untergebracht, dessen Abschluss sich voll in die Silhouette integriert. Einen externen Zugang zum Kofferraum gibt es nicht. Die Karosserie aus Leichtmetall ruht auf einem Rahmen aus Pechkiefernholz mit einer Aluminium-Substruktur im Bereich der Türen. Was immer den Fahrer über Betriebsmoral, Wohlbefinden und momentane Auslastung des Bristol 404 auf dem Laufenden hält, ist in einem Gehäuse hinter dem Lenkrad zusammengefasst. Zwei Motoren können geordert werden, eine mildere Version von 107 PS und eine schärfere von 127 PS, nicht unähnlich den Formel-2-Triebwerken der Marke.

Dass es bei einer Population von nur 40 Bristol 404 sein Bewenden hat, dafür gibt es zwei Gründe. Zum einen stiehlt ihnen der Jaguar XK 140 die Schau und die Klientel, in allen Belangen überlegen und lediglich halb so teuer wie der 404, der mit 3542 Pfund, 15 Schillingen und zehn Pence inklusive Kaufsteuer mächtig zu Buche schlägt. Zum anderen bietet der ungemein erfolgreiche Geschäftsmann und Freizeit-Rennfahrer Stanley Howard Arnolt in den Vereinigten Staaten den Arnolt-Bristol an, auf einem 404-Fahrgestell mit einem schmucken Aufbau von Bertone – und zum halben Preis des Originals. Manche sagen sogar, der Amerikaner aus Chicago sei viel attraktiver als sein englisches Gegenstück.

Mit dem 404 erinnert die Bristol Aeroplane Company genüsslich an eigenes Schaffen. Die schmucklos-aggressive Kühleröffnung ist einem Flugzeug der Marke entlehnt. Die rasiermesserscharf skulptierten Flösschen hinten spielen auf die gigantischen vertikalen Heckfinnen des Modells 450 Sport Coupé an, das 1953 seine Klasse beim 12-Stunden-Rennen von Reims gewann. Beide nahmen im Windkanal Gestalt an.

Die Kraftquelle des 404 gleicht dem erfolgreichen Bristol-Rennmotor, mit drei Solex-Vergasern und seinem Krümmer mit sechs Ausgängen. Sein Reserverad haust aufrecht in einem Abteil im linken Kotflügel, die Batterie nebst elektrischer Ausrüstung entsprechend auf der anderen Seite.

Die Instrumente sind überdacht, um Spiegelungen in der Windschutzscheibe zu vermeiden.

Zwei Dinge machen Caterham-Chef Graham Nearn in der zweiten Hälfte der Achtziger zu schaffen. Zum einen sprengt die zügig zunehmende Nachfrage nach dem hurtigen Kult-Car Caterham (geb. Lotus) Super Seven die Möglichkeiten seiner bescheidenen Geburtsstätte in Caterham Hill, Surrey, ursprünglich eine rauchgeschwärzte Schmiede inmitten eines Obstgartens. Auf der Suche nach mehr Raum wird Nearn rasch fündig an der Kennet Road zu Dartford. Just schickt man sich im Oktober 1987 an, mit Sack und Pack den Weg dorthin anzutreten, als der berüchtigte Hurrikan Gilbert schnöde in den alten Liegenschaften wütet, ein Vorgang, dessen düstere Symbolik von der Caterham-Crew durchaus bemerkt wird.

Ihr Schaffensdrang wird indessen weder durch den Standortwechsel noch durch den Wirbelwind beeinträchtigt. Im Gegenteil: Innovation heißt das Gebot der Stunde, soweit sie bei einer solch begehrten Antiquität überhaupt gefragt ist. Als Alternative zu der serienmäßigen Starrachse mit Trommelbremsen hinten wird eine De-Dion-Achse mit Bremsscheiben von 228 mm Durchmesser verfügbar. 1988 verbessert man die Schlechtwetterausrüstung und vergrößert den Kühler des Seven. Mit zahllosen Extras wie etwa einer gediegenen Lederausstattung des Zulieferers Oxted lassen sich selbst die ungewöhnlichsten Geschmäcker unter den Freunden der Marke bedienen. Dem gleichen Ziel dient das Nearn-Hobby der limitierten Edition wie beispielsweise das Modell Prisoner in British Racing Green mit gelber Nase und knallrotem Interieur, das auf der London Motor Show 1990 an die gleichnamige populäre TV-Serie der sechziger Jahre erinnert. Schauspieler Patrick McGoohan, der damals einen Lotus Seven als Streifenwagen benutzte, erteilt dem Projekt freudig seinen Segen und scheut auch die Anreise aus dem fernen Hollywood nicht. Vom gleichen Jahr an gewährt eine Honigwabenstruktur mehr Schutz bei einem seitlichen Aufprall.

Zum anderen neigt sich die Ära des Ford-Kent-Stoßstangenmotors sowie des Zweinockenwellentriebwerks Cosworth BDR, beide seit 1968 im Sortiment, ihrem Ende zu. Auch hier ist man um schnelle Lösungen nicht verlegen. Die Ford-Maschine wird ersetzt durch einen Rover-Vierzylinder der K-Serie von 1,4 Litern mit zwei oben liegenden Nockenwellen und ganz aus Leichtmetall, so dass er 30 kg weniger auf die Waage bringt als sein Vorgänger. Die aufwändig inszenierte Vorstellung in den Londoner Docklands im Juli 1991 wird begleitet von vielen guten Worten zu dem Rover-Deal.

Knapp ein Jahr früher ist in der neuen Fertigungsstätte in Dartford die Variante HPC präsentiert worden, Ergebnis einer

CATERHAM

viel versprechenden Geschäftsverbindung mit Vauxhall und – darüber sind sich bald alle einig – der beste Seven aller Zeiten. Unter der schlanken vorderen Haube steht aufrecht und ganze 126 kg leicht der seit dem Mai 1988 aus dem Vauxhall Astra GTE bekannte Sechzehnventiler von zwei Litern Volumen, eine Cosworth-Kreation, die von Hause aus 150 PS mitbringt. Im Seven HPC speisen ihn zwei Doppelvergaser Weber 45 DCOE, die im Bunde mit einem geänderten Auspuffkrümmer noch einmal für 25 Mehr-PS sorgen, zugleich wie seine Trockensumpfschmierung eine Konzession an den japanischen Markt, wo man dergleichen als technische Delikatessen schätzt. Die De-Dion-Achse ist Standard wie auch ein Ausgleichsgetriebe mit begrenztem Schlupf und der Satz nur 6,7 kg schwerer Leichtmetallfelgen. 590 wiegt der kleine Renner leer, so dass jedes PS für die Beförderung von lediglich 3,4 kg zuständig ist.

Dies führt zu bemerkenswerten Fahrleistungen: 4,9 Sekunden für den Sprint auf Tempo 96 sowie 209 Stundenkilometer Spitze gibt das Werk an und fühlt sich auf sympathische Weise verantwortlich für seine Kunden. Der High Performance Course HPC (daher der Name) wird für Eigner bis 25 Jahren vorgeschrieben, darüber als freiwillige Leistung empfohlen. Für alle, die es noch heißer mögen, werden von der Pferdestärken-Manufaktur Swindon Racing Engines drei Tuningstufen von 218, 225 und 235 PS offeriert, überboten noch von der Version JPE (für Jonathan Palmer Evolution) von 1992. Palmer hat gerade eine Grand-Prix-Karriere beendet und so mag man sich mit 250 PS nicht lumpen lassen.

SEVEN

Solchem Wildwuchs setzen gleichwohl verschärft angewendete Emissionsbestimmungen ein Ende. Bereits 1993, als der HPC nicht nur als Baukasten, sondern auch vom Werk fertig montiert zu haben ist und einen neuen Grill mit einem 7-Logo in den Wind streckt, müssen die Vergaser abgerissen und durch die ursprünglich vorgesehene Einspritzung ersetzt werden, was zehn Pferdestärken das Leben kostet. Unmäßiger Abgasausstoß ist es trotzdem, der dem Modell 1996 nach insgesamt 387 Exemplaren (238 mit Vergasern, 149 mit Einspritzung) den Garaus macht.

Soweit die schlechte Nachricht. Die gute ist, dass der Caterham Seven im Prinzip so unsterblich ist wie eine hirschlederne Reithose.

Im August 1990 in Dartford vorgestellt, ist der Seven HPC mit seiner Zweiliter-Vauxhall-Maschine der bislang schnellste Caterham.

Ästhetik wie Fahrvergnügen des Caterham Seven HPC erwachsen gerade aus seinem kahlen Minimalismus. Seine skurrile Schlichtheit macht ihn schon wieder zum Kunstwerk mit liebevoll-funktionell gestalteten Einzelheiten. Dergleichen bekommt man sonst so nicht zu sehen, das Fenster, aus dem die Ausläufer der beiden Weber-Vergaser hervorlugen, oder die bizarr-effiziente Führung der Auspuffgase zum Beispiel. Zum eigenen Profil jedes einzelnen tragen individuelle Zutaten seines Besitzers bei wie hier der auf dem Kopf stehende Tachometer.

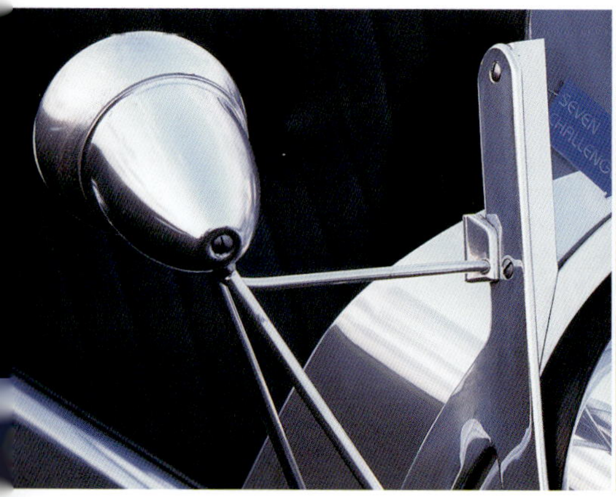

CATERHAM 21

Nach 21 Jahren strenger Seven-Monokultur verordnet Caterham-Chef Graham Nearn nach etlichen angeregten Gesprächen mit seinen Mitarbeitern Jez Coates und Reg Price sich selbst und seiner Crew Abwechslung: ein eigenes Modell müsse her als Ergänzung zu dem zählebig-populären Evergreen, ein bisschen Kür und Kurzweil nach so viel Kontinuität. Der Name des Projekts ergibt sich aus dem Anlass: C21, später zu 21 verkürzt.

Natürlich orientiert man sich zunächst in der Lotus-Historie. Etwas in der Art des Eleven, einst eine voll umkleidete Rennvariante des Ur-Seven, kommt nicht in Frage, da es auf die einhellige Missbilligung der europäischen Zulassungsbehörden treffen würde. Mit denen hat man ohnehin genug Verdruss. Denn zunehmend erweist es sich als schwierig, den Caterham Seven einzubürgern oder auch nur seine Aufenthaltsgenehmigung zu verlängern angesichts sich stetig

Die wohlwollende Rezeption, die dem Caterham 21 bei seinem Debüt auf der Birmingham Motor Show im Oktober 1994 zuteil wird, wurzelt auch im Nostalgischen wie das Auto selbst: Es beschwört Erinnerungen an die klassische Lotus-Periode der sechziger Jahre herauf, ohne seine historischen Vorbilder einfach zu kopieren. Zum Eigenständigen gehören die Lufteinlässe in der Motorhaube, im Spiel von Licht und Schatten ins Bizarre verzeichnet.

verschärfender Bestimmungen, die die Tragbarkeit seiner Emissionen und seine Crashtauglichkeit in Frage stellen. Ebenfalls verworfen werden zwei andere mögliche Parameter: ein rahmenloses leichtes Kompositmonocoque à la Lotus Elite sowie das Mittelmotor-Prinzip. Als kleiner Betrieb mit nur 60 Angestellten wäre man derart aufwändigen Herausforderungen gar nicht gewachsen.

Machbar indes ist, was Chris Rees in seiner Caterham-Monographie „a slippery son of the Seven" nennt – ein windschlüpfiges Derivat des normalen Marken-Artikels. Dass dabei die Firmenphilosophie, die Technik im Gewande des Seven könne sich durchaus ändern, nie aber dürfe sein Look angetastet werden, auf den Kopf gestellt wird, bereitet niemandem schlaflose Nächte. Gleichwohl erweitert man bei identischem Radstand die Spur vorn um 76 mm auf den gleichen Wert wie hinten, so dass sogar der Raum für eine Stütze links herausspringt, wo im Seven der Kupplungsfuß unbehaust nach einer Bleibe sucht. Der Rahmen wird angemessen versteift, die Antriebseinheit ebenso übernommen wie die Konfiguration der Aufhängung mit einem veränderten Stabilisator vorn.

Der Prototyp eines Chassis, bei Arch Motors in Auftrag gegeben, ist im März 1994 fertig gestellt. Als Designer hat Jez Coates ein paar Tage vor dem Weihnachtsfest des Vorjahres den früheren Caterham-Bediensteten Iain Robertson verpflichtet, ein moderates Honorar vereinbart und in groben Umrissen die Richtung vorgegeben: ein traditioneller englischer Sportwagen, leicht sowie von klarer und knapper Linienführung, so, als spanne man die Außenhaut über ein Skelett. Gleichwohl habe sich der 21 dem Blick des Betrachters als sexy einzuschmeicheln. Von vier Vorschlägen erweist sich der erste als jedermanns Favorit.

Im April 1994 trifft das Fahrwerk bei Jez Coates ein und umgehend krempeln dieser und Iain Robertson in einem Schuppen auf Coates' Anwesen die Ärmel hoch. Er habe sich, erzählt er später, wie ein moderner Michelangelo gefühlt. Vermittels einer Motorsäge als vergleichsweise grobem Arbeitsgerät schnitzt man aus Styroporblöcken wie eine Skulptur die linke Hälfte und verdoppelt sie kurzerhand spiegelbildlich.

Um Opus eins von vornherein mit einer qualitativ guten Anmutung auszustatten, lässt man es bei der Roach Manufacturing Ltd. in Ower, Hampshire, in Aluminium einkleiden. Wie der Kollege Seven gerät es auch sonst zur Collage aus Teilen von vielerlei Herkunft: das JPE-Triebwerk beispielsweise (später werden überwiegend Rover-Motoren angeboten) wie auch die inneren Türgriffe von Vauxhall oder die Blinkleuchten von Suzuki, während etwa die Instrumente aus dem Seven übernommen und nur anders gruppiert werden.

Das Debüt des Caterham 21 verläuft viel versprechend. Auf der Birmingham Motor Show im Oktober 1994 hinterlässt er mit seiner auf Hochglanz polierten Karosserie buchstäblich einen glänzenden Eindruck. Als hilfreich zeigt sich zudem, dass er im BBC-Automagazin *Top Gear* mit Ex-Rennfahrer Tiff Needell am Lenkrad als voll fahrbereit vorgestellt wird.

Kurz nach der Ausstellung verfrachtet man den Prototyp zum Plastik-Spezialisten Rawlsons nach Dover, wo wahlweise Aufbauten aus Kompositmaterial hergestellt werden sollen, nicht ohne dass man im Bereich der Heckleuchten eine leichte Asymmetrie entdeckt und beseitigt hat. Für die Hülle aus Leichtmetall, in die eine Arbeitszeit von jeweils 1000 Stunden einfließt, wird Caterham-Importeur Tanaka in Tokio zuständig sein. *Autocar*-Tester Andrew Frankel attestiert dem Prüfling das typische Caterham-Fahrgefühl, was nur als Kompliment gemeint sein kann. Auch auf der traditionellen Essener Herbstausstellung für besondere Automobile macht das schmucke Exponat eine gute Figur.

Dann aber steht dem Caterham 21 sein hoher Preis im Wege – ursprünglich bereits 18 750 Pfund in Komponentenform. Überdies will es das Pech, dass ihn Konkurrenten wie der Mazda MX-5 oder auch der BMW Z3 förmlich erdrücken. Und so bleibt es bei der dünnen Population von 68 Exemplaren bis einschließlich November 2000 und dem Vergnügen seiner Väter daran, einen schönen Traum in die Tat umgesetzt zu haben.

Folgende Doppelseite: Kühn wie die äußere ist auch die Innenarchitektur des 21. In einer schmalen Mittelkonsole stehen Instrumente vertikal untereinander. Fahrer und Beifahrer werden streng voneinander getrennte Abteile zugewiesen, die ungewöhnlichen soliden seitlichen Halt gewähren. Aber Ellbogenfreiheit gibt es viel mehr als im Seven.

R355 BMV

R355 BMV

RECHTS: *Ein Ford-Crossflow-Motor nebst Fünfganggetriebe wird vereint mit dem Chassis einer limitierten Seven-Auflage für den Export nach Japan, erkennbar an Aluminium-Motorradkotflügeln hinten.*

Die Supersport-Version des Rover-K-Series-Motors erhält eine schärfere Nockenwelle, die die Leistung von 120 auf 135 PS anhebt.

CATERHAM CARS LIMITED

GEBURT DES GLORREICHEN SEVEN

Caterham-Mitarbeiter Derek Gilbert baut den Einlasstrakt der Ford-Maschine an.

Da die Vergaser mehr Platz beanspruchen, muss ein Loch in der Motorhaube Raum schaffen.

Derek Gilbert befestigt die als Option erhältlichen Vierpunktgurte. Die inneren Paneelen des Japan-Exports sind rot beschichtet.

DAIMLER SP250

Für die vornehme Daimler-Familie, die in den fünfziger Jahren gediegene Limousinen wie den Regency Empress und den Majestic hervorbringt, ist er so etwas wie ein missratener Sohn, der SP250, vorgestellt am 4. April 1959 im Rahmen der International Automobile Exhibition zu New York. Seinen ursprünglichen Namen Dart streift er rasch wieder ab, da Chrysler für ein gleich bezeichnetes Dodge-Modell das Copyright beansprucht.

Im Januar 1964 – 1200 Exemplare des bizarren Roadsters mit Links- und 1445 mit Rechtslenkung rollen inzwischen über vornehmlich englische und amerikanische Straßen – schlummert seine Produktion wieder ein. Das Ende führt der Unwille von Jaguar-Chef Sir William Lyons herbei, der die älteste englische Automobilfabrik seit 1960 kontrolliert und

das Projekt von vornherein mit herber Kritik gebrandmarkt hat. Am Anfang hingegen steht die Initiative eines anderen, des frisch gebackenen Daimler-Managers Edward Turner, der sich mit der Entwicklung von Motorradmaschinen einen Namen gemacht hat.

Auf sein Konto geht der kompakte und leichte V8 des SP250, ein Kurzhuber mit hoch angesiedelter seitlicher Nockenwelle, dessen Zylinderbänke im Winkel von 90 Grad zueinander geneigt sind und der im Bereich des Ventiltriebs die Motorrad-Philosophie seines Schöpfers verrät. Ungemein elastisch und mit seidenweicher Kraftentfaltung begabt, ist er mit 140 PS bei 5800/min keineswegs ausgelastet und erfreut den Besitzer des SP250 bei behutsamem Umgang und liebevoller Wartung mit hoher Lebenserwartung. Ein erster Prototyp zeigt sich bereits im Sommer des Jahres 1958 standfest.

Turners Meisterstück wird implantiert in ein Chassis, das seine Verwandtschaft zu dem des Triumph TR3A kaum verhehlen mag: ein Kastenrahmen mit Kreuzverstrebung, vorn Einzelradaufhängung mit übereinander liegenden ungleich langen Dreiecksquerlenkern und Schraubenfedern mit innen untergebrachten Teleskopstoßdämpfern, hinten Starrachse über den Chassisträgern und Halbelliptikfedern, effiziente Girling-Scheibenbremsen ringsum, die wie die Kupplung ihre Arbeit erst am Ende eines langen Pedalwegs aufnehmen.

Was den Werkstoff für die zweiplätzige Karosserie mit einer gepolsterten Notunterkunft hinter den vorderen Schalensitzen anbelangt, entscheidet man sich für Glasfiber, um angesichts des knappen Budgets hohe Investitionskosten zu vermeiden. Das Resultat ist ebenso markant wie hässlich. In ihrem Bestreben, etwas gänzlich Unverkennbares zu schaffen, haben die Daimler-Designer offensichtlich jedes Gespür für Proportionen verloren und Heterogenes wie etwa die strikt waagerecht verlaufenden Heckfinnen, das wulstig nach vorn gestülpte Kühlermaul und die aus den Kotflügeln hervorquellenden Scheinwerfer zu einer Synthese des Unvereinbaren zusammengezwängt. Schlimmer noch: Zumindestens in der ersten Generation bilden sich im Umkreis der Scharniere, um die Scheinwerfer und Türgriffe, aber auch im Bereich der Kotflügel und der Motorhaube Risse aus wie auf Wüstenboden, der nach einem Regenguss wieder verdorrt. In dieser Phase verwindet sich der SP250 so stark, dass auf rauen Wegstrecken gelegentlich jäh die Türen aufspringen und somit die Insassen nachhaltig verunsichert werden. Ein seit Oktober 1960 erhältliches Hardtop wirkt sich als stabilisierendes Element aus und in der B-Spezifikation ab April 1961 schaffen Verstärkungen an Rahmen und Aufbau Abhilfe. Zugleich werden frühere Extras wie richtige Stoßfänger an Stelle der serienmäßigen Hörner vorn und hinten sowie ein einstellbares Lenkrad Standard. Vom Februar des gleichen Jahres an wird als Alternative zu dem Schaltgetriebe, dessen erste Fahrstufe sich noch nach alter Väter Sitte nur mit Zwischengas einrücken lässt, eine Automatik von Borg Warner angeboten. Zusätzlicher, wenn auch elementarer, Komfort findet sich ab März 1963 in einer C-Version: ein Zigarettenanzünder zum Beispiel und eine Defrosteranlage.

Angenehm überrascht zeigen sich zeitgenössische Rezensenten von Details wie dem voluminösen Kofferraum, einem geräumigen verschließbaren Handschuhfach und dem Lederbezug der Armaturentafel, auf der ungewöhnlich große Instrumente wohl platziert Auskunft über Wesentliches erteilen. Mit 948 kg Leergewicht ist der Daimler SP250 ein ungemein munteres Mobil, das sich mit fast 200 Stundenkilometern Spitze und 8,8 Sekunden für den Anmarsch auf Tempo 100 im Kreis erlauchterer Konkurrenten durchaus sehen lassen kann. Er verhält sich grundsätzlich untersteuernd, keilt auf welliger Fahrbahn gern ein wenig aus und warnt seinen Chauffeur freundlich vor, bevor er mit dem Heck wegzuwischen gedenkt.

Viel Positives also auch – dem Daimler Dart alias SP250 hilft es nicht zum Überleben.

Im Kontrast zu dem allgemein mäßigen Anstieg der Partie hinter dem oval gespitzten und üppig verchromten Frontgrill sind die Scheinwerfer des SP250 auffällig herausskulptiert und überragen ihre Umgebung mit starkem Basedowblick. Ähnlich willkürlich wuchern vorn und hinten angedeutete Kotflügelschwingen aus dem Glasfiberaufbau. Das Bestreben nach einer ausgeprägten Form ging offenbar auf Kosten ausgewogener Proportionen.

DSP 250

Der Eindruck, dass bei der Konzeption des Daimler einiges nur halb zu Ende gedacht wurde, setzt sich hinten fort, wo die scharf ausgeprägten Heckfinnen nicht mit ihrem eher rundlichen Umfeld harmonieren. Gleichwohl bietet der Daimler SP250 bemerkenswert viel Kofferraum und selbst größere Kleinigkeiten können in seinem abschließbaren Handschuhfach verstaut werden. Das kräftige, wenn auch nicht bis an die Grenzen ausgelastete, leichte und kompakte V8-Triebwerk ist ein Geschöpf des Motorenspezialisten Edward Turner.

ELVA COURIER

Großzügig bemessen ist die Windschutzscheibe, so dass sich selbst hoch gewachsene Passagiere nicht unter dem rückstandslos zu entfernenden Zeltdach ducken müssen, generös instrumentiert die Armaturentafel. Mit seinen scharf konturierten Heckfinnen macht der Elva Courier Konzessionen an die Zeitmode. Unter seiner vorderen Haube wartet das allseits bekannte BMC-B-Triebwerk wie im MGA dienstfertig auf seinen Einsatz.

Wie sein illustrer Kollege Colin Chapman fasst der in Hastings, Sussex, tätige Rennwagenbauer Frank Nichols irgendwann in den fünfziger Jahren den Entschluss, sich mit sportiven Autos für den öffentlichen Straßenverkehr ein Zubrot zu verdienen. Bei der Suche nach einem Namen lässt man sich indessen von unterschiedlicher Eingebung leiten: In dem Begriff Lotus verbirgt sich Poesie, irgendein zartes kleines Geheimnis zwischen Chapman und seiner Frau Hazel. Die Geschichte hinter dem Signet Elva liest sich hingegen eher prosaisch: Als sich ein Prototyp überraschend in Bewegung setzt, ruft jemand vergnügt auf Französisch „elle va!" – der läuft ja tatsächlich. Voilà!

Dass Dynamik im Kaufpreis inbegriffen ist, davon zeugt auch die Typenbezeichnung Courier für den ersten Elva-Straßensportwagen von 1958. Zwei Voraussetzungen müsse der ideale Besitzer mitbringen, lässt Nichols nicht ohne Selbstironie verlauten, einen wasserdichten Schädel und einen pneumatischen Hintern. In der Tat ist der Elva Courier ein Fahrzeug für Männer, die Pfeife rauchen und auch schon einmal riskieren, dass diese zum Erlöschen gebracht wird, weil es durch das krude Zeltverdeck hereinregnet. Die renommierte Fachpublikation *The Autocar* kleidet dieses Phänomen im selben Jahr gleichmütig in englisches Understatement: Der Wetterschutz befinde sich nicht in vollem Einklang mit dem Standard, der auf diesen unberechenbaren Inseln wünschenswert sei.

Diese Problematik stellt sich allerdings zunächst nicht, da die komplette Courier-Erstauflage vergriffen ist, in Beschlag genommen von dem amerikanischen Importeur Continental Motors, Washington, D.C. Erst 1960 macht man das Modell als Kit Car auch Kunden im nasskalten Vereinigten Königreich zugänglich, sanft modifiziert etwa mit einer gekrümmten Frontscheibe, die ursprünglich simpel und gerade beschaffen war.

Wie Chapman setzt Nichols Eigenes und Fremdes zu einer Collage sui generis zusammen, in den Versionen Mk I und Mk II bis 1961 ein sehr spezielles Angebot an ungefähr 700 Individualisten, die vor allem anders motorisiert sein wollen als die anderen.

Als Rückgrat dient ein Rohrrahmen verstärkt durch Querverstrebungen, mit Einzelradaufhängung vorn aus eigener Fertigung an Trapez-Dreiecksquerlenkern und Schraubenfedern und einer BMC-Starrachse mit Schraubenfedern, Längslenkern und Panhardstab hinten. Hier werden Trommeln verwendet, während am anderen Ende Scheibenbremsen den Geist der neuen Zeit verraten.

Lediglich 454 kg wiegt das komplette Chassis. Zum Federgewicht des Elva Courier von 705 kg insgesamt trägt vor allem sein Kunststoffaufbau bei, halb gefällig, halb skurril und ein klassisches Beispiel für die Erkenntnis, dass Schönheit im Auge des Betrachters liege. Für die Insassen sind im Grunde genommen nur zwei Notunterkünfte von klaustrophobischer Enge eingeplant. Im Interesse einer optimalen Gewichtsverteilung von 53,1 % vorn und 46,9 % hinten hat Nichols nämlich den Motor weit zurückgenommen. So macht sich ein beträchtlicher Teil des Getriebegehäuses im Passagierabteil breit, auf Kosten etwa des Lebensraums für den

Kupplungsfuß, der dafür auf einem eigens dafür vorgesehen Sims ruht. Und auch die Schalthand muss schier verrenkt werden, um den weit hinten angesiedelten Ganghebel zu erreichen. Ungewöhnlich aufnahmebereit gibt sich hingegen der Kofferraum, ein tiefer Schacht, an dessen Kopfende das Reserverad senkrecht auf den Fall eines Falles wartet.

Als Triebwerk bezieht man die BMC-B-Maschine von 1489 bis 1798 cm³, wie sie auch im MGA und MGB klaglos ihren Dienst versieht. Mit ihr, attestiert *The Autocar* dem Marktnovizen, sei man flott unterwegs, ohne allerdings eine Spitzengeschwindigkeit in dreistelliger Höhe (gemeint sind die magischen 100 Meilen) zu erreichen. Der kritische Bereich und mit ihm ein unüberhörbares Ventilflattern beginne bei 5500/min. Immer sei die Geschwindigkeit geradezu physisch präsent, in Kurven allerdings eher auf Grund hoher Querbeschleunigungen als wegen irgendeiner Tendenz zum

Das Gesicht des Elva Courier ist geprägt von rundlich-energischen Konturen mit einer Kühleröffnung, die knapp über dem Boden hechelt. Der Sumpf der MG-Maschine hängt tief, um die Motorhaube niedrig halten zu können. Die Kunststoffkarosserie ist aus einem Stück gefertigt und somit ungewöhnlich steif und robust. Wer einen Elva fährt, ist anders als die anderen – ein Individualismus, der sich durch Zutaten wie die Steinschlaggitter vor den Scheinwerfern noch stärker herausarbeiten lässt.

Ausbrechen. Die Flügel des Propellers seien zur Selbstmontage mitgeliefert worden und ohne sie habe man lediglich im Geschiebe des Londoner Stadtverkehrs Probleme mit dem Überhitzen erfahren. Dem Elva Courier, schließt das Blatt, stehe trotz einiger kleiner Macken gewiss eine glänzende Zukunft bevor.

Dem ist allerdings nicht so. Als seine amerikanische Connection in Washington wegen Unregelmäßigkeiten hinter schwedischen Gardinen verschwindet, hat Frank Nichols bereits ein wenig die Lust an dem Projekt verloren und verkauft die Rechte wie später sein gesamtes Unternehmen an den vormaligen Rivalen Trojan Limited in Croydon. Unter dessen Stabführung entstehen mit abnehmender Frequenz noch einmal rund 100 Exemplare einer dritten und vierten Generation des Courier, der letzte 1968, begleitet von einem Stoßseufzer der Erleichterung.

FRAZER NASH

Dass dem Frazer Nash Mille Miglia der Sinn nach Wettbewerb steht, ist ihm förmlich ins Gesicht geschrieben. Ein raffinierter Rohrskelettrahmen gestattet es, seinen Schwerpunkt tief abzusenken und damit das ganze Fahrzeug ungewöhnlich niedrig zu halten. Eigekleidet ist es in ein strömungsgünstiges Leichtmetallgewand.

Schon vor dem Kriege haftet den Geschöpfen der Frazer Nash Ltd., gegründet 1924 durch den Captain Archibald Goodman Frazer Nash, aber schon seit 1926 im Besitz der Familie Aldington, der diskrete Charme der kleinen Zahl an. In den zehn Jahren nach 1947 ist das nicht anders: Da bringen es Fahrzeuge mit dem Emblem des kleinen Unternehmens auf eine Population von lediglich rund 100 Automobilen. Dennoch ist die London Road zu Isleworth in der Grafschaft Middlesex eine erste Adresse, schon weil ihre Produkte im Rennsport einen starken Eindruck hinterlassen.

Alle Frazer Nash der Nachkriegszeit umspielen zwei Konstanten, bei deren Konzeption man deutsch sprach. Das Chassis, ein Rohrrahmen mit vorn einzeln aufgehängten Rädern an doppelten Querlenkern und einer Querblattfeder sowie einer Starrachse hinten mit längs liegenden Torsionsstäben, stammt aus der Feder des früheren BMW-Ingenieurs Dr. Fritz Fiedler. Er setzt nach dem Zusammenbruch seine Karriere in England fort, gewissermaßen als lebende Reparationsleistung und menschliche Zugabe zu den Bauplänen des Triebwerks für den BMW 328, in deren Besitz sich H. J. Aldington befindet.

In leicht modifizierter Form findet dies Unterschlupf unter Bristol-Motorhauben und wird auch Frazer Nash zugänglich gemacht – ein Sechszylinder mit seitlicher Nockenwelle und 1971 cm³ Inhalt, in unterschiedlichen Tuningstufen ab 101 PS stark, mit dem dazugehörigen Vierganggetriebe. Ein individuelles Profil wächst den verschiedenen Kreationen der Firma durch ihre unterschiedlichen Aufbauten zu, durchweg im eigenen Hause entworfen und zum Teil von auffälliger Attraktivität.

Am Anfang steht der Typ Grand Prix, trotz seines auf die Einsamkeit des Monoposto verweisenden Namens ein Zweisitzer. Seine Ähnlichkeit mit den BMW-328-Prototypen mit ihrer stark aufgebrochenen Motorhaube, die 1940 auf der zum Gran Premio Brescia verkümmerten Mille Miglia erfolgreich waren, kommt nicht von ungefähr: Es handelt sich vermutlich um einen von ihnen. Nach seiner Einbürgerung in England bleibt ihm das Schicksal eines Einzelgängers ohne Nachwuchs beschieden.

Nachfolger ist der High Speed, auch Competition genannt, ein schlanker zigarrenförmiger Zweiplätzer mit eng anliegenden Motorradkotflügeln, abnehmbaren Scheinwerfern, einem außen verlaufenden Auspuff und dem Reserverad links des Aufbaus, ganze 685 kg schwer. Zu haben ist das Modell mit Speichen- oder mit Scheibenrädern sowie einer Fülle von Getriebeübersetzungen und Hinterachsunter-

MILLE MIGLIA

setzungen, die preiswerteste Variante für 2237 Pfund inklusive Kaufsteuer. Äußerlich erinnert nur noch die leicht abgewandelte BMW-Niere an die kontinentalen Ursprünge.

Sein zweiter Platz hinter einem 3,3-Liter-Bugatti bei seinem Debüt in Silverstone ist lediglich die erste Seite in einem langen Katalog von Sporterfolgen. Nach seinem dritten Rang in Le Mans 1949 mit Norman Culpan und H.J. Aldington am Volant hinter dem siegreichen Ferrari Barchetta Tipo 166 von Lord Selsden und Luigi Chinetti wird der High Speed in Le Mans Replica umgetauft. Dieser bringt es auf eine Verbreitung von 25 Stück und beherrscht die Zweiliterklasse auf englischen Pisten nach Belieben. Nicht nur diese und nicht nur dort: Mit dem hurtigen Frazer Nash gewinnt Stirling Moss 1951 die British Empire Trophy und Franco Cortese die Targa Florio des gleichen Jahres, der erste Erfolg eines englischen Autos seit den Anfängen des Madonie-Kurses vor 50 Jahren.

Seine Vielseitigkeit stellt der Le Mans Replica vor allem 1952 unter Beweis durch Siege beim 12-Stunden-Rennen von Sebring sowie den Rallyes Soleil und Aix–Madrid–Aix. Dass er auch Dauer-Vollgas gewachsen ist, hat bereits im November 1951 Anthony Crook im französischen Montlhéry demonstriert, als er 200 Meilen mit einem Schnitt von 193 Stundenkilometern abspulte. Ein ganz normales, viel gebrauchtes und ziemlich geschundenes Exemplar beeilt sich noch Jahre später in unter acht Sekunden auf 60 Meilen pro Stunde und bringt es auf 185 Stundenkilometer bei 5500/min. Der Berichterstatter warnt, unter 3700/min spiele sich nicht viel ab und man müsse deshalb fleißig Gebrauch vom Ganghebel machen.

Der Typ Mille Miglia von 1950 ist nichts weiter als eine aerodynamisch ausgefeilte Variante des Le Mans Replica. Auf ihm fußt auch eine Formel-2-Spielart, die gleichwohl klar im Schatten der Cooper Bristol steht.

1952 macht eine revidierte Version in Earls Court ihre Aufwartung, vor allem wegen ihres abgemagerten Chassis der 200 Series reichlich einen Zentner leichter und auf 132 PS aufgerüstet. Im Wettbewerbstrimm wie der Wagen von Ken Wharton 1953 verfügt sie schon einmal über eine De-Dion-Achse. In zwei Jahren entstehen acht Mk II und 1953 beschließt ein elegantes Coupé namens Le Mans in einer winzigen Auflage von neun Exemplaren das gleichnamige Kapitel in der Firmenhistorie von Frazer Nash.

Gleichwohl siegen die flinken Renner aus Isleworth noch ein bisschen weiter wie im Jahre 1954 beim Coupe des Alpes unter O'Hara Moore und John Gott, gleichsam aus Gewohnheit.

Folgende Doppelseite: Die Modelle Grand Prix, High Speed, Le Mans Replica und Mille Miglia variieren ein Grundthema. Allesamt tragen sie zum guten Namen von Frazer Nash im Rennsport bei. Als gemeinschaftliches Vielfaches ist ihnen der Bristol-Reihensechszylinder von zwei Liter Hubraum in unterschiedlichen Stadien des Tunings gemein.

1000 MIGLIA

GINETTA G4

Eigentlich sind die Gebrüder Bob, Douglas, Ivor und Trevor Walklett als Besitzer einer Landmaschinenfabrik in Woodbridge, Suffolk, der Prosa des Alltags verpflichtet. Dennoch oder gerade deswegen entschließt man sich Mitte der fünfziger Jahre, diesem ein Lichtlein aufzusetzen in Gestalt eines Specials auf der Basis des Wolseley Hornet. Die eigenen Zutaten rechtfertigen einen neuen Namen: Ginetta. Warum man ausgerechnet auf diesen verfällt, ist ein (zartes?) Familiengeheimnis und wird bis auf den heutigen Tag nicht preisgegeben. Bei der Typenbezeichnung G1 handelt es sich gewissermaßen um den Beginn eines fortlaufenden Köchelverzeichnisses von Werken der Walkletts, allerdings mit Lücken und Ungereimtheiten, wie sich zeigen wird.

1957 verkauft man mit dem G2 sein erstes Auto in Komponentenform und 1962 sind die Dinge derartig in Schwung geraten, dass die Walkletts das dröge Kapitel Landmaschinen kurzerhand abhaken und sich am neuen Standort Witham in der Grafschaft Essex gänzlich auf die Ginetta-Schiene verlegen. Man ergänzt einander perfekt: Ivor entwirft die Autos, Trevor gibt ihnen die Form, Douglas leitet das Werk und Bob führt die Geschäfte. Offensichtlich haben die vier ein glückliches Händchen: In finanzielle Schwierigkeiten gerät die Ginetta Cars Ltd. im Gegensatz zu vergleichbaren Manufakturen nie.

Ein erster kräftiger Impuls zum höheren Ruhme der kleinen Firma mit mehr als 500 Exemplaren geht vom G4 aus, bei der Londoner Racing Car Show im Januar 1961 einer sachkundigen Öffentlichkeit vorgestellt. Als Kit Car in reichlich 40 Stunden zu montieren, teilt man dieser mit, werde er 499 Pfund kosten – so viel wie ein Mini. Auch sonst stimmt alles, angefangen mit der qualitativen Anmutung. Vor allem besticht der G4 durch sein gefälliges Äußeres mit schönen Rundungen vorn und hinten und einem ovalen Lufteinlass, mit dem er nach Art von Rennwagen tief über dem Boden schnüffelt. Sein Heck erinnert an den Lotus Eleven. Dem Manko eines winzigen Kofferraums begegnet man 1963 in einer zweiten Serie mit einem längeren und wohlgeformten Hinterteil, allerdings zunächst nur als für 15 Pfund aufpreispflichtige Option wie auch ein Hardtop, das für rund 50 Pfund erhältlich wird.

Vor allem wenn dieses aufgestülpt ist, kann der Ginetta nicht so ohne weiteres betreten werden. Zwar erreicht der Gitterrohrrahmen, über den seine Glasfiberkarosserie gespannt ist, im Bereich der Türen seinen niedrigsten Punkt. Nur: So karg ist dennoch die verbleibende Öffnung bemessen, dass es jugendlicher Gelenkigkeit bedarf, ehe der Pilot seinen Platz hinter dem serienmäßigen Lederlenkrad mit Aluminiumspeichen bezogen hat. Dort lagert er eher als dass er säße, auf einem dünnen Schaumstoffkissen mit einer rudimentären Lehne im Rücken. Seitlicher Halt entsteht durch die Türschweller und den dicken Getriebetunnel, der jegliche mögliche Zweisamkeit von vornherein in doppelte Einsamkeit zerlegt.

Das macht aber nichts: Der Ginetta G4 zählt zu den Autos, die gebieterisch nach ungeteilter Zuwendung verlangen. Auf der Straße lohnt er dies mit diebischem Fahrvergnügen, auf der Piste mit unzähligen Sporterfolgen. Er lutsche sich an der Fahrbahn fest wie ein Blutsauger, frohlocken begeisterte Rezensenten, mit einer hinteren Starrachse an Längslenkern und zusätzlicher Führung durch einen A-förmigen Stabilisator und einer Einzelradaufhängung an Dreiecksquerlenkern vorn. Diese wird ab 1964 nach dem Vorbild der Rennversion G4R (für Racing) hinten ebenso auf Wunsch verfügbar wie deren Scheibenbremsen ringsum.

Da hat man am Series-II-Modell bereits 18 kg eingespart, indem die bisherige Ford-Hinterachse durch eine solche von BMC ersetzt wurde. Mit 432 kg trocken bringt der Ginetta G4 ohnehin ein Federgewicht auf die Waage, dem bereits die scheinbar minimale Motorisierung durch den Ford-Vierzylinder 105E mit 997 cm^3 Volumen und 39,5 PS mächtig auf die Sprünge hilft. Bei einer Hinterachsübersetzung von 4,2 : 1 werden fast 150 Stundenkilometer Spitze und 13,8 Sekunden auf Tempo 100 möglich. Dabei erlegt er sich geradezu knauserige Diät auf, sogar nach heutigen Maßstäben: Das Werk verheißt einen Durchschnittsverbrauch von lediglich 6,5 Litern bei halbwegs behutsamem Umgang mit dem Gaspedal. Testberichte wie in der angesehenen *Motor Sport* 1964 monieren gleichwohl, dass die Fahrstufen des als Standard gelieferten Vierganggetriebes – nur die erste ist nicht synchronisiert – zu weit gespreizt seien. Es stammt von Ford wie zahlreiche weitere mögliche Triebwerke, zum Beispiel der Motor des Cortina GT mit 1498 cm^3 und bis zu 95 PS ab 1963.

Für eine dritte Ausbaustufe von 1966 hat man das ursprüngliche Konzept durchrationalisiert. Deren Rahmen aus quadratischen Rohren ist steifer und leichter zu fertigen. Die Frontscheibe schiebt sich stärker geneigt in den Fahrtwind; während sich diesem neue Klappscheinwerfer im Ruhestand gänzlich entziehen, nur unzureichend geschützt durch filigrane Stoßfänger vorn. Gleichwohl fällt der Ginetta G4 zwei Jahre später in den Jungbrunnen eines Dornröschenschlafs, aus dem er erst Anfang der Achtziger wachgeküsst werden wird.

Seine Vorgänger waren noch an Enthusiasten adressiert, die ihr Auto selbst bauen und sparsam und vergnüglich von A nach B reisen wollten. Der Ginetta G4 indessen zielt auf den Feierabendrennfahrer, erpicht darauf, sein Fahrzeug auch unter der Woche vor dem Büro zu parken. Wo die Form so konsequent der Funktion folgt, stellt sich Attraktivität von ganz alleine ein.

Die Fronthaube kann im Ganzen nach vorn geklappt werden. So regiert die weiche Rundung, nicht unterbrochen durch störende Fugen. An weibliche Formen erinnert auch der sanfte Hüftschwung, zu dem sich der Wagenkörper über den Hinterrädern aufwirft. Bei dem Zylinderkopfdeckel mit Schriftzug Ginetta zu Häupten des Ford-Cortina-Aggregats handelt es sich um eine Rarität.

GINETTA G27

Kein Zweifel: dass er zum Nachfolger seines Nachfolgers wird, kann sich nur jemand leisten, der mit dem gewissen Etwas ausgestattet ist – und zwar reichlich. Dieses aber wird dem Ginetta G4, dem Star der Racing Car Show 1961 in den Londoner Horticultural Halls, von Anbeginn an bescheinigt. 1968 muss er dem G15 weichen, dem zweiten großen Erfolg der kleinen Marke. 13 Jahre später liegt der Fortschritt indessen im Rückgriff auf eine Legende: Die letzten MG verlassen die Bänder in Abingdon, Zeit und Markt sind reif für einen behänden Sportwagen unterhalb der Preisebene des Fiat X1/9 oder des Triumph TR7.

Ganz unverändert tritt der G4 seinen Weg in den Rest des Jahrtausends und darüber hinaus allerdings nicht an. Obwohl er nun eher für die Straße als für die Piste gedacht ist, wird ein Überrollbügel Standard, durch eine Zusatzstrebe T-förmig mit der Windschutzscheibe verbunden. Die hinteren Kotflügel sind leicht abgeflacht, die Scheinwerfer auf die behördlich verordneten 610 mm angehoben. Dass die Paneelen des Aufbaus über dem Gitterrohrrahmen des federgewichtigen Roadsters verschraubt und nicht mehr eingeklebt sind, erleichtert die Reparatur nach einem jener Fälle, die am besten erst gar nicht eintreten. Als Kit Car bezogen, verheißt die Ginetta-Werbung in unschuldiger Zuversicht, könne der G4 an einem Wochenende zusammengebaut werden.

Unter der voluminösen Fronthaube kauern wie einst je nach Gusto diverse Ford-Triebwerke in Querstromauslegung oder mit oben liegenden Nockenwellen. Ihre Emissionen bahnen sich den Weg ins Freie durch den Schweller unterhalb der Fahrertür mit einem grellen Schmetterton, der die Verständigung im knapp bemessenen Innenraum erheblich behindert und auf längeren Reisen betäubend wirkt. Die vordere Aufhängung an doppelten Querlenkern stammt aus Regalen von Triumph, die hintere – eine Starrachse an vier Längslenkern mit einem Panhardstab – von Ford.

Eben dort setzt das Werk bei einer Rennversion an, die für die 750 Motor Club Race Championship vorbereitet wird. Hinsichtlich eines rigide installierten Differentials mit vielerlei möglichen Übersetzungen macht man ebenso Anleihen bei Jaguar wie für die hinteren Scheibenbremsen, Antriebswellen und Nabenträger an Längs- und Querlenkern aus eigener Fertigung. Entsprechend verstärkt wird das Chassis.

Noch lenken, tatkräftig unterstützt von ihrer Schwester Dorothy im Sekretariat, die Walklett-Brüder die Geschicke des Unternehmens, das sie 1988 für zwei Millionen Pfund veräußern werden. Soviel Innovation, befinden sie, verdiene einen eigenen Namen. Und so heißt der G4 ab 1984 in einem Quantensprung der Nomenklatur G27.

Die neuen Eigner Martin Phaff, Mike Modiri und Stuart Hobson entschließen sich gleichwohl, den kostspieligen Einsätzen an der Rennfront vorerst ein Ende zu setzen und die dort gesammelten Erfahrungen in das G27-Kit für den öffentlichen Straßenverkehr einzuspeisen. Wie es in ein fahrbereites Automobil umzuwandeln sei, darüber informiert ein umfangreiches und detailverliebtes Handbuch, das die Sendung aus Witham begleitet.

Dieses geschieht 1990 und der nächste Streich folgt vier Jahre später in Gestalt der vorderen Aufhängung vom Ford Sierra und der Hinterachse des Escort sowie energischer Retuschen am Äußeren des Komposit-Kultobjekts in Analogie zu den schmissigen Linien des Ginetta G33. Das vielfach monierte Dach-T entfällt nun, während der sportive Charakter des G27 der dritten Serie durch verkleidete Kopfstützen herausgestrichen wird. Zugleich erfolgt die Wiederentdeckung des Sports, indem sich der greise Jüngling im Rahmen der Bridgestone Ginetta Championship auf englischen Pisten ausschließlich mit seinesgleichen rauft.

Doch schon droht Sportwagen vom Schlage des Ginetta das Aus, da die traditionelle Konfiguration von Frontmotor und Heckantrieb obsolet wird. Im Bereich der üblichen Organspender setzt sich der Fronttriebler durch und längs angesiedeltes Getriebe wie Starrachse sehen plötzlich so aus, wie sie sind – ganz alt.

In dieser prekären Situation beweist der Ginetta die Entwicklungsreserven, die in ihm angelegt sind: Man rüstet um auf Einzelradaufhängung auch hinten, indem entsprechende Komponenten aus dem Ford Sierra im Souterrain einziehen. Im Januar 1998 wird dies angekündigt sowie ein Bündel von Änderungen am Styling, höhere Fahrtrichtungsanzeiger vorn und integrierte Scheinwerfer, eine ausgeprägte Beule auf der vorderen Haube, damit Motoren auf dem letzten Stand der Emissionswissenschaft genügend Kopffreiheit vorfinden, Türgriffe außen und anders geformte Rückleuchten.

Gleichwohl bleibt wie stets die Qual der Wahl, zwischen Maschinen bis zu 150 PS ohnehin, aber auch zwischen der neuen Fahrwerksauslegung hinten und der traditionellen Starrachse, mit welcher der G27 in der Bridgestone-Serie antritt. Mitglied in einer exklusiven Minderheit bleibt man in jedem Falle: In seinen verschiedenen Ausbaustufen hat er es bis zum November 2000 auf die dünne Verbreitung von 282 Stück gebracht.

Seit 1985 trägt der Ginetta G27 Motive aus der Vergangenheit ins Heute herüber, vor allem vom Vorfahren G4. In der jüngsten Metamorphose von 1998 ist gewissermaßen das Zeitlose des Konzepts von den Einflüssen der vergänglichen Tagesmode befreit worden. Auch sie ist eine gespaltene Persönlichkeit, ein Hansdampf auf Straße und Piste. Im Cockpit dominiert hier der sportliche Wesenszug.

GINETTA CARS LIMITED

AUS EINFACHEN VERHÄLTNISSEN

RECHTS: *Für einen Ginetta gilt wie für jedes Kunstwerk: Nicht die Produktionsstätte zählt, sondern das Produkt.*

Hinterteil mit teilweise eingebautem Tank. Er wird von Ginetta selbst hergestellt und fasst 41 Liter.

Rollendes Chassis eines Ginetta G27. Auch der Motor ist bereits installiert.

Fronthaube eines G27 Jahrgang 2001, zu erkennen an den Öffnungen für die Scheinwerfer.

Karosseriehauptkörper von vorn. Die Fußräume sind für den Umbau als Linkslenker herausgenommen.

Die Vereinigung von Karosserie und Fahrwerk hat hier schon halb stattgefunden …

… und ist nun abgeschlossen. Gegen Stöße von vorn oder hinten kann sich der Ginetta kaum wehren.

HEALEY SILVERSTONE

Ungewöhnlich ist bereits der Mann Donald Mitchell Healey, Jahrgang 1898, von seinen Freunden aus Gründen der sprachlichen Ökonomie DMH gekürzelt, was immer auch ein Zeichen von Popularität ist. Im Ersten Weltkrieg macht sich DMH als Pilot der R.A.F. um König, Volk und britisches Vaterland verdient. Dass er aus einem Flugzeugabsturz als Teilinvalide hervorgeht, hindert ihn nicht an einer ausschweifenden Tätigkeit als Renn- und Rallyefahrer, gipfelnd in seinem Sieg bei der Rallye Monte Carlo 1931 in einem 4½-Liter-Invicta.

Ungewöhnlich sind auch die Automobile, welche die Donald Healey Motor Co. verlassen, die der rührige Unternehmer 1946 mit 50 000 Pfund Startkapital in Warwick gegründet hat. Der erste Healey-Sportwagen wird dort im gleichen Jahr auf seine schmalen Scheibenräder gestellt, unter der Haube eine auf 100 PS hochgetunte Version des Riley-Vierzylinders Type 16 mit 2443 cm^3. Das Chassis besteht aus zwei geraden Kastenträgern mit Quertraversen, mit Einzelradaufhängung vorn an Längslenkern und Schraubenfedern wie auch hinten, wo sich die übliche Starrachse findet. Der werksinterne Unmut gegen einen Prototyp wegen der unvermeidlichen Verwendung von schlechten Materialien in der unmittelbaren Nachkriegszeit macht sich in dessen Spitznamen „The Horror" Luft.

DMH testet „The Horror" und spätere Derivate eigenhändig auf dem nahen R.-A.-F.-Flugplatz Honiley. Aus Gründen der Gewichtsersparnis, aber auch aus schierem Mangel an Stahl besteht die Karosserie aus einem Hartholzrahmen mit einer Blechbeplankung aus einer Legierung von Aluminium und Magnesium. Healey-Kostgänger Ben Bowden, raunt die Hauslegende, soll sie an der Wand seines Wohnzimmers entworfen haben. Peter Shelton, Mitarbeiter der Karosseriefabrik Westland, komplettiert den Aufbau des ersten viersitzigen Roadsters, nachdem man ihm im Windkanal des Flugzeug-Konzerns Armstrong-Whitworth aerodynamischen Feinschliff hat angedeihen lassen.

Da es DMH ja auch privat um Meter und Sekunden geht, lässt er mit Vorliebe Zahlen sprechen. Sport und Rekord sind die Väter aller Dinge: Auf der Autostrada bei Como erzielt man 168, auf der belgischen Autobahn zwischen Jabbeke und Aeltre sogar 178 Stundenkilometer, und das mit miserablem Pool-Benzin. Damit, prahlt die Healey-Werbung vollmundig, verfüge man über den schnellsten Serienwagen der Welt. Zusätzlich wird auch eine Sportlimousine angekündigt, aber die Produktion kommt nur schleppend in die Gänge, da es an allen Ecken und Enden an den benötigten Werkstoffen fehlt.

1948 gesellt sich zu dem schmalen bestehenden Sortiment das fortschrittlich geformte Luxuscabriolet Sportsmobile. Ein Jahr später stellt sich als Krönung des bisherigen Schaffens der Healey Silverstone ein, halb ruppig, halb elegant, ein Roadster für Straße und Piste mit frei stehenden Kotflügeln und eng aneinander gepressten Scheinwerfern hinter den Gitterstäben des Kühlergrills, Auflage: 105 Stück. Gezeichnet hat ihn Len Hodges. Die Windschutzscheibe lässt sich für schnelle Zwecke teilweise unter die Oberkante der Motorhaube absenken. Das Reserverad ist hinten horizontal in die Leichtmetallkarosserie integriert und leistet im Falle eine Falles gute Dienste als Stoßfänger. Das Triebwerk des Healey Silverstone, noch immer der gestandene 2,4-Liter von Riley, ist um 203 mm nach hinten versetzt worden und die solchermaßen verbesserte Gewichtsverteilung verhilft dem Silverstone zu einer weithin gerühmten Straßenlage.

Übermäßig windschlüpfig ist er allerdings nicht geraten, und so mag er trotz eines Mindergewichts von bis zu 230 kg gegenüber den anderen Modellen des Hauses die 100-Meilen-Grenze nicht überschreiten. Gleichwohl macht er als Rennfahrzeug die gute Figur, die sein Name verheißt, vor allem in den USA, wo etwa Briggs Cunningham zwei Exemplare anschafft und in eines davon als Kraftquelle den neuen V8 von Cadillac installiert. Der 18-jährige Tony Brooks aber, später Starpilot bei Aston Martin, Vanwall und Ferrari, beschwatzt seine Mutter, dieses Auto eigne sich in idealer Weise zum Einholen, unterzieht es dann allerdings selber ausgesucht roher Behandlung.

Billig ist es nicht: Von vornherein so ausgelegt, dass es die 1000 Pfund nicht überschreitet, ab denen im England jener Jahre die Kaufsteuer verdoppelt wird, kostet es 975 Pfund zuzüglich der Steuer von 271 Pfund.

1950 ist der Silverstone das einzige Modell, das den Namen Healey hochhält. Im Jahr zuvor hat DMH in den Vereinigten Staaten ein Joint Venture mit Nash-Direktor George Mason vereinbart. Das erste gemeinsame Produkt namens Nash-Healey: ein Silverstone-Chassis mit einem Reihensechszylinder des amerikanischen Partners. Als Prototyp wird es auf der Mille Miglia 1950 eingesetzt, am Lenkrad: Donald Mitchell Healey und sein Sohn Geoffrey.

Der abgebildete Healey Silverstone schaut auf ein mehr als ein halbes Jahrhundert währendes bewegtes Autoleben zurück. Bei der International Trophy in Silverstone im August 1949 hat er in den Händen von Werksfahrer Tony Rolt teil am Gewinn des Mannschaftspreises. 1950 startet das Ehepaar Charles und Jean Mortimer mit ihm auf diversen Rennen auf der Insel, bevor er den langen Weg nach Australien antritt. Erst 2000 holt ihn sein gegenwärtiger Besitzer zurück nach Europa. Zur Ruhe kommt er nie.

Trotz seines betulichen Kennzeichens lädt der Silverstone zu zügiger Fortbewegung förmlich ein, eine Fahrmaschine von schmuckloser Zweckmäßigkeit. Als gängige Münze wird das Schnittmuster hinter seiner Einkleidung gehandelt: schlanker Wagenkörper, vier Motorradkotflügel. Aber man erkennt ihn sofort an den eng benachbarten Scheinwerfern hinter vertikalen Gittern und dem wie die Frikadelle zwischen den Brötchenhälften nackt zu Tage tretenden Reserverad.

OPA 2

H.R.G. 1500

Alle drei sind sie dem Automobil von Herzen zugetan und überdies Freunde flotter Fortbewegung, die Herren E.A. Halford, G.H. Robins und H.R. Godfrey. Und so schließt man sich 1935 in einer konzertierten Aktion zusammen, um selbst eines in die Welt zu setzen, wie Godfrey es 1910 mit seinem damaligen Partner Archibald Goodman Frazer Nash in Gestalt des GN (für Godfrey-Nash) schon einmal getan hat. Auch eine programmatische Äußerung ist erhalten: Man plane ein Fahrzeug für den Sportsmann, „by enthusiasts for the enthusiast“. Noch im gleichen Jahr entsteht ein Prototyp.

Das schmucklose Logo H.R.G., zu dem das Trio die Anfangsbuchstaben seiner Nachnamen oder vielleicht auch nur Firmen-Vater Henry Ronald Godfrey seine Initialen miteinander verschraubt hat, spiegelt in eigentümlicher Weise das konservative Produkt selbst. Von der Absage an jegliches Experiment zeugen ein Leiterrahmen nach Art der Väter, der dazu tendiert, sich biegsam den Unebenheiten der Straße anzuschmiegen, damals für Wettbewerbswagen eine durchaus gewollte Konfiguration, und die Aufhängung der Räder: Starrachsen mit Viertelelliptikfedern vorn und Halbelliptikfedern hinten. Der Pilot eines H.R.G. braucht keineswegs mit einem überaus sensiblen Gesäß ausgestattet zu sein. Jeder Kiesel auf der Fahrbahn teilt sich den Insassen nämlich unmittelbar und elementar mit, als träte ein Pferd von unten gegen das Fahrzeug. Dies in Verbindung mit der Flexibilität der Bodenstruktur führt gelegentlich dazu, dass die Karosserie Ermüdungserscheinungen aufweist, wie man etwa nach dem zweiten Platz in seiner Klasse beim 24-Stunden-Rennen von Le Mans 1937 feststellt. Der schmale und zugige Aufbau, vor lauter nackter Simplizität schon wieder schön, bietet lediglich eine beengte Unterkunft für zwei. Die Segnungen einer Heizung sind nicht vorgesehen und passen auch gar nicht zum kompromisslos sportiven Naturell des H.R.G.

In den 20 Jahren seiner Produktion – es bleibt bei 241 H.R.G. – ändert sich herzlich wenig. Nach Konzessionen an den Zeitgeist wie 1946 und 1947 mit dem Aerodynamic zieht man sich in der Garnison von H.R.G. in Tolworth bei Kingston, Surrey, erschrocken auf das Urtümlich-Erprobte zurück.

Obwohl keineswegs üppig motorisiert, erwerben sich die kostenträchtig per Hand und lediglich auf Bestellung gefertigten Erzeugnisse der winzigen Manufaktur rasch den Ruf von erfolgreichen und leistungsfähigen Mehrzweck-Mobilen für Straße, Piste und selbst unwegsames Gelände. Zunächst sind sie mit Meadows-Maschinen ausgestattet. Sehr bald indessen bahnt sich eine stabile Beziehung mit Singer an, dessen Standardmotoren in Tolworth ab 1939 aufwändig überarbeitet werden. So ändert man das Volumen und verwendet Stahlkurbelwellen, andere Pleuel und Rennkolben, schärfere Nockenwellen sowie größere Ventile. Normalerweise werden Vierzylinder von 1074 cm^3 und 40 PS oder 1496 cm^3 und 61 PS angeboten, jeweils mit einer oben liegenden Nockenwelle und zwei Horizontalvergasern von SU. Da die hubraumstärkere Version wesentlich kräftiger, aber kaum teurer ist, nimmt es wunder, dass sich überhaupt jemand für die andere entscheidet. Ab 1950 gibt es den H.R.G. nur noch mit anderthalb Litern. Die Fertigung versiegt 1956 nach einer Jahresproduktion von fünf Einheiten, als das Vorkriegsmodell zu einer echten Antiquität ergraut ist. Gleichwohl bleibt es ein erfolgreiches Sportgerät wie einst.

Nur noch voller Nostalgie gedenkt man Anfang der Fünfziger der Aufbruchsstimmung der Jahre 1946 und 1947, als ein hoher Bedarf bestand und sich rund 70 Exemplare absetzen ließen, so viele, dass man in Tolworth personell und pekuniär völlig ausgelastet war. In diesen Zeitraum fällt auch die Entstehung der 30 H.R.G. Aerodynamic mit einem in schüchterner Stromlinie gehaltenen Aufbau der Karosserieschmiede Fox & Nicholl mit voll verschalten Hinterrädern, aus dessen vorderen Kotflügeln fühlerartig vorgestülpte Scheinwerfer herausglotzen. Fast alle sind sie offen. Für schöne Sporterfolge sorgt eine einsame Coupé-Version mit Ray Barrington Brock am Lenkrad.

Auf das Konto von drei 1500 Lightweight, modifiziert und nochmals erleichtert durch den künftigen Aston-Martin-Rennleiter John Wyer bei den Monaco Motors zu Watford, gehen 1949 Klassensiege bei den 24-Stunden-Rennen von Le Mans und Spa. Allerdings befinden sich die Kombattanten am Ende auf Grund der Labilität und Härte ihrer Fahrwerke in beklagenswertem Zustand.

Die Verbreitung des radikal neuen 1500 Mk II des Jahres 1955 mit Einzelradaufhängung ringsum, Palmer-Scheibenbremsen aus der Luftfahrt und zwei oben liegenden Nockenwellen im Zylinderkopf des H.R.G. aus Aluminium kann man an den Fingern einer Hand abzählen. Im Zeitalter der sich anbahnenden Massenproduktion stehen die charaktervollen Geschöpfe der H.R.G. Engineering ohnehin auf verlorenem Posten.

Den Konstrukteuren des H.R.G. schwebte ein klares Konzept vor: ein Fahrzeug mit exzellenter Straßenlage, akkurater Lenkung und bereit für jede Art Wettbewerb. Heraus kam dabei ein schnörkelloser Zweisitzer von ungewöhnlicher Bedienerfreundlichkeit: Der Aufbau lässt sich vom Chassis heben, nachdem sechs Schrauben gelöst wurden, und auch Kotflügel, Lampen und anderes Zubehör können zügig entfernt werden. Die beiden Reserveräder hinten gehören zur Sonderausstattung und gewähren zusätzlichen Rammschutz.

Die Väter des H.R.G. legten Wert auf die Pünktchen hinter den Versalien des Markennamens. Die Fans allerdings scherten sich herzlich wenig um solche feinen Unterschiede und nannten ihn kurz und bündig Hurg. Die Singer-Maschine wurde zugunsten einer ausgewogenen Gewichtsverteilung im Chassis weit zurückgenommen. Um aus Gründen der Homologation eine Kapazität von etwas unter 1500 cm³ zu erzielen, verringerte man in Tolworth durch die Installation einer kräftigen Laystall-Kurbelwelle den Hub des ursprünglichen Triebwerks leicht.

HANGAR

S.S. 1 & JAGUAR SS 100

William Lyons' Sports Saloon S.S. I heißt zwar noch nicht Jaguar, begründet aber mit seiner langen Motorhaube und der kurzen Fahrgastzelle eine Tradition und Tendenzen, die bei der Marke mit der Raubkatze bis auf den heutigen Tag fortwirken. Typisch zu jener Zeit: das kurze quaderförmige Kofferabteil mit aufgesetztem Reserverad in der Spalte zur hinteren Stoßstange. Aber auch Lyons griff bereits vorhandene Strömungen auf. Ähnliche Stilelemente waren etwa typisch für die kontinentalen Karosseriefabriken Van Vooren und Figoni oder ihr englisches Pendant Avon Bodies.

Die Geschichte der Marke Jaguar handelt über eine weite Wegstrecke auch von einem Urgestein der englischen Automobilindustrie. Sie beweist zugleich, wie viel selbst angesichts der Götterdämmerung des Individuums im 20. Jahrhundert ein Einzelner noch auszurichten vermag – ein Henry Ford, ein Ettore Bugatti, ein William Lyons.

Zielstrebig, energisch, kreativ und von gewinnendem Wesen, steigt William Lyons kurz vor seinem 21. Geburtstag im September 1922 in Blackpool durch die Gründung der Swallow Sidecar Company ins flott florierende Gespann-Geschäft ein. Ab 1927 erlöst er eine Reihe von Austin Seven durch einen rundlich-extravaganten zweisitzigen Sonderaufbau aus dem Einerlei des Großserienprodukts. Im Anschluss an die Umsiedelung nach Coventry im Jahr 1929 kleidet seine Swallow Coachbuilding Company darüber hinaus Chassis von Fiat, Swift und Standard in maßgeschneiderte Gewänder ein.

Lyons steht indessen der Sinn nach Höherem. Im Juni 1931 kündigen auffällige Inserate in der englischen Motorpresse „zwei Coupés von überwältigender Schönheit“ an. Auf der London Motor Show im Herbst des Jahres werden diese Ereignis, der S.S. 1 und der S.S. 2. Mit ihnen wird das Motto *Value for money* geboren: Nur 310 anstatt der allgemein vermuteten 1000 Pfund kostet der S.S. 1 und wird zum ersten Beleg von Lyons' Design-Philosophie: niedrig, sportlich und leistungsstark, mit langer Motorhaube, tiefem Schwerpunkt und ausgeglichenen Gewichtsverhältnissen. Das S.S. steht für Standard-Swallow, denn das schöne Paar fußt auf Komponenten der Standard Motor Company wie einem eigens von Lyons in Auftrag gegebenen Chassis und

einem Vierzylinder von 1004 sowie einem Sechszylinder von 2045 cm³.

Aus der Fülle der Fahrzeuge, mit denen Lyons im Folgenden von sich reden macht, hebt sich der S.S. 90 hervor, ein Roadster mit einem seitengesteuerten 2,7-Liter-Motor von 1935. Das ist das Jahr, in dem sein Unternehmen als S.S. Cars Ltd. zur Aktiengesellschaft umgewidmet wird.

Ein paar Tage vor der Londoner Ausstellung 1935 landet Lyons im Londoner Mayfair Hotel einen typischen PR-Coup. In Zusammenarbeit mit dem begnadeten Zylinderkopf-Arbeiter Harry Weslake in Rye hat Swallow-Motorenmann William Heynes das Triebwerk des S.S. 1 von 75 auf 90, mit erhöhter Verdichtung sogar auf 102 PS erstarken lassen. Er zeichnet zugleich verantwortlich für ein neues Chassis, einen durch doppelte Kröpfung unter die Achsen gezogenen Kastenrahmen mit kreuzförmigen Diagonalstreben mit Starrachsen an Halbelliptikfedern vorn und hinten. Gekrönt wird die Kreation durch einen schmucken Limousinenaufbau mit vier Türen, langer Motorhaube mit seitlichen Ersatzrädern, nicht

unähnlich den zeitgenössischen Bentley. So viel geballte Innovation braucht einen neuen Namen: Man votiert für Jaguar und suggeriert zugleich Lautlosigkeit sowie katzenhafte Geschmeidigkeit.

Und so ist es der 2.5-Litre SS Jaguar Saloon, der im Mayfair Hotel zu guten Worten, Speisen und Getränken enthüllt wird. Seinen Hubraum von 2663 cm³ hat man zugunsten der glatten Zahl nach unten abgerundet. Eine Umfrage unter den anwesenden Journalisten, wie teuer das glänzende Exponat wohl sein könnte, bringt eine durchschnittliche Schätzung von 632 Pfund zu Tage. 395 Pfund kostet der Jaguar tatsächlich, ebenso viel wie der SS 100, der 1936 den S.S. 90 ablöst, 102 PS stark und die Apotheose von Lyons' Schaffen vor dem Krieg, ein Traumwagen noch für spätere Generationen von Liebhabern klassischer Automobile. Ein Test in *The Autocar* am 9. Juli 1937 bescheinigt ihm eine ursolide Anmutung und folglich steht er auch im Renn- und Rallyesport seinen Mann. So gewinnen der Motorjournalist Tom Wisdom in Begleitung von Gattin Elsie den Alpenpokal von 1936 und ein Aufgebot von drei Mannschaften den Teampreis bei der RAC Rallye ein Jahr später, wo sich ein privat gemeldeter SS 100 den Gesamtsieg sichert. Ende September 1937 sattelt man mit einem Aggregat von 3485 cm³ und 125 PS drauf, nur 50 Pfund teurer als die 2,5-Liter-Version, die weiterhin im Sortiment bleibt. Nur 10,5 Sekunden bis Tempo 100 werden benötigt, und in der Tat läuft das Modell nun die 100 Meilen (*The Autocar* misst in seiner Ausgabe vom 9. September 1938 sogar 101,12) pro Stunde, auf die seine Typenbezeichnung hinweist. Von beiden Varianten werden insgesamt 309 Exemplare gebaut.

Ein vereinzeltes Coupé, entworfen von William Lyons persönlich und vorgestellt in Earls Court 1938, geht nie in Serie. Denn neben anderen und gravierenderen Schäden setzt der Zweite Weltkrieg der glänzenden Karriere des Jaguar SS 100 ein jähes Ende.

Wie später der XK 120 macht der Jaguar SS 100 umgehend Furore mit seinem schmalen Aufbau und dem breiten Schwung der Kotflügel. Dies sei gewiss ein Fahrzeug, das Begehrlichkeiten erwecke, nicht zuletzt wegen seinem ansprechenden Erscheinungsbild, schreibt *The Autocar* am 9. September 1938. Sehr einverstanden zeigt man sich auch mit der Anordnung der wichtigsten Instrumente Drehzahlmesser und Tachometer auf dem rechten Hügel direkt im Blickfeld des Fahrers. Die Tankanzeige weist den Inhalt in Gallonen und Litern aus.

An dem 3 ½-Liter-Triebwerk, in den abgebildeten SS 100 Baujahr 1936 nachträglich eingebaut, schätzen Zeitgenossen wie der *Autocar*-Tester, dass man beim Beschleunigen „einen regelrechten Schlag in den Rücken" bekomme, vor allem im dritten Gang. Ansonsten könne man friedfertig dahinrollen, ohne ungebührliches Aufsehen zu erregen. Da die Motorhaube knapp über dem Sechszylinder sitzt, muss man zum Ablesen des Ölstands den einen Flügel, zum Nachfüllen den anderen öffnen.

JAGUAR

Er kommt, wird gesehen und siegt, der Jaguar XK 120, am 27. Oktober 1948 vorgestellt als bronzefarbener Prototyp auf der Londoner Motor Show. Die Konkurrenz lud ihre Produkte vom Transporter, schaute hin – und verzagte, schreibt der amerikanische Motorschriftsteller Ken Purdy. In der Tat bringt der smarte Roadster einige Blütenträume anderer Hersteller zum Verdorren, zumal er zu dem ungemein niedrigen Preis von 998 Pfund feilgeboten wird.

Dabei hat er nur als Lückenbüßer und Schnellschuss dienen sollen, 240 Exemplare in Aluminium gewandet, da Stahl in jenen dürren Nachkriegsjahren noch rar und teuer ist. Man ist mit der Karosserie des geplanten Mark VII Saloon ins Hintertreffen geraten. Andererseits warten mit dessen Chassis, Copyright William Heynes, und einem von Walter Hassan entwickelten Triebwerk zwei von drei Komponenten eines exzellenten Sportwagens auf ihren Einsatz.

Das Fahrwerk, verkürzt und sanft modifiziert für den neuen Zweck: kastenförmige Längsträger mit Kreuztraverse, Einzelradaufhängung vorn mit Trapez-Dreiecksquerlenkern und längs eingebauten Torsionsstäben, Starrachse hinten an Halbelliptikfedern. Der Motor: ein Sechszylinder von 3442 cm^3 mit zwei oben liegenden Nockenwellen, der sich für 162, in einer Special-Equipment-Variante sogar 180 PS stark macht.

Für die Karosserie sorgt der Chef kurzerhand selber. Mit sicherem Stilgefühl komponiert sie Bill Lyons am Jaguar-Standort Foleshill wie ein Phantombild. Jedes Teil wird so lange ausgewechselt, bis sich alles zu einer harmonischen Gesamterscheinung zusammenfindet. Dass die Form dabei nicht immer der Funktion folgt – im Wohntrakt herrscht ziemliche Enge und viel Gepäck können seine beiden Passagiere auch nicht mitnehmen – wird dem XK 120 auf Grund seines schier unwiderstehlichen Charmes gerne verziehen.

Im Übrigen überzeugt man durch Leistung: Am 30. Mai 1949 lässt Lyons 20 handverlesene englische Autojournalisten daran teilhaben, wie Pilot Ron Sutton auf der abgesperrten belgischen Autobahn zwischen Jabbeke und Aeltre bei heruntergeklappter Frontscheibe die von der Typenbezeichnung avisierten 120 Meilen mit exakt 132,596 Meilen klar überbietet.

Sporterfolge ohne Zahl spiegeln den sich rasch anbahnenden Verkaufserfolg des Modells wider und umgekehrt: Am Volant eines XK 120 mit dem polizeilichen Kennzeichen

XK 120

NUB 120 und mit Lyons-Tochter Pat als Copilotin an Bord gewinnt Ian Appleyard zum Beispiel die Alpenrallyes 1951 und 1952 sowie die Tulpenrallye 1951. Im gleichen Jahr läuten Peter Whitehead und Peter Walker auf dem C-Type mit einem von Bob Knight entworfenen Gitterrohrrahmen als Skelett, ansonsten aber mechanisch weitgehend identisch mit dem Basismodell, unter der Regie des legendären Rennleiters „Lofty" England eine Serie von fünf Jaguar-Erfolgen der fünfziger Jahre (1951, 1953 und 1955 bis 1957) in Le Mans ein.

Der erste XK 120 für einen Kunden verlässt die Fabrik am 21. Juli 1949. Als das letzte Exemplar der Nullserie am 1. Mai 1950 nach Singapur ausgeliefert wird, ist bereits die Produktion von Stahlkarosserien bei der Pressed Steel Company angelaufen. Nach wie vor aus Leichtmetall bestehen die Türen und Deckel – die einzigen Teile, die in der ursprünglichen Form belassen wurden. Der XK 120 Super Sports, dies der offizielle Name, untersteuert leicht und lässt sich im Grenzbereich dazu verleiten, mit dem Heck wegzuwischen, allerdings ohne seinen Durchschnittslenker zu überfordern. Nur tun sich seine Lockheed-Bremsen schwer damit, die 1325 kg des eleganten Raubtiers zum Stillstand zu veranlassen, während Jaguar in Le Mans 1953 mit der Verwendung von Scheibenbremsen von Dunlop – bisher ein Privileg der Luftfahrt – Pionierarbeit leistet. Die Ausstattung ist üppig und reichhaltig. Man lagert kommod auf zweifarbig abgesetzten, breiten und weichen Ledersitzen und hinter dem vierspeichigen Bluemel-Lenkrad unterrichten diverse, zum Teil recht große Instrumente den Chauffeur über die Befindlichkeit seines Fahrzeugs. Im Jahre des Neubeginns 1945 hat man übrigens die negativ konnotierte Bezeichnung SS fallen lassen und die positiv besetzte Modellbezeichnung Jaguar in den Rang des Firmennamens erhoben.

Im März 1951 stellt sich Zuwachs ein in Gestalt eines Coupés, nicht unähnlich jenem Einzelstück, das Bill Lyons auf dem Chassis des SS 100 für die London Motor Show zeichnete. Im April 1953 folgt ein ebenfalls höchst ansehnliches Drophead Coupé mit winterfestem Verdeck und Kurbelfenstern für alle diejenigen, die ihr Auto in der kalten Jahreszeit nicht abmelden mögen. Mit einer Verbreitung von 1769 bleibt es der seltenste XK 120, während der Roadster mit 7631 Exemplaren zum Bestseller avanciert und sich das Coupé mit 2678 Einheiten ebenfalls relativ bedeckt hält.

Der Jaguar XK 120 lädt zum Fahren und Mitfahren ein und einladend ist hier auch die Tür geöffnet. Aber hinter der zweigeteilten Windschutzscheibe geht es ziemlich eng zu. Der Rückspiegel ist bereits auf einem relativ langen anstatt des ursprünglichen kurzen Stängels angebracht – Zeichen dafür, dass sich das Modell gemausert hat.

Ein Roadster reinsten Wassers, hier auf den modischen Weißwandreifen rollend. Bei schönem oder anderem vom Besitzer als angenehm erachtetem Wetter verschwindet das Stoffverdeck in einem Kerker hinter den Sitzen über den Batteriekästen. Wer die hinteren Stoßfänger umgedreht anbringt, zeigt damit Mut zum eigenen Profil oder ganz einfach, dass er sein Auto nicht besonders gut kennt.

JAG 12K

JAGUAR XK 150

Das dritte Kapitel der XK-Saga beginnt im Mai 1957. Protagonist ist der XK 150, der zunächst als 2+2-sitziges Coupé und Cabriolet auftritt. Nach Art der Primadonnen lässt der Roadster noch ein wenig auf sich warten, bis zum März 1958. Das schöne Trio löst den XK 140 ab, eine gelinde überarbeitete Ausbaustufe seines Vorgängers in einer Verbreitung von 8884 Exemplaren mit stärkeren Stoßfängern, weniger Grillstäben und mehr Innenraum: Das Triebwerk wurde um 76 mm in Fahrtrichtung verschoben, so dass in der geschlossenen Version und im Drophead Coupé sogar ein gelegentlicher Notsitz frei gemacht werden konnte.

Da sind die Eingriffe in die Substanz des XK 150 schon massiver, umso mehr, als Jaguar für die Saison 1957 werksseitig Enthaltsamkeit vom Rennsport gelobt hat, Kapazitäten brachliegen und ein kleines Heer von Entwicklungsingenieuren energisch die Ärmel hochgekrempelt hat. Verkaufsargument Nummer eins: Scheibenbremsen von Dunlop ringsum. Alle haben darauf gewartet: Bei Notverzögerungen gerieten die letzten Meter mit den beiden Vorgängern mitunter zur Angstpartie, zumal sich deren Trommeln hinten ungebührlich erhitzten. Schon im Vorfeld leistete man gründliche Arbeit: Ein Prototyp wurde im Minutenabstand 30 Mal auf Tempo 160 beschleunigt und anschließend brutal zusammengestaucht. Und dann war da natürlich auch das 24-Stunden-Labor Le Mans.

Vor allem nimmt man sich des Äußeren an, macht aus Geld-Not eine Tugend, indem mit einem Minimum an Aufwand Vorhandenes neu miteinander verschnitten wird. Der kesse Hüftknick weicht einer sanfter geschwungenen und höher angesetzten Gürtellinie.

Die archaische zweigeteilte Windschutzscheibe mit geraden Fenstern fällt der modischen Panoramaverglasung mit viel effektiveren Wischern zum Opfer. Zur Förderung der Corporate Identity auch visuell hat man dem Sportler den Kühlergrill der Limousine Mk 1 anverwandelt. Für dessen untere Rundung lässt die vordere Stoßstange eigens eine Bucht frei, robuster geworden und mit kräftigen Hörnern bewehrt wie auch ihr Gegenstück hinten eingedenk der

ungehobelten Manieren gewisser Verkehrsteilnehmer im wichtigen Exportland USA.

Die meisten XK 150 entrollen den Werkshallen, inzwischen an der Browns Lane im Herzen von Coventry, im Special-Equipment-Trimm, also auf Speichenrädern mit zweiflügeligen Zentralverschlüssen und der 210-PS-Version des Langhubers mit dem so genannten B-Zylinderkopf. Immer mehr Kunden votieren für ein Overdrive zu dem serienmäßigen Moss-Vierganggetriebe, der sich auch mäßigend auf den ausgeprägten Durst des Sechszylinders auswirkt, oder gar für eine Automatik von Borg-Warner – beliebte Option auf dem nordamerikanischen Markt. Gleichzeitig mit dem Roadster und zunächst ausschließlich in diesem wird – nur in Kombination mit einer Schaltung per Hand – das S-Triebwerk verfügbar, zu erkennen an den markanten glockenförmigen Gehäusen dreier SU-Horizontalvergaser. Die meisten seiner 253 PS verdankt es der Kopf-Arbeit des ebenso versierten wie weisen Harry Weslake, der in barackenähnlichen Liegenschaften im südenglischen Rye Pferdestärken aus kaltem Metall zaubert wie ein Varieté-Magier die Kaninchen aus dem Hut.

Als die Einzelheiten für den Modelljahrgang 1960 verkündet werden, ist auch eine voluminösere Maschine mit 3781 cm³ dabei, in der Standardform mit dem B-Kopf und 220 PS sowie in der Weslake-Variante, die mit 265 PS bereits ein Machtwort mitredet im Getümmel des Prestigekampfs um statusträchtige Leistung. Offensichtlich handelt es sich nicht um einen geschönten Wert, denn die Jaguar-Pferde stehen prächtig im Futter. In dem englischen Rennsport-Fachblatt *Autosport* berichtet Redakteur John Bolster 1960, der Kandidat habe sich in 19 Sekunden auf Tempo 160 beschleunigen lassen, moniert allerdings auch dessen ungehemmte Konsumgewohnheiten, die von dergleichen Exzessen ausgelöst werden.

Ungemein zartfühlend geht die englische Wildkatze hingegen mit dem Anschaffungsbudget seines künftigen Besitzers um, getreu der maßvollen Politik von Firmenchef Sir William Lyons – Königin Elizabeth II hat den populären Autodidakten 1956 in den Adelsstand erhoben. In Deutschland zum Beispiel kostet 1960 das Coupé 22 800 Mark, ein Aston Martin DB4 ziemlich genau das Doppelte, ein Ferrari 250 Berlinetta SWB 50 275 Mark. Die Leute wissen das zu würdigen, denn der Brite übertrifft diese Konkurrenten mit Stückzahlen, von denen man in Feltham und in Modena nur träumen kann. In den vier Jahren bis 1960 werden 2265 Roadster, 2671 Dropheads und 4462 Coupés aufgelegt.

Augenweiden sind sie noch heute.

Das Raubkätzlein, zusätzlich auf der Motorhaube zum Sprung ansetzend, kündet von latenter Aggressivität. Gleichwohl handelt es sich beim Jaguar XK 150 Coupé um einen durch und durch zivilisierten Reisewagen. Eine Novität: das in Leder gewandete Armaturenbrett mit seiner farblich kontrastierenden Instrumententafel.

NEL 686
NEL
686

Das Facelift am Jaguar XK macht aus der Not eine Tugend. Durch kostensparende Modifikationen im Bereich der Kotflügel büßt der XK 150 an Hüftschwung ein und gewinnt an Neuigkeitswert. Das Heck folgt dem Baumuster des XK 140. Das Chassis bleibt, bereichert um Scheibenbremsen. Und im Motorraum herrscht wie bisher drangvolle Enge.

JAGUAR XK SS

Er ist der schnellste und sicherste Straßensportwagen seiner Zeit, mit einem Preis von 3878 Pfund noch nicht einmal der teuerste. Und er kann sich edelsten Geblüts rühmen, mit vier Le-Mans-Siegern in der Familie. Die Idee stammt vermutlich von einem Stardompteur der rasenden Raubkatze, dem bärtigen Duncan Hamilton.

Der versieht seinen Werkswagen von 1954, polizeiliches Kennzeichen OKV 1, 1956 mit einem dünnen Firnis von Zivilisation in Gestalt einer Windschutzscheibe und eines Regenschutzes zwecks gelegentlicher nostalgischer Ausfahrten.

An der Browns Lane zu Coventry greift man den Gedanken gerne auf. Im Vorfeld der Homologation des D-Type musste eine Reihe von Belegexemplaren vorgezeigt werden und so liegen noch eine ganze Menge Teile und halb fertige Fahrzeuge ungenutzt herum. Ein bisschen hat man auch einen möglichen Einsatz in der amerikanischen SCCA (für Sports Car Club of America)-Szene im Auge. Spät im Jahre 1956 wird eine Miniserie von 16 XK SS aufgelegt, bis ein verheerendes Feuer in der Produktionsstätte Mitte Februar 1957 dem Projekt den Garaus macht.

Ein beträchtlicher Teil der Substanz des D-Type bleibt unangetastet, das Monocoque aus Aluminium zum Beispiel mit einem vorderen Hilfsrahmen aus Vierkantrohren und die Aufhängung, vorn Dreiecksquerlenker mit Längstorsionsstäben, hinten eine Starrachse an Längslenkern, quer eingebauten Torsionsstäben und einem Stabilisatordreieck, mit servounterstützten Dunlop-Scheibenbremsen ringsum. Weitgehend naturbelassen thront auch das Triebwerk unter der langen Fronthaube, der Reihensechszylinder von 3442 cm^3 Inhalt mit zwei oben liegenden Nockenwellen und Trockensumpfschmierung, dessen 250 real existierenden und gefräßigen PS von drei Weber-Vergasern des Kalibers 45 DCO 3 gefüttert werden. Seine Emissionen suchen sich durch einen Doppelauspuff, der kurz vor dem linken Hinterrad mündet, geräuschvoll ihren Weg ins Freie und erzeugen dabei eine ungemütliche Hitze. Dass dieses Auto im Pulverdampf der Piste gezeugt wurde, davon zeugt nicht zuletzt das enorme Tankvolumen von 168 Litern. Auf den Luxus eines Kofferraums muss der SS-Lenker dafür verzichten. Die mitgeführte Zahnbürste lässt sich notfalls auf ein mitgeliefertes verchromtes Gestell auf dem Heck schnallen.

Auch sonst hat man das Modell mit milden Maßnahmen auf ein Dasein im öffentlichen Verkehr vorbereitet. Eine kleine Tür, die dem Copiloten den Zugang zum Cockpit gestattet, zählt ebenso dazu wie das Verschwinden des Schotts zwischen den Passagieren. Die filigranen seitlichen Säulen der gewölbten Windschutzscheibe sind vermittels eigens dafür angefertigter Leichtmetallpaneelen in Wagenfarbe in der Karosserie verankert. Gegen die Unbilden der Witterung gewährt ein knappes Barett aus Mohair rudimentären Schutz, nicht aber gegen den Geräuschcocktail aus Motorengeschmetter,

Vorhergehende Doppelseite:
Seine Existenz verdankt der Jaguar XK SS dem Imperativ der Motorsport-Legislative, dem Rennmodell D-Type müsse eine Reihe von Produktionswagen zur Seite gestellt werden. So entsteht ein D-Type im Straßentrimm, mit einer Panoramascheibe, einer Tür für den Beifahrer, Stoffverdeck und zarten Stoßdämpfern, die eher dem Buchstaben als dem Geist des Gesetzes genügen, und einem Gepäckträger. Die schöne Grundform, von Malcolm Sayer errechnet und im Windkanal überprüft, bleibt unangetastet.

Fahrtwind und dem Weinen der Dunlop-Rennreifen R1, der den Ausritt im XK SS melodisch untermalt. Eher symbolischer Wert beizumessen ist den Stoßfängern, die rüden Rempeleien keineswegs gewachsen sind.

Das Innere präsentiert sich in Leder. Allerdings lassen sich das komfortable, vor allem im Bereich der Schultern schalenförmig ausgeformte Gestühl und das Lenkrad nicht verstellen. Vorsichtshalber hat man während der Entwicklung des hurtigen Roadsters drei Herren unterschiedlicher Statur und eine Dame probeweise einsitzen lassen und so eine universal verträgliche Position ermittelt. Die großen Instrumente für Tachometer und Drehzahlmesser sind links waagerecht von der Lenksäule angesiedelt, die kleinen Uhren für Öldruck und Wassertemperatur rechts senkrecht.

Für die Beschleunigung des lediglich 916 kg schweren Prüflings auf 96 Stundenkilometer ermittelt *Road & Track* 5,2 Sekunden, auf Tempo 160 bloße 13,2 Sekunden – 1957 fürwahr sensationelle Werte. Dem glücklichen zuständigen Redakteur von *The Autocar* in der Ausgabe vom 3. Mai jenes Jahres gehen dafür nach eigenem Eingeständnis die Superlative aus. Für den Aufenthalt auf der höllisch engen Beifahrerseite empföhlen sich kurze Beine. Aber die seien bei den vielen, die unbedingt hätte mitfahren wollen, stets auf wundersame Weise geschrumpft. Wie in einem Grand-Prix-Wagen trage die sensible Lenkung in Kurven erheblich zum Fahrvergnügen bei, bedürfe indessen beim Geradeausfahren ständig des Korrigierens, vor allem bei schlechtem Untergrund. Bei 4000/min setze ein solcher Schub ein, dass man glaube, man sitze in einem Raketenschlitten. Überhaupt muss der Berichterstatter mächtig zugelangt haben: gegnerischer Verkehr sei am Horizont aufgetaucht, überholt worden und schon im Rückspiegel verschwunden. In der warmen Luftglocke, die der Wagen mit sich führe, fühle man sich unendlich geborgen, während draußen scharf und kalt der Fahrtwind vorbeizische. Fehler verzeihe das Auto wie ein guter Kumpel, ja es helfe seinem Piloten sogar regelrecht, diese auszubügeln.

Schade, dass der Jaguar XK SS wie alle wirklich guten Freunde so selten ist.

Natürlich macht der XK SS aus seiner Herkunft im Pulverdampf der Piste keinen Hehl: Elemente wie das kaum besänftigte Triebwerk, der seitliche Auspuff oder der Schnelltankverschluss an leicht zugänglicher Stelle hinter dem Fahrer zeugen ja davon. An dem abgebildeten Fahrzeug lässt sich gewissermaßen die Evolution des SS nachweisen. Ursprünglich ein D-Type von 1955, wurde er nachträglich für den Verkehr auf öffentlichen Straßen hergerichtet. Allgemeine Aufmerksamkeit ist seinem Besitzer sicher.

JAGUAR E-TYPE

Die Legende XK 150 hat entschieden den Edelrost würdigen Alters angesetzt, da läutet die Legende E-Type auf dem Genfer Salon im März des Jahres 1961 eine neue Ära ein. Bei ihrer Enthüllung – eine voluminöse Box, in der sich die Katze aus Coventry verborgen gehalten hat, wird jäh nach oben gezogen – gibt es spontanen Applaus. Aus den Tiefen der Vergangenheit lassen D-Type und XK SS grüßen. Ansonsten kennt die schlanke Linie des Novizen, ein Spiel von Jaguar-Aerodynamiker Malcolm Sayer und Firmenchef Sir William Lyons mit der Ellipse, keinerlei Kompromisse. Obwohl wissenschaftliche Erkenntnisse in ihre Konzeption eingeflossen sind, werden praktische Erwägungen wiederum kühn unter die Knute der Ästhetik gezwungen. So endet etwa die ewig lange Triebwerksbehausung keineswegs dort, wo sie sich den Blicken der Passagiere entzieht, was sich in unzähligen kostspieligen Nasenstübern äußert. Und die Sitzposition ist offensichtlich auf den 1,65 Meter kleinen Jaguar-Versuchsfahrer Norman Dewis zugeschnitten.

Während in der Festdach-Variante die links angeschlagene Hecktür den Zugang zu einem generösen Gepäckabteil eröffnet, muss sich der Reisende in der offenen klug einschränken. Als Beweis dafür, dass es sich bei dem Exponat nicht um einen zahnlosen Salon-Löwen handelt, steht noch ein zweites Exemplar für eine rasche Runde um den Block bereit.

Von strammer Steifigkeit ist die selbsttragende Karosserie des E-Type, beim um 1000 Mark teureren Coupé noch einmal ausgeprägter als beim Roadster für 26 000 Mark. Das vordere und das rückwärtige Modul, ungefähr gleich lang, sind an acht Punkten miteinander verbunden. An der Nahtstelle geht das hintere Monocoque über in einen Gitterrohrrahmen, hinsichtlich der Aufhängung die Vergangenheit in die Zukunft: Vorn werden die Räder wie einst in den XK-Baureihen und im D-Type an Dreiecksquerlenkern und Längstorsionsstäben geführt, hinten, nun ebenfalls unabhängig nach dem Vorbild des Grand-Prix-Lotus 16 von 1960, an den Halbwellen, unteren rohrförmigen Querlenkern, Längslenkern und doppelten Schraubenfedern.

Gestandenes findet sich auch inmitten des vorderen Fachwerkgebälks der 15 496 Exemplare der ersten E-Auflage bis 1964: Harry Weslakes Version des Sechszylinders mit 3781 cm³. Bei einem Teil der angegebenen 265 PS handelt es sich offensichtlich um ein Produkt unbritischer PR-Rhetorik. Deren 220, so munkelt man hinter der vorgehaltenen Hand, kämen der Wahrheit weitaus näher. Fast einen Anachronismus stellt das kratzige Vierganggetriebe dar, und die Dunlop-Scheibenbremsen, einst mit großem Stolz als Plus und Nonplusultra ins Feld geführt, haben mit den 240 Stundenkilometern Spitze des E-Type ihre liebe Last.

Etliche dieser Mängel sind in der zweiten Generation abgestellt worden, die es ab Oktober 1964 auf 41 724 Einheiten bringen wird. Noch einmal hat man den Hubraum der Zweinockenwellen-Aggregats aufgestockt, und zwar auf 4235 cm³, kenntlich gemacht durch die Chrom-Ziffern 4.2 unter dem Firmenlogo am Heck. Wuchtiger wird das Drehmoment, die Leistung bleibt gleich. Eine kräftigere Servohilfe nimmt dem Bremsen-Dilemma etwas von seiner Brisanz, und ein neues Getriebe, Design Jaguar, macht mit einem Schlag alle Kritik in seinem Vorgänger gegenstandslos. Im März 1966 trägt man dem Wunsch nach einer 2+2-Version Rechnung, indem man den Radstand von 2438 auf 2667 mm verlängert, die Dachkuppel um 50 mm erhöht und die Türen verbreitert. Nicht nur ein karger Unterschlupf hinten springt dabei heraus, sondern überdies der wahlweise mögliche Einzug einer Borg-Warner-Automatik im Souterrain.

Der E-Type der zweiten Serie wird von Jaguar im Oktober 1968 auf heimischem Boden präsentiert, anlässlich der traditionellen Ausstellung in Earls Court. Erkennbar ist dieser an seiner breiteren Kühleröffnung, höher angesetzten und durchgehenden Stoßstangen, einer Sicherheitslenksäule, größeren Blink- und Positionsleuchten, um 50 mm nach vorn gerückten Scheinwerfern ohne die bisherige Triplex-Abdeckung und energischer zupackenden Scheibenbremsen von Lockheed. Vieles davon soll dazu beitragen, das Modell durch das Nadelöhr der restriktiven amerikanischen Gesetzgebung zwängen zu können. Sein nachhaltig entgiftetes Triebwerk ist gar auf triste 171 Pferdestärken erschlafft.

Angesichts von so viel ökonomisch motivierter Paragraphentreue nur noch mit Verschwörermiene beschworen werden kann da die Erinnerung an jene zwölf Lightweight-E-Type aus Aluminium, ausgeliefert zwischen dem März 1963 und dem Januar 1964. Sie brachten es auf bis zu 344 PS. Damit vermochte ein guter Pilot wie der Wiesbadener Jaguar-Importeur Peter Lindner, der sein silbergraues Coupé am 7. Mai 1963 bezog, sogar den Ferrari 250 GTO einzuheizen.

Die Silhouette des E-Type – darüber sind sich die meisten Betrachter einig – grenzt an Perfektion. Dennoch erfährt sie im Laufe der Zeit leichte Retuschen, wie hier an einem Roadster der so genannten Series 1½ von 1967: Die Abdeckungen über den Scheinwerfern sind verschwunden. Bei Exportwagen ist das vordere Kennzeichen in der Regel unterhalb der Kühleröffnung angehängt, im Vereinigten Königreich oberhalb aufgeklebt.

Erkennbar ist das Interieur des 4.2 ab 1964 an breiteren und komfortableren Sitzen. Die somit auch farblich abgesetzte Aluminiumparzelle der Armaturentafel gehört der Vergangenheit an bei gleicher Anordnung der Instrumente und zwischen den Sitzen findet sich nun eine Handschuhbox. Geblieben ist auch das große Lenkrad mit seinem polierten Holzkranz und den drei sportiv perforierten Speichen.

JAGUAR E-TYPE V12

Kein Zweifel: Bei seiner Premiere besticht der E-Type vor allem durch sein schier unwiderstehliches Äußeres. Der Charme seiner dritten Metamorphose hingegen offenbart sich bei der New Yorker Autoausstellung Ende März des Jahres 1971, fast auf den Tag genau eine Dekade danach, erst während des zweiten Hinsehens bei einem Blick unter die mächtige Fronthaube. Denn dort wird einem ein Anblick zuteil, der ein Herz aus Stein erweichen könnte, wie der amerikanische Autopoet Ken Purdy in seinem *Book of Automobiles* gerührt festhält.

Eingepflanzt in das grobschlächtige Gitterwerk des vorderen Rohrrahmens lauert nämlich ein kompakter V12 auf seinen Einsatz, ein Gemeinschaftswerk von William Heynes, der seit 1943 zum lebenden Inventar der Firma zählt, Chefingenieur Claude Bailey, Chefdesigner Harry Mundy und Walter Hassan. Dieser findet sich nach einem Intermezzo ab 1953 bei Coventry Climax unversehens wieder mit an Bord, als Jaguar die renommierte Rennmotorenschmiede 1963 geschluckt hat.

In Gestalt des 5,3-Liters mit 5343 cm^3, jeweils einer oben liegenden Nockenwelle und Transistorzündung, kaum schwerer als der in Ehren ergraute bisherige Sechszylinder, haben sich die beiden alten Herren William Heynes und William Lyons gewissermaßen ein Denkmal in Leichtmetall gegossen: Heynes ist 1969 in den verdienten Ruhestand gegangen, Lyons schickt sich an, dies 1972 ebenfalls zu tun. Das Prestige-Aggregat verdankt seine Existenz dem Jaguar-Flirt mit einem Comeback in Le Mans Mitte der sechziger Jahre, muss indessen erst einmal für seine bürgerliche Verwendung angemessen besänftigt werden. Zu diesem Zweck entzieht man der grimmigen Rennmaschine rund die Hälfte ihrer 500 PS sowie zwei Nockenwellen. Und weil die vorgesehene Einspritzung nicht zeitgerecht fertig wird, teilen sich vier Horizontalvergaser von Zenith die Zubereitung des Gemischs. Heraus kommt dabei nicht zuletzt ein unverfälschtes Stück britischer Kultur und Laufkultur: Während gewisse Konkurrenten jenseits der Alpen effektvoll und eher proletarisch hecheln, röcheln und trompeten und auch sonst keinen Zweifel daran

lassen, dass hier eine Unzahl mechanischer Komponenten lautstark und nicht immer in vollendeter Harmonie miteinander kooperiert, versieht der V12 von Jaguar seinen Dienst mit der Diskretion eines englischen Filmbutlers und dennoch kaum weniger temperamentvoll als die nervösen Südländer. Und viel billiger: Sir Lyons habe ihn wieder gewonnen, den Krieg um den halben Preis, staunt Ken Purdy. Für den Gegenwert eines Autos von ähnlicher Leistung und vergleichbarem Status bekomme man zwei Zwölfzylinder-Jags für jeweils 7300 Dollar, einen Dünen-Buggy und ein anständiges Fahrrad als Zugabe.

Es bedurfte in der Tat der Magie des guten Dutzends, um dem alten Kämpen noch einmal mit einer Frischzellenkur auf die Sprünge und zu einer Population von 15 287 Exemplaren bis Mitte September 1974 zu verhelfen. Wie alle ausgeprägten Formen unterlag auch die des Jaguar E-Type einem vermehrten Verschleiß durch Zeit und Gewohnheit. Fortschritt und Modellpflege haben sich in all den Jahren keineswegs in deutlich verbesserten Leistungsdaten manifestiert. Nur noch zwei Modelle gibt es, das Coupé 2+2 und den Roadster, in England stets Open Tourer Sports (OTS) genannt, beide mit dem langen Radstand von 2667 mm. Wie schon früher ist für diesen ein Hardtop aus Glasfiber verfügbar, nur dass nun ein Schacht im Fond zusätzliches Gepäck aufzunehmen vermag, wo in der Festdach-Spielart kleine Kinder Platz nehmen können oder eine erwachsene Einzelperson, sofern sie gelenkig und dem Auto wohlgesinnt ist.

Ein paar kosmetische Maßnahmen stehen ihm nicht unbedingt gut zu Gesicht: ein vergrößerter und grobmaschiger Kühlergrill, an dessen Fußende eine hässliche Hutze dem Kühler mehr Luft zuschaufelt, stärker ausgewölbte vordere Radkästen, die eine breitere Spur und breitere Räder auffangen sollen, Scheibenfelgen als Norm und ab 1974 sogar unförmige Stoßstangenhörner aus Gummi für die Ausfuhr nach Nordamerika.

In den Vereinigten Staaten erscheint denn auch die Schrift an der Wand, die das Ende des alternden Stars ankündigt, der zu 87 % ins Ausland exportiert wurde. Ein Artikel in der renommierten Fachzeitschrift *Road & Track* trägt fatal die Züge eines Nachrufs. Noch einmal verlängert man die Agonie des E-Type mit einer krispen Anzeigenkampagne. Als aber sein Ableben unmittelbar bevorsteht, entschließt sich Bill Lyons, schon immer ein Freund spektakulärer PR-Stunts, zu einem Schritt von düsterer Symbolik mit einer Trauer-Edition der letzten 50 Roadster in kleidsamem Sargschwarz. Nur einer trägt auf besonderen Wunsch des Kunden Robert Danny eine andere Couleur – Grün, die Farbe der Hoffnung.

Nicht nach jedermanns Geschmack ist das neue Gesicht des E-Type V12: ein grobmaschiger Grill mit vier vertikalen Stäben, der triste Luftschacht darunter, der verhindern soll, dass der Jaguar im Stau überhitzt. Das rechteckige Gitterwerk auf der Hecktür dient der Ventilation, da mit ihm ein zusätzlicher Luftauslass geschaffen wurde.

Gewöhnlich ein Muster an gefälliger Glätte, mutiert das Jaguar E-Type V12 2 + 2 Coupé zur Monstrosität, sobald alle Türen und Hauben geöffnet sind. Nur ein schlichter Hinweis unterhalb des Firmen-Signets hinten verrät seine Identität und kündet nach außen von der formidablen Kraftquelle unter dem komplett zu liftenden Vorderteil, der ersten Maschine der Marke mit einem Aluminiumblock. Stahlräder sind Standard geworden.

JAGUAR XJ-S

Wer von den anwesenden Journalisten sich noch an das triumphale Debüt des E-Type 1961 in Genf erinnert, für den gerät die Enthüllung des XJ-S durch Jaeger-Mannequins auf der Frankfurter Autoausstellung im September 1975 zum Kontrapunkt. Es gibt nämlich eine Menge lange Gesichter: Wo jener durch manifeste Sportlichkeit für sich einnahm, haften diesem allenfalls noch ein paar sportive Züge an. Wo sich jener durch eine schmissige und konsequente Linie einschmeichelte, findet sich in diesem eher ein Patchwork von Ideen und Elementen zusammen. Wo jener durch seine erstaunliche Preiswürdigkeit neue Käuferschichten erschloss oder alte bei der Stange hielt, hält sich dieser mit einem Preis von 54 200 Mark bereits im Einzugsbereich eines Ferrari 308 auf. Gleichwohl stellt er seinen populären Vorgänger in kommerzieller Hinsicht durchaus in den Schatten: In den 21 Jahren seiner Produktion bis zum 4. April 1996 entstehen 112 052 Einheiten, 50 316 davon werden in die Vereinigten Staaten ausgeführt.

Der XJ-S kommt als verschwenderisch ausgestatteter Gran Turismo daher, ein großes Automobil, etwa so lang, ein Stückchen breiter und deutlich niedriger als die Limousine XJ, von der er sich in formaler Hinsicht deutlich herleitet. Die Grundkonzeption stammt aus bewährter Liebe zur Linie vom früheren Jaguar-Boss Bill Lyons und Malcolm Sayer hat einen Hauch von Aerodynamik beigesteuert. Seine selbsttragende Karosserie ruht auf dem Fahrwerk des XJ, allerdings mit von 2865 auf 2591 mm verkürztem Radstand. Die Vorderräder hängen an Dreiecksquerlenkern, die hinteren, auch sie einzeln geführt, an gegabelten Armen, mit tragenden Halbachsen, Längslenkern und doppelten Teleskopstoßdämpfern. Unter der nur ganz sanft abfallenden Haube herrscht drangvolle Enge: Dort residiert im Kreise seiner Domestiken jener V12 mit 5343 cm³ und 289 PS, der einen Jag am deutlichsten aus der automobilen Massengesellschaft hervorhebt, eine Repräsentationsaufgabe, die er unendlich geschmeidig, seidenweich und fast lautlos erledigt. Nicht immer verträgt sich das königliche Triebwerk mit dem meist georderten Getriebeautomaten von Borg-Warner. Diese Differenzen sind erst ausgemerzt mit der Turbo-Hydramatic von General Motors, die ihn im Frühjahr 1977 ablöst.

In seiner imposanten Größe und der strotzenden Fülle des gebotenen Komforts rangiert der XJ-S im Grenzbereich zwischen Sportauto und kommodem Reisewagen. Er ist ein Exponent des Grand Tourisme im eigentlichen Sinne des Worts, umso mehr als der ganze Aufwand der Beförderung von lediglich zwei Personen dient.

Seine ausgeprägte Form – durchaus nicht nach jedermanns Geschmack – wehrt sich über lange Zeit trotz intensiver Modellpflege gegen umfassendere Facelifts.

Bereits unter der Regie von John Egan, der die British-Leyland-Filiale Jaguar ab 1980 wieder reprivatisieren und ihr zu ihrem alten Ansehen verhelfen soll, wird der XJ-S zum Gegenstand intensiver Modellpflege. Im Juli 1981 kündigt man das HE (für High Efficiency) Coupé V12 5.3 an mit einem Motor, dem man in Zusammenarbeit mit dem Schweizer Ingenieur Michael May mehr Sparsamkeit, eine bessere Leistungsausbeute und geringere Abgaswerte anerzogen hat.

Zur gleichen Zeit legen die Jaguar-Mitarbeiter Jim Randle und Trevor Crisp einen neuen Sechszylinder vor, welchen sie mit einem Etat von 21 Millionen Pfund entwickelt haben, einen 3,6-Liter, der mit Vierventiltechnik 225 PS abgibt. Nach Art des Hauses wird er im September 1983 zunächst im vergleichsweise gering verbreiteten XJ-S zur Erprobung freigegeben, im Coupé wie in einem so genannten Cabriolet, das eigentlich ein Targa ist mit einem massiven breiten Überrollbügel, der erste offene Jaguar nach dem E-Type.

Ab Juli 1985 rollt dieser auch als XJ-SC HE V12 über die Straßen von Marbella, Morcote oder Monterey. Doch schon drängen potentielle Kunden, man möge das Zwitterding Cabriolet aufgeben zugunsten einer bügelfreien offenen Version, ein Wunsch, dem im April 1988 mit dem V12 Convertible entsprochen wird. Sein solides winterfestes Verdeck lässt sich in jeweils zwölf Sekunden elektromechanisch öffnen oder schließen.

Seit dem Frühjahr 1990 zählt Jaguar zu den schönsten Ford-Töchtern bei weitgehender Modell-Autonomie. Zugleich endet die Ägide John Egans. In die Amtszeit seiner Nachfolger William J. Hayden und, ab 1992, Nick Scheele fallen weitere Metamorphosen des XJ-S. Am 1. Mai 1991 präsentiert man das Ergebnis eines gründlichen Faceliftings: Von 490 Karosseriepaneelen sind vor allem im Umkreis des Dachs, der Türen, des Kofferraums und der hinteren Kotflügel nicht weniger als 180 ersetzt, auch im Interieur zahlreiche Veränderungen vorgenommen worden. Zugleich wird dem Coupé, im Mai 1992 auch dem Convertible, eine Vierlitervariante des Sechszylinders zugänglich gemacht, die allerdings für bleifreien Sprit vorgesehen ist und dabei ein paar Federn gelassen hat: Die Leistung ist ungefähr gleich geblieben. Ein Jahr später schwingt sich die Baureihe mit dem XJ-S V12 6.0 Coupé sowie einem entsprechenden 2+2-Convertible, wie die beiden Vierliterversionen mit Stoßstangen in Wagenfarbe und attraktiven Leichtmetallfelgen, zu ihrem Gipfel auf.

Indes ist auch das Ende bereits programmiert. Wie beim E-Type kommt es nicht von ungefähr, sondern in Gestalt eines Celebration-Modells anlässlich des 60. Geburtstags des Unternehmens, ausschließlich als Sechszylinder, mit üppiger Ausstattung und voll der Kardinaltugenden *grace, pace and value for the money,* die der im Februar 1985 zu Wappenbury verstorbene, hoch geschätzte Gründervater Sir William Lyons als Jaguar-Grundgesetz postulierte.

Die eigentliche Eröffnung des XJ-S findet im Frühjahr 1988 statt und erweist sich sofort als Erfolg. Das Convertible ist mit einem von Karmann in Osnabrück entwickelten hochwertigen Stoffdach ausgestattet, das sich elektromechanisch versenken lässt. Ursprünglich ist es nur mit dem wispernden 5,3-Liter V12 zu haben, dessen ohnehin höfliche Manieren durch eine penible Überarbeitung seiner Aufhängung im Chassis noch einmal nachpoliert werden.

Auch dem äußeren Erscheinungsbild des XJ-S tut das Hereinlassen von Licht, Luft und Sonnenschein offensichtlich gut. Da nimmt man die 100 kg Mehrgewicht des Convertibles, verursacht nicht zuletzt durch massive Karosserieverstärkungen, gerne in Kauf. 108 Paneelen mussten neu geformt, 48 modifiziert werden – ein Drittel der Aufbauelemente insgesamt. Die geöffnete Tür wirkt allemal als Einladung.

JAGUAR XJ220

Als der Zeitpunkt seiner ehrenvollen Versetzung in den Ruhestand 1971 bereits ins Blickfeld rückt, gönnt sich Jaguar-Chefkonstrukteur Jim Randle die Erfüllung eines Lebenstraums: einen Supersportwagen auf die fetten Räder zu stellen fernab der rigiden Sachzwänge der Serie und des Rotstifts des Kalkulators. Ende 1984 schart er ein Fähnlein von entschlossenen Feierabendtätern um sich, denen bald der Spitzname „The Saturday Club“ anhaftet.

Als Jaguar die XJ220 getaufte Raubkatze 1988 auf dem Autosalon in Birmingham der Öffentlichkeit vorführt wie 40 Jahre zuvor den XK 120, entspricht sie noch weitgehend Randles kühner Vision. Im Rücken der Passagiere macht sich nämlich, splitternackt unter einer riesigen gläsernen Abdeckung, der altgediente hauseigene Zwölfzylinder breit, der seine Kraft nicht nur den Hinterrädern, sondern auch der Vorderachse mitteilt wie im Bugatti EB110.

V12 und Allradantrieb hätten das schmale Budget sowie ein vertretbares Gesamtgewicht entschieden überstiegen. Dennoch landet das Projekt nicht in der Ablage für unerfüllbare Wünsche. Eine kleine Serie von 350 Einheiten wird ins Visier genommen, nach ihrer Ankündigung unbesehen im Nu vergriffen. Sie werden in einem eigens eingerichteten Betrieb in Bloxham das fahle Licht der Grafschaft Oxfordshire erblicken, nachdem Tom Walkinshaw, Chef der Rennabteilung, das Konzept gründlich umgekrempelt hat. Nur noch die in Aluminium gewandete Silhouette bleibt übrig, mit immer noch stattlichen 4930 mm Länge gleichwohl 210 mm kürzer als der Ur-Typ. Der Luxusliner der ersten Stunde mutiert zum straßentauglichen Rennwagen, dem seine Blutsverwandt-

Eingekleidet in eine Aluminiumkarosserie, die von Abbey Panels in Coventry bezogen wird, ist der Ultra-Flachmann aus Bloxham mit fast fünf Metern nicht nur enorm lang, sondern auch ungewöhnlich stabil.

schaft zu den Gruppe-C-Boliden des Hauses brutal ins Gesicht geschrieben steht, auch wenn die durch in äußerst geringem Winkel sich öffnenden Türen Aufsitzenden ein Ensemble von vertrauten Jaguar-Instrumenten und der betörende Duft von Connolly-Leder empfangen.

Vor der Hinterachse und nur mit dieser im Bunde wütet nun eine rennerprobte V6-Maschine mit lediglich 3,5 Litern Hubraum, der zwei Turbolader Beine machen. 549 PS bei 7200/min sichern dem Jaguar ein warmes Plätzchen in der höchsten Leistungskategorie. *Auto motor und sport* diagnostiziert bei dem hüfthohen Testkandidaten am 9. September 1994 eine gespaltene Persönlichkeit: Unter der zivilen Fassade des Dr. Jekyll lauere das Monster Mr. Hyde.

Nach dem Drehen des Zündschlüssels summten die Benzinpumpen wie ein Schwarm gereizter Wespen, die Zeiger der Rundinstrumente verharrten kurzfristig in Ruhestellung und erwachten dann zum Leben, während rechts neben der Lenksäule ein großer roter Knopf aufleuchte. Ein kurzer Druck und das Triebwerk springe willig an. Die Geräuschkulisse im Leerlauf sei zunächst erschreckend und scheine einen unmittelbar bevorstehenden mechanischen Defekt anzukündigen. Zahnräder kämmten hörbar ineinander, die Kupplung klappere und das Getriebe mahle wie eine ausgeschlagene Kaffemühle. Bis 2000/min halte das misstönige mechanische Konzert an, überdies rüttele die Antriebseinheit beunruhigend an ihren Aufhängungen. Dazu gesellten sich das Ächzen der Karosserie, das Poltern und Knarren des Fahrwerks, die ausladenden Dimensionen eines Lastwagens sowie ein Wendekreis von über 15 Metern. Da frage man sich, wie jemand auf die Idee

Beim Testaufprall mit 30 mph auf einen Betonblock wird das Lenkrad eines Prototyps nur 13 mm nach hinten gedrückt und die Scheinwerfer bleiben unbeschädigt. Und das Dach über seiner Stahlkäfigkonstruktion zeigt sich noch bei 10 Tonnen Belastung unbeeindruckt.

JAGUAR
XJ220
REMOVE SLOWLY
JAGUAR

Bei der Gestaltung der rasenden Skulptur namens Jaguar XJ220 werden alle aerodynamischen Register gezogen. Gleichwohl kann auf einen Heckflügel nicht verzichtet werden. Denn der aufgeladene V6, der mittig ein wenig verloren unter der gewaltigen Heckhaube hockt, ist mehr, als er scheint und entfacht bei Bedarf die Hölle.

kommen könnte, für ein solches Folterwerkzeug 720 000 Mark auszugeben. Jenseits von 3500/min lasse sich indessen den beiden Ladern im Handumdrehen der volle Druck entlocken. Dann setze rückenverbiegender Schub durch alle fünf Fahrstufen ein und der befördere den XJ220 in Dimensionen der Geschwindigkeit, die eigentlich der Hunaudières-Geraden von Le Mans vorbehalten sein sollten.

In den französischen Vollgas-Tempel gehören zweifellos auch seine Radaufhängungen, doppelte Querlenker und innen liegende Schraubenfedern. Ein gut ausgebildeter Bizeps ist von Nöten, da streng auf eine Servolenkung verzichtet wurde. Beim Umgang mit den gewaltigen Scheibenbremsen ist der Dompteur gleichfalls auf eine möglichst kräftige Wadenmuskulatur angewiesen. Keineswegs ist mit dem Jaguar zu spaßen. In kundigen Händen aber gibt er sein Bestes: Im Mai 1991 erzielt Prototyp 005 bei Reifentests auf dem Nürburgring die schnellste Rundenzeit, die dort je ein Straßenfahrzeug erreicht hat. Erstmalig duckt sich der XJ220 in seiner endgültigen Form auf dem Genfer Salon im Frühjahr 1992. Die ersten zehn Exemplare werden planmäßig im Juni und Juli des gleichen Jahres ausgeliefert.

Hoffnungen auf deftige Spekulationsgewinne auf dem Sektor der Supercars wie einst beim Ferrari F40 werden indessen schnöde vereitelt, als der völlig überhitzte Markt plötzlich kollabiert. Mancher Kunde lässt sogar die Anzahlung von 50 000 Pfund Sterling verfallen, um den Rest der Kaufsumme nicht auch noch begleichen zu müssen. Ein Van Gogh ist halt eine sicherere Kapitalanlage.

Wenn Nostalgie taufrisch wirkt: In der Silhouette des XK8 finden sich in wohlverstandenen Eigenzitaten Anklänge an die schönen Vorfahren D-Type, E-Type und XJ220, überbacken mit einem kräftigen Schuss Moderne.

JAGUAR XK8

Die Vorgaben sind unmissverständlich und lassen dennoch Spiel-Räume: Der künftige sportliche Jaguar solle Erinnerungen wecken an große Vorfahren, eine Menge Hightech und den neuen Achtzylinder namens AJ-V8 aufnehmen, Manieren der feinen englischen Art an den Tag legen und nicht zuletzt hinsichtlich der Preisgestaltung auf den Mercedes SL abgerichtet werden.

Das ist 1993 und nur 30 Monate später meldet Firmenchef Nick Scheele Vollzug. Das fertige Produkt ist im Frühjahr 1996 zu besichtigen, das Coupé auf dem Genfer Salon, das Cabriolet einen Monat später bei der New Yorker Auto Show. Umgehend stellen sich Ehrungen und Preise ein, ebenso der gewünschte Nostalgie-Effekt. Designer Geoffrey Lawson bringt die Sache auf den Punkt: Der XK8 stehe formal in der

Tradition eines E-Type und XJ220 mit weichen Linien, üppigen Rundungen und kraftvollen Proportionen. Weitere Anklänge an C- und D-Type sowie XK 120 sind zweifellos beabsichtigt, während sich der Beau von der Browns Lane – ein Generationskonflikt? – gegen seinen eher kantigen Vorgänger XJ-S offensichtlich abgrenzt.

Zum schwelgerischen Luxus, mit dem er potentielle Käufer vom rechten Wege im milden Schein des Stuttgarter Sterns abbringen soll, zählen duftendes Leder sowie hochglanzpoliertes Walnusswurzel- oder dunkel getöntes Vogelaugenahornfurnier über dem Armaturenbrett und Teilen der Mittelkonsole und des Lenkrads. Wie ein Witz hingegen wirkt das Raumangebot in der zweiten Sitzreihe: Um dort Platz zu nehmen, muss sich ein Erwachsener von europäischem Durchschnittsmaß zusammenrollen wie ein Turmspringer vor der finalen Streckung beim Eintauchen ins gechlorte Nass.

Dabei beeindruckt der XK8 durch sein Gardemaß. Er tritt vor allem visuell mächtig auf, obwohl er mit 4760 mm eine Handbreit kürzer ausgefallen ist als der XJ-S, auf dessen Bodenstruktur und über dessen Radstand Lawsons elegante Lösung ruht. Auch in fahrdynamischer Hinsicht übertrifft er diesen deutlich, durch Doppelquerlenker mit einem Aluminium-Fahrschemel vorn, seine Lenkung mit einer variablen Übersetzung sowie untere Querlenker und mittragende Halbachsen hinten. Lediglich der Coupé-Kunde gelangt in den Genuss von größeren Rädern (18 Zoll), härteren Federn und elektronisch verstellbaren Stoßdämpfern, die im Jaguar-

Die Status-Symbolik der Kompressorvariante XKR ist durchaus zurückhaltend: Von außen erkennt man sie am verchromten Grill im Kühlermund, waagerechten Kühlrippen in der Motorhaube, einem Logo rechts hinten sowie entsprechenden Intarsien im Emblem vorn und in den rudimentären Trittbrettern.

Jargon unter dem griffigen Stichwort CATS (für Computer Active Technology Suspension) geführt werden.

Mit allen Wassern der hohen Technologie gewaschen ist auch sein drehmomentstarkes und nur 200 kg leichtes Triebwerk, gefertigt in einem brandneuen Werk zu Bridgend im südlichen Wales und der beste V8 in der Vierliterklasse, wie es die Jaguar-Werbung in wohlverstandenem Eigenlob wissen will. Zwecks harmonischer Symbiose hat man es zusammengegeben mit einem Fünfstufen-Automaten von ZF mit zwei Schaltprogrammen und der üblichen, nun jedoch wesentlich präziseren J-Kulisse: rechts die selbsttätige Option, links zum manuellen Durchwählen der Stufen zwei bis vier.

Das Rezept hinter dem XK8 erweist sich als stimmig: Mit 128 900 Mark kostet im Jahre 1997 beispielsweise das Cabriolet 5017 Mark weniger als ein Mercedes SL 320 und liegt 92 100 Mark unter dem Preisniveau des Ferrari 355 Spider – ganz im Sinne des verstorbenen Jaguar-Ahnherrn Sir William Lyons. Im gleichen Jahr werden weltweit 14 269 Exemplare abgesetzt, mit 7223 mehr als die Hälfte davon in den Vereinigten Staaten.

Wem die schnurrende Raubkatze mit 284 PS bei einem Lebendgewicht von 1784 kg zu handzahm daherkommt, dem kann seit der Genfer Ausstellung 1998 geholfen werden. Denn da gesellt sich dem hochgeschlossenen Basismodell zum Grundentgelt von DM 141 200 und dem bekannten Cabriolet die Kompressorvariante XKR hinzu, die laut *auto motor und sport* vom 6. Mai jenes Jahres beschleunigt wie ein ausgewachsener Ferrari, schön ist wie ein Ferrari, aber weniger als die Hälfte kostet. Um sie auf 363 knorrige PS erstarken zu lassen, brauchte man nur in die Regale zu greifen – dort fand sich dasselbe Aggregat, das bereits der Limousine XJR auf die Sprünge half. Pikanterweise gepaart

mit einer Fünfgangautomatik des Rivalen Mercedes-Benz, befördert es den XK in neue Sphären munterer Mobilität. Zwar interveniert bei 250 Stundenkilometern in freiwilliger Selbstkontrolle ein Begrenzer, dafür sind aber Tempo 100 nach 5,5 und Tempo 160 nach nur 12,4 Sekunden kein Thema mehr.

Die aufgeladene Maschine glänzt dabei durch die unaufgeregt-souveräne gleichmäßige Entfaltung ihrer Leistung. Indizien für ihr Walten inmitten eines bis zum letzten Kubikzentimeter besiedelten Abteils sind im Wesentlichen eine Grilleinlage aus verchromtem Maschendraht, neu gestaltete Räder, ein dezenter Heckspoiler und zünftige Lufteinlässe auf der Haube, welche die Kühlung und den Abtrieb an der Vorderachse gleichermaßen verbessern.

Kein Zweifel: Auch von seiner höheren Warte hätte Sir William am XKR seine helle Freude.

Der zwangsbeatmete V8 versieht seinen Dienst mit unerwarteter Diskretion. Von der Anwesenheit eines Laders zeugt lediglich ein zartes Zirpen, wenn man ihm die Sporen gibt. Stets ist er gepaart mit einer Fünfgangautomatik, deren Wählhebel durch eine U-förmige Kulisse geführt wird. Die oval ausgebildeten Kiemen über der Maschine sollen nicht zuletzt den Abtrieb vorn fördern.

V 8 XKR

SUPERCHARGED
V8
SUPERCHARGED
JAGUAR

CONNOLLY LEATHER LIMITED

IMMER HAUT-NAH DABEI

Die Häute treffen bei der Gerberei in Canterbury ein. Noch sind sie unappetitlich und riechen streng.

Sie werden mit Kalk- und Sulfidlauge behandelt, um Salz, Haare und Reste von Dung zu entfernen.

Der gleiche Vorgang aus einem anderen Blickwinkel. Er vollzieht sich wie zu den Anfängen der Firma.

Häute werden gespalten. Die genarbte Seite benötigt man für Polsterungen, die untere als Velours.

1. Die Maschinen werden beschickt, welche die Häute glätten und geschmeidig machen. Damit der Nachschub an Rohmaterial gewährleistet ist, müssen pro Woche 12 000 bis 15 000 Kühe aus noblem Geblüt ihr Leben lassen.

2. Es sind gigantische Mangeln zum Herauspressen von Restwasser und Walzen der Haut. Hier kommt das Produkt zum Vorschein.

3. Die Häute werden in eine Maschine eingeführt, die sie trocken spaltet. Auf Seite 159 geschieht dies feucht. Jede Haut erhält anfänglich zur künftigen Identifizierung eine Nummer.

4. Man überprüft, ob die gespaltenen Häute die richtige Dicke haben. Obwohl es sich um Naturprodukte handelt, dulden die Kunden in vielen Fällen nur Toleranzen von Zehntelmillimetern.

5. Die automatische Stapelvorrichtung hinter der Maschine. Im Gegensatz zu den Ursprüngen laufen viele Vorgänge ohne das Zutun des Menschen ab bis hin zur Vollcomputerisierung.

6. Ungeachtet der Tönung, welche die Häute beim Gerben erhalten, werden sie in speziellen Trommeln gefärbt. Die Farbauswahl ist enorm.

LINKS: Die Häute kommen aus den Trommeln mit dem Gerbstoff. Sie sind blau, da sie mit Chrom behandelt wurden. Diese Methode hat man mittlerweile zugunsten konventioneller Wege aus Umweltgründen aufgegeben. So greift man zum Beispiel auf die Rinde des Quebrachobaums, der Mimose und der Buche zurück.

RECHTS: *Mit Chrom behandelte Häute erwarten den Prozess des Färbens und der endgültigen Behandlung ihrer Oberfläche.*

Die gleiche Phase, nur dass die Häute gefaltet sind. Allmählich stellt sich Wohlgeruch ein.

Sie werden verladen und der Station zugeführt, in der man sie auf die gewünschte Größe zuschneidet.

Letzte Kontrolle der Farbhomogenität und der Qualität. Häute aus dem Norden sind die besten. Sie weisen kaum Insektenstiche auf.

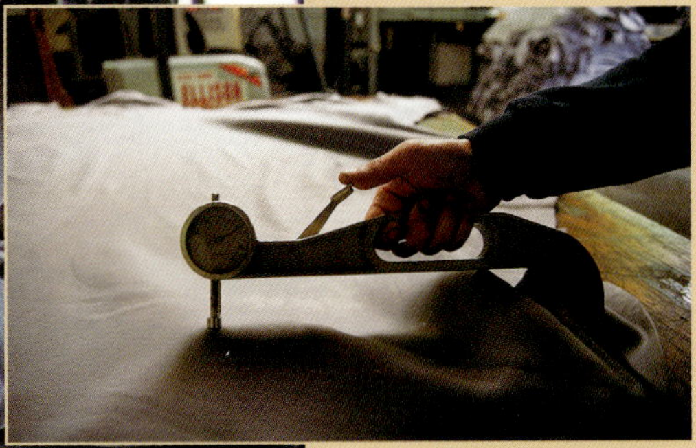

Die Dicke der Häute wird überprüft. Sie wechselt gemäß der angestrebten Verwendung.

Die Messer werden bereitgelegt, bevor man Teile der Innenausstattung zurechtschneidet.

Die fertigen Teile sind zum Abtransport bereit. Immer mehr liefert man vorfabrizierte Sätze, etwa an Lear, die Jaguar-Sitze herstellen.

RECHTS: *Eine Kollektion von Werkzeugen und Stempeln für das Anfertigen von Musterbüchern, Ledereinlagen in Tischen und Goldprägungen.*

Häute nach der Behandlung in einem Trockner. Zuvor ist die Farbdeckschicht aufgetragen worden.

Sie finden sich nun im Auslieferungslager unter dem strengen Blick von Connolly-Direktor Anthony Hussey.

Zu Ballen gestapelt werden sie den Weg zum Kunden antreten, meist Zulieferern, die mehr als früher in den Fertigungsprozess eingebunden sind.

Fertiges Leder wird für Musterbücher ausgesucht. Es ist längst gegen Verschleiß, Hitze und Licht resistent.

Gestelle in der Muster-Abteilung. Gegen gutes Geld gibt es auch Farben und Qualitäten für Oldtimer.

Stempel für den heutigen Gebrauch sowie historische Exemplare. Diese werden noch manchmal verwendet, um Sonderwünsche zu erfüllen.

JENSEN 541

Der Hang zum Besonderen ist den Gebrüdern Richard und Alan Jensen zweifellos in die Wiege gelegt, gepaart mit dem Ehrgeiz, ihre Sache besonders gut zu machen.

Und weil das so ist, erwärmen sich auch besondere Leute für ihre automobilen Geschöpfe, der Schauspieler Clark Gable zum Beispiel, der 1934 bei der noch relativ unbekannten Jensen Motors Ltd. zu West Bromwich in der Grafschaft Staffordshire ein viersitziges Cabriolet von außergewöhnlicher Schönheit in Auftrag gibt.

1946 melden sich die Jensens mit einer etwas ungeschlachten Sportlimousine zu Wort, der sie in transparenter Symbolik den Namen PW (für Postwar) geben. Aus ihr geht 1949 gewissermaßen mit fließenden Übergängen der Gran Turismo Interceptor hervor. Er trägt die gefällige Handschrift von Jensen-Designer Eric Neale und ist unter verbriefter Billigung von Austin-Direktor Leonard Lord mit dem Vierliter-Sechszylinder des A125 Sheerline motorisiert. Die Geschäftsverbindung basiert auf Geben und Nehmen: Neale kleidet im Gegenzug den Austin A40 Sports ein, der prompt vom Band läuft wie ein beim Waschen eingelaufener Interceptor.

Für Butter, Brot und Bier sorgt in West Bromwich unterdessen die Montage des Healey 100. Das eine oder andere Pfund Sterling springt dabei ebenfalls heraus und so schmiedet man Pläne und Komponenten für einen weiteren Eigen-Bau, schöner, schneller und preiswürdiger als der Interceptor. Richard Jensen zeichnet für die Konzeption verantwortlich, für die Details Eric Neale. Auf der Motor Show 1953 in Earls Court ist der Prototyp des 541 zu besichtigen, gewandet in Stahl, der 1954 mit Produktionsbeginn durch Glasfiber ersetzt wird, ausgenommen die beiden Türen aus Aluminium. Der Kunststoffaufbau wirkt qualitativ hochwertig und robust und bleibt im Gegensatz etwa zur Karosserie des Daimler SP250 zählebig in einem Stück. Dies verdankt er seinem soliden Rückgrat, das nicht zuletzt sein Scherflein zu dem beträchtlichen Trockengewicht von 1320 kg beisteuert: Er ruht auf einem Kastenrahmen mit rohrförmigen Längsträgern, Plattform und Traversen. Die Vorderräder sind einzeln an Dreiecksquerlenkern mit Schraubenfedern aufgehängt, die hinteren an einer Starrachse mit Halbelliptikfedern geführt. Vermittels einer Klappe im Kühlermaul kann der

Jensen-Lenker nach Gutdünken den Wärmehaushalt des 131 PS starken und mäßig temperamentvollen Austin-Sechszylinders mit dem Code DS7 beeinflussen.

Im Herbst 1956 – eine echte Pioniertat wie bisher schon die Servounterstützung – erhält der 541 Scheibenbremsen von Dunlop ringsum. Im Oktober 1957 wird ihm der Jensen 541R zur Seite gestellt, als Mittel-Gipfel in einem evolutionären Dreisprung. Zu 150 PS ermuntern das knorrige Triebwerk zwei Halbfallstromvergaser von SU rechts vom Zylinderkopf, während die drei Horizontalzerstäuber des Basismodells links angesiedelt sind. Wie dieses ist er adressiert an den nonkonformistischen und gut betuchten Gentleman unter den Mittfünfzigern, der sich zügig, wenn auch nicht unbedingt sportlich fortbewegen möchte. Dem stünde bereits, wie zeitgenössische Tester säuerlich anmerken, das Layout seiner Pedale im Wege: Zu weit ist der Gasfuß von der Bremse entfernt, als dass der Pilot nach dem System Spitzhacke Meter und Sekunden herausschinden oder sich durch Zwischengas während des Verzögerns das Kratzen des schlecht synchronisierten Moss-Getriebes ersparen könnte. Dafür versieht er seinen Dienst komfortabel und diskret. Wenn dem Topgang das Overdrive von Laycock de Normanville zugeschaltet wird, gibt sich der gelassene Langhuber unter der vorderen Haube bei Tempo 160 mit 4000 Umdrehungen der Kurbelwelle je Minute zufrieden.

Dies gilt ebenso für den 541S, ausgeliefert ab Oktober 1960 in einer Auflage von 127 Exemplaren, während es der 541 auf 225 und der 541R auf 493 bringt. Begleitet wird die dritte Ausbaustufe vom Wehgeschrei der Puristen, die ihren Vätern die Verwässerung des ursprünglichen Konzepts ankreiden.

In der Tat ist der 541S rund 20 Pferdestärken schwächer und auch in dem meistens georderten Getriebeautomaten Hydramatic, die der Jensen mit den Rolls-Royce seiner Zeit teilt, ertrinken zahlreiche Pferdestärken. Dafür kommt er aber 20 mm breiter und 30 mm höher daher als sein Vorgänger, so dass sich nun selbst Erwachsene erhobenen Hauptes in der zweiten Reihe aufhalten können, auch sie allerdings streng voneinander geschieden durch einen fetten Getriebetunnel. Vieles weist schnurstracks in die Zukunft, vor allem in puncto Sicherheit: die Gurte vorn ebenso wie die oben und unten dick wattierte Armaturentafel, ein serienmäßiger Feuerlöscher sowie ein Erste-Hilfe-Set. Die kostspielig-originelle Kühlerabdeckung ist ersetzt worden durch eine Blende, die vom Fahrersitz aus an einer Kette gesenkt oder gehoben werden kann.

Das Problem des Jensen 541, trotz unbestreitbarer Qualitäten, hat einen Namen: Jaguar Mk 2. Die Katze aus Coventry kann nämlich alles genauso gut und besser – zum halben Preis.

Dem markanten Glasfiberaufbau des Jensen 541, niedrig, aerodynamisch und als 2+2-Sitzer ausgelegt, haftet nichts von einer Billiglösung an. Überdies ist dem leichten und geschmeidigen Werkstoff in Verbindung mit einem kräftigen Chassis eine beträchtliche Lebenserwartung beschieden. Die Türen bestehen aus Aluminium.

Ein markantes Merkmal des Jensen sind die massiven Protuberanzen über den Rädern. Der Eindruck von Hochwertigkeit setzt sich innen fort: Eine komplette Lederausstattung ist im Preis inbegriffen. Vermittels einer Klappe im Kühlermund kann der Fahrer auf das Betriebsklima des Austin-Sechszylinders persönlich Einfluss nehmen. Dieser wird samt seinen Satelliten von allen Seiten zugänglich, nachdem das hinten angelenkte Vorderteil der Karosserie zur Gänze hochgeklappt worden ist. Auch bei geöffnetem Kofferraumdeckel wird den Insassen der Blick rückwärts durch die kurios geformte Heckscheibe nicht verstellt.

JENSEN-HEALEY

Der Jensen-Healey geht hervor aus der konzertierten Aktion von Männern, die sich nicht so leicht kleinkriegen lassen. Da ist Donald Mitchell Healey, dem Automobil seit jeher in unverbrüchlicher Zuneigung zugetan, 17 Monate älter als das Jahrhundert und dennoch von rastlosem Schaffensdrang. Die Erfahrung, dass selbst Legenden altern, ist für ihn allerdings nicht neu: 1967 kommen die Bänder zum Stillstand, von denen der betagte Austin-Healey rollte, und 1971 schiebt man bei British Leyland den Sprite gleichfalls aufs verdiente Altenteil.

Da ist Kjell Qvale, dem just dies ein Dorn im Auge ist, denn er verpflegt von San Francisco aus den gesamten amerikanischen Westen mit den Produkten des vielgliedrigen Imperiums, bevorzugt jedoch mit seinen luftigen und urbritischen Roadstern.

Auf seine Anregung hin skizzieren Donald Healey und sein Sohn Geoffrey einen Nachfolger. Nach einer Fertigungsstätte braucht man nicht lange zu suchen. Seit 1970 besitzt Qvale 75 % der Jensen Motors Ltd. in West Bromwich und dort liegen beträchtliche Kapazitäten brach, da die Firma eingebunden war in die Fertigung des Austin-Healey sowie des Sunbeam Tiger, der 1967 ebenfalls ersatzlos aus dem Programm gestrichen wurde.

Jensen-Designer Kevin Beattie retuschiert den ursprünglichen Entwurf hier und da ein bisschen. Heraus kommt dabei eine Form von kantig-indifferenter Glätte, die das Auge weder entzückt noch beleidigt. Warum, fragt sich daher so mancher potentielle Kunde, sollte er dem Jensen-Healey den Vorzug geben vor solchen properen Zeitgenossen wie dem MGB oder dem Triumph TR6? Überdies werden rasch ein paar ausgemachte Unarten des Neuen ruchbar, zurückzuführen vor allem auf einen entschiedenen Mangel an Serienreife: Auf holprigen Straßen wird sein selbsttragender und ungemein rostanfälliger Aufbau mit Aufhängungselementen vom Vauxhall Viva – die Vorderräder sind an Querlenkern und Schraubenfedern, die hinteren an einer Starrachse mit Längslenkern und Schraubenfedern geführt – bis in seine Grundfesten hinein erschüttert. Das lieblos aus Plastikmaterial zusammengeschusterte Armaturenbrett seufzt dazu gequält, während das krude Verdeck die Einflüsse feuchter Witterung eher mildert, als dass es sie von den beiden Insassen fern hielte.

Das ursprünglich vorgesehene Vauxhall-Triebwerk würde durch die rigiden nordamerikanischen Emissionsbestimmungen zu sehr geschwächt. Die während der Planungsphase ins Auge gefassten Motoren von BMW und Ford erweisen sich ebenfalls als ungeeignet. Schließlich entscheidet man sich für ein Zweiliteraggregat von Lotus. Colin Chapman, der Boss des illustren Konkurrenzunternehmens, rückt es bereitwillig heraus, zumal es im Jensen-Healey gewissermaßen seine Flegeljahre austoben soll, bevor es in ein Fahrzeug aus Hethel eingebaut wird.

Die kompakte Lotus-Kreation, entstanden unter den kundigen Händen von Tony Rudd und Ron Burr, besticht durch ihre glänzende Architektur: vier Ventile je Verbrennungseinheit und zwei oben liegende Nockenwellen. Basis war ursprünglich der Grauguss-Unterbau des Vierzylinders für den Vauxhall Viva. Aber nach ausgiebigen Tests geht man zu derselben Aluminiumlegierung über, aus welcher der Kopf gegossen ist. Das Resultat ist von ruppigem Gebaren und neigt zu kostspieligen Infarkten, gibt sich jedoch bemerkenswert

umweltfreundlich. Die USA-Variante stößt dabei mit ihren beiden Stromberg-Zenith-Gemischaufbereitern nur eine Idee weniger Abgasgift aus als die Europa-Version, die von zwei Doppelvergasern von Stromberg gespeist wird und mit 140 PS nur um deren vier stärker ist als für ihr für den Export nach Übersee bestimmtes Gegenstück.

Das Spätwerk der älteren Herren wird im März 1972 in Genf einem wenig beeindruckten Publikum vorgestellt und 1973 nur unwesentlich überarbeitet. 1974 ersetzt man das Chrysler-Getriebe mit Overdrive aus dem Rapier durch eine Fünfgangschaltung von Getrag. Insgesamt bringt es der Jensen-Healey auf eine Verbreitung von 10926 Stück.

1975 widmet man sein Augenmerk vor allem dem Jensen GT auf dem gleichen Fahrwerk, einer hochgeschlossenen und kommoderen Alternative zu dem spartanischen offenen Zweiplätzer. Seine Silhouette mag Anklänge an die des Volvo 1800 ES (für Estate) kaum verleugnen und ähnelt zugleich der des einheimischen Rivalen Reliant Scimitar GTE (für Grand Touring Estate) stark. Auch sie löst indessen gemischte Gefühle aus und ist mit einer Auflage von 473 Exemplaren nicht dazu angetan, den siechen kleinen Betrieb zu sanieren. 1976 enden die Jensen Motors frei- und bereitwillig in der Liquidation. Die allgemeine Bestürzung hält sich in Grenzen.

Bei der Formgebung des Jensen-Healey haben zweifellos die Triumph-Modelle Stag und Spitfire Pate gestanden, ohne dass ihm seine Väter ein Quäntchen vom Charme des Letzteren anverwandeln konnten. Sein Lotus-Triebwerk, hier gespeist von zwei Stromberg-Vergasern, führt sich trotz beeindruckender Architektur knurrig und rau auf. Bei geöffneter Motorhaube gibt es sich nur bedingt wartungsfreundlich: Der Verteiler etwa ist kaum zugänglich.

JOWETT JUPITER

Eigentlich hatte es ein leichtes und simples Automobil werden sollen. In der Tat bringt es mit seinen 850 kg nur wenig Gewicht auf die Waage, das Jowett Jupiter Convertible. Aber schon die Wahl des griechischen Götterbosses zum Namenspatron verrät es: Der Ehrgeiz seiner Väter behält am Ende die Oberhand, so dass die weitläufige Artenvielfalt des englischen Sportwagens um eine Besonderheit in einer Verbreitung von 899 Exemplaren bereichert wird.

Aus dem Rahmen des Üblichen fällt bereits die Limousine Javelin, mit der sich die Jowett Cars Limited zu Bradford bei der allgemeinen Mobil-Machung nach dem Zweiten Weltkrieg zurückmeldet. Gerald Palmer hat sie zwischen 1942 und 1944 entworfen, wobei ihm Direktor Callcott Reilly und Chefingenieur Frank Salter weitgehend freie Hand ließen. 1946 erscheint sie als Prototyp, ein Jahr später als Serienwagen mit sechs Seitenfenstern, einer halb selbsttragenden Karosserie in Leichtbauweise mit Stromlinienheck und kaum abstehenden Kotflügeln. Vor der Vorderachse findet sich der bekannte Boxermotor der Marke mit 1,5 Litern Volumen und einer zentralen Nockenwelle. Jedes Zylinderpaar wird von einem eigenen Vergaser versorgt.

Die mechanischen Komponenten des Javelin, davon ist man bei Jowett überzeugt, würden sich auch prächtig eignen für einen offenen Zweisitzer sportlichen Zuschnitts. Gedacht, getan: Ein Chassis gibt man bei der englischen Rennwagenschmiede ERA in Dunstable in Auftrag. Diese zieht ihrerseits den deutschen Professor Robert Eberan von Eberhorst zu Rate, der sich bereits um die Auto Union und Cisitalia und noch nicht um Aston Martin verdient gemacht hat. Der prominente Gelehrte zeichnet einen Rohrrahmen mit Längsträgern und einer Kreuzverstrebung. Die Räder vorn sind an ungleich langen Querlenkern, die hinteren an einer Starrachse mit Längslenkern und einem Panhardstab mit Drehstäben ringsum aufgehängt.

Ein Vorläufer namens ERA-Javelin macht im Herbst 1949 zugleich bei der Londoner Motor Show und in den Ausstellungsräumen der Firma in der englischen Hauptstadt seine Aufwartung. Das Chassis ist um 500 Pfund verfügbar und wird beispielsweise von Abbott als Hardtop Coupé ähnlich dem Aston Martin DB2 bekleidet.

Aber noch liegt einiges im Argen. Zum Beispiel verwindet sich der Rahmen, was von ERA an einer kleinen Flotte von sechs Versuchsfahrzeugen ausgemerzt wird. Im März 1950 veröffentlicht man Details des Serienaufbaus, der aus Aluminium besteht wie der des Javelin. Das komplette Vorderteil samt den üppig ausladenden Kotflügeln lässt sich vorne anheben, was Wartungs-, Pflege- und Reparaturarbeiten entschieden vereinfacht. Auf der Sitzbank können bis zu

Der Göttervater in Autogestalt, in Form gebracht von Designer Reg Korner, ist mit 4270 mm ein wenig kurz ausgefallen. Dafür trägt er die Nase ganz schön hoch und verjüngt sich generell nach hinten: Die Spur vorn ist 40 mm breiter. Dass sich auf seiner Sitzbank drei Personen aneinander kuscheln können, wird durch eine Lenkradschaltung möglich. Am Kofferraumdeckel erkennt man die Ausbaustufe Mark IA.

drei Personen Platz nehmen und der Kofferraum wird zugänglich, wenn man die breite Rücklehne nach vorn umlegt, vorzugsweise zum Verstauen des als Standardausrüstung mitgelieferten maßgeschneiderten Revelation-Koffersets. Das Verdeck wird an drei Punkten am Rahmen der Windschutzscheibe befestigt. Werbewirksam begleitet den Produktionsbeginn ein 16. Rang sowie der Klassensieg eines Jowett Jupiter in Le Mans 1950 unter der Mannschaft Tommy Wisdom und T.C. White. 1951 macht man mit Position eins und zwei bei den 1,5-Litern sowie dem Gewinn der Mannschaftswertung bei der Rallye Monte Carlo auf sich aufmerksam, 1952 mit einem 13. Platz durch den Journalisten Gordon Wilkins wiederum auf dem Sarthekurs, in der Competition Version R1, die sich durch ihren schlanken Karosseriekörper und Motorradkotflügel vom käuflichen Produkt unterscheidet. Zahlreiche Boxenstopps wegen Wassers und Sandes im Treibstoff haben eine bessere Platzierung vereitelt. In einem ersten Test in der Fachzeitschrift *The Autocar* vom 1. Dezember 1950 wird die Umgänglichkeit des Jupiter in Stadt und Land hervorgehoben sowie herausgestellt, dass der Wagen keineswegs etwa durch rüde Motorengeräusche auf sich aufmerksam mache.

1953 folgt ein Jupiter Mark 1A mit einer verbesserten Maschine, überarbeitetem Aufbau sowie einem extern zugänglichen Kofferraum und mehr Komfort. Schon vorher steht beispielsweise das Armaturenbrett mit seinem polierten Edelholzfurnier in der besten englischen Tradition. Am Ende jenes Jahres scheint der Jupiter R4 den Weg der Marke in eine gesicherte Zukunft zu ebnen, ein Sportroadster nicht unähnlich dem Ferrari Barchetta, in einer kombinierten Beplankung aus Stahlblechen und Kunststoff auf einem verkürzten Chassis mit Halbelliptikfedern hinten.

Allerdings trügt der Schein. Denn die kleine Manufaktur ist in argen finanziellen Schwierigkeiten: Ende 1952 stand man mit 285 363 Pfund in der Kreide und selbst ein kleiner Profit von 25 971 Pfund im folgenden Jahr verdampfte da nur noch wie der Tropfen auf dem heißen Stein. Überdies wurde mit der Karosseriefabrik Fisher and Ludlow ein wichtiger Partner von der British Motor Corporation aufgekauft und der Export vor allem in die Vereinigten Staaten begann zu versiegen angesichts übermächtiger Konkurrenten wie dem Porsche 356 A. Das Schicksal der Jowett Cars Limited ist besiegelt, als das Werk im Juli 1954 in den Besitz der International Harvester Company übergeht.

Wenn die mächtig ausladende vordere Verkleidung emporklafft, werden der Vierzylinder-Boxermotor des Jupiter und seine Aufhängung vorn sichtbar und zugänglich, Dreieckslenker mit Längstorsionsstäben und ein Kurvenstabilisator. 1954 hat sich das zunächst recht störanfällige Triebwerk einigermaßen die Hörner abgestoßen und beginnt sich als verlässlicher Partner zu erweisen.

377 YNN

LEA-FRANCIS 2½-LITRE SPORTS

Das Unternehmen, zu dem sich die Herren Richard Henry Lea und Graham Inglesby Francis im August 1895 zusammentun, hat eine klar umrissene Zielsetzung: mit einem hochwertigen Produkt in der Fahrradbranche Furore zu machen. In der Tat glänzen ihre individuell gefertigten Velozipede, ein Tourer und ein Light Tourer, nicht nur durch vorzügliche Verarbeitung, sondern auch durch Indizien für sprudelnden Einfallsreichtum. So enthalten ihre Lenker ein Werkzeugkit und ein Ölkännchen und bald bietet man Nabenschaltungen mit zwei und drei Gängen an.

Die gleiche Anmutung von Klasse umgibt die Automobile der Lea & Francis Ltd. in der Lower Ford Street, später Much Park Street, zu Coventry. Gleichwohl kommt ihre Fertigung, eingeläutet durch drei Dreizylinder-Prototypen ab 1903, nur zögerlich und stotternd in die Gänge, immer wieder unterbrochen von schöpferischen Pausen. Von sich reden macht man vor allem durch Kabinettstückchen wie den Hyper zwischen 1928 und 1931. Er ist der erste britische Serienwagen mit Kompressor und hat überdies ein paar schöne Rennerfolge vorzuweisen.

Bei dem „Twelve", der am 23. Januar 1946 nach Kopenhagen verkauft wird, handelt es sich noch um unverfälschte Vorkriegsware. Seinen munteren und willig ansprechenden Vierzylinder von 1496 cm^3 hat Hugh Rose konzipiert, ein ehemaliger Mitarbeiter von Riley. Markante Merkmale sind die beiden seitlich hoch im Motorblock angesiedelten Nockenwellen und entsprechend kurze Stößelstangen. Viel weniger Anleihen bei sich selbst macht man mit der Sports-Version, für die aus dem vorhandenen Chassis mit Starrachsen und Halbelliptikfedern 305 mm Radstand herausgeschnitten werden. Ein Prototyp, entwickelt beim Service Department und von der Karosserie-Manufaktur Abbey Panels mit einem offenen zweisitzigen Aufbau versehen, steht im Juli 1947 auf den Rädern. In einen weiteren sind zwei Monate später bereits diverse Modifikationen eingebracht, zum Beispiel ein neuer Grill sowie eine niedrigere Windschutzscheibe.

Ein „Twelve" wie diese beiden ist der erste Serienwagen, mit dem 1948 die Produktion von 88 (insgesamt gibt es 136 bis zum Ende des folgenden Jahres) „Fourteen" mit 1767 cm^3 und 72 PS angestoßen wird. In ihrer Silhouette verquicken sich Neu und Alt auf eigenartige, aber keineswegs unattraktive Weise. Nicht jeder Ansatz ist konsequent zu Ende gedacht. So verträgt sich etwa die Frontpartie mit ihrem Anflug von Stromlinie wie Scheinwerfern in den Spitzen der Kotflügel nicht unbedingt mit dem konventionell geformten Heck. Nur dürftig ist der Schutz gegen die notorische Niedertracht des englischen Wetters in Gestalt eines spartanischen Zeltdachs. Aber der „Fourteen" ist wendig und vergnüglich zu fahren, sein Triebwerk ein Geschenk an die Tuner, so dass er zum Beispiel in den Rennwagen der Marke Connaught schnellen Zwecken zugeführt werden kann. „Ein gut gebautes und aufregendes englisches Auto", begrüßt ihn *The Autocar* freudig und macht weit und breit kaum Konkurrenz aus, abgesehen vielleicht vom H.R.G. Hinsichtlich der ohnehin bereits exzellenten Straßenlage des eigenwilligen Tourers bringt die unabhängige Aufhängung seiner Vorderräder an doppelten Querlenkern mit unteren Drehstäben vom Herbst 1948 an kaum spürbare Fortschritte.

Schon im September 1946 hat Hugh Rose damit begonnen, aus dem „Twelve"-Aggregat einen „Eighteen" mit 2½ Litern Hubraum zu sublimieren. Dabei behält er auch dessen Rentabilität und Alltagstauglichkeit im Auge – der neue Motor ist zum Beispiel einfacher zusammenzubauen. Im Mai 1948 findet er sich unter der Haube eines Erlkönigs im Gewand des „Fourteen" Sports. Als letzte Ausbaustufe der Modellreihe wird der 2½-Litre Sports (Motto auf der Werksbroschüre: *A fast car that is fascinating to handle)* ab 1950 in 78 Einheiten in den Markt eingespeist. Bei näherem Hinsehen wird man feststellen, dass der Lea-Francis-Sportler rundum ein bisschen zugenommen hat, ohne dass sich seine Proportionen und üppigen Rundungen grundsätzlich verändert hätten. Für bescheidene Ansprüche wurde gar als Ergänzung zu den großzügig dimensionierten Fauteuils, die Fahrer und Beifahrer kommodes Reisen ermöglichen, eine weitere Sitzgelegenheit geschaffen. Die Türen sind nun vorn angeschlagen und nicht übermäßig zuverlässige Kurbelfenster wehren das Gröbste ab.

Da man die für die Entwicklung eines neuen Modells nötigen Mittel nicht aufbringen kann, signalisiert die Talfahrt bei den Verkäufen des 2½-Litre Sports das Ende der Lea-Francis Cars Limited als seriöse Autofabrik. Als Schlusslichter leuchten die zwei letzten Exemplare von 1953 aus dem Halbdunkel der Vergangenheit. Es gibt sie beide noch: Der eine blieb bis 1959 im Werk und wurde dann hastig einer Auktion zugeführt, als die Bilanz für das vorhergehende Jahr einen Verlust von 56 121 Pfund auswies. Der andere versieht bis heute als Kronzeuge einstiger Größe seinen zuverlässigen Dienst – auf Sri Lanka.

Manchmal werfen große Ereignisse ihre Schatten voraus. Trotz unbestreitbarer Attraktivität ist der Lea-Francis 2½-Litre Sports jedoch eher ein nostalgisches Produkt und deshalb verebbt ungeachtet einiger wohlwollender Kommentare bei seiner Präsentation die Nachfrage rasch.

Die Grundform des Sports wird durch einen Prototyp unmittelbar vor dem Krieg bereits vorgegeben: schmaler, sich nach vorn stark verjüngender Wagenkörper, gewaltige Kotflügel, Wespentaille, Ansätze zu Stromlinie vorn, Rückgriff auf ältere Baumuster hinten, wo das Reserverad unter einer glatten Verkleidung eingelagert ist.

Die erste 2½-Liter-Maschine von Lea-Francis wird im September 1947 hergestellt und zeichnet sich erwartungsgemäß durch gutes Drehmoment aus. Der erste Sports mit diesem Motor (Chassisnummer 5026) entsteht 1949 und wird im gleichen Jahr in Earls Court und Kelvin Hall ausgestellt. Zu schonender Behandlung berechtigt dieses Show-Dasein nicht: 1950 startet der Debütant in Rennen für Seriensportwagen mit Ken Rose am Lenkrad.

Den Sports-Urahnen Lea & Francis Hyper gibt es ab 1927 als Zwei- und Viersitzer sowie als Sportsman's Coupé, alle mit Kompressormotoren von 1496 cm³. Mit dem Namen Hyper will man abgedroschene Begriffe wie Super Sports oder Special Sports vermeiden. Flink ist er in jedem Fall: Das Modell im Bild umrundete 1930 den Brooklandskurs beim Double 12 Race und beim 500 Mile Race mit einem Bestwert von 181,5 km/h.

LOTUS ELITE

Schon in der zweiten Hälfte der fünfziger Jahre hat Lotus-Chef Colin Chapman in Box und Fahrerlager den Ruf weg, den er vor allem im folgenden Jahrzehnt mit kühnen Konstruktionen festigen wird: ein Vor- und Querdenker der Branche zu sein, der sich im Zweifelsfall erst mit der Sensation begnügt. Gewiss ist es sein Landsmann John Cooper, der die Heckmotor-Revolution im Rennwagenbau angezettelt hat. Aber erst Chapman macht das Beste daraus, in Gestalt von filigranen und federleichten Wunderwerken, ein Erfinder im besten Sinne des Wortes, dem seine Geistesblitze vorzugsweise in der Abgeschiedenheit seiner Badewanne zuteil werden.

Jedermann wartet gespannt auf einen Gran Turismo für die Straße, den er verheißen hat. Und so führt auf der London Motor Show, die der britische Premier Harold Macmillan am 16. Oktober 1957 eröffnet, so mancher erste Weg zu dem Stand der winzigen Manufaktur im Londoner Norden. Dort duckt er sich im Kunstlicht der Ausstellung, der Lotus Elite, hastig zusammengeschustert und ungetestet. Als ein paar Tage später Princess Margaret, die in Begleitung ihrer Mutter erschienen ist, Probe sitzen möchte, findet sie beide Türen verschlossen, der Zündschlüssel steckt. Und dennoch ist das Exponat etwas ganz Besonderes, ein zweisitziges Coupé mit einem Kunststoffmonocoque, legiert aus Fiberglas und Polyester mit metallischen Verstärkungen an einigen wenigen Stellen wie den Türscharnieren, der sehr schräg eingesetzten Frontscheibe und den Anlenkpunkten für die Aufhängung. Der Aufbau ist aus drei Komponenten zusammengeklebt: dem Boden, der eigentlichen tragenden Struktur und der Außenhaut. Die Form stammt von den Reißbrettern von Peter Kirwin-Taylor und John Frayling. Flugingenieur Frank Costin hat sie auf ihre Aerodynamik hin überprüft, bevor Colin Chapman sie abnickte.

Das Reserverad lagert waagerecht unmittelbar hinter den beiden wohlgeformten Schalensitzen. Die Seitenscheiben sind fest installiert, die Ventilation des Innenraums besorgen Ausstellfensterchen. Auf der Waage erweist sich der Elite wie erwartet als Bruder Leichtfuß, wiegt bloße 625 kg, voll getankt mit 63 Litern. Allenthalben spürbar sind die Einflüsse des Rennsports. Die Radaufhängungen gleichen denen

des Formel-2-Wagens Lotus 12: doppelte Querlenker mit Federbeinen vorn, hinten eine Kombination aus Schubstreben, Federbeinen und mittragenden Antriebswellen. Girling-Scheibenbremsen ringsum verzögern das Wägelchen im Falle eines Falles geradezu brutal.

Mit dem FWE-Abkömmling des Coventry Climax-Triebwerks FWA, das ursprünglich als Kraftquelle einer Feuerspritze herhalten sollte, sorgt eine besänftigte Rennmaschine für bemerkenswerte Fahrleistungen angesichts des ungemein günstigen Verhältnisses von Gewicht und Leistung. Mit knapp zwei Zentnern Gewicht trägt sie selbst dazu bei. Unzählige Tuningstufen sind verfügbar. In einer ersten Serie bis 1960 mobilisieren 1216 cm³ 76 Pferdestärken, anschließend, gespeist von zwei SU-Vergasern, deren 85. Zur gleichen Zeit löst ein ZF-Getriebe die ursprüngliche Kraftvermittlung von BMC ab, verbunden mit einem deftigen Aufpreis.

„Auto des Jahres?" fragt die renommierte amerikanische Fachzeitschrift *Road & Track* bereits im Januar 1958. Und die englische Publikation *Sports Car & Lotus Owner* attestiert dem Elite im November des gleichen Jahres, er sauge sich an die Fahrbahn wie ein Blutegel. Fast sei es unmöglich, sein Heck zum Ausbrechen zu bringen. Solche Tugenden stellten zweifellos hohe Anforderungen an das Verantwortungsgefühl seines Besitzers.

Sie prädestinieren den kleinen Lotus auch für den Einsatz im Rennsport. Er ist der geborene Sieger, ein Revolutionär Chapmanscher Prägung in der Grand-Tourisme-Klasse bis 1,3 Liter. Diese hält er in Le Mans zwischen 1959 und 1964 gleichsam in Erbpacht. Selbst Jazzposaunist und Hobby-Rennfahrer Chris Barber versucht sich in einem Elite, etwa im Rahmenprogramm des Großen Preises von Deutschland 1962 auf dem Nürburgring.

Erst nach dem Umzug der Lotus Cars Limited in die Delamere Road in Cheshunt, Herts, im Juni 1959 läuft die Fertigung des Lotus Elite so richtig an. Zu einer Population von 998 Exemplaren kommen weitere in der Form von Kit Cars, die dem Konsumenten per bahnamtlicher Rollfuhr angeliefert und unter Umgehung der Kaufsteuer in der heimischen Garage zusammengebaut werden. Im September 1963 aber versiegt die Produktion. Zu groß ist die Konkurrenz durch wohlfeile und alltagstaugliche Massensportwagen vom Schlage des Porsche 356 B oder Alfa Romeo Giulietta, zu teuer die Herstellung. Zu rasch ermüdet der ungewöhnliche Werkstoff, aus dem der Elite gefertigt ist: Schon nach kurzer Zeit hängen zum Beispiel seine schweren Türen schräg aus den Scharnieren.

Eine Pioniertat von frischem Wagemut war er gleichwohl, und ein Klassiker ist er geblieben.

In der klaren Linienführung des hüfthohen Coupés verquicken sich aerodynamische und ästhetische Elemente. Wie das ganze Fahrzeug verdankt sie viel dem Rennsport. Die Sichtverhältnisse sind glänzend und breite Türen, deren Fenster in die Dachstruktur schneiden, eröffnen einen bequemen Zugang in die Fahrgastzelle.

Ein hoher Standard jenseits alles Spartanischen erwartet den Lotus-Lenker auch innen. Die kommoden Schalensitze zeugen von handwerklicher Sorgfalt wie der Trimm insgesamt. Türtaschen sind ebenso vorgesehen wie ein Ablagefach und der Aschenbecher auf dem Kardantunnel, der den Innenraum nachdrücklich in zwei Hälften teilt. Stets akustisch präsent: das Coventry-Climax-Triebwerk, ab 1959 leicht zurückgenommen.

LOTUS COMPONENTS
CHESHUNT, HERTFORDSHIRE.
ENGLAND.
CHASSIS NO.
ENGINE NO.
RECOMMENDED LUBRICANTS

GS 145

GS 145

Die Zwienatur des Elite als eines flinken Gran Turismos verkürzt den Schritt zurück in den Motorsport, wo er eigentlich herstammt. Das aggressive Farbschema unterstreicht, dass dieser Elite in kriegerischer Absicht daherkommt. Niedriger Schwerpunkt und rennmäßige Aufhängung erzeugen eine für jene Zeit ungewöhnlich gute Straßenlage. Der rechts hinten hervorragende Stutzen, gekrönt von einem Schnellverschluss, begünstigt das Betanken in Eile.

LOTUS SEVEN

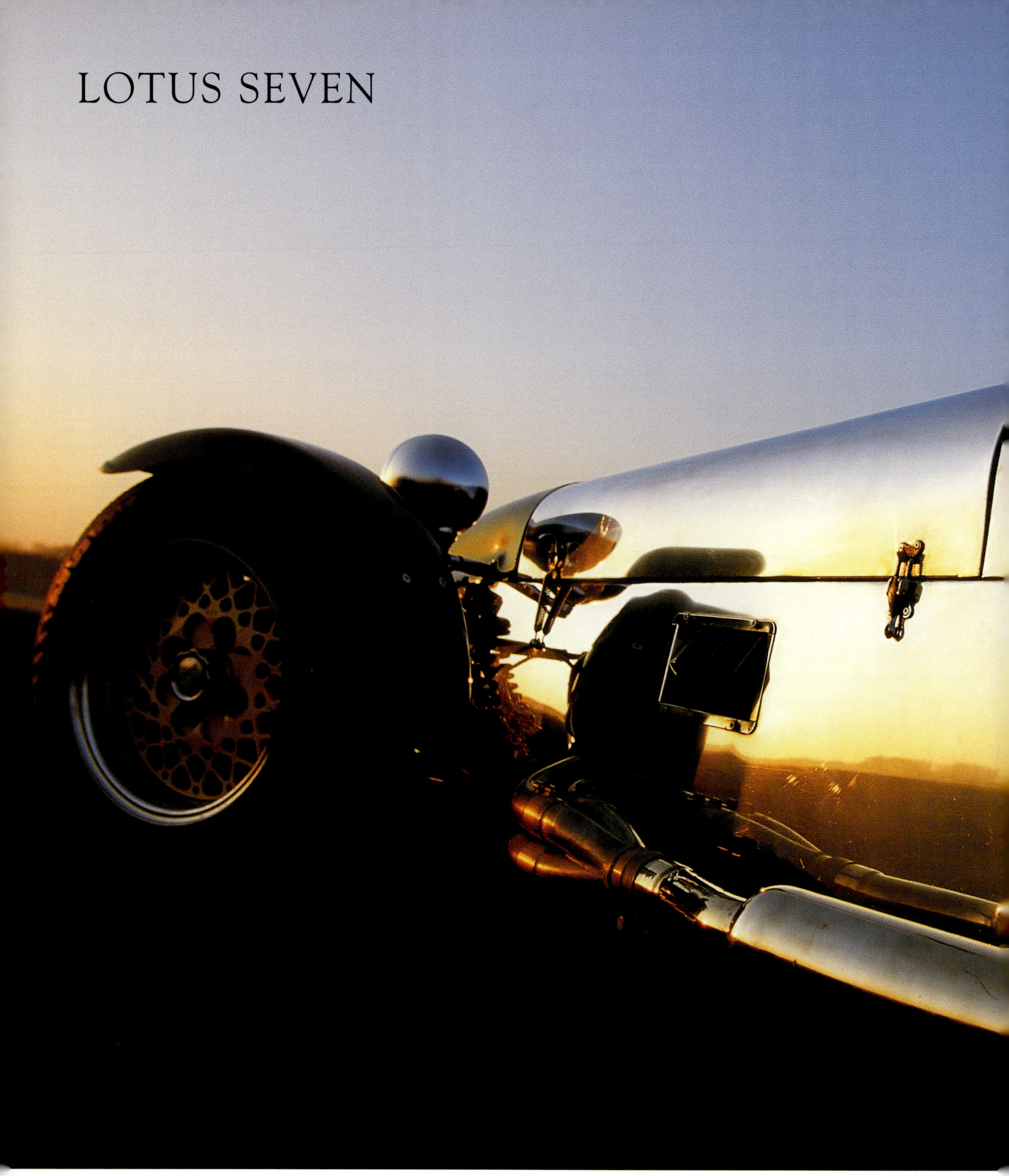

Anstatt mit der gebotenen Aufmerksamkeit am Unterricht teilzunehmen, hat Anthony Colin Bruce Chapman, geboren am 19. Mai 1928 in Richmond an der Themse, bereits als Pennäler anderes im Sinn: dereinst ein Auto pur in die Welt zu setzen, ein Motorrad auf vier Rädern für den Studenten und seine Freundin, die gerne ganz nahe bei ihm sitzen möchte.

Schon in Gestalt des Lotus VI mit seinem eng anliegenden Aluminiumkleid über einem Rohrrahmen und zwei notdürftigen Sitzgelegenheiten, zwischen 1952 und 1956 in der schwachen Verbreitung von 100 Exemplaren unters fahrende Volk gebracht, tut das künftige Superhirn der Grand-Prix-Branche einen Schritt in diese Richtung. Richtig ernst macht es seine Lotus Engineering Co. Ltd. allerdings erst 1957. Da wird unter ihrer Anschrift 7 Tottenham Lane, Hornsey, London N8, mit dem Seven eine Legende geschmiedet und verschraubt, eine Fahrmaschine für den mittellosen, hartgesottenen und wasserdichten Enthusiasten und überdies umfächelt von einem Hauch von Unsterblichkeit, wie sich erweisen wird, Premiere wie für den Elite: die London Motor Show im Oktober jenes Jahres.

Häufig wird der Seven als Baukasten verschickt, um dem Kunden die Kaufsteuer zu ersparen. Der Ruhm von Gründervater Chapman wächst ja schon stetig, und so wirbt man für die Versand-Lösung mit dem flotten Slogan: „ER hat ihn erdacht – SIE montieren ihn."

Es gibt allerdings viel zu tun. Vor dem ersten Ausritt vergehen in der Regel 60 Stunden stramme Heimarbeit inklusive ungeduldiger Nachtschichten. Alles muss ausgepackt, ein Schlachtplan ausgeheckt und eine Unzahl von Teilen zusammengefügt werden, der Gitterrohrrahmen, der mit den Bodenplatten, dem Tunnel für die Antriebswelle und Seitenteilen aus Aluminium ein Halbmonocoque bildet, und die Karosserie aus glänzendem Leichtmetall mit den Motorradkotflügeln und -lampen, die Aufhängung – vorn Querlenker und Federbeine, hinten Starrachse mit übereinander liegenden Längslenkern – und die vier Trommelbremsen, Maschine und Übertragung nach Gusto und vom Kunden häufig woanders besorgt.

Die schlanke Nase des Seven dient im Laufe seines langen Modell-Lebens selbst Sechs-, vor allem aber einer Unzahl von Vierzylindern als Herberge, zwischen dem BMC-A- oder Ford-Motor 100E von 1172 cm³ und 40 PS der ersten Stunde und dem Lotus-Zweinockenwellen-Triebwerk mit 1558 cm³ im Super Seven Twin Cam der Series III ab 1968, dem eine Holbay-Frisur zu 125 PS und damit mächtig

Der Lotus Seven Series III Twin Cam wird 1968 nur acht Monate produziert, als Interimsmodell zwischen der Series II und einer geplanten Series IV, der mit radikalen Änderungen aufwarten soll. Sein kurzes Dasein fällt in eine Zeit der Krise nach dem Tod von Lotus-Pilot Jim Clark im April jenes Jahres bei einem Formel-2-Rennen in Hockenheim. Er lebt gleichwohl weiter, umgeflaggt zum Caterham Seven ab 1973.

Das Zweinockenwellentriebwerk des Ford Lotus Cortina macht sich Luft durch Schlitze in der schmalen Motorhaube. Das Modell ist überdies zu erkennen an breiteren hinteren Kotflügeln mit engeren Wölbungen über den Rädern und Verankerungen für Sitzgurte von dubioser Effizienz. Neu gestaltet ist auch das Armaturenbrett mit den kleineren Uhren für Öldruck, Kraftstoffanzeige und Wassertemperatur neben den Hauptinstrumenten Drehzahlmesser und Tachometer.

auf die Sprünge verhilft. Mit einem Federgewicht von 336 kg erweist sich natürlich auch schon der Ur-Seven als quicklebendiges Wägelchen. Und da der spartanische Roadster, bereits von seinem bloßen Erscheinungsbild her ja ein Rennauto mit einem dünnen Firnis von Zivilisation, wie ein Brett auf der Straße liegt, gibt es angesichts karger Budgets kaum ein geeigneteres Instrument für Clubveranstaltungen.

Unter Chapmans Ägide folgen vier Generationen von Seven aufeinander, mit jeweils ungefähr 242, 1350, 350 und 1000 Exemplaren. Die Series II zwischen 1960 und 1968 weist bald die Glasfiberkotflügel des ursprünglichen Exportmodells Seven America und, ab 1963, Scheibenbremsen vorn auf. Einer mit dem polizeilichen Kennzeichen KAR120C bringt es zu TV-Ruhm: Millionen von Fernsehzuschauern begegnet er allwöchentlich in der Eingangsszene der Serie *The Prisoner*, wenn Schauspieler Patrick McGoohan mit ihm durch merkwürdig leere Londoner Straßen düst, immer neuen Abenteuern entgegen. Die Series III bis 1970 gibt sich verträglicher, ohne den Macho-Touch des Elementaren dabei einzubüßen, und rollt achtern auf einer breiteren Spur, da nun die Hinterachse des Ford Escort zum Einsatz gelangt. Ganz in Fiberglas gewandet ist der Seven der Series IV bis 1973, der mit noch mehr Komfort aufwartet und deshalb „soft" Seven geschmäht wird, dem Puristen ein Gräuel und dennoch fast ein Bestseller.

Mit der Einführung der Mehrwertsteuer bimmelt das Sterbeglöcklein für das Kit Car. Überdies ist der Seven dem Image der Lotus Cars Ltd., die 1959 nach Cheshunt und Ende 1966 nach Hethel umgezogen ist, als eines Produzenten von Sportwagen gehobener Preis- und Leistungsklasse nicht mehr zuträglich. Colin Chapman veräußert folglich im Mai 1973 die Fertigungsrechte an die Caterham Car Sales zu Caterham, Surrey. Nach nur 38 Einheiten gibt man dort die Herstellung des Seven der Series IV auf und erweckt den urwüchsigeren Vorgänger zu neuem Leben.

Wie das Motorrad dient er inzwischen im Gegensatz zu seiner ursprünglichen Bestimmung als Zweitfahrzeug, und in einem solchen leidet man bekanntlich genussvoller.

LOTUS ELAN

Seine Premiere feiert der Elan auf der London Motor Show in Earls Court im Oktober 1962, im Jahr also vor dem ersten Championat eines Formel-1-Lotus mit Jim Clark am Volant. Er legt ein beredtes Zeugnis ab von der geistigen Agilität und Lernfähigkeit des jungen Unternehmers Colin Chapman, ein Eindruck, der sich durch zügige und intensive Modellpflege festigen wird.

Im Unterschied zum Elite, bei dem man noch auf die dubiose Rigidität eines Kunststoffmonocoques baute, hat der Elan Rückgrat, buchstäblich: ein massives X aus Stahlblech, seitlich perforiert und sechs Mal so steif wie die Gitterrohrrahmen der bisherigen Grand-Prix-Wagen des Hauses, gleichwohl nur 34 kg leicht. Verantwortlich dafür zeichnete Ron Hickman, die Denkanstöße indes kamen von Chapman persönlich.

Rittlings auf diesem starken Stück, an 16 Punkten befestigt, sitzt der Aufbau des Elan aus hochfestem Polyester, ein einziges, aber komplex geformtes Bauteil, das dann um Türen und Hauben ergänzt wird. Der Deckel für den Motorraum kann in zehn Sekunden komplett entfernt werden.

Durchaus zukunftsträchtig: bis an die Radausschnitte herumgeführte Stoßfänger, ausgeschäumt mit Polyurethan. Im Falle des Falles, den man dennoch vermeiden sollte, stecken sie einiges weg, während die Klappscheinwerfer des Elan ein Schwachpunkt bleiben: Der ingeniöse Steuermechanismus – je ein Vakuumzylinder ist verbunden mit einem zentralen Gefäß, dem durch den Auspuffkrümmer die Luft entzogen wird – kündigt gerne mal den Dienst auf.

In den gegabelten Enden des Rahmen-X sind sowohl Motor und Übertragung als auch Elemente der Radführung verankert. Hohle Halbwellen übertragen die Antriebskräfte über sich kräftig verwindende Gummigelenke, an die sich nach außen Scheibenbremsen anschließen. Die hintere Einzelradaufhängung wird charakterisiert durch breit gespreizte Querlenker mit tief angesetzten Anlenkpunkten, während sich die Armstrong-Federbeine wie im Elite ungewöhnlich hoch abstützen. Vorn sind die Räder an doppelten Dreiecksquerlenkern aufgehängt, abgefedert ähnlich wie hinten, nur dass die Bremsen ganz außen in den leichten und robusten Stahlfelgen aus eigener Fertigung angesiedelt sind.

Ganz weit zurückgenommen im Dienste einer optimalen Verteilung der 590 Kilogramm Wagengewicht ist der Vierzylinder,den Harry Mundy entwickelt hat, Redakteur der Zeitschrift *Autocar* und ausgekochter Praktikus, bis zur Gürtellinie das Triebwerk des Ford 116E aus dem Cortina, gekrönt von einem neuen Zylinderkopf und zwei oben liegenden Nockenwellen.

Aus den ursprünglich 1498 cm³ und 100 PS werden im Mai 1963 1558 cm³ und 105 PS. In einer Rückrufaktion ersetzt man an den 22 bisherigen Elan die ursprüngliche Maschine durch die neue.

Im November 1964 folgt der Elan der Series II mit größeren Bremssätteln vorn, oval arrangierten Heckleuchten, einem Armaturenbrett mit Dublee aus schimmerndem Edelholz und Zentralverschlüssen als Zusatzangebot. Die Ausbaustufe S3 ab September 1965 macht zunächst als komfortables Coupé ihre Aufwartung und wird erst im Juni 1966 durch das entsprechende Convertible flankiert, mit Seitenfenstern in Chromrahmen wie auch die geschlossene Version. Seit dem Januar jenes Jahres gibt es die Variante S/E (für Special Equipment) mit 115 PS, Zentralverschlüssen und Servobremsen. Die Elan-Abkömmlinge der Series IV vom März 1968 an sind zu erkennen an Ausbuchtungen um die Radausschnitte, die Ellbogenfreiheit schaffen für ihre Niederquerschnittsreifen, einem Wulst auf der Motorhaube sowie größeren Lampen-Ensembles am Heck.

Auch was die zunächst ziemlich dürftige Fertigungsqualität anbelangt, gipfelt die Baureihe im Elan Sprint vom Februar 1971, für den 126 PS Leistung angegeben werden. Er sei um 25 % stärker als sein Vorgänger, kündigt man in Cheshunt an und klärt zugleich kleinlaut die Ungereimtheit auf: Bei dem habe man versehentlich auf die liberale SAE-Norm zurückgegriffen. Er mobilisiere lediglich 101 DIN-PS. Big Valve steht auf dem verrippten Nockenwellendeckel, Indiz für die größeren Einlassventile, mit denen Renningenieur Tony Rudd den Lotus-Treibsatz aufgepeppt hat. Differential und Antriebswellen wurden entsprechend verstärkt, und aus dem Elan-Einerlei hebt sich der Sprint durch seine serienmäßige Zweifarbenlackierung heraus.

Im Übrigen macht er seinem Namen alle Ehre: Man kenne keinen anderen Produktionswagen mit 1,6 Litern Hubraum, der in nur 6,7 Sekunden auf 60 Meilen (ca. 96 Stundenkilometer) beschleunige, freut sich *Motor* vom 6. März 1971. Das Blatt schließt seinen Fahrbericht mit den geflügelten Worten: „We were most impressed."

Die lange Laufbahn des Lotus Elan endet im August 1973 nach 12 224 Exemplaren, viele davon als Kit Cars zusammengebaut und deshalb dem Herzen ihrer Eigner noch näher …

Gewissermaßen als Kontrastprogramm zum Elite gibt es den Lotus Elan anfänglich nur als Convertible in jener klaren Form ohne Zierrat oder schmückendes Beiwerk, die das Modell zum Renner in der Publikumsgunst macht. Erst der Zentralrohrrahmen ermöglicht seine Eröffnung. Auf Bildern wirkt es größer als es tatsächlich ist, am Lenkrad eher kleiner. Breite Türen gewähren bequemen Zugang.

Das Triebwerk des Lotus Elan 1600 stammt weitgehend aus eigener Fertigung, ein Ford-Block mit einem Zylinderkopf, in dem zwei Nockenwellen die Ventile zur Arbeit anhalten wie im Lotus Cortina. Es ist gut zugänglich. Das abgehackte Heck ähnelt dem des Elite.

Die Scheinwerfer – durchaus ein Novum zu jener Zeit – werden per Vakuum aufgerichtet oder in den Schlaf-Hang versenkt, schneller als zeitgenössische elektrische Lösungen, aber auch recht störanfällig.

LOTUS EUROPA

Zwei Jahre liegen zwischen Konzeption und Realisation des Europa, der 1966 vorgestellt und in die Produktion im neuen Lotus-Werk Hethel eingespeist wird. Für die zeitgerechte Erledigung des Auftrags war Derek Sleath mit einem kleinen Team verantwortlich, für das Styling John Frayling, der schon das Elan Coupé gezeichnet hat. Colin Chapman versteht den hüfthohen Zweisitzer als Angebot an diejenigen Freunde der Marke, welche das Triebwerk gerne im Nacken hätten wie Superstar Jim Clark, Weltmeister auf Lotus 1963 und ’65.

Der Name Europa ist programmatisch: Das Modell soll vor allem zum Exportartikel werden. Zugleich möchte Chapman demonstrieren, dass er keineswegs zum Satelliten des Fixsterns Ford verkümmert ist, und wählt die Régie Renault als Partner. Als Mittelsmann dient der Grand-Prix-Journalist und Clark-Intimus Jabby Crombac, dem Hause

Lotus seit jeher von Herzen zugetan. Die Legende will wissen, der Deal sei bei einem Treffen zwischen Crombac und Renault PR-Chef Robert Sicot in einem guten Speiserestaurant vorbereitet worden, Konstruktionszeichnungen habe man der Einfachheit halber auf die Tischdecke gemalt.

Als Rahmen dient wie im Elan ein massives Gebälk aus Stahl, das sich allerdings vorn zu einem T auffächert, während das hintere Y die kompakte Einheit von Motor (vier Zylinder, 1470 cm^3, 82 PS) und Übertragung aufnimmt. Eine Quertraverse ganz hinten trägt das rückwärtige Ende des Getriebes. Dieses besteht aus Leichtmetall wie auch die Maschine des Fronttrieblers Renault 16, und da man den gesamten Antriebstrakt um 180 Grad gedreht hat, entsteht in der Tat die gleiche Anordnung wie in einem zeitgenössischen Formel-1-Monoposto. Allerdings muss man das Differential ein wenig modifizieren, damit der Pilot die Reise nicht mit vier Rückwärtsgängen und einem kurz übersetzten Vorwärtsgang antritt.

Die Hinterachsführung übernimmt eine Konstruktion aus dem eigenen Hause, eine Art Schräglenkerachse mit einer diagonalen Strebe zur Aufnahme der Längskräfte, während die seitliche und senkrechte Stabilisierung durch einen Querlenker und die Antriebswelle gewährleistet wird. Die Hinterräder werden durch Trommeln gebremst, die vorderen, an doppelten Querlenkern und mit Schraubenfedern zu einem Bauteil kombinierten Stoßdämpfern aufgehängt, durch Scheibenbremsen. Die Kunststoffkarosserie bildet zunächst mit dem Chassis eine unzertrennliche Einheit von enormer Steifigkeit, und die gewölbten Seitenscheiben sind starr. Das habe den lässig lagernden Lotus-Lenker daran gehindert, dem sich in unterwürfiger Haltung nähernden Ordnungshüter zu erklären, er habe nichts ausgefressen, spottet Europa-Biograph John Bolster.

Bei den Exemplaren der Serie 2 ab April 1968 sind beide Mängel behoben: Etwa im Interesse einer größeren Reparaturfreundlichkeit lässt sich der Aufbau abheben, und durch elektrisch betätigte Fenster strömt bei Bedarf Sauerstoff von links und rechts. Und während früher ein einzelner Behälter mit geringem Fassungsvermögen den Europa zum häufigen Gast an der Zapfsäule machte, sorgen jetzt deren zwei mit separaten Einfüllstutzen für größeren Aktionsradius. Mit dem Twin Cam von 1971 wurde dem gallischen Gastarbeiter die Tür gewiesen. Im Rücken der Passagiere verrichtet nun wie im Elan ein Lotus-Ford-Triebwerk seinen Dienst, einen Zylinderkopf mit zwei oben liegenden Nockenwellen zu Häupten eines Graugussblocks. Die seitlichen Finnen beiderseits der Motorhaube, ohnehin von eher visueller als aerodynamischer Wirksamkeit, sind teilweise abgetragen, behindern aber noch immer den Blick nach hinten vor allem im Stadtverkehr. Nicht unbedingt als ästhetischer Gewinn erweisen sich die Achtspeichenfelgen dieser Ausbaustufe.

Im September des Jahres 1972 kulminiert die Evolution der Baureihe im Europa Special mit der „Big Valve“-Maschine von 126 PS und einem Renault-Fünfganggetriebe, erst als Option, später als Regelfall. Die schärfste Version von allen, der Lotus 47, wird ausschließlich auf die Rennstrecke abgeordnet. 9230 Europa gibt es insgesamt, etliche von ihnen von Heimwerkern zusammengezimmert: Der S2 etwa kostet fahrfertig 2471 Pfund, als Bausatz 2044 Pfund, übrigens teurer als ein Elan in Kit-Form, den der Europa eigentlich preislich deutlich unterbieten sollte. Die Popularität des gefälligeren Elan erreicht er bei den Testern nie. Ihre Kritik setzt vor allem beim Tunnel-Blick nach hinten an. Man rügt, auf schlechten Straßen springe der Europa wie ein Bock, moniert, die Kupplung sei wegen ihres langen Übertragungskabels schwer und latschig zu bedienen, und bemäkelt, dass der Gangwechsel nur teigig und wenig akkurat in die Wege geleitet werden könne. Hier schafft man später Abhilfe, und auch die energischen Lebensäußerungen des Auspuffs geben nach dem Einzug des hauseigenen Twin-Cam-Motors keinen Anlass mehr zur Klage. Und so gerät der Lotus Europa zum erfolgreichen Experiment, das eigentlich gescheitert ist.

Inmitten der Fülle von außergewöhnlichen Lösungen, mit denen der Lotus Europa aufwartet, fallen zwei Dinge besonders ins Auge: seine Winzigkeit und seine durch keine Konvention vorgegebene Form, im Ganzen wie im Detail. Daneben findet sich allerdings auch unverblümte Gebrauchsprosa: Die hintere Stoßstange zum Beispiel stammt vom Ford Cortina und ist direkt mit der Kunststoffkarosserie verschraubt.

ES 269 G

LOTUS
EUROPE
S2

Motor und Getriebe aus dem Renault 16 sind um 180 Grad gedreht hinter dem Cockpit angesiedelt worden, das ein sportlich-solides Ambiente verströmt. Der kleine Ganghebel liegt gut zur Hand und Passagiere von durchschnittlicher Größe finden in den schön geformten Schalensitzen des Europa zu einer kommoden Position mit ausgestreckten Armen. Die Hochebene über der Antriebseinheit geht am Ende über in einen Spoilerhügel. Dennoch ist die Sicht durch die schießschartenartige Heckscheibe keineswegs schlecht.

LOTUS ELAN +2

Schon vier Jahre ist er in der Planung, da wird er im Juni 1967 Ereignis, der Elan +2, später einfach +2 oder Plus 2 genannt. In der neuen blitzsauberen und hochmodernen Lotus-Manufaktur in Hethel in der Nähe von Norfolk hat man den Radstand des Normal-Elan um 320 mm verlängert und seine Spur um 178 mm erweitert. Herausgesprungen sind dabei mehr Ellbogenspielraum sowie zwei Sitzgelegenheiten hinten, so dass die Vorstände junger Familien nicht mehr unbedingt zur Anschaffung einer Limousine schreiten müssen.

Trotz unverkennbarer Anklänge an die Linie des Zweiplätzers ist der +2 zum selbstständigen Auto-Individuum geraten, für viele schöner als das Original. Mit diesem teilt er Prinzipielles wie die Kunststoffkarosserie über einer trotzigen X-förmigen Rahmenstruktur aus Stahl, aus dem auch die Verstärkungen an strategisch wichtigen Stellen wie den Türöffnungen gefertigt sind. Die Dicke der Polyester-Haut variiert zwischen 3,17 und 6,35 mm beispielsweise am Boden oder den Kanten der Radausschnitte.

Gemeinsam sind den beiden Modellen weiterhin die Klapplampen, die wegen ihrem etwas schwächlichem Unterdruck-Mechanismus dem Fahrtwind bei hohen Geschwindigkeiten kaum widerstehen können. Identisch ist schließlich der Antriebstrakt mit der Zweinockenwellen-Maschine von 1558 cm³ und 118 PS, mit welcher der +2 dem drei Zentner leichteren Kollegen hinsichtlich Spitze und Beschleunigung erstaunlicherweise kaum nachsteht. Noch besser ist wegen der breiteren Spur aus der Sicht des Normalverbrauchers die ohnehin exemplarische Straßenlage des Elan geworden. Der sei, lobt John Bolster in *Autosport* vom 5. April 1968 den Testkandidaten, die ideale Lösung für den Mann, der auf ein Straßenauto mit dem Fahrverhalten eines Grand-Prix-Wagens erpicht sei. Ansonsten ist die Menge der austauschbaren Teile gering, wie sich etwa bei den breiten Türen mit ihren stärker ausgeprägten Rundungen oben vor den A-Säulen zeigt.

In der etwas komplizierten Nomenklatur für den 2+2-sitzigen Lotus spiegelt sich eine sorgfältige Modellpflege wider, aber auch die Evolution einer Ambition: Colin Chapman strebt marktaufwärts. Als Indiz dafür mag angesehen werden, dass der +2S ab Oktober 1968 – der Vorgänger bleibt noch bis zum Dezember 1969 im Bau – nicht mehr in Kit-Form zu haben ist. Der Neue, wie der zeitgenössische zweisitzige Elan der Serie 4 an einem Höcker auf der Haube zu identifizieren, verwöhnt eine sich wandelnde Klientel mit gehobenem Luxus und Komfort sowie einem Mehr an Ausstattung wie

Trotz der unverkennbaren Familienähnlichkeit unterscheiden sich das Elan Coupé und der +2 in zahlreichen Punkten. Dazu gehört die anders geartete Form der Türausschnitte vorn sowie die vordere Anordnung der Blinkleuchten und Positionslampen. Beim Zweiplätzer sind sie unter der Stoßstange, beim Viersitzer oberhalb angesiedelt.

zum Beispiel Nebellampen. Der Fahrgenuss bleibt: Obwohl seine direkte Lenkung den Piloten nie im Unklaren lasse über die Beschaffenheit der Straßenoberfläche, schreibt *Autosport*-Redakteur Bolster, flöße der Lotus sofort Vertrauen ein. Man könne ihn bedenkenlos in die Kurven werfen, ohne dass er dies krumm nähme. Der Motor sei bemerkenswert elastisch und umgänglich und wehre sich nicht einmal gegen provozierendes Trödeln. Abgelöst wird der +2S im Februar 1971 durch den +2S 130 „Big Valve" mit dem von Tony Rudd überarbeiteten Triebwerk von 126 PS, erkennbar an seinem silbernen Dach.

Die endgültige Metamorphose folgt im Oktober 1972 in Gestalt des +2S 130/5. Die angeklebte Ziffer verweist wie übrigens auch an den vier oder fünf letzten Elan Sprint auf das Fünfganggetriebe, das bereits spätere Generationen in künftigen Zweiliter-Lotus wie dem Elite und dem Eclat antizipiert. Ihm ist von vorneherein eine robuste Gesundheit mit in die Wiege gelegt worden. Anfänglich ist es etwas latschig und hakelig zu schalten. Vor allem der fünfte Gang lässt sich nur ungern einlegen, setzt dafür jedoch dem Ausrücken zähen Widerstand entgegen. Aber das bekommt man rasch in den Griff, und künftig wird der Gangwechsel zu einem sinnlichen kleinen Vergnügen. Die höchste Fahrstufe ist gewissermaßen als Overdrive ausgelegt. Viele Kunden haben nur darauf gelauert, vor allem auf dem europäischen Kontinent, wo noch freie Fahrt für freie Bürger angesagt ist, während englische Motorways durch das 70-Meilen-Limit schon längst zur permanenten Kriechspur verkümmert sind. Bei Tempo 190 droht im vierten Gang die Nadel des Drehzahlmessers bereits in den roten Bereich zu wandern, der fünfte, in dem die gleiche Höchstgeschwindigeit erreicht wird, erspart dem Triebwerk, dem Ohr und dem Sprit-Budget des Lotus-Lenkers immerhin 1400/min.

Der +2 überlebt den Elan für zwei um ein Jahr und bringt es insgesamt auf eine Auflage von 3300. 1974 winken in Hethel bereits neue Ufer, zugleich drohen schärfere Sicherheitsbestimmungen mit kostspieligen Crashtests in ihrem Gefolge. Und diesen rüden Gepflogenheiten der neuen Zeit mag man den Klassiker gar nicht mehr aussetzen.

Zu den Vorzügen des Elan +2 gehört der geräumigere Kofferraum, der auf die größere Breite des „Elan für die Familie“ zurückzuführen ist. Eine reicher ausgestattete Armaturentafel mit zwei zusätzlichen Instrumenten in der Mitte kommt dem Spiel- wie dem Informationstrieb des Piloten entgegen, obwohl ihre Kontrollorgane den gleichen Motor wie im Coupé observieren. Die Zehnspeichenfelgen stammen von Lotus selbst.

LOTUS ELITE & ECLAT

Im Mai 1974 kommt es bei Lotus zur Wiedergeburt des Elite. Allerdings hat der Neue mit dem 1963 Verblichenen nur den Namen und den Aufbau aus Kompositmaterial gemeinsam, ein ungewöhnlich geformter Viersitzer, mit dem Colin Chapman endgültig den Armeleutemief des Produzenten von Kit Cars auslüften und zu den fetten Pfründen aufbrechen will, die nach der Ölkrise von 1974 noch übrig geblieben sind.

Die Innenarchitektur des Elite mit der ergonomisch-funktionellen und entschieden unenglischen Gestaltung des Armaturenbretts stammt von Giorgetto Giugiaros Schönheitsstudio Ital Design, während für die Silhouette ein hauseigenes Team verantwortlich zeichnet. Dabei verschließt man sich durchaus nicht Impulsen, die von draußen kommen, Anklänge an den Mercedes 350 SLC oder den Lamborghini Espada zum Beispiel. Dass das schmal umrahmte hintere Fenster zugleich als Heckklappe dient, die übrigens von Gaszylindern in jeder gewünschten Stellung festgehalten wird, gibt es Präzedenzfälle in Gestalt des Volvo 1800 ES oder des Reliant Scimitar GTE. Markantes Detail: die tiefe Gürtellinie, die hinter der A-Säule abfällt und vor der C-Säule wieder ansteigt und jene Rundumsicht gestattet, an der es beim Ur-Elite ziemlich und beim Europa erheblich haperte. Die stark geneigte Frontscheibe besteht aus vier Millimeter dünnem belgischem Glaverbel-Glas.

Ursprünglich war ein selbsttragender Fiberglasaufbau vorgesehen, dem dann aber doch ein solides Fundament in Form eines Zentralträgerrahmens unterzogen wurde. Zur passiven Sicherheit tragen vor allem auch im Hinblick auf den nordamerikanischen Markt Stahlbewehrungen in den Türen und ins Dach integrierte Überrollbügel bei sowie Stoßfänger, die eine Rempelei bis zu acht Stundenkilometern angeblich unbeeindruckt wegstecken sollen.

Zwischen den vorderen Ausläufern des Chassis siedelt, im Winkel von 45 Grad nach links geneigt, jener Vierzylinder mit zwei Litern, zwei oben liegenden Nockenwellen und 155 PS, der seine Rüpeljahre im Jensen-Healey ausgetobt hat. Ein rauer Bursche ist er noch immer, vor allem, wenn man sich dem kritischen Bereich ab 7000/min nähert. Nach Art des Hauses werden alle vier Räder unabhängig geführt, vorn an Dreiecksquerlenkern, hinten, wo Trommelbremsen an die gute alte Zeit gemahnen, an langen Schräglenkern,

Wie schon der Europa stößt der viersitzige Lotus Elite der zweiten Generation mit seinem Doppelknick in der Silhouette des rückwärtigen Bereichs und der hinten sich verjüngend emporstrebenden Verglasung auf ein kontroverses Echo. Unbestritten ist, dass er mit seiner kleinen Frontfläche und einem C_W-Faktor von 0,3 Bestwerte in allen Klassen aufstellt, Resultate fleißiger Arbeit im Windkanal. Das hintere Fenster fungiert zugleich als Zugang zum Kofferraum, der durch eine Glasscheibe von der Fahrgastzelle getrennt wird.

N 752 SR

éclat
LOTUS

EC2R

Querstreben und den Antriebswellen. Durch ein Layout wie am Grand-Prix-Wagen, wie Chapman es sich gewünscht hätte, wäre den Fond-Passagieren der Platz streitig gemacht worden.

Eben dies geschieht durch eine heruntergezogene Dachlinie in dem 2+2-sitzigen und ansonsten ganz ähnlichen Fastbackcoupé, das dem Elite auf der London Motor Show 1975 an die Seite gestellt wird. Sein Name Eclat möchte in seiner englischen Denotation „freudiges Ereignis" und nicht etwa in seiner deutschen „Skandal" verstanden werden.

Im Juni 1980 folgt eine so genannte Series 2.2 beider Modelle mit aufgebohrten Triebwerken von 2174 cm³ und 160 PS, erkennbar an seitlich abgespreizten Schürzen, welche die Kerbe fortführen, die der Frontspoiler gegen die Karosserie bildet. Die Heckleuchten sind nun in größeren Ensembles versammelt. Die Halogenscheinwerfer werden nicht länger per Unterdruck, sondern durch Elektromotoren hochgestülpt und versenkt.

Für beide bietet man eine Riviera-Edition mit Sonnendach an, und im Übrigen werden wie bisher Ausstattungsvarianten mit einer ausgeklügelten Nomenklatur bezeichnet: Die Basisversion des Elite heißt 501, ein de-Luxe-Angebot mit Klima- und besserer Stereoanlage 502, die kargste Ausführung des Eclat 521 und so weiter.

Die Fachzeitschrift *Wheels* sieht in der Ausgabe vom Juli 1974 im getesteten Elite 502 einen vergleichsweise exotischen Konkurrenten für den Porsche 911. Man wittert jedoch in dem üppig gepolsterten Ledergestühl, das den Passagieren kommode Einzelsitze beiderseits des zentralen Rahmenbalkens zuweist, und auch im sonstigen Luxus des Kandidaten einen schmerzlichen Affront gegen den Puristen, der mit einem Lotus noch immer den Komfort eines Nagelbretts assoziiert.

Autosport titelt im Heft vom 5. Juni 1975 mit feinem Wortspiel „A Lotus for the Elite" und weist anhand des untersuchten 503 nach, in Hethel habe man eine Menge Lektionen aus dem Rennsport gelernt. Mit Konkurrenten wie dem etwa gleich teuren Mercedes 350 SL könne der Lotus durchaus Schritt halten, obwohl er lediglich einen Vierzylinder zu bieten habe, dafür aber eine ungemein windschlüpfige Form und die exemplarische Handlichkeit, die typisch sei für die Produkte dieser Marke. Dass die Karosserie noch immer aus Kunststoff bestehe, biete vor allem einen Vorteil: Das Auto roste nicht.

Diesem Punkt werden die 2531 Elite-Besitzer (bis 1983) sowie die 1522 Eigner eines Eclat (bis 1985 hergestellt) uneingeschränkt zustimmen.

Der Zugewinn an Gepäckraum muss von den Passagieren des Lotus Eclat im zweiten Glied mit einem Verlust an Kopffreiheit gebüßt werden, da sich bald hinter der B-Säule die Dachlinie zum Fastback absenkt. Unterhalb der Heckscheibe schließt sich nun ein Kofferraumdeckel aus Glasfiber an. Früher ein ungehobelter Bursche, ist der Sechzehnventiler unter der vorderen Haube nach Ansicht der meisten Tester endlich aus den Flegeljahren.

LOTUS ESPRIT

Wie der Aston Martin DB5 macht sich der Lotus Esprit einen Namen als rasendes Filmrequisit. Im James-Bond-Epos *The Spy Who Loved Me* zum Beispiel, wo er, mit dem amphibischen Agenten 007 am Lenkrad, in den kristallklaren Fluten des Coral Harbor zu Nassau versinkt und dort seine Fahrt bis zu 15 Knoten schnell submarin fortsetzt. Oder in der Brunft-und-Crime-Moritat *Basic Instinct,* als er erstaunliche Fahreigenschaften auf nächtlich-feuchtem Großstadtpflaster sowie die beträchtliche Robustheit seiner Kompositkarosserie beim Aufschlag aufs Dach an den Tag legt.

Seine Karriere beginnt er als Stilstudie Giorgetto Giugiaros auf dem Turiner Salon 1972. Der italienische Meister

setzt mit ihm allerdings keinen neuen Trend, sondern mischt nur die gängigen Rezepte für einen Supersportwagen neu und treibt einen jener barhockerhohen Keile in den Fahrtwind, welche die Anwesenheit von Passagieren im Grunde genommen überflüssig machen. Käuflich wird er erst ab Juni 1976. Wie im Elan, Europa und Elite der zweiten Generation grätscht der schmucke Aufbau über einem zentralen Kastenrahmen aus Stahlblech. Die Aufhängung des Esprit entspricht der in den beiden Schwestermodellen Elite und Eclat.

Mit diesen teilt er auch den von Lotus in Monokultur verwendeten Zweiliter mit zwei oben liegenden Nockenwellen und vier Ventilen je Zylinder, im Winkel von 45 Grad zur Auslassseite hin gestürzt und mit dem Fünfganggetriebe aus dem Citroën SM gepaart, jedoch hinter dem Rücken der Passagiere eingebaut. Obwohl bereits zu einem hohen Reifegrad gediehen, bringt diese kleine, komplexe Maschine lautstark zum Ausdruck, dass in ihr eine Fülle mechanischer Teile nicht immer in vollendeter Harmonie miteinander kooperiert. Tester monieren, dass in bestimmten Drehzahlbereichen betäubende Vibrationen den Wagenkörper wie eine Violine tremolieren lassen und den Piloten gleich mit. Die vom Werk verheißene Spitze von 222 Stundenkilometern scheint dem Bereich der Phantasie entlehnt, *Autocar* zum Beispiel vermeldet bestenfalls Tempo 200.

Mit dem futuristischen Flair des Innenraums bürstet man in der ersten Serie gegen den Strich des Puristen,

Der Lotus Esprit der Serie 3 von 1981 unterscheidet sich von seinem Vorgänger durch anders geformte Schweller in Wagenfarbe, Stoßfänger, die die Karosserieecken umgreifen, weniger ausgeprägte „Ohren" im Anschluss an die seitlichen Fensterflächen und neue Räder – hier mit den wahlweise erhältlichen BBS-Felgen. In den hinteren Stoßstangen ist in großen Lettern das Wort Lotus eingestanzt, damit der arglose Verkehrsteilnehmer hinter ihm erfährt, wer ihn da gerade überholt hat.

Die Sitze links und rechts des kräftig ausgeprägten Mitteltunnels umfangen die beiden Insassen mit knautschiger Behaglichkeit, gewähren aber dennoch festen Halt. Das zweispeichige Momo-Lenkrad ist nun Standard und der Handbremse ist ein Plätzchen im Türschweller unmittelbar vor dem Fahrerfauteuil angewiesen worden. Die Raumverhältnisse sind knapp – irgendwie scheint jeder Lotus um die Statur des kleinwüchsigen Grand-Prix-Piloten und Chapman-Intimus Jim Clark herum gedacht. Der 2,2-Liter-Motor vom Typ 912 findet sich seit Sommer 1980 in allen Straßenautos der Marke.

kommt diesem aber in der zweiten ab Juni 1978 vor allem im Umkreis der Armaturen mit konventionelleren Elementen entgegen. Der Frontspoiler ist bis an die vorderen Radausschnitte herumgezogen. Neue Heckleuchten umfassen nun auch Nebellampen, und die fast senkrechte Scheibe hinten ist stärker geneigt, um Spiegelungen auszumerzen. Zugleich wird die Ventilation des Passagierabteils verbessert, etwa durch Lufteinlässe im Anschluss an die hinteren Seitenfensterchen. „Noisy throroughbred" – ein lärmendes Vollblut nennt *Autocar* vom 20. Januar 1979 den Esprit S2 und beanstandet, dass sich in einem 11 754 Pfund teuren Automobil die Sitzlehnen nicht verstellen lassen. In einer der gelegentlichen Sondereditionen präsentiert er sich im Schwarzgold des Formel-1-Sponsors JPS, etwa das Exemplar, welches Lotus-Weltmeister 1978 Mario Andretti übereignet wird.

In der Ausbaustufe 2.2 von 1980 macht der Esprit die allgemeine Lotus-Mobilmachung auf 2,2 Liter und 162 PS mit, in der Serie 3 ein Jahr später werden die Verbesserungen übernommen, die bereits in die Turbo-Version von 1980 Eingang gefunden haben.

1987 wird zu einem ungemein wichtigen Jahr in der Modellgeschichte wie auch der Firmenhistorie: Lotus fährt seinem neuen Eigner General Motors zwei Millionen Pfund ein. Da das rasiermesserscharfe Design Giugiaros nicht mehr in die Zeit passt, ist es von einem Team mit Peter Stevens an der Spitze unter der Oberaufsicht von Lotus-Chefingenieur Colin Spooner mit kraftvollen Strichen retuschiert worden. 15 Monate lagen zwischen Plan und Vollendung. Geglätteter, gerundeter und somit sinnlicher, schaut der Esprit plötzlich wieder zeitgemäß aus. Und obwohl an seinem Aufbau – grundsätzlich zwei aneinander gefügte Hälften aus Fiberglas mit Kevlar-Verstärkungen – kein Element wie früher ist, bleibt die Gesamtanmutung auf erstaunliche Weise erhalten.

Mit dem Renault-Transaxle GTA zusammengespannt, leistet das Triebwerk nun 172 PS und ermöglicht exakt die ursprünglich angegebenen 222 Stundenkilometer. Ein Stückchen Temperament kommt dem Esprit S4 allerdings dadurch abhanden, dass er gut zwei Zentner Gewicht zugelegt hat. 6,7 Sekunden für den Sprint auf Tempo 100 sind gleichwohl ein vorzeigbarer Wert für einen Saugmotor mit 2,2 Litern.

Nach 2919 Exemplaren versiegt 1990 die Produktion des Lotus Esprit, jenes Geists Colin Chapmans, der nicht nur über den Wassern schwebte, sondern sich auch nicht scheute, in diese einzutauchen.

LOTUS ESPRIT TURBO

Der alte König Esprit lebt noch, da tritt bereits der neue Souverän Esprit Turbo seine Regierung an. Sie wird Lotus durch dick und dünn führen und währt bis zum heutigen Tag.

Inthronisiert wird der Turbo auf einer monumentalen Party, die der neue Formel-1-Sponsor der Marke, Essex Petroleum, im Februar 1980 in der Londoner Albert Hall steigen lässt. Erst im August jenes Jahres käuflich, trägt zunächst bis zum März 1981 eine limitierte Edition von 100 Exemplaren ausschließlich dessen Farben blaumetallic, rot und silber.

Im Zuge einer Politik der Stärke hat sich eine Projektgruppe unter Lotus-Manager Mike Kimberley und dem technischen Direktor Tony Rudd der Standardmaschine von 2,2-Litern angenommen, der ein Garrett-Lader AiResearch T3 weitere 50 Pferdestärken einbläst. Ein Teil der Hitze, die sie entwickelt, wird durch treppenartig abfallende Lamellen entsorgt. Auch sonst hat Couturier Giorgetto Giugiaro sein neun Jahre altes Konzept auf die 210 PS des Esprit Turbo abgestimmt, mit kräftigeren Stoßfängern, effizienten Spoilern vorn und hinten sowie seitlich abgewinkelten Schürzen zum Beispiel, auf der Fahrwerksseite flankiert von größeren Rädern, einem steiferen Rahmen und einer modifizierten Aufhängung achtern.

Die Ausbaustufe HC (für High Compression), vorgestellt im März 1986, wartet bereits mit fünf Mehr-PS und zusätzlichem Raum auf, und 1987 wird auch die geladene Version neu eingekleidet in das von Peter Stevens einschmeichelnd geschneiderte Kompositgewand – ohne die Kühl-Kaskade über dem Triebwerk. Ab Mai 1989 bietet man als Alternative zum HC den SE an. Huckepack auf dem Motor hockend senkt ein Intercooler das Wärmeniveau, bis dato ein notorischer Schwachpunkt des Modells, das in dieser Variante 264 PS aufbietet. Offiziell wird der Zusatz Turbo 1990 fallen gelassen.

Als Indiz dafür, dass die Evolution des Esprit der neuen Art unaufhaltsam fortschreitet, mag die serienmäßige Servolenkung dienen, die ab 1993 in der Serie 4 die Arbeit des lang hingestreckten Lenkers erleichtert. Auf 300 PS ist die Leistung des S4S von 1994 angewachsen, den man an seinen größeren Rädern erkennen kann. Am 1. März 1996 bekom-

men Journalisten auf dem Circuit Paul Ricard in Südfrankreich erstmalig den Renn-Esprit GT1 zu Gesicht, in dessen Heck jenes Triebwerk für mächtigen Vortrieb sorgt, um das herum der Turbo ursprünglich gedacht wurde. Das Geheimnis, das dieses noch umfächelt, wird vier Tage später bei der Eröffnung des Genfer Frühjahrssalons gelüftet.

Vorbei sind die Zeiten, die dem Lotus das stereotype Tester-Urteil bescherten, er sei schön, stark und schnell, habe aber leider nur vier Zylinder. Denn nun kündet ein kunstvoll verschlungener Schriftzug am Esprit-Heck von der neuen Kraft eines Biturbo-V8, dessen ungemein kompakte Ausmaße beileibe nicht auf den Hubraum von 3,5 Litern, einen Bizeps von 354 PS und eine Spitze von 282 Stundenkilometern schließen lassen. Das mit Schrumpflack appetitlich aufbereitete Leichtmetallaggregat beansprucht weniger Platz als der bisher übliche Reihenvierzylinder. Vier Nockenwellen steuern die konzertierte Aktion von 32 Ventilen, während zwei kleine Garrett-Turbolader für über 100 PS Literleistung, einen flachen Drehmomentverlauf sowie ein fast verzögerungsfreies Beschleunigen sorgen. Auf das grollende Bollern konventioneller V8-Maschinen muss der Kunde gleichwohl verzichten. Denn während bei jenen jeweils nach 90 Grad Kurbelwellendrehung ein Zylinder zündet, feuern in der Lotus-Version alle 180 Grad deren zwei. So folgt auf das erschreckend laute Wimmern des Anlassers ein eher plärrender Sound. Der Esprit V8 sei im Grunde genommen der Exot reinsten Wassers geblieben, der er stets war, rügt Götz Leyrer in Heft 20 von *auto motor und sport* Jahrgang 1996. Noch immer müsse sich der hartgesottene Fan abfinden mit einem mühsamen Einstieg bis hin zu grotesken Verrenkungen, winzigen Pedalen, die sich stechend in die Fußsohlen bohrten, sowie sorgloser Verarbeitung. Die Vierzylinder bleiben jedoch: Im Oktober 1996 wird zum Beispiel dem V8 beim Pariser Salon der GT3 an die Seite gestellt, ein Leichtgewicht mit zwei Litern Volumen und Intercooler, 240 PS stark.

Um den Bestand der Group Lotus Limited braucht man sich keine Sorgen zu machen: Ende desselben Monats lässt der multinationale malaysische Hicom-Konzern wissen, er habe die Mehrheit der Anteile erworben. 1997 werden der V8 durch eine neue Innenarchitektur verfeinert und eine etwas schlichtere Version V8 GT feilgehalten. Das vorerst letzte Lotus-Wort in Sachen Esprit ist der Sport 350, leichter und mit größeren Bremsen, ab 1998 in einer Limited Edition angeboten.

Mit seinen früheren Verwandten teilt er das Merkmal, dass man nicht einfach irgendwo langfährt, sondern sich ständig ereignet. Es gibt Sensationen, die nicht altern.

Im Oktober 1987 schiebt man in Hethel den Esprit der ersten Generation mit seinen eher scharfen Linien aus der Feder von Giorgetto Giugiaro aufs Altenteil und ersetzt ihn durch eine rundlich-verbindlichere Version, die Peter Stevens überarbeitet hat. Keine Paneele und keine Glasfläche sind gleich und dennoch bleibt sein Profil im Prinzip erhalten. In den folgenden Jahren zieren das Heck des Turbo auch diverse Flügel.

ESPRIT
TURBO

Anfänglich erkennt man den Lotus Esprit Turbo der neuen Art vor allem an einem enstprechenden Schriftzug und einer andereren Einschalung des Kühlers unter der hinteren Stoßstange. Revidiert am chirurgisch aufgefrischten Esprit (Lotus-Code X180) wurde überdies die Auslegung der Armaturentafel hinter dem knuffigen Lenkrad wie auch das Triebwerk, das von einer Saugkanaleinspritzung von Lotus/Delco mit fossiler Nahrung beschickt wird. Das Getriebe stammt nun von Renault.

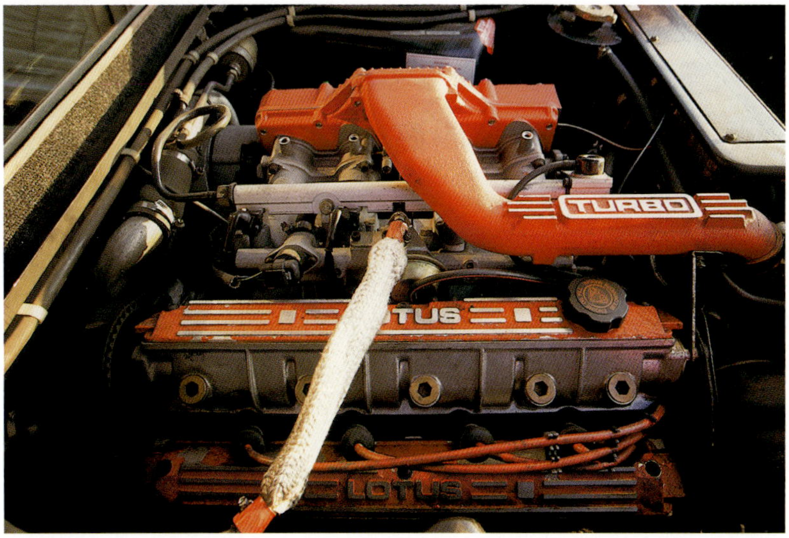

LOTUS ELAN

Nicht nur mit Maßen und Gewichten geht man bei Lotus ökonomisch um, sondern auch mit Namen, zumal wenn sie aus eigener glorreicher Vergangenheit so positiv besetzt sind wie der Begriff Elan. In den späten Achtzigern entschließt man sich, die Legende wieder zu beleben. Entsprechend hoch liegt die Messlatte für den Neuen.

Im Oktober 1989 macht der Elan der zweiten Generation, gezeichnet von Peter Stevens, auf der Londoner Motor Fair seine Aufwartung. In der Tat verkörpert er wie sein illustrer Ahn Glaubensartikel aus dem Credo von Gründervater Colin Chapman – buchstäblich: Noch immer erachtet man in Hethel einen Zentralrahmen im Kastenprofil aus verzinktem Blech, der wie eine metallene Wirbelsäule einen Buckel längs durch den Wagenboden treibt und Aufbau, Antriebseinheit, einen kleinen Hilfsrahmen aus Aluminium und die Radaufhängungen trägt, als zeitgemäße Lösung. Dieses so genannte Backbone-Prinzip sorgt gemeinsam mit der offenen, nicht tragenden faserverstärkten Kunststoffkarosserie für enorme Verwindungssteifigkeit. Wegen des Bastelbuden-Miefs, der sie umflattert, ist die Vokabel Glasfiber bei Lotus längst verpönt: Bereits 1982 hat die Presseabteilung Journalisten aus aller Herren Länder ersucht, doch bitte in Zukunft das noble Wort Komposit zu benutzen.

Ganz im Sinne des 1982 Verstorbenen ist auch die Aufhängung vom Feinsten: vorn und hinten mit doppelten Querlenkern, Schraubenfedern, Stoßdämpfern und Querstabilisatoren. Sie macht den minimalistischen Imperativ des smarten Lotus-Chefs Mike Kimberley erst möglich, mit diesem Auto müsse man so rasch es irgend geht von A nach B gelangen können. Das knuffige Format des wieder Erstandenen steht ebenfalls in bester Lotus-Tradition: Mit 3,80 Meter Länge und 1,73 Meter Breite ist er kurz wie ein Honda CRX und breit wie ein Porsche 944. Damit hat sich das Maß an Gemeinsamkeiten zwischen dem Elan (alt) und dem Elan (neu) indes weitgehend erschöpft.

Die Unterschiede, ein veritables Gemetzel an heiligen Kühen gewissermaßen, beginnen mit der Zielgruppe: Der Markt, gibt sich Kimberley forsch, habe sich verändert. Die Altersgruppe, auf die man es abgesehen habe, bestehe aus Aufsteigern aus der GTI-Klasse. Sie setzen sich fort mit der Maschine, einem quer eingebauten Sechzehnventiler von 1588 cm³, der in seiner Saugversion 130 PS bei 7200/min und mit Abgas-Turboaufladung und Ladeluftkühler 165 PS bei 6600/min lockermacht. Zwar prangen auf dem Zylinderkopfdeckel in Rot die Lettern Lotus, aber erst hinter dem metallfarbenen Namensschriftzug des Motorlieferanten Isuzu, an dem die Lotus-Mutter General Motors mit 41,6 % beteiligt ist. Dieser Japan-Import reagiert zwar willig auf jede Bewegung des Gaspedals. Stürmisch-spontanes Temperament sowie sportlich temperierte Töne gehen ihm allerdings ab. Akustisch dominiert ein angestrengtes Dröhnen.

Die Verschiedenheiten enden noch lange nicht mit dem Antrieb: Die Halbwellen führen vom mit Getriebe und Motor verblockten Differential in eleganter Kürze zu den Vorderrädern, ohne dass dies bei der manifesten Stärke des Leichtgewichts von nur 1020 kg auch nur die geringsten Probleme aufwerfen würde.

Die US-Version des Elan streckt eine längere Nase in den Wind, in der sich ein stärkerer Stoßfänger verbirgt, eine Modifikation, die dem Modell insgesamt gut zu Gesicht stehen würde, wie viele meinen. 1991 gewinnt es einen Preis

des British Design Councils. Im gleichen Jahr ziert den Lotus-Stand auf der Frankfurter IAA im Herbst ein futuristisches Concept Car, ein Speedster namens M200, der auf dem Elan basiert. Für den Jahrgang 1992, als die Verkäufe und die Fertigung bereits versiegen, legt man noch einmal nach mit einem auf Wunsch erhältlichen Hardtop.

Gleichwohl kommt es vom Winter 1993/94 an zu einer limitierten Neuauflage von 800 Exemplaren mit 16-Zoll-Rädern und noch einmal verbesserter Aufhängung, erstmalig gezeigt beim Genfer Frühlingssalon. Im März 1995 läuft ein solcher Elan S2 als Lotus Nummer 50 000 vom Band und erzielt in einer Versteigerung mit Hilfe des englischen Massenblatts *The Sun* und des Filmstars Britt Eklund den Betrag von 65 000 Pfund, die einer karitativen Institution zur Verfügung gestellt werden.

Fünf Monate später senkt sich der Vorhang hinter dem Kapitel. Nummer 800 des S2, den 4655. Elan der zweiten Welle insgesamt, behält Lotus selber, für Ausstellungszwecke und als Souvenir an ein Projekt, das nicht hielt, was es zu versprechen schien. Und an ein zeitgemäßes Kuriosum: Während der halb so teure Bestseller Mazda MX-5 eine fast unverhohlene Raubkopie des Ur-Elan darstellte, griff man bei der Reprise im eigenen Hause frisch auf japanische Komponenten zurück …

Der Elan der zweiten Generation, gezeichnet von Peter Stevens, schiebt sich als Keil in den Fahrtwind, rund und glatt und schlüpfig wie ein Stück Seife nach längerer Benutzung und mit winzigen Überhängen. Der entschlossenen Konsequenz dieser Linie tut selbst der Heckspoiler keinen Abbruch, der im Kofferaumdeckel integriert seine aerodynamischen Pflichten erledigt. Das Backbone-Chassis sorgt auch im Bunde mit der faserverstärkten Kunststoffkarosserie des Elan für hohe Torsionssteifigkeit.

Unleugbar hat der Elan der sechziger Jahre Impulse an japanische Designer ausgesendet. Als der späte Nachkömmling akut wird, bedankt sich das Land der aufgehenden Sonne mit einem starken Stück: Unter mannigfaltigen Schriftzügen verbirgt sich als Isuzu-Mitgift ein kräftiger, drehfreudiger Motor ohne langatmige Turboverzögerung.

Das Cockpit ist breit, wohnlich und dennoch sportlich.
Schalter und Instrumente sind den Regalen von Opel entnommen.

LOTUS ELISE

Mit dem Elise wird auf der Frankfurter IAA im September 1995 ein letzter Rettungsfallschirm geöffnet, als die Triebwerke der Lotus Cars Limited an der Potash Lane zu Hethel zu stottern und auszusetzen beginnen: Der Hoffnungsträger Elan erwies sich als Flop, und just ist das Mutterhaus Bugatti, das die kleine Sportwagenschmiede 1993 für 75 Millionen Mark von General Motors übernahm, vom Konkurs dahingerafft worden.

Firmengründer Colin Chapman, für den Leichtigkeit nur durch noch mehr Leichtigkeit zu übertreffen war, hätte seine helle Freude an dem 3726 mm kurzen und 1200 mm hohen offenen Mittelmotor-Mini gehabt, in dessen Mundwinkeln gewissermaßen ein infames kleines Lächeln spielt. Sein Monocoque, geklebte Strangpressprofile aus Aluminium, und eine Karosserie aus Glasfaserverbund mäßigen das Gewicht auf 733 kg mit 40 Litern Treibstoff an Bord. Das Chassis wiegt bloße 68 kg, der vordere Teil des Aufbaus 13,3, der hintere 25. Auch im Inneren des Elise herrschen blanker Minimalismus und die Raumökonomie eines Eis. Umgeben von splitternacktem Leichtmetall, vor sich ein fettes Nardi-Lenkrädchen und ein paar karg dimensionierte Instrumente, mit drei Peugeot-Druckknöpfen und zwei Lenkstockhebelchen aus Opel-Regalen verwöhnt und durch das Fehlen eines Aschenbechers nachdrücklich vom Rauchen abgehalten, erfährt der Pilot Fahren an sich ohne Schnörkel und Schnickschnack. Der Elise ist gleichwohl kein neumodischer Roadster, sondern trägt hinter den kommoden Sitzen einen stämmigen Überrollbügel sowie eine veritable Heckscheibe. Ein winziges Gepäckabteil vereitelt, dass man allzu viel Plunder mit sich herumschleppt. Der vielleicht mitgenommene Pullover wird dafür bereits angenehm vorgewärmt, denn das Kofferräumchen ist hinter dem Motor und über dem Auspuff angesiedelt.

Überall lässt nach Art des Hauses der Rennsport grüßen. In Gestalt der Aufhängung zum Beispiel: doppelte Querlenker vorn und Feder-Dämpfereinheiten wie auch hinten, wo Fünfspeichenräder im Format 7 J x 16 (vorn 5½J x 15) an Quer- und Schräglenkern hängen. Das Fehlen einer Servolenkung verstärkt die Intimität des Piloten mit der Fahrbahn, in die sich der Lotus lustvoll verbeißt. Er lässt sich in jede Art von Kurve geradezu spielerisch einlenken und gibt erst sehr spät durch Übersteuern preis, dass 60 % seines Gewichts auf der Hinterachse lasten. Dass der Vierzylinder des MGF im Nacken der Insassen nur 120 PS freisetzt, mag sich zunächst unaufregend anhören. Da aber zur Mobilmachung dieses Bruders Leichtfuß jede Pferdestärke zählt wie die

In markant-zeitgemäßer Abwandlung variiert der Elise die klassischen Lotus-Themen Leichtbau und zweckgerichtete Kompaktheit nicht ohne stämmige Breite. Unter dem Heckspoiler regiert die Zweizahl: zwei Paar Rückleuchten, zwei Kühleröffnungen mit in den Winkeln eingelassenen Katzenaugen, im Doppelpack auch die Enden der Auspuffrohre, die wie eine Flak auf von hinten sich nähernde Gegner zielen.

R98 WSF
LOTUS
ELISE

ELISE

R98 WSF
LOTUS
ELISE

Zehntelsekunden in der Formel 1, entwickelt der Elise tosendes Temperament. Nur 6,5 Sekunden nimmt der Spurt auf Tempo 100 in Anspruch. Und während bei Boulevard-Tempo vergleichsweise Flaute herrscht, langt bei der Spitzengeschwindigkeit von 202 Stundenkilometern der Fahrtwind brutal ins Cockpit.

Ab 1997 ist der Elise auch mit einem knapp sitzenden Hardtop zu haben. 1998 wird zum Schlüsseljahr in der Vita des Modells. Der Design Council kürt den Elise zum Millennium Product. Auf der Motor Show von Birmingham im Herbst wird der Elise Sport 135 vorgestellt. Vorgesehen ist eine auf 50 begrenzte Auflage, aber alle erdenklichen Teile sind verfügbar zum Nachrüsten des Normal-Elise. Gleichzeitig wird der Lotus 340 R, ein skurril geformtes straßentaugliches Wettbewerbsfahrzeug mit 179 PS auf der Basis des Elise, wie eine Sonde in den Markt eingeführt. Das Experiment klappt: Ein Jahr später schickt man sich an, das ursprüngliche Concept Car in 340 Exemplaren unter die Leute zu bringen. Im November erinnert die 50th Anniversary Edition des Elise daran, dass Lotus seine Midlifecrisis mit Elan, wenn auch ohne den Elan, überwunden hat.

Im März 1999 stellt sich weiterer Familienzuwachs ein: Auf dem Genfer Automobilsalon präsentieren die Briten den Elise 111s, ein Angebot an das Kind im Manne wie der Ur-Elise, 25 PS stärker und mit 64 400 Mark 10 500 Mark teurer als jener und mit einem elegant geformten Flügel über dem Heck. Unter dem eigenwilligen Kostüm verbirgt sich der VVC-Motor der Rover K-Serie, der im Gegensatz zum Standardtriebwerk mit dem gleichen Volumen über eine variable Ventilsteuerung verfügt. Er macht das Temperament des 111s noch pfeffriger, verkürzt den Sprint auf 100 um eine halbe Sekunde, steigert die Spitze um elf Stundenkilometer, neue Dimensionen der Leistung, die im Zusammenwirken mit einem enger abgestuften Getriebe erschlossen werden. Kein Wunder: Beim Basismodell setzt jede Pferdestärke 5,6 kg in Bewegung, bei der stärkeren Version 4,9. Damit nicht genug: Mit der Ausbaustufe Sport 160 wird im Mai 2000 alles auf die Spitze getrieben, was den Elise ausmacht.

Verträglicher gibt sich der flotte Flachmann da in seiner jüngsten Metamorphose im Herbst dieses Jahres trotz martialisch geblähter Pausbacken, ein Wolf im Wolfspelz zwar, aber einer, dem seine Väter ein paar Manieren beigebogen haben. Auch das Cockpit ist neu, das Format der Räder von 16 auf 17 Zoll gewachsen. Dem Zug der Zeit folgend, hat man in Hethel allem Stofflichen im Bereich des Verdecks entsagt: Für 64 700 Mark ersteht der Kunde praktisch zwei Autos. Denn die beiden Teile des überarbeiteten Hardtops lassen sich wie Flügeltüren nach oben schwenken und bei Nichtgebrauch problemlos im Heck verstauen. Jenes Lächeln aber ist geblieben.

Im Falle eines Überschlags ist es beruhigend, den kräftigen Bügel über sich zu wissen. Der Fahrgastraum, überragt von der energisch gewinkelten Windschutzscheibe, ist kahl wie eine Mönchsstrafzelle und bietet sparsam zugeteilte und strikt voneinander getrennte Sitzgelegenheiten für zwei. Der Elise reduziert automobile Fortbewegung auf das Fahren an sich – genau das, was seine Besitzer wollen.

EXIGE
YOKOHAMA ADVAN

LOTUS EXIGE

Natürlich hängt sein Name mit dem französischen Zeitwort exiger (= fordern) zusammen. Und in der Tat stellt er ganz schöne Ansprüche, der Lotus Exige, im Frühjahr 2000 angemessenerweise auf dem buckligen Kurs von Brands Hatch in der Grafschaft Kent vorgestellt. Im Grenzbereich zwischen den Welten fußt er als Straßenauto auf dem Rennmodell Elise Sport als künftiges Kultobjekt für jene hartgesottenen Individualisten, aus denen sich die Lotus-Eigner schon immer rekrutierten.

Denn die Bekanntschaft mit ihm beginnt mit dem Verzicht, auf eine Klimaanlage, die in der klaustrophobisch-schweißtreibenden Enge seines Inneren sehr wohl am Platze wäre, auf eine Servolenkung, ein Radio, auf schlappen und verweichlichenden Schnickschnack wie ABS oder Bremskraftunterstützung. Dafür setzt der Exige gebieterisch junge Behändigkeit voraus, ehe man ihn auch nur seiner eigentlichen Bestimmung zuführen kann. Das Hineinschlüpfen verlangt nach einem choreographisch streng einstudierten Prozedere: Aus einem angespannten Spagat heraus bohrt sich der rechte Fuß tief hinab zu der kargen Pedalerie. Dann folgt der Hintern den Gesetzen der Schwerkraft bis vor den hoch und kantig im Wege stehenden Schweller, vollzieht eine halbkreisförmige Bewegung zur Überwindung desselben und plumpst anschließend haltlos auf den tief festgeschraubten Sitz. Das im Freien verbliebene Bein ist flugs nachgezogen und unversehens sieht man sich einem winzigen, fetten Lenkrad gegenüber, hinter dem die beiden wichtigsten Rundinstrumente bleich, wenn auch nicht ratlos hervorlugen. Mangels eines Volants hat es der Nebenmann da bequemer, auch er umgeben von Aluminiumprofilen, die sich wie Fachwerkgebälk durch das Fahrzeug ziehen. Alcantara

Natürlich ist da diese Ähnlichkeit zum Bruder (oder zur Schwester?) Elise. Aber der Flügel auf seinem skelettartigen Gestänge und die breite Spur statten den Lotus Exige bereits visuell mit einem Mehr an Aggressivität aus. Er ist offensichtlich ein Beißer, ein einsames Renntier, das sich auf öffentliche Verkehrsstraßen verirrt hat. Denn im Rudel wird es selten daherkommen.

in den vier möglichen Farben schwarz, blau, rot und silber bedeckt die ärgsten Blößen.

Aber schon bevor das schwere Steckschloss des Hosenträgergurts mit solidem metallischem Klacken zugeschnappt hat, ist man dem rohen Charme des englischen Straßenbengels erlegen, der mit Verheißung lockt und purem Spaß lohnt. Das beginnt mit seinem äußeren Auftritt, bei dem Funktion und Show eine gekonnte Verbindung eingehen. Die kriegerisch gestylte Karosserie besteht aus glasfaserverstärktem Leichtbauverbund. Der tief angesetzte Frontspoiler erzeugt mit einem hoch angesiedelten Heckflügel als Komplizen bei Tempo 160 den ausgewogenen Abtrieb von 35 kg vorn und 45 kg hinten. Ein waagerechter ovaler Schlitz zu Häupten des Dachs schlürft wie einst am legendären Chaparral kühlende Kaltluft in den Motorraum, dessen Hitze durch einen entsprechenden Auslass abgeführt wird, mittig wie die Stoffwechselprodukte des Exige durch seinen Doppelauspuff. Eine dunkel getönte Kuppel aus Polycarbonat über dem Gepäckstaufach gestattet rudimentäre Sicht nach hinten.

Von der selbsttragenden Kunststoffkarosserie kam man bei Lotus schon nach dem Elite der ersten Generation ab und so ruht der Aufbau des Exige auf einem Chassis aus epoxidverklebten Aluminium-Strangpressteilen mit einer integrierten Überrollstruktur aus Stahl. Die Aufhängung der mattschwarzen Lotus-Leichtmetallräder mit flachen und supergriffigen Softreifen von Yokohama verkörpert reine Rennrasse: Doppelquerlenker mit Federbeinen vorn und hinten, ein verstellbar angelenkter Vorderachsstabilisator.

In bürgerlicher Form ist der 1,8-Liter-Vierzylinder des nur 1175 mm flachen Coupés auch in milden Limousinen wie dem Rover 75 anzutreffen. Auf dem Weg in den Maschinenraum des Exige hat er indessen nicht nur sämtliche anständigen Manieren abgestreift, sondern ihm sind auch 179 muntere Pferdestärken zugewachsen. So mutiert im Bunde mit lediglich 787 kg Leergewicht der Biedermann zum Brandstifter, der den Lotus nebst zweier atemloser Insassen in knapp fünf Sekunden auf Tempo 100 schnellt. Stets ist er akustisch präsent, lehnt sich röchelnd und hustend gegen Kaltstarts auf, steigert sich bei angemessenem Betriebsklima zu einem heiseren Sägen, bis bei 5000/min angesichts eines akustischen Infernos der Dialog seiner Passagiere zu gebrüllten Einsilbern verkümmert.

Ohnehin gehört ihm nun längst die gesammelte Aufmerksamkeit seines Lenkers, abseits der großen und vollen Straßen zumal. Denn der Lotus Exige giert nach der wilden Freiheit des Gebirges oder Vorgebirges im Morgengrauen oder in der Abenddämmerung, wenn man allein ist mit sich selbst, dem Auto und der Piste. Dann hält er wuselig und wieselflink, was die technische Beschreibung verspricht, ein zu groß geratenes Gokart, ein Formelwagen für zwei, knapp bekleidet für die Begegnung mit dem Alltag.

95 395 Mark muss man im Herbst 2000 für diese automobile Abstraktion auf den Tisch des Hauses blättern, eine schallende Ohrfeige für den kalt kalkulierenden Familienvater, ein Sonderangebot für den Homo ludens, den der niederländische Kulturhistoriker Johan Huizinga in uns allen ausmacht.

Den Betrachter des Exige verwirrt eine zerklüftete Karosserielandschaft mit klaffenden Kiemen, gähnenden Höhlen und Grotten und jähen Erhebungen wie dem Schlot, der dem splitterfasernackt unter Plexiglas lagernden Vierzylinder Frischluft zuführt. Drinnen geht es klaustrophobisch eng zu und bereits das Einsteigen verlangt nach Jugendfrische und choreographischer Routine.

LOTUS CARS LIMITED

WO HANDWERK SILBERNEN BODEN HAT

RECHTS: *Der Karosseriekörper eines Elise – noch in der Farbe seines Werkstoffs GRP (für Glass fibre Reinforced Polyester) erhält den letzten Schliff. Die meiste Arbeit wird allerdings von zwei Robotern mit einem scharfen Wasserstrahl erledigt.*

Das Rückgrat eines Elise Mark 1. Die Bleche stammen vom skandinavischen Spezialisten Norsk Hydro.

Das Chassis im Frühstadium.
Der abgebildete Teil wird bucket
genannt – für Eimer oder Schaufel.

Der V8 im Heck eines Lotus Esprit,
mit den markanten roten Deckeln
über seinen Zylinderköpfen.

Die geheiligte Tradition der Hand-
arbeit erlaubt, jedes Fahrzeug nach
Kunden-Gusto zu gestalten.

Der Esprit kurz vor der Fertigstel-
lung. Jetzt werden etwa die Kabel
der Batterie angeschlossen.

MARCOS GT

Freunde halber Sachen sind sie beide nicht, der Ingenieur Jem Marsh und der Aerodynamiker Frank Costin. Nur einmal machen sie eine Ausnahme, 1959, als sie die jeweils ersten drei Buchstaben ihrer Namen zu einem Kunstwort von griechischem Wohlklang verbinden. Marcos, so soll ein Gran Turismo von anderthalb Litern Hubraum heißen. Man möchte ihn nach dem Vorbild Colin Chapmans in einen kleinen, aber aufnahmebereiten Markt einspeisen, einen „trockenen Lotus Seven", wie Jem Marsh es ausdrückt.

Der Begriff Marcos erweist sich indessen als weitaus stabiler als das Joint Venture der beiden Männer. Nach den ersten sechs Fahrzeugen verlässt Costin 1961 das kleine Unternehmen in Bradford-on-Avon wieder, nicht ohne dem Projekt energisch seinen Stempel aufgedrückt zu haben. In den Fünfzigern bereits bei Lotus, Lister und Vanwall zuständig für windschlüpfige Aufbauten, hat er sich als ehe-

maliger Bediensteter von de Havilland vor allem liberal aus seinem reichen Erfahrungsschatz im Flugzeugbau bedient. So ruht der Glasfiber-Karosseriekörper seiner ungewöhnlichen Kreation auf einem Halbmonocoque aus Fichten- und mit Aerolite 300 verleimtem Sperrholz, an das die Aufhängungselemente direkt angelenkt sind. Das Naturmaterial empfiehlt sich als stabil, korrosionsfrei, wasserresistent und feuerfest und wird in einem Prototyp auch ganz bewusst misshandelt und geschunden, um all dies unter Beweis zu stellen.

Die geradezu monströse Hässlichkeit des ersten Marcos schützt keineswegs vor einer langen Reihe von Sporterfolgen, zumal sich künftige Größen wie Jackie Stewart, Derek Bell, Jackie Oliver oder Jonathan Palmer auf Produkten der Marke die Hörner abstoßen und erste Sporen verdienen. Den Holz-Weg beschreiten Costins Nachfolger Dennis und Peter Adams auch bei der Konzeption des Modells 1800 von 1964. Nur wird dessen Chassis gekrönt von einem noch immer eigenwillig, aber gefällig geformten niedrigen und breiten Fastbackaufbau, der ursprünglich nur als Notlösung herhalten sollte. Die Typenbezeichnung deutet auf die 1780 cm^3 seines Vierzylinders von Volvo hin, der 114 PS bereitstellt. Dieser lagert sich an einen Hilfsrahmen aus Stahlrohren an wie auch das Vierganggetriebe mit einem Overdrive von Laycock de Normanville und die Vorderradaufhängung, Trapez-Dreiecksquerlenker und Schraubenfedern. Eine Auslegung hinten ähnlich der De-Dion-Konfiguration gibt man wieder auf zugunsten einer trefflich lozierten Starrachse mit Schraubenfedern, schrägen Führungsarmen und einem Panhardstab, als preiswertere Maschinen von Ford mit 1499 und 1650 cm^3 das behäbige Volvo-Aggregat ablösen.

Für das Modelljahr 1970 wird mit dem hölzernen Unterbau ein eigentlich unverzichtbar erscheinender Glaubens-

Unter dem unverkennbaren Marcos-Buckel haben lediglich Utensilien für ein verlängertes Wochenende Platz, um so mehr, als der Tank davor und das Reserverad darunter dem flachen Gepäckabteilchen den Raum streitig machen. Das steile Kamm-Heck steht in scharfem Kontrast zu all den Rundungen vor ihm. Auf die Stoßstangen sollte man sich bei Feindkontakt oder dem Einparken nach amerikanischer Manier nicht unbedingt verlassen. Die Struktur des Marcos ist stabil genug für ein Sonnendach.

Die Motorisierung des 1800 stammt von Volvo. Der ursolide Vierzylinder des schwedischen Herstellers macht aus dem 660 kg leichten Kunststoffcoupé allemal einen Sportwagen, ohne sich durch rennmäßige Drehzahlen und angestrengtes Trompeten echauffieren zu müssen. Die Instrumententafel des GT 1800 verweigert so gut wie keine gewünschte Auskunft. Da nur wenig Ellbogenfreiheit herrscht, bietet sich für den Piloten eine Sitzposition mit ausgestreckten Armen regelrecht an.

artikel aus dem Marcos-Credo gestrichen. Der amerikanische Markt erweist sich in dieser Hinsicht zunehmend als sperrig und überdies häufen sich die Klagen von Kunden, ihr Marcos sei nach einem Unfall unter Umständen kaum noch zu reparieren. Die Gebrüder Adams konzipieren einen nur 60 kg schweren Rahmen aus Rohren quadratischen Querschnitts, dem die Kunststoff-Konfektion des Coupés übergestülpt und an 47 Punkten befestigt wird. Zugleich spart man damit 15 Stunden Arbeitszeit bei der Herstellung jedes Autos ein.

Chassis und Karosserie bleiben als Konstanten, während unter der langen und spitz zulaufenden vorderen Haube die Mieter ein- und ausziehen. Auf der London Motor Show im Herbst 1968 ist dort ein V6 von Ford mit 2994 cm^3 und ein Jahr später sogar ein V4 desselben Lieferanten von 1996 cm^3 anzutreffen, gelegentlich auch der Reihensechszylinder mit 2498 cm^3 aus dem Triumph TR6. Als Bestseller mit 250 Exemplaren entpuppt sich indessen eine weitere Dreiliterversion ab 1970, in deren Bug ein voluminöser und gewichtiger Volvo-Motor von der gleichen Architektur und

130 gut ausgebildeten Pferdekräften zu Werke geht. Er macht den Marcos entschieden kopflastig. Andererseits wird ihm im Gegensatz zu den verschiedenen Ford-Triebwerken die Einbürgerung in die USA nicht verweigert, die mit stetig sich verschärfenden Emissions- und Sicherheitsbestimmungen so manchen Zuwanderer fernhalten.

Dieses Schicksal ereilt am Ende auch Marcos, just nachdem man sich dazu durchgerungen hat, mit Sack und Pack von Bradford in eine Fertigungsstätte im nahe gelegenen Westbury umzusiedeln. Die Auftragsbücher sind voll. Zwischen sechs und zehn Einheiten pro Woche können – so scheint es – auf die Räder gestellt werden. Umso bitterer wird der Absturz: Der Umzug unterbricht die Produktion ungebührlich lange. Probleme mit dem nordamerikanischen Importeur gesellen sich dazu und der dortige so überaus wichtige Markt beginnt aus vielerlei Gründen zu kollabieren. Im Jahre 1972 schließt die Marcos Cars Ltd. ihre Tore, aus denen im Laufe der Zeit um die 780 Marcos GT gerollt sind.

Wer allerdings Jem Marsh kennt, weiß, dass dies allenfalls der Beginn eines Dornröschenschlafs sein kann.

MARCOS MANTARA

Das verbindende Element zwischen den Marcos-Modellen Mantula, Mantara und Mantis liegt nicht nur in der hartnäckig bewachten Stabilität der Stammsilbe bei ihrer Namenswahl. Sie entfernen sich auch in einer evolutionären Perlenkette weg von Dennis Adams' ursprünglichem Design für das Modell 1800 von 1964. Der visuelle Zugewinn besteht dabei keineswegs in der Verfeinerung einer als klassisch empfundenen Form. Vielmehr neigen die Marcos für die achtziger und neunziger Jahre zum Aggressiv-Machomäßigen, in dem sich zugleich ihre zunehmend üppige Motorisierung abbildet.

In den zehn Jahren nach der Schließung des kleinen Unternehmens in Westbury kümmert sich Jem Marsh vornehmlich um Wartung, Pflege und Restaurierung real existierender Marcos. Auf die Dauer vermag er sich indessen mit dem Blick in den Rückspiegel nicht begnügen, holt sich 1976

Namensrechte und Formwerkzeuge zurück und küsst 1981 die Marke aus ihrem Schlummer wach. 1984 setzt man einen ersten Markstein mit dem Mantula, der es bis 1992 auf eine Verbreitung von ungefähr 320 Exemplaren (20 fertig montierte Fahrzeuge sowie rund 300 Kits) bringen wird.

Als Kraftquelle liefert Rover jenen kompakten Aluminium-V8 mit 3,5 Litern, der auch im Morgan Plus 8 seinen Dienst versieht, ein Gottesgeschenk für die englische Sportwagenindustrie, wie ihn William Kimberley im September 1993 in der vaterländisch gesonnenen Publikation *British Cars* preist. Er verhilft dem Marcos derartig auf die Sprünge, dass eine überarbeitete Frontpartie dem Auftrieb bei hohem Tempo entgegenwirken muss: 221 Stundenkilometer Spitze misst zum Beispiel *Autocar* in der Ausgabe vom 18. März 1987. Im Jahr zuvor hat Marsh dem Coupé einen Spyder zur Seite gestellt. 1989 werden beide Versionen gründlich retuschiert, als sieben Zoll breite Räder hinten einzeln aufgehängt werden an doppelten Querlenkern mit innen liegenden Scheibenbremsen. Etwas mehr Kofferraum springt dabei ebenfalls heraus – Spötter meinen, im wohlverstandenen Eigeninteresse des Firmenchefs, da dieser kürzlich den Golfsport aufgenommen habe und eine umfassende Ausrüstung transportieren wolle. Inzwischen hat man auf 3,9 Liter aufgerüstet, kommt anderseits aber 1990 mit einer Zweilitervariante heraus, mit der sich die harsche italienische Steuer für Autos mit mehr Volumen unterlaufen lässt.

Evolution by Design ist der genannte Fahrbericht in *British Cars* überschrieben und er bezieht sich bereits auf den Mantara, der den Mantula 1993 ablöst. Er sei gewiss dazu angetan, den Puristen zu verprellen, argwöhnt der Autor,

Ein Blick ins Gesicht des Marcos Mantara Spyder und man weiß, dass mit diesem Auto nicht zu spaßen ist. Er steht in der Tradition der grollenden Muscle Cars, wie sie einst von AC Cobra und Chevrolet Corvette begründet wurde. Buchten und Beulen allüberall – nach außen wohlgemerkt – zeugen von einem Bodybuilding, das auf machohaften Auftritt hin angelegt ist.

Der Rover-V8 unter der enormen Haube sorgt dafür, dass der äußere Habitus des Mantara nicht zu leerem Versprechen und hohler Drohung verkümmert. Er muss keineswegs bis in einsame Höhen hineingedreht werden. Durch sein massives Drehmoment erledigt er die Arbeit gewissermaßen aus dem Handgelenk. Auch das Auspuffgeräusch tut es kund: Hier wird Stärke erzeugt und in hurtige Bewegung umgesetzt.

Die Heckpartie hebt sich wie ein Entenbürzel – ein Gruß herüber von den Marcos der sechziger Jahre und vom Mantula. Allzu viel Kofferraum ist in ihr nicht zu erwarten. Fahrersitz und Lenksäule sind unverrückbar. Um eine angemessene Position beziehen zu können, muss der Pilot die Pedalerie vermittels eines Elektromotors verstellen.

mit wuchernden Kotflügelverbreiterungen, tief eingekehlter Motorhaube sowie dem Fortfall der Perspex-Abdeckungen über den Doppelscheinwerfern, die zum aufpreispflichtigen Extra verkümmert seien. Aber drinnen sitze man gleich der Wurst in einem Hot Dog, eingebettet zwischen den ausladenden Türverkleidungen und dem fetten Getriebetunnel. Und das sei auch dringend nötig, selbst wenn man es nur mit der schwächeren der beiden angebotenen Maschinen mit vier Litern Hubraum, Katalysator und 190 PS zu tun habe. Die Sitze könne man übrigens nicht verstellen, dafür aber nach Art des Hauses die Pedalerie vermittels eines Elektromotors. Das stärkere und unentgiftete Triebwerk mit 4,5 Litern, von JE Engineering in Coventry entwickelt, setzt sogar 302 PS frei. Auf diese bezieht sich offensichtlich eine Anzeige, welche die Marcos Cars Limited gelegentlich in Fachzeitschriften einrückt mit dem lockenden Imperativ „Let your nearest dealer transport you to a different world". In der verheißenen schönen neuen Welt geht es offenbar zügig zur Sache: Bloße 4,65 Sekunden nennt das Werk mit erstaunlicher Akkuratesse als Wert für den Spurt auf 60 Meilen. Noch besser können dies der Mantara LM500 mit einem Fünfliter auf Basis des Rover-V8 und 420 PS, enthüllt auf der Motor Show von 1993, und der LM600 von 1995, der von einem V8 aus dem Hause Chevrolet mit sechs Litern Inhalt zu ungewöhnlichen Leistungen angestachelt wird. So holt sich Chris Hodgetts mit dem Muskel-Marcos den United Kingdom GT-Titel jenes Jahres und auch in Le Mans versucht man nach drei Jahrzehnten Pause sein Heil.

Gleichwohl bilden die ungefähr 180 Käufer für den Mantara bis 1998 eine exklusive Minderheit mit einem ausgeprägten Identitätsbewusstsein und mildem Fanatismus. Da wird die Beziehung zum Automobil leicht zu einer Art Seelenverwandtschaft, der sogar die Marcos-Nomenklatur Vorschub leistet. Das Nachfolgemodell für den Mantara ab 1998 heißt Mantis, mit einem 4,6-Liter-V8 von Ford bewaffnet, 325 PS stark und über 250 Stundenkilometer schnell und mit aufgeladenen Triebwerken sogar noch steigerungsfähig.

Unter dem Stichwort Mantis findet sich im Lexikon nicht nur die so genannte Gottesanbeterin, eine Untergattung der Fangheuschrecke, sondern auch „einer, der im Zustand religiösen Wahnsinns Orakel von sich gibt".

Designer Leigh Adams stattet den Marcos Mantis mit mehr Rundungen aus, als sie der Michelinmann vorzuweisen hat. Damit treibt er Motive auf die Spitze, die bereits im Mantara angeschlagen wurden. Gelegentlich folgt dabei die Form nicht mehr der Funktion, sondern verkommt zu bloßer Dekoration: Die seitlichen Lufteinlässe vor den Hinterrädern bestehen zwar aus Kohlefaser, sind aber lediglich schmückendes Beiwerk.

Der horizontal angebrachte Kühler bezieht sein Lebenselixier Luft durch die Nase des Mantis und stößt sie durch zwei riesige Öffnungen in der Motorhaube wieder aus. Der über dem Kofferraumdeckel errichtete Heckflügel zählt nicht zur Grundausstattung und ist wohl aerodynamisch auch überflüssig, trägt aber zum virilen Appeal des Mantis bei.

McLAREN F1

Er ist ein Superlativ und die Summe aus lauter Superlativen, ein König unter seinesgleichen, in einer Liga mit dem Bugatti EB110, dem Ferrari F40 und dem Lamborghini Diablo, die ihm gleichwohl nicht das Wasser reichen können. Und während andere englische Sportwagen es zu etwas bringen trotz ihres armen Elternhauses, ist er das, was er ist, wegen seines reichen. Dafür kostet er mit 540 000 Pfund Sterling auch mehr als alle seine Jahrgangskameraden von der Insel zusammen. Kein Wunder, dass dies eine natürliche Auslese schafft unter seinen potentiellen Kunden. Für eine Vorauswahl sorgt man bereits mit dem Ort und dem Zeitpunkt der Präsentation: dem noblen Country Club von Monaco am Donnerstag vor dem Grand Prix 1992.

Die Sensation ist von vornherein eingeplant. Unter dieser Prämisse heuert McLaren-Chef Ron Dennis nach Absprache mit seinem Teilhaber Mansour Ojjeh den ehemaligen Brabham-Konstrukteur Gordon Murray an. Der schnauzbärtige Südafrikaner ist der Kopf hinter solchen Geniestreichen wie dem „Staubsauger" BT46B, der sich unter Niki Lauda 1978 beim Großen Preis von Schweden siegreich am Boden festlutscht, und dem BT52, Nelson Piquets Weltmeisterschaftswagen 1983. Geld, davon spricht man nicht, man hat es: Um die Kosten des Projekts McLaren F1 braucht sich Murray nicht zu scheren.

Er wird auf das allgemeine Konzept angesetzt, während sich um Einzelheiten des Stylings Peter Stevens kümmert, mit einer erfolgreichen Vergangenheit bei Lotus und JaguarSport in der Stammrolle. Überall steht die Formel 1 Pate, hinsichtlich Prinzipien, Werkstoffen und Verfahren. Das Monocoque besteht aus Kohlefaser, jenem schwarzen Gold des Fin de Siècle, mit eingelagerten Sandwiches aus Aluminium und Nomex. Es scheint wie für die Ewigkeit gemacht: Einem Aufprall mit Tempo 50 trotzt die diamantharte Fahrgastzelle unbeschadet. Das misshandelte Versuchsfahrzeug hätte sogar noch zur Fabrik nach Woking zurückgefahren werden können. Abtrieb wird nicht über visuell störendes Flügelwerk hergestellt, sondern vermittels Ground-Effekt durch einen glatten Boden und einen Diffuser am Ende.

Unvermischte Renntechnik manifestiert sich auch in der Aufhängung, Doppelquerlenker ringsum mit innen liegenden

Feder-Dämpfereinheiten, die über Pushrods und Kipphebel aktiviert werden, vorn angelenkt an einem Hilfsgebälk aus Leichtmetall, hinten am Transaxle, das sich den Ausläufern der Rahmenstruktur anlagert.

1000 Kilogramm Trockengewicht gehören zu den Vorgaben, mit denen sich Gordon Murray selbst unter Druck setzt. Auf dem Wege dahin feilscht er um jedes Pfund, verschmäht etwa ein 17 kg schweres Radiosystem, das ihm Kenwood anbietet, und schlägt erst zu, als dieses um die Hälfte abgespeckt worden ist. Zwei Zentner mehr sind es am Ende, aber die lassen sich austarieren durch strotzende Motorleistung.

550 PS müsse der F1 haben, so lautet ein anderer Parameter Murrays. Auf der Suche danach wird er bei der BMW Motorsport GmbH fündig, einem vertrauten Partner seit dem sechs Jahre währenden Joint Venture zwischen Brabham und BMW ab 1982. Der V12 mit 6,1 Litern Hubraum und 48 Ventilen, nur 600 mm lang und 266 kg leicht, den sein alter Freund Paul Rosche binnen kurzem aus dem Ärmel zaubert, leistet 627 PS. Gepaart ist er mit einem quer eingebauten, kurzen und leichten Sechsganggetriebe, nach alter Väter Sitte per Hand betätigt. Mit der pingeligen Detailsorgfalt, die man dem F1 angedeihen lässt, wendet man sich zum Beispiel seiner raffiniert geführten und entgiftenden Auspuffanlage mit vier Katalysatoren mit jeweils eigenen Lambda-Sonden zu. Zugleich dient sie als verformbares Element dem Rammschutz nach hinten, eine kluge Maßnahme angesichts der riesigen Brembo-Bremsscheiben, welche die 17-Zoll-Felgen aus Magnesium satt ausfüllen. Beim Tritt auf das mittlere Pedal erhebt sich hinten ein kleiner Spoiler, der einem doppelten Zweck dient: Das Zentrum des aerodynamischen Drucks verlagert sich rückwärts und gleichzeitig werden zwei Kanäle freigelegt, die den hinteren Bremsen Kühlluft zuführen.

Grundsätzlich ist der McLaren F1 einer harmonischen Dreierbeziehung förderlich, da man zu dritt nebeneinander sitzen kann. Allerdings sind die Eckplätze nach dem Hochklappen der beiden mächtigen Flügeltüren entschieden einfacher zu beziehen als der in der Mitte, der dem Piloten choreographische Routine und ein Geschick abverlangt, dem das schöne mitgelieferte Handbuch immerhin zwei Seiten widmet. Zwei Seiten zeichnen auch diese ungewöhnliche Auto-Persönlichkeit aus: friedfertig-schnurrende Verträglichkeit im Stadtverkehr und trompetendes Ungestüm auf freier Wildbahn, wie sein Le-Mans-Sieg 1995 beweist. Seine Beschleunigung von 6,3 Sekunden auf 160 Stundenkilometer kann man keinem Beifahrer zumuten und seine Spitze verliert sich bei 350 im Dunkel des kaum noch Machbaren.

Nicht einmal seine Väter sind ihm immer gewachsen: Ron Dennis und BMW-Vorstandsvorsitzer Bernd Pischetsrieder zerstören durch unverhohlene Fahrfehler je eines der bis Anfang 1998 gefertigten 100 Chassis.

Die einladend ausladenden Türen des McLaren F1 kommen nicht von ungefähr. Gordon Murray und sein Team stellten zunächst eine hölzerne Attrappe mit zentralem Sitz her und filmten dann verschieden große Mitarbeiter beim Ein- und Aussteigen, bevor ihre spezifische Form entstand. Auch hoch gewachsene Reisende – ohnehin wird jedes Fahrzeug als Maßkonfektion zubereitet – finden optimale Verhältnisse vor. Ehre, wem Ehre gebührt: Der Pilot sitzt ein bisschen weiter vorn als die Passagiere.

In die hoch angebrachten Rückspiegel sind Signalleuchten integriert. Die OZ-Räder des F1, hinter denen vielfach durchlöcherte Bremsscheiben sichtbar werden, wiegen ganze zehn Kilogramm. Die Dachöffnung überquert nach hinten abfallend die Heckscheibe und schaufelt dem kompakten V12 Luft zu. Entsprechende Inschriften auf dessen Zylinderkopfdeckeln bezeugen das Joint Venture von McLaren und BMW.

BOYCE
MOTO METER
MIDGET MODEL
PATENTED
MG

MG J2

So gelungen und alterslos attraktiv wirkt der MG Midget J2, dass er Form und Philosophie künftiger Zweisitzer der Marke bis 1955 vorgibt und sogar für lange Zeit das Klischee davon prägt, wie ein englischer Sportwagen auszusehen habe. Und so kann es Cecil Kimber, der 1923 in Oxford als Inhaber einer Morris-Vertretung den ersten MG (für Morris Garages) in die Welt gesetzt hat und nun als eigenwilliger Leiter des seit 1929 in Abingdon an der Themse ansässigen Unternehmens kühne Knabenträume zu bevölkern beginnt, überhaupt nicht abwarten: Er zeigt den flinken Zwerg bereits im August 1932 vor und nicht erst auf der traditionellen Londoner Motor Show im Herbst jenes Jahres.

Natürlich wird der J2 keineswegs einfach aus dem Ärmel gezaubert, sondern krönt gewissermaßen eine evolutionäre Kette. Wer sich deren Gliedern zuwendet, muss sich indessen erst einmal durch jenen fröhlichen Wirrwarr von Buchstaben hindurchwursteln, der sich dem MG-Chronisten entgegenstellt. Da ist der M-Type von 1928, lediglich 500 kg leicht mit seiner zweisitzigen zunächst stoffbespannten und später stählernen Karosserie, die für sechs Pfund pro Stück beim Spezialisten Carbodies in Coventry bezogen wird. Sein Triebwerk mit dem bescheidenen Volumen von 847 cm³, dem Morris Minor entlehnt und von einer Thermosiphonkühlung bei Laune gehalten, ist eine kleine technische Delikatesse, da seine einzelne oben liegende Nockenwelle von einer Königswelle auf Trab gehalten wird. Mit 20, später 27 PS ermuntert es das Wägelchen zu 100 Stundenkilometern und mehr bei dem durchaus moderaten Verbrauch von sieben bis acht Litern auf 100 Kilometern. Das Exponat auf dem MG-Stand in der Olympiahalle bei der London Motor Show 1928 ist der erste einer langen Reihe von 8500 Midgets bis 1937.

1931 folgt der C-Type, ein potenter Kurzhuber von 746 cm³, der mit einem Powerplus-Kompressor 52 PS und als Sauger immerhin noch 44 PS bereitstellt. Die Rohre des Kastenrahmens sind unter der Hinterachse hindurchgeführt wie auch bei den 250 D-Types ab 1932 mit ihren von 2060 auf 2180 mm verlängertem Radstand. Seine Drahtspeichenräder mit ihren dekorativen Zentralverschlüssen hängen an Starrachsen mit Halbelliptikfedern vorn und hinten.

Bis zu diesem Chassis und kaum weiter geht die Identität mit dem J2, der bis 1934 in 2083 Exemplaren die Begehrlichkeiten lebensfroher Youngster wecken wird. Mit dem Begleichen des Kaufpreises von 199 Pfund und zehn Schillingen beginnt in der Tat die Begegnung mit einer gewinnenden Autopersönlichkeit, deren Form nicht zuletzt durch die ausschweifende Rennpraxis der Firma diktiert worden ist. Markante Details: die fest installierten Motorradkotflügel, wobei ein Jahr später dem Wägelchen Trittbretter sowie elegant sich aufwerfende Schwingen hinten zur Zierde gereichen, die klappbare Frontscheibe, der doppelte Höcker über dem Armaturenbrett, die tief ausgekehlten Türen, in die man so lässig die Arme lagern kann, das stumpf abfallende Heck mit dem externen 60-Liter-Behältnis, an das sich hinten das Reserverad klammert.

Ein Kuriosum: Es wird Le-Mans-Tank genannt, obwohl kein J2 jemals auf dem Sarthekurs startet. Es speichert das Lebenselixier für den größeren der beiden Motoren, allerdings mit einem überarbeiteten Zylinderkopf: Ein- und Auslassventile, früher benachbart, liegen einander gegenüber, was die Speisung von 36 gut im Futter stehenden Pferdestärken durch zwei SU-Vergaser ermöglicht. Der MG F-Type von 1931 benötigt für die gleiche Leistung immerhin 1271 cm³ und sechs Zylinder.

Der J2 bewährt sich gleich gut auf Straße und Rennbahn und hält sogar als Streifenwagen her: Sechs Einheiten ordert beispielsweise die Lancashire Constabulary als Dienstfahrzeuge für ihre wachsamen Beamten. Er ist Mitglied einer kleinen Familie, zu der auch der J1 als offener Viersitzer und Salonette sowie die Kompressor-Versionen J3 und J4 in ihren verschiedenen Tuningstufen zählen, basierend auf der Dreiviertelliter-Maschine. Sie alle machen indessen nur 424 der J-Population von 2507 insgesamt aus.

Eine Vorgabe gibt Cecil Kimber seinem Mitarbeiter und Leiter der Experimentalabteilung Reg Jackson bei der Konzeption des J2 mit auf den Weg: Der Neue müsse zu einer Spitze von 80 Meilen fähig sein, bevor er der hoch geschätzten Fachzeitschrift *The Autocar* als Testwagen überlassen werde. In der Tat erzielt der zuständige Redakteur und Rennfahrer Sammy Davis 82 Meilen. Ein paar Tage später bricht die Kurbelwelle und man entschließt sich bei MG, die Kompression zu senken und somit die Lebenserwartung des kleinen Vierzylinders tunlichst zu erhöhen. Allerdings treffen noch monatelang Beschwerdebriefe enttäuschter Kunden ein: Ihr J2 laufe lediglich 70 Meilen – immerhin ebensoviel wie heute die Geschwindigkeitsbegrenzung im Vereinigten Königreich.

Mit nach vorn umgelegter Windschutzscheibe war das fürwahr eine eindrucksvolle Geschwindigkeit.

Den Kühlerverschluss dieses J2 von 1934 krönt ein in den USA speziell angefertigtes Thermometer, in dem eine flüssige Säule dem Fahrer die Bereiche kalt, medium oder bedenklich anzeigt – eine damals gerne verwendete Sicherheitsvorkehrung.

JSJ 2

Die großen Kombiinstrumente unter den beiden Brooklands Aero Rennfensterchen sind erstaunlich vielseitig: das rechte für Tachometer, Tages- und Gesamtkilometerzähler sowie Drehzahlmesser, das linke für Zündschloss, Lichtschalter, Zündkontrolllampe, Ampère- und Öldruckmesser. Da stellen sich schon einmal Störfälle ein.

Hier finden sich in unmittelbarer Nachbarschaft der Tankstutzen und das System zum Betätigen des Reservereservoirs zusammen. Dieses stellt in einleuchtender Weise sicher, dass der J2-Pilot nicht ohne Treibstoff auf der Strecke bleibt.

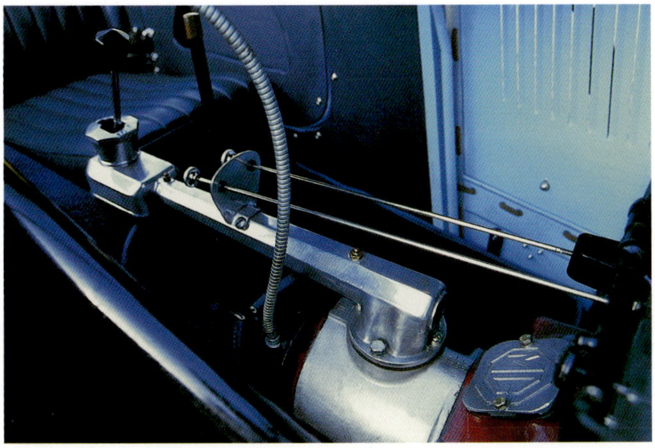

Die MG-Symbolfigur Oktagon findet sich an allen Ecken und Enden, sogar in tragender Funktion wie hier an der massiven Stange, welche die Verbindung zwischen der offenen Schaltkulisse und dem Getriebe herstellt. Das dünne Gestänge darüber gilt der Regulierung von Standgas und Choke.

Ein MG PA von 1935 und sein Triebwerk von 847 cm³ mit einer oben liegenden und durch eine Königswelle angetriebenen Nockenwelle. Die Plakette zu Häupten des Kennzeichens weist ihn als Eintragung Nummer 214 im Triple-M-Register aus. Dieses wurde 1961 vom englischen MG-Club als eine Datei führende Verwaltungseinheit gegründet, um die Vorkriegsmodelle Midget, Magna und Magnette zu erfassen und zu betreuen.

LAUDES AUGETE PRIORES
214
MG

MG TA

Ein bisschen gewachsen und erwachsener geworden gegenüber seinen Midget-Vorfahren, begründet der MG TA ab Mitte 1936 die lange Generationenfolge der erfolgreichen T-Modelle bis hin zum TF. Seine Spitzengeschwindigkeit von 125 km/h ist gewiss nicht besonders aufregend. Dennoch geht eine ganze Reihe von Sporterfolgen auf sein Konto, vor allen in Trials, wo die Cream Crackers, sechs von der Fabrik getunte und den Werksfahrern in einer Art Leasing-Verfahren überlassene TA, 1937 und 1938 die begehrte Mannschaftswertung gewinnen.

Zu einem Zeitpunkt, an dem der Name MG synonym geworden ist mit dem Begriff Sportwagen, kehren in dem stolzen kleinen Werk Revirement und Rochade das Unterste zuoberst. Am 1. Juli 1935 verkauft der vormalige Besitzer Baron Nuffield, bis zu seiner Erhebung in den Adelsstand 1934 William Richard Morris, die MG Car Company an die Morris Motors Ltd. Als Morris-Statthalter bezieht Leonard Lord den Kommandostand in Abingdon, während Cecil Kimber unversehens als Managing Director in die Position der Nummer zwei abstürzt. Das behagt ihm überhaupt nicht: Seine Kreativität und Initiative sprießen auf dem Nährboden seiner persönlichen Freiheit. Mit Lord hat man ihm hingegen einen kühlen Technokraten vor die Nase gesetzt, einen Exponenten der Prosa und nicht der Poesie. Das wachsame Miteinander der beiden Männer währt indessen nur kurz: 1936 kommt Lord bei Nuffield um eine deftige Gehaltserhöhung ein, wird gefeuert und durch Oliver Boden ersetzt.

Als erstes streicht Lord die Rennabteilung. Was früher ein Artikel des Firmen-Credos war, ist für ihn nichts weiter als kostspieliger Firlefanz. Anschließend fallen technische Extravaganzen wie oben liegende Nockenwellen dem Rotstift des Kalkulators zum Opfer. Ein typisches MG-Produkt nach der Neuorientierung ist der Typ SA, auch 2-Litre genannt, obwohl der Sechszylinder unter seiner langen Haube seine geschmeidig agierenden 73 PS aus einem Volumen von 2,3 Litern schöpft. Seine Ventile werden

vermittels Stoßstangen und Kipphebeln zur Arbeit angehalten, die beiden SU-Vergaser von doppelten elektrischen Benzinpumpen des gleichen Fabrikats mit Treibstoff versorgt. Die drei obersten Gänge sind bereits synchronisiert. Hydraulische Stoßdämpfer vorn und hinten weisen ebenfalls in die Zukunft und im Falle eines Falles stemmt sich der SA, der mit 3120 mm den längsten Radstand aller MG bisher aufweist, vermittels eingebauter Wagenheber selbst in die Höhe. Mit strammen 1500 Kilogramm Leergewicht geht er eher milde zu Werke, erreicht aber nach einem langen Anlauf dennoch 135 Stundenkilometer. Obwohl er mit dem Jaguar SS 100 auf einen ansehnlichen Konkurrenten trifft, verlässt er bis Ende 1939 das Themsestädtchen in einer Auflage von 2738 Einheiten – als viertüriger Sports Saloon, Tourenwagen und Cabriolet.

Viel Innovation wie beispielsweise hydraulische Bremsen und ein Synchrongetriebe an den späteren Modellen fließt auch in den Midget TA ein, ab Mitte 1936 als Nachfolger des PB in 3003 Exemplaren in einen ungemein aufnahmebereiten Markt eingespeist. Einer der populärsten und erfolgreichsten kleinen Sportwagen, die je angeboten wurden, frohlockt *The Light Car* und in der Tat spricht vieles für eine solche euphorische Bewertung. Der TA ist viel größer als die bisherigen Midgets der Marke, ein geräumiger Zweisitzer über einem Radstand von 2400 mm mit mehr Kofferraum und einem größeren Tank. Er findet sich fast schon im

Nicht unbedingt ist der TA jenen Puristen willkommen, die sich an die kompakten Dimensionen und die quicklebendigen Motoren seiner Vorgänger mit ihrer oben liegenden Nockenwelle gewöhnt haben. Da ist seine Stoßstangenmaschine mit hängenden Ventilen eher automobile Schonkost und die ursprüngliche Auspuffanlage muss bald geändert werden: Sie ist den meisten Kunden einfach zu leise.

Einzugsbereich des in der MG-Hierarchie höher angesiedelten N-Type Magnette, der mit seinem kleinen Sechszylinder ähnliche Fahrleistungen erzielt, allerdings mit 280 Pfund ein ganzes Stück mehr kostet als der mit 222 Pfund überaus preiswerte Rivale aus dem eigenen Hause.

Seine Stärken erweisen sich zugleich als seine Schwächen und etwas davon klingt in einem Bericht von MG-Mitarbeiter Reg Jackson an, nachdem er einen TA zu einem Händler nach Manchester überführt hat. Während der ersten Hälfte der Fahrt habe er gedacht, er werde sich nie an das Auto gewöhnen können. Aber nach seiner Ankunft habe er zu sich selbst gesagt: „Jackson, noch nie hat dich eine Reise weniger ermüdet." Der Hauptgrund dafür sei die Sanftmut des Neuen gewesen, während seine Vorgänger ihren Passagieren fast die Eingeweide aus dem Leib geprügelt hätten.

Die Puristen sind pikiert, kreiden dem TA die öde Farblosigkeit seines Stoßstangentriebwerks an, seinen Zentner Mehrgewicht, seine weiche Federung und dass er nicht so krisp und so handlich daherkomme wie ein J2 oder ein PB, denen man auf Trial-Veranstaltungen schon wegen ihrer kurzen Übersetzungen den Vorzug gibt. Soweit das möglich ist, geht man auf dergleichen Kritik ein, ändert etwa das Auspuffsystem, so dass sich wieder der gewohnte kernige Sound einstellt. Im Frühjahr 1939 verpasst man dem Midget den kurzhubigen Vierzylinder mit 1250 cm³ aus dem Morris Ten der M-Serie, der sich mit seiner gut ausgewuchteten Kurbelwelle immerhin zu einer Höchstdrehzahl von 5200/min aufschwingt. Diese und andere Eingriffe rechtfertigen auch einen neuen Namen: TB. Aber da im Herbst jenes Jahres globale Kampfhandlungen ausbrechen, hat es mit 379 Exemplaren sein Bewenden. Nach dem Krieg wird der TB als TC wieder auferstehen.

Zunächst einmal hält sich die Belegschaft der MG Car Company mit Gelegenheitsarbeiten über Wasser. Eine davon ist die Produktion von Fischbratpfannen für ein lokales Militärdepot.

Chassis und Aufhängung haben sich kaum verändert und entsprechen der Norm der Zeit: Starrachsen, Halbelliptikfedern und Reibungsstoßdämpfer mit Lockheed-Trommelbremsen von 207 mm Durchmesser. Der neue Midget geht allerdings behutsamer mit seinen Insassen um als die anderen vor ihm – ein weiterer Stein des Anstoßes für die Fundamentalisten der Härte …

MG TC

Eigentlich sprechen alle Gründe dagegen, sich einen anzuschaffen. Der MG TC weist nicht im Entferntesten die Qualitäten des PB auf, von dem er abstammt. Er ist klein und ungemütlich wie eine Künstlermansarde. Ausschließlich mit Rechtslenkung erhältlich kommt er kantig daher wie ein Schuhkarton auf dünnen, spinnrigen Speichenrädern. Sein antikischer Underslung-Kastenrahmen mit Starrachsen selbst vorn und Halbelliptikfedern ringsum verwindet sich wie ein Blatt Papier auf dem Wasser und ist ein Affront gegen alle, die sich von ihrem Auto schonende Behandlung erhoffen.

Eine Heizung ist nicht vorgesehen. Stattdessen wärmt in der Enge seines Cockpits einer den anderen, was allenfalls Liebespaaren willkommen ist oder solchen, die es werden wollen. In jedem Falle ist man gemeinsam fast schutzlos den Unbilden der Witterung preisgegeben. Im Zusammenwirken mit dem Fahrtwind vereitelt der hochdrehende kleine Motor jeglichen Ansatz zu einem echten Dialog. Da Unfälle am besten gänzlich vermieden werden sollten, sucht man auch Stoßfänger vergebens. Im Hauptexportland USA ist der Besitzer für Wartung, Pflege und Reparatur in der Regel selber zuständig. Nicht nur dort erleidet der TC-Lenker die Schmach, dass ihn Feld-, Wald und Wiesenlimousinen mit fünfköpfigen Familien an Bord einfach ausbeschleunigen und unwiderstehlich enteilen, obwohl er doch am Lenkrad eines Sportwagens sitzt: Zu 125 Stundenkilometern Spitze bequemt sich das Testexemplar der englischen Fachpublikation *The Motor* mit nach vorn geklappter Windschutzscheibe zögerlich und braucht qualvolle 21,1 Sekunden für den Anlauf auf 60 Meilen pro Stunde. Eines allerdings kann der zuständige Redakteur als Entschuldigung für den Probanden vorweisen: Die miserable Qualität des Pool-Sprits, eines dubiosen und wässerigen Cocktails von niederer Oktanzahl, der zu allem Überdruss noch bis zum Juni 1950 rationiert bleibt.

Und dennoch gibt es kein geeigneteres Verhütungsmittel gegen Nachkriegs-Tristesse als just diesen holzharten Midget. Auf den dauerhaften Charme des Nostalgisch-Gestrigen baut bereits Gründervater Cecil Kimber bald nach dem Ausbruch der Kampfhandlungen in einer cleveren Anzeigenkampagne. Da lässt beispielsweise ein adretter Pilot der Royal Air Force beim Anblick seiner schmucken Kampfmaschine wehmütig verlauten: „Sie erinnert mich an meinen MG." Kimber nimmt im November 1941 wegen tief greifender Differenzen mit der Führung der Nuffield-Firmengruppe seinen Hut.

Seine Botschaft indessen bleibt und so meldet sich die MG Car Company im Oktober 1945 fünf Wochen nach dem offiziell verkündeten Kriegsende zurück, während andere noch über Ruinen Trübsal blasen oder kühne Blütenträume Zeit zum Reifen benötigen. In Abingdon ein paar Kilometer von der Universitätsstadt Oxford hingegen hat man sich

kurzerhand dazu entschlossen, den TB von 1939 mit ein paar winzigen Retuschen am Fahrwerk und an der Karosserie – die Fahrgastzelle ist um 102 mm breiter geworden – aufzumöbeln und als TC wieder auferstehen zu lassen, in einer Ecke der bisherigen Fertigungsstätte gewissermaßen und in strikter Monokultur, bis man wieder einigermaßen bei Kasse ist.

Die Notlösung erweist sich flugs als Erfolgsrezept. Bis zum Ende jenes Jahres entstehen 81 Einheiten, 1946 bereits über 1500. Als die Produktion im Spätherbst 1949 versiegt, rollen versprengte Exemplare von insgesamt 10 000 MG TC selbst über staubige Knüppeldämme in den entlegensten Winkeln der Welt. 3408 davon sind sozusagen zu Hause geblieben, obwohl auf ein Dekret des Finanzministers Sir Stafford Cripps hin der heimische Markt praktisch geschlossen wurde. 6592 wurden ausgeführt, 2001 davon in die Vereinigten Staaten.

Was der altväterische Exportartikel dort an Überzeugungs- und Missionsarbeit leistet, ist kaum zu überschätzen: Er begründet die Zuneigung der Amerikaner zu dieser Spezies knuffiger europäischer Sportwagen schlechthin und demokratisiert die Rennszene, vorher ein eher elitäres Reservat, von der Basis her. Natürlich ertönt bald der Ruf nach mehr Leistung und in Abingdon reagiert man mit Rat, Tat und sogar konkret mit Tuningzubehör. Bis zu 97,5 PS leistet der bescheidene Vierzylinder, wenn ihm ein Kompressor auf die Sprünge hilft. Bleifuß-Ikonen wie Briggs Cunningham, John Fitch oder Phil Hill driften mit ihm erstem Lorbeer entgegen und Filmstar Clark Gable fährt am voluminösen Volant eines TC sein berühmtes breites Verführerlächeln in Hollywood und Umgebung spazieren.

Daheim jedoch, in dem Land, aus dem er stammt und in das er passt wie kein anderer, holt ein junger Seeoffizier in einem MG TC hin und wieder seine Freundin zu einem Ausflug ins Grüne ab. Der betroffenen Familie behagt dies aus verschiedenen Gründen nicht sonderlich. Schließlich soll Elizabeth Windsor einmal Königin von England werden.

Als Souvenirs an die Vorkriegszeit bringt der TC das abgehackte Heck, hohe, dünne Räder und die lang ausschwingenden vorderen Kotflügel mit. Das Verdeck mit seinen brillenförmigen hinteren Fenstern und abnehmbare Seitenteile halten den Passagieren die Unbilden der Witterung einigermaßen vom Leibe, ohne die Linie des kernigen Roadsters im Geringsten zu entstellen. Nützlicher Gepäckraum findet sich hinter dem Sitz.

Die beiden SU-Vergaser schlürfen ihre Atemluft durch einen großen Filter ein, der wie auch andere Trabanten des Motors hoch montiert ist, um ihn aus dem Einzugsbereich von Straßenschmutz und -nässe herauszuhalten. Dass Tacho und Drehzahlmesser so weit voneinander getrennt sind, zeugt eher von einem Sinn für Symmetrie als für Praktikabilität. An Hinweisen auf die Identität des TC fehlt es nicht.

MG

MG

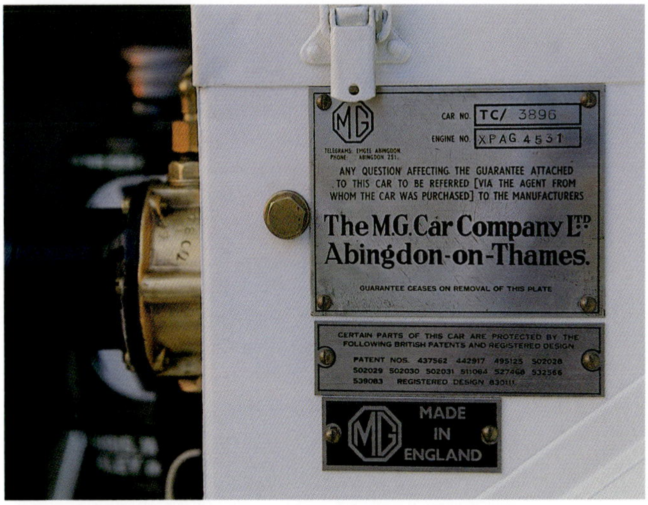
MG
CAR NO. TC/ 3896
ENGINE NO. XPAG 4531
TELEGRAMS: EMGEE ABINGDON
PHONE: ABINGDON 251.
ANY QUESTION AFFECTING THE GUARANTEE ATTACHED TO THIS CAR TO BE REFERRED [VIA THE AGENT FROM WHOM THE CAR WAS PURCHASED] TO THE MANUFACTURERS
The M.G. Car Company L^TD
Abingdon-on-Thames.
GUARANTEE CEASES ON REMOVAL OF THIS PLATE
CERTAIN PARTS OF THIS CAR ARE PROTECTED BY THE FOLLOWING BRITISH PATENTS AND REGISTERED DESIGN
PATENT NOS. 437562 442917 495125 502028 502029 502030 502031 511064 527468 532566 539083 REGISTERED DESIGN 830111
MG
MADE
IN
ENGLAND

MG

The M.G. Car Company Ltd.

MG TD

Im Frühsommer 1949 trifft sich der Führungsstab der MG Car Company zu einem richtungsweisenden Meeting. Die Leitung hat der neue Chef Jack Tatlow, ein früherer Riley-Mitarbeiter, der die tägliche Anreise von Coventry zum 100 Kilometern entfernten Dienstort Abingdon nicht nur ohne zu murren, sondern voll wachsender Passion auf sich nimmt. Einziger Punkt auf der Tagesordnung: die Eingabe der nordamerikanischen Händler bezüglich eines künftigen Zweisitzers, halb konservativ, halb innovativ, ein TC sozusagen, der durch eine Schule für guten Benimm gegangen ist.

Der US-Markt ist von vitaler Bedeutung. Mit dem bisherigen Modell hat man einen Brückenkopf eingerichtet. Über ihn könnte sich eine kleine MG-Invasion in die Vereinigten Staaten ergießen. Nur zwei Wochen lässt das Konzept auf sich warten und es kostet nicht einmal einen Federstrich. Man wird Bewährtes miteinander verschneiden, Elemente vom TC, ein paar Zutaten aus der kompakt-komfortablen Y-Limousine von 1947. Von dieser stammt das Chassis. Allerdings verkürzt man den Radstand um 127 auf 2388 mm und krümmt die seitlichen Holme des Kastenrahmens über der Hinterachse, was der Bodenfreiheit zugute kommt. Scheibenräder, erst im weiteren Verlauf des Modell-Lebens perforiert, ersetzen die bisherigen mit Speichen, vorn entsprechend dem Vorbild des kleinen Tourenwagens aufgehängt an doppelten Querlenkern und Schraubenfedern, hinten nach altem Brauch an einer Starrachse mit Halbelliptikfedern. Mit seiner Zahnstangenlenkung lässt sich der Neue nicht nur präziser dirigieren, sondern die Übersiedelung des Volants nach links kann viel einfacher bewerkstelligt werden: 90% der 29664 MG TD zwischen dem 1. Oktober 1949 und dem 17. August 1953 taugen für Länder mit Rechtsverkehr.

Die Linienführung entspricht im Großen und Ganzen dem Vorgänger. Gleichwohl zeigt sie sich eigentümlich verändert. Ein wiederum um 102 mm erweitertes Cockpit, das vergleichsweise kompakte Format der kleineren und breiteren Räder, die verchromten Stoßfänger vorn und hinten tragen dazu bei, dass der TD niedriger und stämmiger ausschaut als das dürre Vorkriegs-Relikt TC.

Unter seiner kantigen Motorhaube schiebt indessen nach wie vor der ehrwürdige Stoßstangen-Vierzylinder mit 54,4 penibel gemessenen PS seinen braven Dienst, umfächelt von einem Hauch von Unzerstörbarkeit. Wem solch langlebige Sanftmut nicht genügt, zumal der TD 77 kg zusätzliches Gewicht auf die Waage bringt, dem kann vorsichtig geholfen werden: Um 50 Pfund mehr (der Listenpreis liegt 1950 bei 569 Pfund inklusive Steuern) hält man in Abingdon eine Mk-II-Version bereit, deren 57,5 PS aus größeren Ventilen und SU-Vergasern vom Typ H 4 sowie einer auf 8,6 : 1 erhöhten Kompression resultieren. Gut gelaunte Exemplare schwingen sich zu 133 Stundenkilometern auf, während man sich während einer Beschleunigung von 21,3 Sekunden auf 60 Meilen pro Stunde zugleich in der vornehmen und unendlich britischen Tugend des Wartens üben kann.

Zur Rezeption des TD eine kleine Presseschau: Zum Glück, frohlockt zum Beispiel die englische Fachzeitschrift *The Autocar* 1950, schaue die jüngste Kreation aus Abingdon noch immer aus wie ein Midge – das ist die längst eingebürgerte Koseform für Midget – und überhaupt nicht futuristisch. Dafür gebühre seinen Schöpfern ein herzliches Dankeschön. Auch *The Motor* äußert sich zustimmend: Dem TD habe man sich wie auch schon seinen Vorläufern mit Begeisterung zugewendet und nur ungern von ihm Abschied genommen, nur dass sich Vorfreude und Bedauern noch gesteigert hätten. Und eine Broschüre des Werks verheißt dem potentiellen Kunden pausbäckig, selbst im dichtesten Stadtverkehr gerate die Reise in diesem MG zum Vergnügen, nicht zuletzt, weil man bei freigegebener Durchfahrt allen anderen auf- und davoneilen werde.

Weit weniger euphorisch fallen die Urteile der hartgesottenen Enthusiasten aus, meist bereits Besitzer eines TC: Es mangele dem TD einfach an der gebotenen Härte. Die Scheibenräder stünden ihm nicht gut zu Gesicht. Gegenüber früheren Midge-Generationen wirke er regelrecht feminin, ja wie eine Matrone im Vergleich zu den ranken jungen Dingern, welche die Titelblätter der Illustrierten zierten.

Bereits im Jahre 1952 lässt MG-Mitarbeiter Syd Enever mit dem Prototyp eines zeitgemäßen Nachfolgers, Werkscode EX175, einen Versuchsballon steigen. Er findet jedoch keine Gnade vor den Augen Leonard Lords, seit der Fusion der Nuffield Group und der Austin Motor Company zu BMC (für British Motor Corporation) im gleichen Jahr oberster MG-Dienstherr. Auf der London Motor Show hat sich Lord spontan für die Adoption des Healey 100 entschieden.

Neben dieser Konkurrenz aber sieht der MG TD endgültig so aus, wie er in Wirklichkeit ist – ganz alt.

Sehr zum Missvergnügen der konservativ gestimmten und asketisch gesonnenen Klientel kommt der vierte Spross der MG-T-Familie auf Scheibenrädern daher und ist auch mit Linkslenkung zu haben. Die Kotflügel vorn sind am Ende etwas heruntergewölbt. Der TD wehrt sich im Gegensatz zum Vorgänger durch Stoßstangen mit massiven Hörnern gegen die Rempeleien des Verkehrsalltags. Der immer noch sanftmütige Charakter des kleinen Roadsters stellt gleichwohl sicher, dass sich der Beifahrer nicht allzu häufig in Panik in dem Haltegriff verkrallen wird, der für ihn vorgesehen ist.

Das leicht zu erreichende Reserverad thront huckepack auf dem großen externen Tank, den ein Schnappdeckel links oben verschließt. Auf Wunsch und gegen Aufpreis schultert der TD ein zusätzliches Rad. Dem Mangel an Gepäckraum wurde hier mit einem Tragegestänge abgeholfen. Eine Konzession an den wichtigen nordamerikanischen Markt stellt der Ölluftfilter über dem vertrauten Triebwerk dar.

MG

MG TF

Schon seit einiger Zeit und immer dringlicher ist Manager John Thornley bei Leonard Lord, Boss der MG-Mutter BMC, vorstellig geworden: Man wolle sich endlich in den Trend einreihen mit einem Sportwagen von aktuell-schmissiger Stromform, der dem Werksslogan Safety Fast zur Ehre gereiche. Doch wieder wird der Bittsteller schnöde abgeschmettert. Innerhalb des vielfältigen Firmenkombinats mit seinen unterschiedlichen Marken- und Modellprofilen sei MG für die klassische Linie zuständig.

Aus der Sicht der Männer in Abingdon erweist sich diese Politik um ein Haar als verhängnisvoll. Die Exportzahlen für den TD stürzen innerhalb von zwölf Monaten auf fast den halben Wert des Vorjahres ab. MG selber gerät in den Ruch gewerbsmäßiger Rückständigkeit, als Gralshüter des ewig Gestrigen sozusagen.

Gleichwohl schlängelt man sich elegant aus der Affäre und unterzieht den real existierenden Midget einer gründlichen Frischzellenkur, die den Schritt zum F in der alphabetisch-historischen Abfolge voll rechtfertigt. Die Motorhaube ist stärker geneigt. Die reich verchromte Kühlerattrappe stellt sich dem Fahrtwind schräg entgegen. Die Frontscheinwerfer sind halb in den Aufbau eingebunden. Die Kotflügel schwingen weiter aus als beim Vorgänger, den der TF um 100 mm an Länge übertrifft und in der Höhe um 16 mm unterbietet. Einem vielfach geäußerten Wunsch begegnet man mit der Option von Speichenrädern, nachdem die Naben entsprechend geändert worden sind. Schalensitze ersetzen die bislang angebotene Bank. Was die drei großen Instrumente unter dem Tal zwischen den markanten Buckeln der Stirnwand vor Fahrer und Beifahrer anbelangt, haben Thornleys Detail-Designer aus der Not des von oben verordneten Konservativismus eine Tugend gemacht. Sie weisen gemäß einer uralten Gepflogenheit und analog zum Firmenzeichen die Form eines Oktagons auf.

Unter dem retuschierten Gewand bleibt alles beim Alten: Einzelradaufhängung vorn an Trapez-Dreiecksquerlenkern und Schraubenfedern, eine Starrachse mit Halbelliptikfedern hinten. Auf dem Gebälk des Kastenrahmens kauert der so genannte Wettbewerbsmotor des TD Mk II mit 1250 cm³ Volumen und 57,5 PS. Die neue Hinterachsuntersetzung von 4,875 (vorher: 5,125) : 1 stellt sicher, dass man 5500 Umdrehungen der Kurbelwelle pro Minute in jeder der vier Fahrstufen nur ungern überschreitet.

Im Herbst 1953 bietet sich der MG TF auf der London Motor Show den Blicken und den Urteilen der Besucher. Seine Akzeptanz bei der schreibenden Zunft erweist sich als weitgehend davon abhängig, ob der zuständige Journalist fortschrittlicher oder bewahrend-nostalgischer Denkungsart ist. „Mrs. Caseys tote Katze, ein bisschen aufgewärmt", donnert etwa Tom McCahill in der US-Publikation *Mechanix Illustrated*. „Es gehört schon eine gewaltige Portion Arroganz dazu, dem amerikanischen Käufer diesen alten Teekessel in

Zwischen Kotflügeln und Motortrakt eingeschalte Frontlampen, stärker geneigte Kühlerverkleidung, niedrigere Kontur der vorderen Haube, aus dem Blickfeld verschwundene Scheibenwischer und flotter ausschwingendes Heck – so hat man bei MG einem alternden Konzept noch einmal Jugendfrische abgewonnen. Die Wülste über dem Armaturenbrett sind mit Leder bezogen und die Instrumente in der Form des MG-Oktagons werden flankiert von offenen Handschuhfächern.

den Schlund rammen zu wollen … Ich fühle, dass das gegenwärtige Management von MG mich und hunderte von Fans in diesem Lande ganz schön über den Tisch gezogen hat." Zu allem Überdruss greift eine zeitgenössische BMC-Broschüre tief in schwärzlich-verstaubte Erfolgsbilanzen und erinnert daran, wie „damals, 1935, ein Damenteam unter der Stabführung von George Eyston das 24-Stunden-Rennen von Le Mans gewann".

Naturgemäß rosig werden die Dinge von der Werbung gesehen. „Neues Styling, neuer Komfort, neuer Schmiss – und jeder Zoll ein Vollblut", jauchzt ein Inserat des MG-Dealers S.H. Arnolt in Chicago und verheißt: „Sie werden ihn sehen, fahren und besitzen wollen, den neuen MG Midget der Serie TF." Die australische Publikation *Wheels* vom August 1954 attestiert ihm „atemberaubende Beschleunigung, Leistung und Handling vom Feinsten". Der Brite Gordon Wilkins hingegen tritt im Herbst 1953 eine sentimentale Reise ins Themsenest Abingdon an, einen Wallfahrtsort für jeden, der wie er selbst „zwischen dem Kaiser- und dem Hitlerkrieg" groß geworden sei. Er freut sich auch angesichts des TF darüber, dass alles so herrlich unverändert geblieben sei. Das Paradox dieser Autos bestehe darin, dass man sich in ihnen nie bejahrt, nicht einmal mittelalterlich vorkomme.

Im August 1954 markieren George Eyston und Ken Miles mit dem Rekordwagen EX179 in Utah einige Bestwerte über längere Strecken. Bei dem Saugmotor des Wüsten-Projektils handelt es sich um die leicht aufgebohrte und vom Original äußerlich nicht zu unterscheidende Maschine des TF (Kürzel XPEG). Mit 1466 cm^3 und auf 65 PS gedrosselter Leistung löst sie in den letzten 3400 von insgesamt 9600 Exemplaren das bisherige Triebwerk des Serien-Midgets ab. Dies geschieht nicht zuletzt aus Gründen der Homologation, denn der alte Knabe wird noch immer unverdrossen dem Rennsport zugeführt: Die MG blieben jahrelang über dem Limit der Klasse G und 250 cm^3 unter dem maximalen Inhalt der Klasse F bis 1500 cm^3.

Jenseits allen Gezänks der Zeitgenossen ist der TF heute der gesuchteste MG Midget überhaupt.

Trotz aller Retuschen am Klassizismus des TD bleibt die Identität und Unverwechselbarkeit der Modellreihe gewahrt, mögen auch manche diese Neuerungen als Verrat an der reinen MG-Lehre werten. Aber über Geschmack kann man sehr wohl streiten: Der MG TF ist gewiss das schönste T-Modell bislang.

Bei den letzten 3400 MG TF hat sich sogar unter der neuen Fronthaube etwas getan, nur sieht man es nicht: Die Bohrung des braven Stoßstangen-Vierzylinders ist von 66,5 auf 72 mm vergrößert worden, so dass sein Volumen nun 1466 cm³ beträgt. Schon früher musste er der flacheren Silhouette einen kleinen Tribut zollen – die Luftfilter sind seitlich angebracht.

Und noch eine gute Botschaft am Schluss: Wie das Reserverad auf dem Tank ausweist, sind die Speichenfelgen zurück, wenn auch lediglich als gern wahrgenommene Option. Nicht eben pflegeleicht im Vergleich zu den Scheibenrädern des Vorgängers, passen sie gleichwohl harmonisch zum Erscheinungsbild des Letzten seines Schlages.

MGA

Von einem Neubeginn zeugt symbolträchtig bereits sein Name: Im Laufe ihrer fast 30-jährigen Vita hat die MG Car Company alle Buchstaben des Alphabets aufgebraucht und beginnt nun wieder am Anfang. Zugleich legt man den Zusatz Midget erst einmal aufs Eis: Er suggeriert zwergenhaften Wuchs und passt deshalb nicht mehr ins Konzept.

Die ersten Auftritte des Superstars MGA auf den Shows von Frankfurt, Paris und London 1955 setzen indessen auch einen Schlusspunkt unter eine lange und wechselvolle Vorgeschichte. Das Modell wurzelt in Wettbewerbswagen Anfang der Fünfziger und dem 1952 von Leonard Lord verschmähten Prototyp EX175. Im Juni 1954 hat der BMC-Papst, im Umgang mit seiner Diözese in Abingdon-on-Thames bislang eher stiefväterlich, das Projekt endlich abgesegnet, nicht zuletzt, weil es mit einem Motor und der Übertragung aus den Regalen der British Motor Corporation den Rationalisierungswünschen des Konzern-Oberen entgegenkommt. Als sich der MGA im Kunstlicht der Salons zu sonnen beginnt, ist gleichwohl der publizistische Lack schon ein bisschen abgeblättert. Beim 24-Stunden-Rennen von Le Mans im Juni jenes Jahres starteten nämlich drei Werkswagen in der Farbe vaterländischer Leidenschaft British Racing Green, ein klug eingefädelter Coup, mit dem sich MG-Direktor John Thornley nach vielen Jahren der Enthaltsamkeit im Rennsport zurückmeldete und zugleich bestürzten Puristen über den Schock der Neuerung hinweghalf.

Das schöne Habit des MGA umhüllt ein veritables Puzzle. Die Stoßstangenmaschine des Roadsters, der den Reigen eröffnet, wird abgezweigt aus der BMC B-Serie. Von zwei SU-Vergasern gespeist mobilisiert sie aus 1589 cm³ ursprünglich 68 und wenig später 72 PS. Den steifen Kastenrahmen mit Traversen schweißt die John Thompson Motor Pressing Ltd. zusammen, während der schlanke Aufbau – Türen und Hauben bestehen aus Leichtmetall – vom alten MG-Hoflieferanten Morris Bodies Branch beigesteuert wird. Bald verbessert ein optionales abnehmbares Hardtop den Allwetterschutz. Dass man im Oktober 1956 der offenen Version eine geschlossene mit Kurbelfenstern sowie panoramisch gekrümmten Front- und Heckscheiben an die Seite stellt, erregt mancherlei Verdruss. Die reine Roadster-Form des MG, mäkelt etwa Reinhard Seiffert 1960 im renommierten Fachblatt *auto motor und sport*, werde durch das im Stil eines Bowlerhuts gerundete Festdach regelrecht vergewaltigt.

Bis Mai 1959 schwingen sich die beiden Varianten mit 58 750 Exemplaren zu neuen und nie erwarteten Absatzrekorden auf. Dann segnet der MGA 1500 das Zeitliche, um umgehend als MGA 1600 mit 1588 cm³ und 80 PS wieder zu erstehen. Man erkennt ihn an neuen Heckleuchten und Girling-Scheibenbremsen vorn, wo die Räder an doppelten Querlenkern mit Schraubenfedern aufgehängt sind, während hinten eine Starrachse und Blattfedern ein längst bekanntes Thema aufgreifen und leicht variieren.

Die aufgeräumte Linienführung des Coupés lässt erahnen, dass es um seine Windschlüpfigkeit besser bestellt ist als um die des ursprünglichen Tourers. In den Dienst der Aerodynamik sind unter anderem seine stark gekrümmten Scheiben vorn und hinten gestellt, auch wenn sie zunächst ein Diener vor den modischen Trends der Zeit zu sein scheinen. Fast der gesamte Aufbau des offenen MGA dient ansonsten als Basis, allerdings mit energisch retuschierten Türen, um zum Beispiel Kurbelfenster unterbringen zu können.

Die Türöffner des Coupés sind zugleich praktisch und sicher. Im Ruhestand lehnen sie sich gegen die Chromeinfassung der Fenster. Ohne die Stützstreben vor den Winkeln des Heckfensters wäre die Scheibe nicht stabil. Speichenräder sind nur als Extras erhältlich.

31 501 MGA 1600 haben sich in die Herzen ihrer Eigner in aller Welt eingeschmeichelt, als ihnen im Frühjahr der Mk II mit 1622 cm³ und 86 PS auf dem Fuße folgt, an der fast lotrecht eingelassenen Kühlerattrappe und wiederum revidierten Rücklichtern vom Vorgänger zu unterscheiden. Mit seiner von 4,3 auf 4,1 : 1 verlängerten Hinterachsuntersetzung beeilt er sich in 13,7 Sekunden auf 60 Meilen pro Stunde – zwei prestigeschwangere Sekunden flinker als sein Vorgänger. Bis zum Juli 1962 bringt es der Mk II auf eine Verbreitung von 8719 Stück.

Die magische Zahl von 100 000 MGA ist bereits im März des gleichen Jahres überschritten worden. Als kleine, aber feine Minderheit sind in ihr 2111 Twin Cam enthalten, entstanden zwischen dem Frühjahr 1958 und dem Frühjahr 1960. Grundlage ist das größere B-Triebwerk von der Stange, nur dass anstelle von dessen seitlicher Nockenwelle eine Zwischenwelle rotiert. Diese aktiviert vermittels einer Duplex-Rollenkette die zwei oben liegenden Nockenwellen, deren Anwesenheit in der Typenbezeichnung zum Ausdruck gebracht wird. Mit ihren 97 Pferdestärken drückt sie den Wert für den Spurt auf 60 Meilen zwar auf unter zehn Sekunden, bedient sich aber gefräßig aus dem Öltank, will überdies mit hochoktanigem und durchaus nicht überall erhältlichem Treibstoff verwöhnt werden und rächt sich bei Zuwiderhandlung mit der Verbrennung ihrer Kolben. Dieses Primadonnengehabe spricht sich rasch herum und gereicht dem Top-MGA zum Schaden, so dass ihn nicht einmal solch manifeste Qualitäten wie Scheibenbremsen ringsum und attraktive Dunlop-Scheibenräder mit Zentralverschlüssen vor dem vorzeitigen Aus bewahren. Gleichwohl wird er zur begehrten Rarität, ebenso wie die 395 De-Luxe-Modelle zwischen dem Juni 1960 und dem Mai 1962, gekreuzt aus ungenutzten Twin-Cam-Fahrwerken und den Normalmotoren des 1600 (82 Einheiten) und des Mk II (313 Einheiten).

Wie sich die Zeiten ändern: Früher war bereits der Besitz eines MG etwas Besonderes. Nun bedarf es dazu schon eines seltenen Exemplars aus einer riesengroßen Serie.

Wie häufig bei Geschwistern steht das MGA Coupé etwas im Schatten seines älteren – und offenherzigen – Bruders. Gleichwohl bleibt es im Programm, bis die Produktion des MGA im Sommer 1962 gänzlich eingestellt wird, und beherbergt auch die gleichen Maschinen wie die offene Version.

MG MIDGET & AUSTIN-HEALEY SPRITE

Sie gleichen einander wie ein Ei dem anderen, im Prinzip identisch und doch ein bisschen verschieden: Der MG Midget gilt als ein Quäntchen vornehmer und ist eine Idee teurer. Man kann ihn an seitlichen Chromstreifen und vertikalen Grillstäben erkennen, während beim Austin-Healey Sprite der Fahrtwind durch ein ordinäres Sieb zischt. Die Zwillinge werden gewissermaßen unter dem geräumigen Dach der British Motor Corporation in Abingdon vom gleichen Band entbunden. Man stellt sie mit lediglich einem Monat Abstand vor, den Sprite im Mai und den Midget im Juni 1961. Gemeinsam verbreiten sie die Idee vom ursoliden und erschwinglichen Volkssportwagen in einer Riesenpopulation von 307 059, davon 226 526 mit dem achteckigen MG-Signet. Argwöhnisch beobachtet man dennoch den Erfolg des jeweils anderen. Aber der Volksmund schert sich keinen Deut um die feinen Unterschiede und verschränkt kurzerhand die beiden Typennamen: Man sitzt am Lenkrad eines Spridget, wie man in der Londoner Bakerloo Line fährt, sich durch dicken Smog seinen Weg sucht oder eine Oxbridge Education genossen hat.

Die Domäne des Spridget ist keineswegs die Autobahn oder die Schnellstraße. Da muss er jeder halbwegs flott gefahrenen Mittelklasselimousine und selbst aggressiven Zwergen wie dem Mini Cooper S den Vortritt lassen. Dafür tummelt er sich genüsslich im Kurvenlabyrinth von Landstraßen zweiter Ordnung, mit geöffnetem Verdeck unter silbriglauem Blauhimmel und vorzugsweise bemannt von junger Zweisamkeit.

Anfang der Siebziger hätte man die Vokabel Spridget eigentlich wieder auseinander reißen müssen. Denn wie der Sprite 1961 bereits drei Jahre da war in Gestalt des viel geliebten Froschauges, segnet er auch acht Jahre früher das Zeitliche. Mit dem Erlöschen der Geschäftsverbindung mit Donald Healey 1971 wird zunächst dessen Name getilgt und nach einer Restauflage von 1022 Austin-Healey Sprite verschwindet das Modell selbst aus dem Angebot der Auto-Hydra British Leyland Motor Corporation (BLMC), der die Austin-Morris Division seit 1969 angehört.

Bis dahin hat man alles im gleichen Schritt und Tritt erlebt und erlitten. Die Karosserie der Spridgets, im Laufe der Jahre kaum oder nur mählich modifiziert, trägt die Hand-

Von klassizistischer Wucht und beinahe mythischer Größe scheint dieses Porträt des Midget zu zeugen. Groß war in der Tat der Appeal des kleinen Roadsters.

MG

Mehr Auto braucht man eigentlich nicht, vorausgesetzt, man ist jung oder jung geblieben. Da passt der – überaus liebevoll gepflegte – Einliter unter der Haube genau ins Bild.

schrift von MG-Chefdesigner Syd Enever. Er weist den Scheinwerfern, am Froschauge auf Grund ihrer exponierten Stellung des einen Ul und des anderen Nachtigall, wieder ihren traditionellen Platz an den Spitzen der Kotflügel an und führt dem Kandidaten mit diesem Rückgriff auf das Konventionelle weitere Wählerstimmen zu. Er nimmt dem Wägelchen ein wenig von seiner pummeligen Rundlichkeit. Und er macht den Kofferraum von außen zugänglich, den von innen zu beladen im Falle des Sprite Mk I jugendliche Elastizität und verzeihende Begeisterung vorausgesetzt hat. Zunächst übernommen wird dessen Fahrgestell. Ab Oktober 1962 ersetzen Scheibenbremsen vorn die bisherigen Trommelbremsen und vom Mk III (Premiere März 1964) an hemmen Halbelliptikfedern die Eigenlenkbewegungen der starren Hinterachse, ein deutlicher Fortschritt im Vergleich zu den bisherigen Viertelelliptikfedern und zweifachen Längslenkern. Zugleich gibt sich der kleine Milde noch verträglicher mit seiner größeren Windschutzscheibe, Kurbelfenstern sowie verschließbaren Türgriffen außen.

Motorvolumen und Leistung wachsen von anfänglich 948 cm³ und 46,5 PS über 1098 cm³ und 56 PS ab Oktober 1962 (im Mk III drei PS mehr) bis 1275 cm³ und 65 PS ab Oktober 1966. Diese Aufrüstung macht den Sprite deutlich munterer. Geht der Mk II die Dinge mit behäbigen 21,6 Sekunden auf Tempo 100 und einer Spitzengeschwindigkeit von 137 Stundenkilometern noch vergleichsweise gemütlich an, rafft sich der Mk III bereits zu 17 Sekunden und 149,7 Stundenkilometern auf.

Der MG Midget Mk IV, ab 1972 zur Alleinvertretung der kleinen British-Leyland-Roadster bestallt, aber schon seit 1969 im Handel, hebt sich durch schwarze Schweller, eine verbesserte Innenausstattung und neue Rostyle-Räder von seinen Vorgängern ab. 1972 werden seine hinteren Radkästen gerundet, ein stilistisches Husarenstück von behutsamer Verwegenheit, das am Mk V von 1974 an wieder rückgängig gemacht wird. Bisher sind alle Maschinen Mutanten der ehrwürdigen BMC A-Serie gewesen, die bereits im Austin A30 von 1951 ihren braven Dienst tat. 1974 hält das Triebwerk des konzerninternen Konkurrenten Triumph Spitfire mit 1493 cm^3 und 65 PS Einzug unter der Fronthaube des Midget und bringt das dazugehörige Getriebe gleich mit. Und so wird ein Ereignis wahr, von dem frühere Generationen von Spridget-Lenkern nur träumen konnten: Der Winzling läuft 160, ein willkommenes Nebenprodukt, denn bei der Wahl der Triumph-Maschine dachte man vor allem an die rigiden Emissionsgesetze der Vereinigten Staaten. Die Kehrseite der Orientierung auf den nordamerikanischen Markt hin: hässliche schwarze Plastik-Protuberanzen als dubioser Rammschutz vorn und hinten, wie sie in jenen Jahren so viele Autos europäischer Provenienz entstellen.

1979 wird der vorläufig letzte echte kleine Sportwagen für die werktätigen Massen ersatzlos gestrichen – eine falsche Entscheidung angesichts der neuen Offenheit wenig später …

Schlicht und nur spärlich besiedelt passt das Armaturenbrett in das attraktive Sparprogramm namens MG Midget. Die Ausbaustufe Mk II erkennt man an einem Hauch von Komfort wie externen Türgriffen und Kurbelfenstern. Auch in Sparta gönnte man sich ja gelegentlich etwas.

MGB

Hinter dem knappen Kürzel MGB verbirgt sich eine Erfolgsgeschichte mit Streifen. Dass das Auto-Universum im Allgemeinen und die MG-Firmenstatistik im Besonderen um 513 272 Sportwagen dieses Namens reicher werden, liest sich zweifellos gut. Dass aber ein Rezept von raffinierter Rückständigkeit über 19 Jahre herhalten muss, führt am Ende zu vermehrten Klagen und zu verminderten Absätzen, zumal dem MG im Laufe der Zeit ernsthafte Konkurrenten wie der Datsun 240 Z erwachsen. Mit seinem Ableben am 22. Oktober 1980 nimmt das Modell zugleich das überkommene Markenprofil, MG sei synonym mit Sportwagen, mit in den einstweiligen Ruhestand.

Schon bevor die Produktion des MGA 1959 in die zweite Runde geht, beschäftigen sich seine Väter in der Themsegemeinde Abingdon mit der Binsenweisheit, wer sich zu A durchringe, müsse auch B sagen. Der Punkt Kostendämpfung ist rasch abgehakt: Der Neue habe weitgehend auf den großen Serien der BMC-Töchter Austin und Morris zu fußen. Sein Aufbau solle wie auch der des Midget die Horizontale herausstellen und selbsttragend sein. Für ein Modell von einem Viertel der natürlichen Größe nimmt man sich den Rekordwagen EX181 zum Vorbild, in dem Stirling Moss im August 1957 mit 394 Stundenkilometern über eine Salzwüste in Utah pfeilte. Aus der rundlich-flotten Flunder ziselieren MG-Designer Syd Enever und Don Hayter im Windkanal die endgültige Form eines Roadsters im Sinne der Vorgaben, zeitlos gefällig, wenn auch nicht unbedingt ein Blickfang.

Darunter findet sich wenig Neues. Gegenüber dem MGA wurden der Radstand um 77 auf 2311 mm verkürzt und der Wohntrakt leicht zurückgenommen. Ein schmales Verlies hinter den Sitzen und etwas mehr Kofferraum sprangen dabei auch heraus. Nur noch die Motorhaube besteht aus Leichtmetall und an die Stelle der Plexiglas-Steckscheiben sind Kurbelfenster im Anschluss an Ausstellfenster aus Glas getreten. Faltdächer gibt es in zwei Komfortstufen, das übliche Provisorium in Gestalt einer dünnen Regenhaut auf einem zerlegbaren Rohrrahmen und ein solideres Klappverdeck.

95 PS leistet das bis an die Grenze seiner Möglichkeiten aufgebohrte BMC-B-Triebwerk, ursprünglich mit dreifach, ab September 1964 jedoch mit fünffach gelagerter Kurbelwelle: Der Charme auch dieses MG besteht nicht unbedingt in seiner überbordenden Potenz. Noch immer lässt sich der erste Gang lediglich mit akkurat dosiertem Zwischengas einlegen, ein Zopf, der erst im Oktober 1967 abgeschnitten wird. Die gleichzeitig als Extra dazu angebotene Automatik von Borg Warner findet nur wenig Gegenliebe und verschwindet im September 1973 still wieder in der Versenkung. Mit Querlenkern und Schraubenfedern vorn und einer Starrachse mit Halbelliptikfedern hinten ist die Aufhängung ähnlich wie im Vorgänger, wenn auch nicht in allen Punkten identisch.

Eingeführt und freundlich begrüßt wird der MGB bei der London Motor Show im September 1962. Schon im ersten vollen Fertigungsjahr 1963 überbietet er mit 23 308 Exemplaren nummerisch die gesamte Vorkriegsproduktion an den MG-Standorten Oxford und später Abingdon. Im Oktober 1965 stellt sich mit dem GT ein geschlossenes Pendant zum Roadster ein, dem Pininfarina ein paar schmucke südliche Tupfer aufgesetzt hat. Eine Attraktion ist die praktische Ladeklappe am Heck, die in geöffnetem Zustand automatisch nach oben gestemmt wird.

1974 unterzieht man das inzwischen zu Klassikern gereifte Modellpaar einem entstellenden chirurgischen Eingriff, um seine Position auf dem nordamerikanischen Markt zu stützen. Klobige Stoßstangen aus schwarzem Polyurethan fördern seine Kollisionsfähigkeit und schaden seinem Erscheinungs-

Dass sich der MGB Roadster bei seiner Vorstellung im September 1962 sofort einschmeichelt, nimmt nicht wunder: klare Linien, deren Ästhetik der Zahn der Zeit kaum etwas anzuhaben vermag, dazu seine Preiswürdigkeit. Was wie ein Scheibentrenner vorn und damit wie ein Anachronismus ausschaut, ist in Wirklichkeit das Stänglein, an dem der Rückspiegel befestigt ist. Die Rostyle-Räder aus gepresstem Stahl am abgebildeten Fahrzeug von 1967 sind erst ab Modelljahr 1970 Standard.

bild, zumal der Wagenkörper um 45 Millimeter angehoben wird, damit Feindberührungen auch an den geeigneten Stellen stattfinden. Schon seit längerem ausgestorben ist zu diesem Zeitpunkt eine sanft degenerierte Seitenlinie der Baureihe, der MGC, der zwischen Juli 1967 und September 1969 in einer Stückzahl von 8999 kümmerlich im Verborgenen geblüht hat. Entschieden kopflastig mit seinem gewichtigen Austin-Reihensechszylinder von drei Litern hebt er sich durch einen Höcker auf der Fronthaube, 15-Zoll-Räder (sonst 14 Zoll) und Drehstabfederung vorn von den anderen ab.

Ist der MGC inzwischen ein gesuchtes Sammlerstück wegen seiner verschrobenen Individualität, empfiehlt sich der MGB GT V8 heute dem Interesse des Liebhabers aus einem anderen Grund. Er ist gleichermaßen rar wie gelungen mit seinem sanft und seidig summenden Rover-V8 aus Leichtmetall mit 3528 cm³ und 137 PS. Irrungen, Wirrungen: Zwischen April 1973 und September 1976 versucht man mit ihm ein Marktwinkelchen zu füllen, das überhaupt nicht existiert. Und so verdorrt auch diese Verästelung des MG-Stammbaums, nachdem sie nur 2591 Früchte getragen hat, durch die Bank Coupés. Dabei glänzte der V8 durch satte 200 Stundenkilometer Spitze und die durchaus vorzeigbare Beschleunigung von 8,3 Sekunden auf 60 Meilen pro Stunde.

Der Zugang zur Maschine des MGB, mithin Wartung und Pflege des Vierzylinders, ist auf Grund seiner viel breiteren Motorhaube wesentlich bequemer als beim MGA. Ins Armaturenbrett übernommen wurde ein Lämpchen, welches das nächtliche Studieren von Landkarten erleichterte, während die Hupe, früher auch im Zuständigkeitsbereich des Beifahrers, ins Zentrum des Lenkrads umgesiedelt worden ist. Das Lenkrad des abgelichteten Roadsters gehört nicht zur Serienausstattung.

MGB 72 K

GTV 8 K

UNIPART
GFE 320

Eine Rarität im Gewand des MGB GT: einer der seltenen Costello MGB V8. Ken Costello benutzte ein Coupé von der Stange und zwängte einen Rover V8 in den Maschinenraum, dessen SU-Vergaser in dem Tal zwischen dem V der Zylinderbänke verblieben waren, ihrem normalen Standort. Deshalb musste mit einer üppigen Beule in der Motorhaube zusätzliche Kopffreiheit geschaffen werden. Mit 150 PS und 210 km/h geriet das Costello-Coupé zum flinksten unter den MGB – und zum begehrten Sammlerstück.

MGF

Bei der Birmingham Motor Show im Oktober 1992 führt die Rover-Gruppe als MG-Hausherr den RV8 wie eine Sonde in die Publikumsgunst ein und möchte mit der limitierten Edition von 2000 Stück bis 1995 zugleich wieder ein wenig Appetit machen auf Sportwagen der Traditionsmarke mit dem Oktagon. Da das Exponat gleichsam als zeitgemäß aufgefrischter MGB Roadster ein durchaus bezwecktes Déjà-vu-Erlebnis vermittelt, wirkt das Erscheinen des MGF auf dem Genfer Salon 1995 wie ein Kontrapunkt, ja eine Pointe.

Im Zentrum des hohen technischen Anspruchs, mit dem Rover Special Products bereits 1989 an das Projekt MGF herangeht, steht das Mittelmotor-Konzept als dekoratives Requisit aus dem Rennsport. Es verleiht dem 3910 mm kurzen Briten eine gehörige Prise Exklusivität gegenüber seinen Konkurrenten, dem frontgetriebenen Fiat Barchetta und dem konventionell gebauten Mazda MX-5. Aber er wird auch zum Lehr-Stück für die bekannten Nachteile dieser Auslegung. Stets und bei höheren Drehzahlen aufdringlich bis dominierend schwatzt das Triebwerk in die Unterhaltung der Insassen hinein, röhrt wie ein Brunfthirsch beim Herausbeschleunigen aus dem Leerlauf und verfällt am anderen Ende der Skala in ein betäubend-ordinäres Vierzylinderbrummen. Es duldet nur einen bescheidenen Kofferraum im Heck und verbeißt wärmeempfindliche Utensilien oder bringt sie kurzerhand zum Schmelzen. Es lullt den Piloten beim schnellen Kurvenfahren bis in einen weit ins Ungewisse hinein angesiedelten Grenzbereich mit scheinbarer Sicherheit ein. Zu hohes Kurventempo, zu viel Gas oder auch plötzliches Gaswegnehmen und das Heck bricht aus wie der ansatzlose Haken eines Profiboxers.

Dabei tut der Leichtmetall-Vierventiler des MG mit seinen 1795 cm³ Inhalt und zwei oben liegenden Nockenwellen aus der so genannten K-Serie von Rover andernorts durchaus seinen braven und unaufdringlichen Dienst. Im MGF quer eingezwängt in ein winziges Abteil im Nacken der Insassen, von wo aus er seine Kraft von 120 PS oder 145 PS mit der variablen Nockenwellensteuerung VVC (für Variable Valve Control) über ein ebenfalls quer installiertes Fünfganggetriebe an die Hinterräder vermittelt, mutiert der Sanftmütige indessen zum Rabauken.

Eine Ähnlichkeit zu früheren MG-Modellen mag man nicht entdecken, zumal ein Großteil der langen Entwicklungsgeschichte des F in die Honda-Ära von Rover fällt. Während deren Auswirkungen in technischer Hinsicht allenfalls als Spurenelemente zu finden sind, verwandelte ihm Designer Gerry McGovern zweifellos japanische Gesichtszüge an. Im Übrigen aber folgt selbst seine eher unaufdringliche Form dem Diktat des Motors in der Mitte. Die rundliche und bemerkenswert kurze vordere Haube beherbergt ausschließlich das Reserverad und ein paar Nebenaggregate wie den Bremskraftverstärker und das ABS-Steuergerät. Das stämmige Heck hingegen drückt bereits visuell aus, wo die Stärke des MGF herkommt. Erst im Anschluss an die Sitze finden sich die sportlichen Signale: der Doppelauspuff beiderseits der geschlitzten Heckschürze, die seitlichen Lufteinlässe à la Ferrari, der blitzblanke Tankstutzen sowie die gegenüber der Vorderachse breitere Bereifung (205 statt 185 mm). Sie bringt die Kraft der Rover-Maschine satt auf den Boden: Mit einer Beschleunigung von 8,9 Sekunden auf Tempo 100 und einer

Schlicht und voller britischem Understatement bietet sich das Cockpit des MGF dar, aus dem den Betrachter bleiche Instrumente anschauen. Der Wählhebel der Steptronic künde von herzhafter Innovation, wie das Modell überhaupt im Gegensatz zu seinen Vorfahren frohgemut mit Traditionen bricht.

Der Vierzylinder des MGF, ein Vierventiler aus der bekannten K-Serie von Rover, ist quer hinter den Sitzen eingebaut und erinnert in seiner Unzugänglichkeit bereits an selten benutztes Zubehör oder jene Teile eines Autos, die man ohnehin nie zu Gesicht bekommt.

Der Kofferraum hält Rücken an Rücken mit dem Triebwerk Volumen für das sparsam bemessene Gepäck von zwei Reisenden bereit. Diese Nachbarschaft erzeugt Wärme, so dass man leicht Schmelzbares tunlichst zu Hause lassen sollte.

Spitze von 203 Stundenkilometern übertrifft etwa der Testwagen, dem *auto motor und sport* im Januar 1996 einen ausführlichen Bericht widmet, die Werksangaben um 0,3 Sekunden beziehungsweise um zehn Stundenkilometer.

Zurückhaltend gibt sich auch das Interieur des MGF, in dessen schwärzlichem Unisono allenfalls seine wohlgeformten cremefarbenen Instrumente ins Auge fallen. In ansonsten bequemen Fauteuils sitzt man ein wenig hoch auf Kosten der Kopffreiheit bei geschlossenem Verdeck oder aufgestülptem Hardtop, das als Extra geordert werden kann. Es verbessert seine Aerodynamik spürbar, zeigt indessen auf schlechten Wegstrecken zart ächzend an, dass sein Aufbau in Bewegung ist. Überraschend sanftmütig geht das Fahrwerk mit den Passagieren um, doppelte Querlenker vorn und hinten nebst Hydragas-Verbundsystem mit Stickstoffgas-Kissen, eine hydraulische Federung, bei der jeweils die vordere und die hintere Einheit einer Fahrzeugseite miteinander vernetzt sind.

1999 spendiert man dem MGF zum 75. Jubiläum der Firma die Steptronic, eine elektrisch kontrollierte CVT-Schaltung (für Continuously Variable Transmission) mit drei Programmen, die den Gangwechsel mit der Fingerspitze ermöglicht.

Angesichts von so viel Innovation wären Ahnherr Cecil Kimber und auch noch sein Nachfahre John Thornley aus dem Staunen nicht herausgekommen: Zu ihren Zeiten war Fingerspitzengefühl beim Umgang mit einem MG noch nicht gefragt, einem rauen Burschen eben für raue Burschen. Zwischen 1995 und 1999 lassen sich immerhin 57 300 Kunden von dem neuen milden Konzept überzeugen und am Ende ist der MGF noch lange nicht.

Das athletische Heck verrät, wo die Kraft des MGF herkommt. Während die Front eigentümlich indifferent geraten ist, gehen von ihm die sportlichen Akzente aus: der Doppelauspuff in der geschlitzten Schürze, die seitlichen Lufteinlässe, der blitzblanke Tankstutzen und die gegenüber der Vorderachse um 20 mm breitere Bereifung.

MORGAN THREEWHEELER

Fast so gut wie in einem Morgan, sagt Firmenvater Harry Frederick Stanley Morgan gern, reise man in einem Rolls-Royce. Für seinen persönlichen Transport begnügt sich H.F.S., wie der 1881 geborene Sohn eines Domherrn aus Gründen sprachlicher Ökonomie häufig gekürzelt wird, meistens mit der zweitbesten Lösung.

Die beste, das sind in den 42 Jahren zwischen 1909 und 1951 zunächst einmal mehr als 40 000 Dreiräder. Threewheeler begründen Ruf, Ruhm und Vermögen des H.F.S. – stets bleibt er selbst autark wie auch die Familie und die Firma, die seinen Namen trägt, nie ist er auf milde oder hoch verzinste Gaben angewiesen.

Threewheeler legen überdies den Grundstein für eine Philosophie, die unerschütterlich steht wie die zehn Gebote: Man will viel bieten für wenig Geld. Mit konstruktiven Konstanten wie der Einzelradaufhängung vorn an senkrechten Führungsrohren verschließt man sich entschlossen den flüchtigen Anwandlungen des Zeitgeists. Ein Morgan hat leicht zu sein und kompakt. Dass das Minimal-Mobil mit seinen sieben Zentnern dabei auch noch wieselflink ausfällt und sich somit als ideales Sportgerät anbietet, stellt sich als willkommenes Nebenprodukt ein.

Harry Morgans erstes Trike ist 1901 ein Fremdfabrikat. Zweisamkeit findet in seinem Eagle Tandem lediglich hintereinander statt: Der Passagier ist vorn in einem Weidenkorb lagernd dem Fahrtwind, dem Straßenstaub und dem potentiellen Unfall gleichermaßen preisgegeben. Sieben Jahre später baut er – just for fun – einen eigenen Runabout mit drei Rädern, ein kahl-spartanisches Zwitterding im Graubereich zwischen Auto und Motorrad.

1912 wird die Sache ernst. H.F.S. heiratet Hilda Ruth Day, die ihm sechs Kinder gebären wird, gründet die Morgan Car Company als Gesellschaft mit beschränkter Haftung, erwirtschaftet einen ersten Profit in Höhe von 1300 Pfund. Die Präsentation zweier seiner Threewheeler auf der Londoner Olympia Show löst lebhaftes Interesse aus, der Morgan-Erfolg des Journalisten Gordon McMinnies beim Cycle Car Grand Prix in Amiens 1913 eine Lawine von Nachfragen, zumal dieser in seiner Publikation *The Cyclecar* dem großen Ereignis und seinem Renner einen ausführlichen Bericht widmet. Prompt wird das Siegerfahrzeug von Amiens bis 1926 in einer Serie als Modell Grand Prix aufgelegt. Seine Nachfolge treten der Aero und der Super Sports an, dessen Reserverad passgerecht und als Rammschutz das Heck nach hinten abschließt, als Krönung und Aushängeschilder der Baureihe.

Aber vor allem des Mannes mit begrenzten Mitteln gedenkt man: 1932 zum Beispiel erstreckt sich die Modell-

Dieser flotte Morgan-Dreier namens Super Sports Aero von 1932 zählt mit 130 km/h Spitze zu den hurtigsten in der Threewheeler-Brigade. Die Möglichkeiten, das Reserverad zu schultern, variieren von der Horizontalen bis zur Vertikalen und auch das hier verwendete weit sich spreizende Auspuffendstück ist nur eine Option.

Die Ballhupe fügt sich in kongenialer Altertümlichkeit in die Gesamterscheinung des frühen Aero, ist aber eigentlich entbehrlich: Sein Zweizylinder macht ohnehin unmissverständlich auf sein Erscheinen aufmerksam. Aus der vorderen Haube ragen die Einfüllstutzen für Öl und Benzin. Vom voluminösen Lenkrad her können Zündzeitpunkt und Handgas geregelt und der Startvergaser betätigt werden.

palette vom Family für 95 Pfund über den Sports Family und den Sports bis hin zum Super Aero für 145 Pfund. Die Anschaffung eines Morgan (Kosename: Moggie) ist der Beginn einer großen Liebe: „Einem Morgan haftet immer etwas ganz und gar Köstliches an, das man nicht beschreiben kann. … Ein Morgan ist ein Morgan und nur mit einem Morgan kann er verglichen werden", schwärmt etwa die Fachzeitschrift *Light Car* 1930 hymnisch. In jenem Jahr stellt die wilde Gwenda Stewart mit Tempo 185 über den fliegenden Kilometer den Bestwert für Dreiräder bis 1000 cm^3 ein. Diesseits der Vorderachse des Rekordlers randaliert splitternackt ein getunter V2 von JAP, im Exil vor der schützenden Hülle der Karosserie wie zahlreiche andere Motorrad-Twinmotoren von Zulieferanten wie JAP, Anzani und Matchless mit Luft- oder Wasserkühlung, Vierventilköpfen wie beim Schweizer Fabrikat MAG, seitlichen oder hängenden Ventilen. 1933 gesellt sich im F-Type ein Vierzylinder von Ford dazu, deutlich zivilisierter, aber auch spürbar weniger temperamentvoll als seine Brüder mit zwei Verbrennungseinheiten. Ihm spendiert man einen neuen Pressstahl-Zentralrohrrahmen mit längerem Radstand und breiterer Spur für den Family „Four" mit 33 PS.

Einschneidende Ereignisse in der frühen Geschichte der Marke: 1918 der Umzug in die künftige Garnison an der Pickersleigh Road in dem schläfrigen und konservativen Pensionärsnest Malvern Link in der Grafschaft Worcestershire, 1926 die serienmäßige Dreiradbremse, 1929 ein Untersetzungsgetriebe für die Lenkung, die bisher in ihrer schonungslosen Direktheit eine Herausforderung für den starken Mann gewesen ist. 1931 ersetzt eine Schaltung mit drei Gängen die bisherige mit zwei Fahrstufen. Das Chassis wird standardisiert und eine Trockenkupplung tritt an die Stelle der Kegelkupplung mit Lederelementen.

1935 gräbt eine neue Steuergesetzgebung, welche den motorradnahen Threewheeler nicht länger begünstigt, dem Morgan-Dreier das Wasser ab. 1936 erwächst Konkurrenz aus dem eigenen Hause in Gestalt des 4/4 mit vier Rädern und vier Zylindern, wie schon der Name sagt. Von nun an geht's bergab: Auf 137 Exemplare schrumpft die Produktion 1936, auf 39 schließlich im ersten Kriegsjahr 1939. Nach 1945 flackert sie noch einmal auf, als der Wunsch nach preiswerter Motorisierung auf der Hand liegt. Als Letzter verlässt ein F Super das kleine Werk am 29. Juli 1952, nachdem er schon eine ganze Weile auf einen Besitzer gewartet hat.

Zu seiner Zeit in einer Verbreitung von 40 000 Exemplaren ein häufiger Anblick, ist der Super Sports Aero längst eine höchst auffällige Autoerscheinung im Einheits-Allerlei auf heutigen Straßen. Wann immer der Besitzer dem alten Renner Auslauf gönnt, kann er leicht erkennen, wo er den Morgan abgestellt hat: Dort ballt sich das dickste Knäuel von Neugierigen.

Der Super Sports Aero trägt gewissermaßen das Victory-Zeichen auf der Brust, einen V2 von JAP, wassergekühlt und mit hängenden Ventilen. Er bereitet schieres Fahrvergnügen: Das sofortige Einsetzen von Kraft selbst noch beim Beschleunigen aus Tempo 80 sorge für eine Faszination, die niemals nachlasse, schreibt *Motor Cycle* damals. Das Modell verkörpert den sportlichen Morgan der Zwanziger und der Anfangs-Dreißiger schlechthin.

J.A.P

MORGAN 4/4 SERIES I

In den letzten Tagen des Jahres 1935 landet das Fachjournal *Light Car and Cyclecar* einen silvesterlichen Scoop. Stillvergnügt, der Konkurrenz ein Schnippchen geschlagen zu haben, berichtet das Blatt vom Start Harry Frederick Stanley Morgans beim Trial London to Exeter am 28. Dezember 1935 – in einem vierrädrigen Morgan. Einem größeren Publikum wird der 4/4 (ursprünglich 4-4) im folgenden Jahr bei den Shows von London und Paris vorgestellt. Das erste Produktionsfahrzeug mit der Chassisnummer 3 führt man seinem glücklichen Besitzer im März 1936 zu. Von Stund an bewegen sich in der Pickersleigh Road zu Malvern Link die Zeiger der Uhr im Zeitlupentempo. Die Politik der Morgan Motor Co. Ltd. – Familienbetrieb bis auf den heutigen Tag – ist immer eine Politik der kleinsten Schritte. Dafür stehen im Laufe des 20. Jahrhunderts vier Generationen von Morgans ein. Mögen sich die Zeiten ändern – ein Morgan wandelt sich kaum, ein Macho-Mobil für Männer mit einem Faible für Masochismus.

Rasch beginnen mit grimmigem Humor gewürzte Anekdoten zu zirkulieren, etwa die, der mit einem sensiblen Gesäß ausgerüstete Freak könne sehr wohl unterscheiden, ob er Zahl oder Adler einer Münze überrolle. In der Tat ahnden sie alle das Verlassen topfebener Fahrbahnen mit rigoroser Härte, wie auch kräftige Regengüsse nicht unbedingt völlig ausgesperrt werden. Einen Morgan zu fahren setze Humor voraus, sagt Peter, der Sohn von Firmen-Pionier H.F.S. Und den stellt er auch gleich unter Beweis, wenn er warnt: „Es sprechen eigentlich mehr Gründe dafür, keinen zu kaufen."

Natürlich hat die sich wandelnde Rezeption seiner Produkte für das kleine Unternehmen gearbeitet. Heute im Zeitalter eines gelegentlich gezwungen-skurrilen Retro-Looks ist ein Morgan ein Klassiker, der Glücksfall eines neuen alten Autos, ein Kultobjekt gar, das mit kultischen Handlungen verehrt wird. Nach dem Krieg gilt er eine Zeit lang als Antiquität mit leicht fossilen Zügen. Ursprünglich indessen steht er durchaus auf der Höhe der Zeit. Immerhin sind seine Vorderräder unabhängig aufgehängt, wenn auch an senkrechten Führungsrohren, eine Lösung, zu der H.F.S. noch während der Regierungszeit von König

Edward VII (1901–1910) griff. Der Rest des Fahrwerks gibt sich allerdings durch und durch konventionell: ein tief gelegter Kastenrahmen mit Traversen, mit einer Starrachse hinten, aufgehängt an unterbauten Halbelliptikfedern.

In die Zukunft weisen auch markante Merkmale des über Eschenholzformen errichteten Aufbaus: die von zahlreichen Kühlschlitzen durchbrochene lange Motorhaube, die sanft in Trittbrettern ausschwingenden vorderen und die energisch gerundeten hinteren Kotflügel. Eine Kuriosität, die bis hin zur Verschrobenheit bewahrt wird: Für äußere Türgriffe muss ein Aufpreis entrichtet werden, heute in Deutschland zum Beispiel 280 Mark brutto.

Im Maschinenraum versieht zunächst ein Coventry-Climax-Triebwerk von 1122 cm³ seinen genügsamen Dienst, von einem Solex-Vergaser zu 34 PS ermuntert und einer Thermosiphonkühlung zu vernünftigen Betriebstemperaturen angehalten. Vor dem Morgan-Einsatz sind ihm bereits in 90 000 Exemplaren jegliche Unarten abgewöhnt worden. Das Meadows-Getriebe hat vier Fahrstufen. Der Vorschlag, den Neuen 4/4/4 zu nennen (für vier Räder, vier Zylinder und vier Gänge), wird gleichwohl verworfen. Nur die beiden oberen Gänge sind synchronisiert – darunter muss der Pilot nach Art der Väter sein Geschick für Zwischengas und doppeltes Kuppeln demonstrieren.

Umgehend ist dem 4/4 ein beachtlicher Verkaufserfolg beschieden. Knapp zwei Jahre nach seiner Präsentation stellt sich Zuwachs ein, ein offener Vierplätzer mit beengten Raumverhältnissen hinten und einem Reserverad am Heck anstelle des bisherigen Zwillingspaars. Da die Passagiere in der zweiten Reihe unmittelbar über der Hinterachse sitzen, teilen sich ihnen Stöße von unten mit elementarer Wucht mit. Entschieden humaner geht ein elegantes Drophead Coupé von 1938 mit seinen Insassen um, obwohl seine hinten angeschlagenen und nicht mehr ausgeschnittenen Türen es weiblichen Reisenden erschweren, den 4/4 als Damen zu betreten und als Damen zu verlassen.

Noch 1939 bietet man alternativ, gepaart mit einem Moss-Getriebe, eine Standard-Maschine von 1267 cm³ und 40 PS an, eine Abart des Flying-Ten-Aggregats, die ausschließlich nach Malvern Link geliefert wird. Mit ihr ersteht das Modell 1946 wieder auf. Allerdings lässt die in Coventry ansässige Standard Motor Company die Morgans bereits 1947 wissen, man werde sich in Zukunft beschränken auf ein Zweilitertriebwerk für den Vanguard und diverse Triumph-Modelle. Diese Maßnahme bedeutet 1950 das Ende für den Morgan-Vierradler der ersten Serie, ohne dem Modell an sich eine schmerzliche Wunde zuzufügen. 1436 Exemplare sind bisher verkauft worden, 553 davon nach dem Krieg.

Dieser Morgan 4-4 von 1936 in buchstäblich glänzender Erhaltung entspricht weitgehend dem Exponat im Zeichen des geflügelten M auf den Motor Shows jenes Jahres in London und Paris. Die beiden Reserveräder, sorgfältig im Heckteil eingepasst, verweisen auf die Trial-Tradition der Marke in Malvern Link. In schwerem Gelände waren Reifenpannen an der Tagesordnung und die konnten nun vier Räder ereilen. Die Doppel-Lösung wurde noch bis 1955 am Plus 4 beibehalten.

474

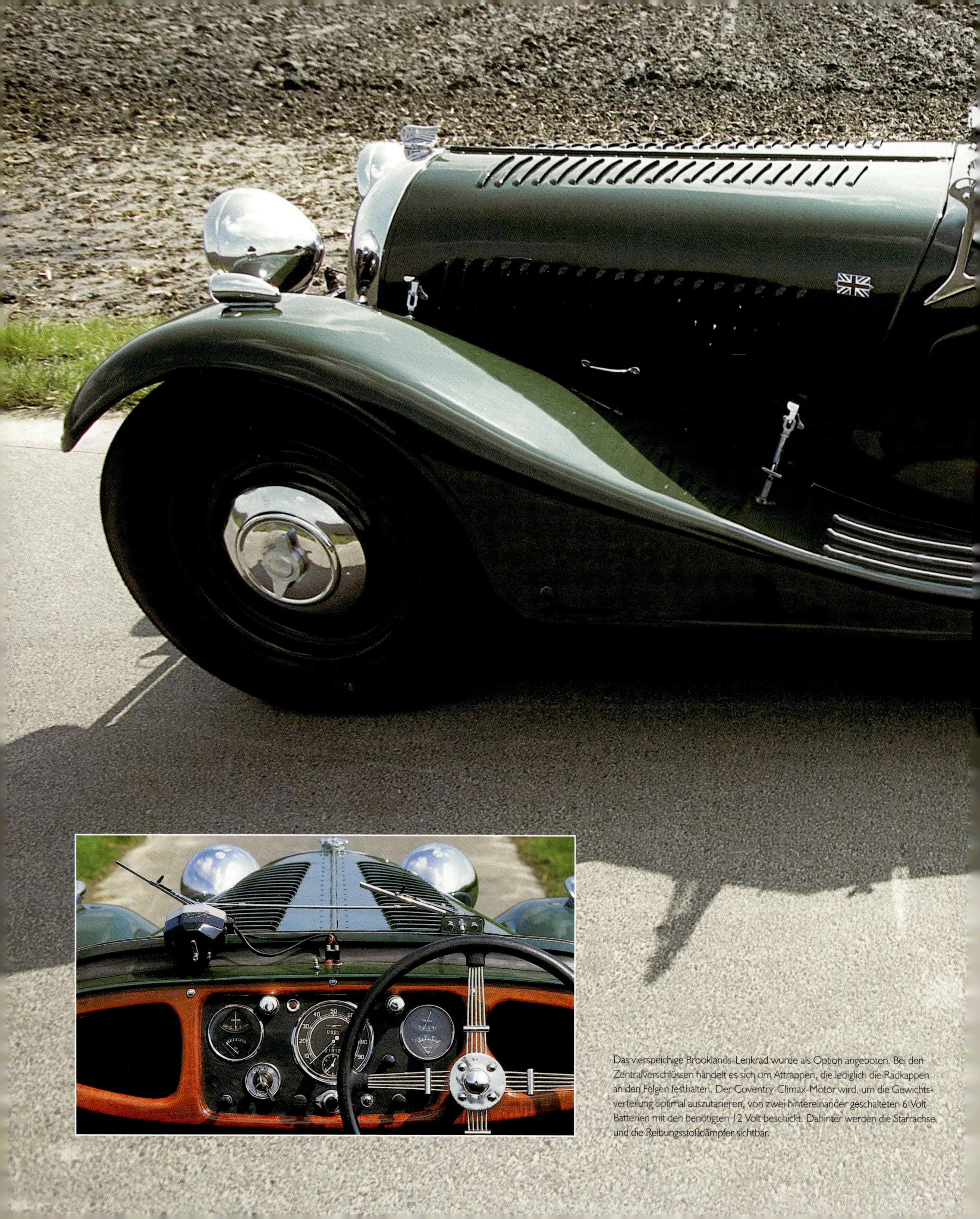

Das vierspeichige Brooklands-Lenkrad wurde als Option angeboten. Bei den Zentralverschlüssen handelt es sich um Attrappen, die lediglich die Radkappen an den Felgen festhalten. Der Coventry-Climax-Motor wird, um die Gewichtsverteilung optimal auszutarieren, von zwei hintereinander geschalteten 6-Volt-Batterien mit den benötigten 12 Volt beschickt. Dahinter werden die Starrachse und die Reibungsstoßdämpfer sichtbar.

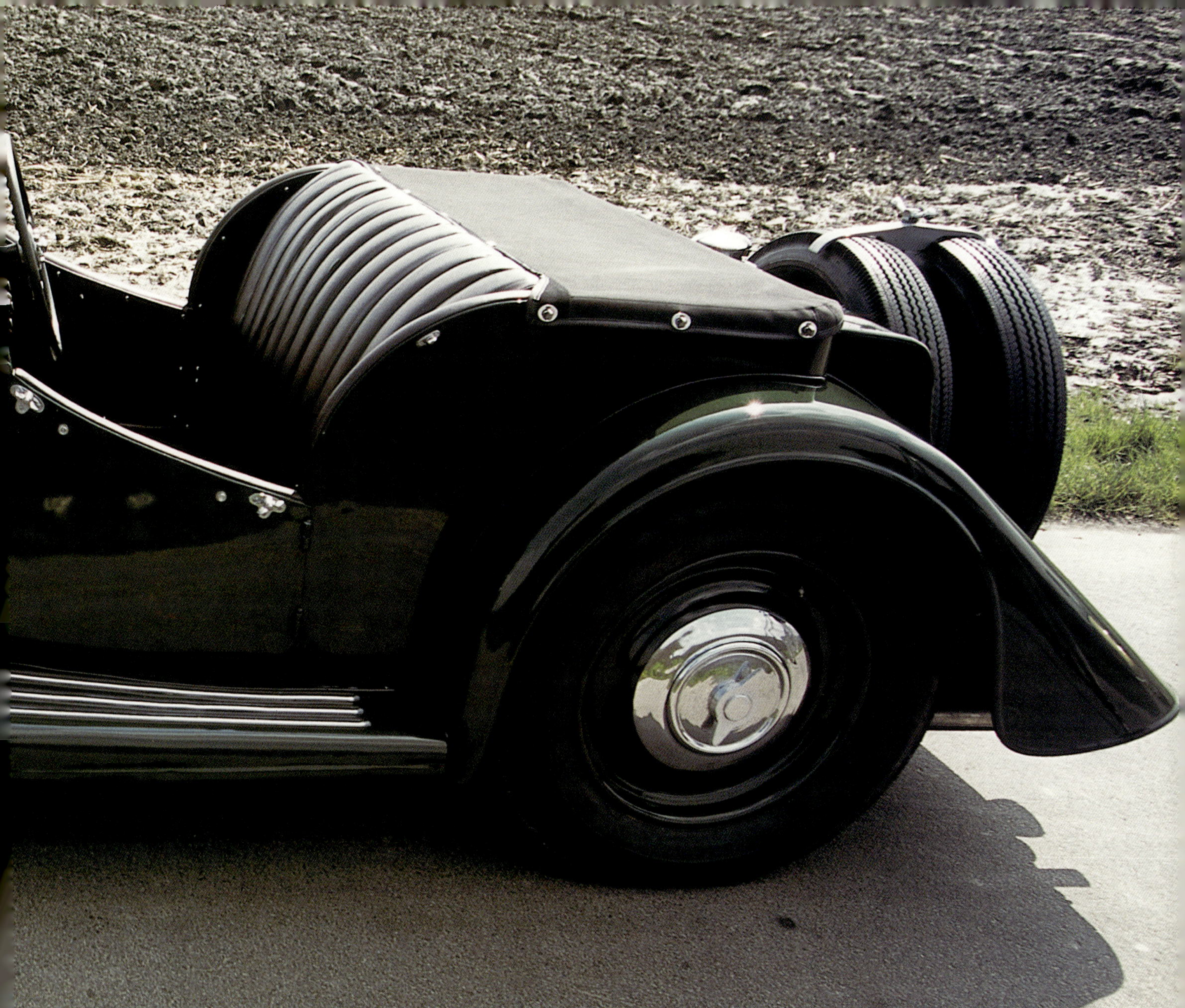

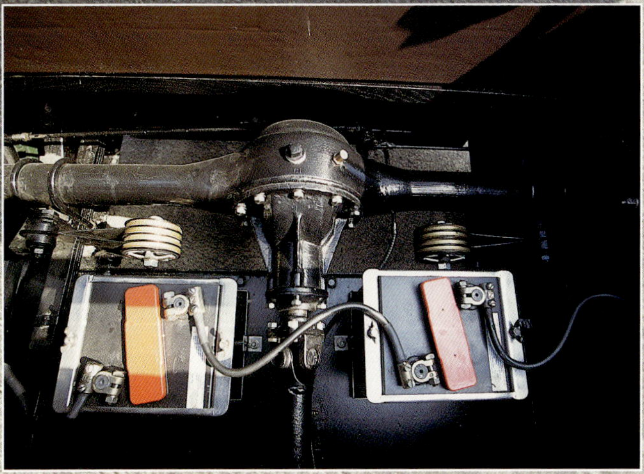

MORGAN

Zielgruppe seines Theaters sei der veränderbare Mensch, fähig und, von der Bühne entsprechend aufgehetzt und angeleitet, auch in der Lage, den bestehenden miesen Verhältnissen ein Ende zu setzen, sagt Bertolt Brecht. Seine Vision ist unerschütterlich auf die Zukunft gerichtet.

Die Morgan Motor Car Co. Ltd. und ihre Klientel hätten Brecht schier zur Verzweiflung gebracht. Für sie liegt das Goldene Zeitalter in der Vergangenheit, Kernsatz und kategorischer Imperativ aus den ungeschriebenen Firmenstatuten: Bewährtes bewahren! Und so tut sich bereits Peter Morgan schwer, seinem Vater Harry Frederick Stanley beizubringen, der Standard-Vanguard-Motor müsse her, als dem Unternehmen die Flying-Ten-Maschinen des gleichen Herstellers ausgegangen sind. Das würde 2088 cm³ bedeuten statt der 1267 cm³ bislang, 68 PS anstelle von 40 PS und damit 70 % mehr Kraft mit entsprechenden Veränderungen an der bisherigen Bausubstanz, in einer Klasse starten zu müssen mit den Aston Martin DB2. Kurzerhand installiert Morgan der Jüngere den Zweiliter in das existierende Chassis. Eine Probefahrt die steilste auffindbare Anhöhe im Raum Malvern Link hinauf überzeugt den alten Herrn nachhaltig: „Dies ist ja wundervoll“, murmelt er und der Plus 4 ist geboren.

Bei dem Vanguard-Triebwerk handelt es sich um ein Multitalent, das andernorts in Ferguson-Traktoren sogar einer landwirtschaftlichen Verwendung zugeführt wird. Um ihm den gebührenden Platz zu schaffen, verlängert man den Radstand um vier Inches (rund 102 mm). Der Name Plus 4 enthält allerdings einen verschlüsselten Hinweis auf die üppige Mehrleistung. Das Moss-Getriebe ist in die Mitte des Chassis zurückversetzt und über ein starres Rohr mit dem Kupplungsgehäuse verbunden – eine Art Transaxle-Bauweise. Die Schmierung der senkrechten Führungsrohre vorn verlangt nach tätig-einfühlsamer Mitarbeit durch den Piloten. In Abständen von ungefähr 100 Meilen muss ihnen per Knopfdruck ein Schuss Motoröl zugeführt werden.

Seit 1938 gibt es den Morgan für die Familienväter und die Geselligen unter den Freunden der Marke mit vier Plätzen. Dass eine zweite Reihe über der Hinterachse eingerichtet wurde, tut weder dem Rückgrat der dort Einsitzenden noch der Linie des Klassikers sonderlich gut. Auf einen Kofferraum müssen die Insassen vollends verzichten. Auf Trial-Veranstaltungen steigt schon einmal der Beifahrer nach hinten um – für den wünschenswerten Lastenausgleich.

PLUS 4

Chassis und Spritzwand werden verstärkt, Spur und Cockpit ein wenig verbreitert. Im Oktober 1950, zeitgerecht zur Präsentation bei der London Motor Show, steht ein Prototyp auf den Rädern, Ahnherr künftiger Zwei- und Viersitzer sowie Drophead Coupés, insgesamt 5962 im folgenden halben Jahrhundert.

Als die Versorgung mit Standard-Aggregaten spärlicher zu fließen beginnt, erschließt man sich 1953 mit Triumph-Vierzylindern eine ergiebige neue Quelle. Sie wird bis 1962 brüderlich geteilt mit den Triumph TR2 und TR3, TR3A und B (1992 cm³ mit 90 und 100 PS) sowie, bis 1969, mit den TR4 und TR4A (2138 cm³ mit 100 und 104 PS). Girling-Scheibenbremsen vorn werden ab November 1960 die Norm. Retuschen im Styling betreffen zunächst vor allem die Front des Plus 4: Nach einer tastenden Interimslösung von 1953 präsentiert sie sich mit einer durchgehenden Schürze zwischen den Kotflügeln, einem Kühlergrill aus gewölbt angeordneten senkrechten Chromstäben und harmonisch in den Aufbau eingebetteten Scheinwerfern analog zum MG TF.

Als Krönchen auf der Baureihe erscheint 1961 der Super Sports, in den die Wettbewerbserfahrungen der Marke mit Piloten wie Chris Lawrence und Richard Shepherd-Barron am Volant eingespeist worden sind. Seine Karosserie besteht aus Leichtmetall, serienmäßig wie seine Räder mit 72 Speichen. Sein Motor leistet solide 115 und später 125 PS. Spätere Versionen tragen die Nase weniger hoch, eine Modifikation, die im Dezember 1966 den Roadstern von der Stange anverwandelt wird.

1968 endet die Triumph-Connection. Zugleich erscheint der Plus 8 als neuer Star auf der Bildfläche. Der Plus 4 ist redundant geworden und verschwindet in der Versenkung – bis 1985, als man ihn mit einem Zweiliter-Vierzylinder von Fiat mit zwei oben liegenden Nockenwellen, gepaart mit einem Fünfganggetriebe des italienischen Herstellers, wieder zum Leben erweckt. Alternativen von Saab und BMW wurden von den Morgans erwogen, aber nicht für gut befunden.

Das heute so überaus vertraute rundliche Kühlergrill mit seinen senkrechten Gitterstäben gehört zu den Ergebnissen eines behutsamen kosmetischen Umsturzes anno 1953/54, dem der Morgan auch verdankt, dass die Scheinwerfer aus den Mulden zwischen der Motorhaube und den Kotflügeln hervorwachsen. Bei der Vorkriegs- und der unmittelbaren Nachkriegsgeneration hatten sie auf einer Stange gehockt.

Auf halbem Wege zwischen dem Plus 8 und dem aktuellen 4/4 angesiedelt, fußt der Plus 4 neuer Art zunächst auf dem Fahrwerk des kleineren Bruders mit seinen 2440 mm Radstand (Plus 8: 2490 mm), übernimmt aber vom größeren die Kotflügel, die seine Cobra-Drahtspeichenräder mit Pneus im generösen Format 195/60 beherbergen. Der Verkaufserfolg ist dünn: nur 122 Exemplare in den kommenden drei Jahren, schon weil den hartgesottenen Freaks die Herkunft des Motors ein Dorn im Auge ist. Ab Dezember 1991 rollen beide Modelle aus Gründen der Rationalisierung auf dem breiteren Chassis des Achtzylinders.

Buy British: Seit dem Jahr 1988 haust ein potenter Rover-Sechzehnventiler von 1994 cm³ unter der rundlichen vorderen Haube, in den folgenden Jahren kontinuierlich weiterentwickelt wie auch die Fünfgangschaltung vom gleichen Hersteller, mit dem er symbiotisch verbunden ist. Noch einmal wird das Konzept im Sommer 1997 aufgemöbelt, als der Einbau von Airbags unumgänglich wird, mit längeren Türen, mehr Spielraum für die Sitzverstellung, einer abgesenkten Armaturentafel sowie einem Schüssellenkrad.

Im Frühjahr 2000 bläst man das Halali über dem Morgan Plus 4, als die Verpflegung mit geeigneten entgifteten Triebwerken austrocknet. Ein sicheres Plätzlein in der Modellpalette aus Malvern Link hat er nach seiner Wiedergeburt ohnehin nie gefunden.

Der hochgestellte Flügel der Motorhaube gibt den Blick frei auf den Mieter, der seit dem Frühjahr 1988 dort residiert: einen Zweiliter-Sechzehnventiler von Rover namens M16i. Zu dieser Zeit sind die Passagiere hinten noch nicht nur den Schikanen der Piste, sondern durch ihre erhöhte Sitzposition dem fast ungehemmten Fahrtwind ausgesetzt, ein Missstand, der erst kürzlich behoben wurde. Die Nachfrage nach dem Tourer ist allerdings nur spärlich.

313 YNO

Morgan

MORGAN 4/4 AB SERIES II

Mit seiner vergleichsweise üppigen Motorisierung steigt der Plus 4 sehr rasch in eine gehobene Preisklasse auf. Folglich lässt das Dreigestirn an der Spitze der Morgan Motor Co. Ltd., bestehend aus Vater Harry, Sohn Peter und George Goodall, der seit den Spätdreißigern die Geschäfte führt, 1955 den 4/4 wieder aufleben. Zum Grundentgelt von 638 Pfund im Vereinigten Königreich ist er in der Tat der preiswerteste offene Zweisitzer auf der London Motor Show 1955. Chassis und aktuelles Facelift übernimmt man vom Plus 4, so dass die Scheinwerfer nun aus den Mulden zwischen dem gerundeten Kühlergrill und den Kotflügeln hervorwachsen und das Heck, das nur noch ein Reserverad zu schultern hat, sanfter abfällt als zuvor.

Ansonsten rüttelt man nicht an Altbewährtem. Auch dieser Morgan wird handgeschmiedet, -gebogen und sogar -geschreinert: Unter dem Karosserieblech verbirgt sich ein mit dem tief gelegten Kastenrahmen verschraubter Aufbau aus belgischer Esche, schier unvergänglich, knüppelhart und damit passend zur Aufhängung. Hinten halten nämlich eine Starrachse, Halbelliptikfedern und Kolbenstoßdämpfer, vorn Teleskopstoßdämpfer, Schraubenfedern und senkrechte Führungsrohre kaum das Gröbste von den Insassen fern.

Zugleich nimmt man die brachliegende Verbindung zu Ford wieder auf, nicht ohne dabei ein Stückchen leicht angerostete Tradition auszugraben. Das 100E-Triebwerk unter der schmalen Haube des 4/4 Series II, die sich nun aus Gründen der Kostenersparnis oben nicht mehr in Lufteinlässen aufwirft, leitet sich her von den Vierzylindern späterer Threewheeler. Es ist billig, verlässlich und einfach zu warten, verhilft dem 4/4-Piloten allerdings mit seinen 1172 cm³ und 36 PS lediglich zu kontemplativ-betulicher Fortbewegung. An der 60-Meilen-Barriere pocht dieser erst nach einer halben Minute Anlauf ganz zaghaft, zumal ihm nur ein Dreiganggetriebe zur Verfügung steht, dessen Schalthebel aus dem Armaturenbrett ragt und in einem sinnreichen Zug-Druck-System betätigt wird.

Künftige Ford-Aggregate, in rascher Folge im Motorraum des 4/4 zu Gast, machen den müden Einstiegs-Morgan entschieden munterer. Dies schafft bereits der kurzhubige 105E mit seinen lediglich 997 cm³, ein williges Tuningobjekt und selbst in Rennwagen der Formel Junior energisch tätig. Er teilt seine 39 PS ab 1961 (Series III) den Hinterrädern schon wieder via vier Fahrstufen mit.

In der Series IV ab 1962 lösen Girling-Scheibenbremsen vorn die Trommelbremsen des gleichen Fabrikats ab und der 109E bringt es auf 54 PS aus 1340 cm³. Wieder ein Jahr später folgt die Series V mit voll synchronisiertem Getriebe, normalem Gangwechsel und dem aus dem Ford Cortina bekannten 116E (1498 cm³, 60 PS, in der Competition-Variante 78 PS). Vom gleichen Spender stammt jenes

Motoren kommen, Motoren gehen, der Morgan selber bleibt bestehen: Während andere die technische und sogar optische Brillanz ihrer Triebwerke herausstellen, bleiben die Aggregate der Zulieferer in einem Morgan durch ständigen Wechsel profillos bis hin zur Anonymität. Der Star ist das Fahrzeug selbst, ein ewig neuer Evergreen. Hier das klassische Morgan-Gesicht im Profil.

Während der Abwesenheit des Plus 4 zwischen 1970 und 1984 erhöht sich zwangsläufig die Attraktivität des Einstiegs-Morgan 4/4, um so mehr, als er wie das abgebildete Modell 4/4 1600 von 1983 mit der Ford-CVH-Maschine keineswegs schwach auf der Brust und durchaus flink auf den Rädern ist. In der ständigen Auseinandersetzung mit dem Fahrtwind zeugen die kleinen Rennscheiben von einem entschlossenen „Nun gerade!“ – bei Bedarf.

auf 1598 cm³ vergrößerte Triebwerk mit erst 74 PS und später 88 PS, das im Morgan 4/4 1600 zwischen dem Frühjahr 1968 und 1982 eine dauernde Bleibe findet. Der sei der erste 4/4, freut sich John Bolster im März 1974 in der renommierten Rennsport-Postille *Autosport,* der „die Tonne“ (salopp für 100 Meilen pro Stunde) überbiete, und schwärmt vom kernigen Auspuffgebrabbel des Morgan. Die 3512 Exemplare aus jener Periode sind zu 43 % Viersitzer, deren Besitzer offenbar dem Faktor Zweckmäßigkeit mehr Gewicht einräumen als dem Phänomen Schönheit.

Den italienischen Seitensprung zwischen 1981 und 1983 mit dem 1,6-Liter-Aggregat aus der Fiat-Limousine Mirafiori, das erste in der Geschichte der Marke Morgan mit zwei oben liegenden Nockenwellen, strafen die Morganisten mit Liebesentzug: Nur 96 Zwei- und Viersitzer in dieser Konfiguration werden abgesetzt. Noch erregt der Importartikel ihren Verdruss, da waltet 1982 bereits wieder eine Ford-Maschine ihres Amtes, der CVH (für Compound Valve Hemispherical), mit 1597 cm³ vom gleichen Volumen und mit 96 PS fast genauso stark wie der missliebige Italiener. Weitere Ford-Schritte werden in Malvern Link entsprechend übernommen. Ab 1991 gewährt der 1600 EFI (für Electronic Fuel Injection), 100 PS stark, Zutritt in eine bleifreie und abgasentgiftete Zukunft. 1993 ersetzt diesen der 1800 Zetec, dessen ursprünglich angegebenen 128 PS bei näherem Hinsehen auf 114 PS zusammenschmelzen. Das Chassis aller drei Morgan-Varianten muss im gleichen Jahr modifiziert werden, als sich Girling aus dem Marktsegment der kleinen Hersteller zurückzieht und Lockheed-Bremsen an die vakanten Stellen einziehen.

Im Laufe seines langen Lebens lässt man dem 4/4 behutsame Modellpflege zuteil werden. So wird ihm bald zugänglich gemacht, was zunächst den Plus 8 auszeichnet: neue Heckleuchten zum Beispiel, eine Zweikreisbremsanlage, ein unfallfreundlicheres Armaturenbrett. Mitte der Siebziger folgen nach weiteren Sicherheitsmaßnahmen serienmäßige Schalensitze, 1986 ein verbesserter Rost- und Wetterschutz für die Empfindlicheren unter den traditionell regenresistenten und kälteunempfindlichen Morganisten. Airbags mindern seit dem Sommer 1997 in der gesamten Modellpalette das Verletzungsrisiko mit den damit verbundenen Eingriffen in die bestehende Substanz.

Ins Auge springt das alles nie. Denn dass Fortschritt nur in homöopathischen Dosen verabreicht wird, ist gewissermaßen im Kaufpreis auch der 8397 Morgan 4/4 (bis einschließlich 2000) inbegriffen.

Der Ausdruck Armaturentafel ist offensichtlich noch angemessen wegen ihrer Glattflächigkeit und Schlichtheit unter dem schützenden Wulst, weiter unterstützt durch das hier gewählte betont schmucklose Lenkrad. Das Handschuhfach klafft als offene Höhle: Morgan-Besitzer zeichnen sich auch durch Vertrauen zu ihren Mitmenschen aus. Diese Rostyle-Räder waren damals Standard, der Gepäckträger nicht.

MORGAN PLUS 8

Zu einer wirklich fetzigen Revolution sind die Engländer wie auch die Deutschen offenbar nicht im Stande. Der Umsturz hat sich möglichst unbemerkt, gentlemanlike und verbrieft und besiegelt (vgl. Magna Carta 1225) zu vollziehen und nicht etwa von rüden Detonationen untermalt (vgl. der gescheiterte Gun Powder Plot 1605).

Ein weiteres gutes Beispiel ist die Genese des Morgan Plus 8. Wer im Oktober 1968 bei der London Motor Show in Earls Court am Stande des kleinen Familienbetriebs vorüberschlendert, nimmt zunächst die beruhigende Gewissheit mit, alles sei wie üblich so herrlich beim Alten geblieben. Die in sanftem Fanatismus verschworene Schar der Morgan-Jünger jedoch weiß es längst: In der Manufaktur an der Pickersleigh Road zu Malvern Link hat sich eine Zäsur von ungewöhnlicher Tragweite ereignet. Just ist bis auf weiteres der Plus 4 verblichen, da Motoren-Zulieferer Standard den Langhuber des Triumph TR4 aus dem Programm gestrichen hat. Der Sechszylinder des TR5 ist zu sperrig und zu schwer, der V6 des Ford Capri ein massiver Eisenklotz, das Zweinockenwellen-

triebwerk des Lotus Cortina zu nervös, der jüngste Triumph-V8 von Kinderkrankheiten heimgesucht. Da kommt der kompakte Aluminium-V8 wie gerufen, der beispielsweise im Rover P6 3500 seit April jenes Jahres mit seidiger Diskretion seinen Dienst versieht, ein expatriierter Amerikaner aus den Arsenalen der General-Motors-Tochter Buick.

Diese großkolbige Maschine krempelt das äußere Erscheinungsbild des Morgan leicht, seinen Charakter und sein Image indessen völlig um. Der Radstand wird von 2440 auf 2490 mm, die Spur vorn um 30 auf 1220 mm und hinten um 50 auf 1280 mm erweitert, was subtile Einflüsse auf die Linienführung zeitigt. 15-Zoll-Aluminiumräder ersetzen die bisherigen Speichenräder.

Vor allem wenn der wahlweise verfügbare Leichtmetallaufbau das Gewicht noch einmal um 45 kg absenkt, schüttelt der Plus 8 lässig Leistungen aus dem Ärmel, von denen der Morgan-Pilot früher nur zu träumen wagte. Er braucht lediglich die Drosselklappen der beiden riesigen SU-Vergaser vermittels eines zierlichen Rollenpedals entsprechend zu öffnen. Stets wird dabei das dumpfe Brotzeln des Achtzylinders vom Heulen des Moss-Getriebes überlagert, das überdies Gangwechsel, die nicht zu seiner Zufriedenheit ausgefallen sind, mit empörtem Knirschen ahndet. Die späteren Rover-Schaltungen, ab April 1972 mit vier, ab Oktober 1976 mit fünf Fahrstufen, geben sich da entschieden verträglicher.

Ohnehin sind die meisten Morganisten nicht unbedingt darauf erpicht, sich der Spitze des Plus 8 von 201 km/h auch nur anzunähern. Schon bei Tempo 140 dröhnen, flattern und zischen 92 Phon durch die Passagierkabine, so dass sich die Kommunikation zwangsläufig auf visuelle Zeichen und gekreischte Einsilber beschränkt. Die das Fahrzeug umfauchenden Winde suchen ständig den Zugang zum Inneren und finden ihn auch, indem sie die seitlichen Steckfenster lupfen. So bietet sich, wie Klaus Westrup 1970 in *auto motor und sport* feststellt, nur die unattraktive Wahl, hart zu bleiben oder taub zu werden. Aber auch von unten malträtiert der Plus 8 die in ihm Reisenden, sowie die Qualität der Fahrbahn seinen Verdruss erregt, was rasch eintritt.

Wie bei einem Konzertflügel geben die hochgeklappten Deckel über dem Motorraum den Blick frei auf Wesentliches, allerdings keineswegs zart Besaitetes: jenen Rover V8, der dem Morgan Plus 8 den grollenden Appeal geschenkt hat. Puristen wie der Besitzer dieses Exemplars von 1978 sind betrübt, weil nach dem Einbau eines geregelten Katalysators ein bisschen davon verloren geht. Gleichwohl verdient er, dass er durch vier Reihen von Luftschlitzen anständig beatmet und belüftet wird.

Bei der Sports-Lightweight-Variante vom Herbst 1975, deren breitere Kotflügel dickeren Rädern Unterschlupf gewähren, verhält sich das nicht viel anders. Zwei Jahre später verbreitert man das Chassis (Spur vorn 1346, hinten 1372 mm), setzt den Motor etwas zurück, um die Balance zu verbessern, und schrumpft die Räder auf 14 Zoll, eine Maßnahme, die 1981 wieder rückgängig gemacht wird. Aluminiumstoßfänger anstatt der gewohnten stählernen halten kleinere Beulen und Blessuren vom Wagenkörper fern. Ab 1983 wird eine Zahnstangenlenkung als Option angeboten und später Standard.

Die Leistung der bisherigen Vergasertriebwerke schwankte von ursprünglich 168 PS über 143 PS 1973 bis hin zu 155 PS 1976. Mit 192 PS wartet der Vitesse-Motor von 1984 auf, dem eine elektronische Einspritzung von Lucas seine flüssige Nahrung zuteilt. Eine 3,9-Liter-Version ab 1990 bringt keinen Zuwachs an Stärke, wohl aber einen günstigeren Drehmomentverlauf, der durch die Abgasentgiftung in späteren Exemplaren sogar noch optimiert wird. Eher in diesem Bereich liegen auch die Tugenden des Aggregats mit 4,6 Litern aus dem Rover-Flaggschiff Range Rover. Es findet sich 1997, als der Plus 8 wie seine Geschwister aus dem gleichen Hause Airbags erhält und entsprechend modifiziert wird, erstmalig in einem Prototyp. Seine Verweildauer ist kurz: In seiner Ausgabe Nummer 4 meldet das Morgan-Hausblatt *The Malvern link,* vom November 2000 an gebe es den Plus 8 mit Rücksicht auf die Euro-3-Emissionsgesetze nur noch mit dem neuen 4.0-Litre V8, die umweltfreundlichste Ausbaustufe des bekannten 3,9-Liters. Eine unendliche Geschichte: 22 Jahre währt inzwischen die Symbiose zwischen dem Roadster aus Worcestershire und dem Rover-Achtzylinder, vollzogen in bisher rund 5400 Morgan Plus 8.

Wer sich durch die neue Monokultur ans Gängelband genommen fühlt, dem bleibt immerhin die Wahl zwischen 34 000 Farben. Mit einem Morgan – so lockt die Werbung – entkomme man dem Mittelmaß.

Ab 1977 ist der Plus 8 für die nächsten fünf Jahre an seinen achtfach gelochten Milrace-Rädern des Kalibers 14 Zoll zu erkennen. Sie tragen ihr Scherflein zum immer stämmigeren Erscheinungsbild des Top-Morgan bei. Drei kleine Scheibenwischer gehören zur Standardausrüstung von Anbeginn an, während der Gepäckträger über dem Reserverad in Malvern Link als Zubehör geordert werden kann.

MRG 340 S

Rechtzeitig zum neuen Jahrtausend präsentiert die Morgan Motor Co. Ltd. beim Genfer Salon 2000 den Aero 8 – auf dem Grenzstreifen zwischen gestern und morgen, Klassik und Moderne, Tradition und Innovation.

Mit der Patina ehrwürdigen Alters überzogen bringt zunächst einmal der Name längst Verschollenes zum Klingen. Aero, so hießen zwischen 1919 und 1936 die flinksten unter den Dreirädern, windschlüpfig und nach oben offen wie ihr doppelt so schneller Nachfahr. Bekannt, wenn auch ins Dramatisch-Bizarre gewendet, mutet das Erscheinungsbild des Neuen an, die fließenden Linien der Kotflügel, die ellenlange zweigeteilte Motorhaube, der Wasserfallgrill. Das ästhetische Husarenstückchen der Morgan-Männer überrumpelt den Betrachter auch sonst nicht überfallartig: Bereits der GT2-Renner der Marke für die FIA-Meisterschaft 1997 sah ganz ähnlich aus. Ein vertrautes Feeling stellt sich ein, wenn man die Tür mit einem ledernen Feststellband öffnet, sich über breite Schweller ins schmale Cockpit einfädelt und schließlich auf schmalem, aber griffigem Ledergestühl Platz nimmt.

Fest in der Firmenphilosophie wurzelt ferner das Bekenntnis zum Hand-Werk. Herz- und seelenlose Roboter bleiben vor der Tür – nach wie vor. Auch der Aero 8 ist für die Morgan-Mitarbeiter während seiner Genese in Malvern Link stets präsent, vom Puzzleteilchen bis hin zum fertigen Produkt. Eisern hält Boss Charles Morgan schließlich an der strukturellen Verwendung von Holz fest: „Ein japanischer Hersteller", schmunzelt er, „versprach kürzlich, er wolle für jedes gebaute Auto einen Baum pflanzen. Bei uns steckt ein Baum in jedem Auto." Und: „Für die Fertigung des Aero werden in Zukunft sechs bis zehn Eschen pro Woche gefällt."

MORGAN

Toleranzen darf der hölzerne Rahmen indes nicht mehr aufweisen. Denn passgerecht und maßgenau von Zulieferern produziert treffen mit Lasertechnik zugeschnittene und thermoplastisch geformte Aluminiumanbauelemente wie Kotflügel und Kofferraumdeckel in Malvern Link ein. Aus Alu-Blechen des deutschen Fabrikats Alcan zusammengeklebt und -genietet ist auch das ultrarigide Chassis. Im Gegensatz zu den biegsamen Klassikern aus dem gleichen Hause bewegt sich da unten nichts mehr. Und das will etwas heißen: Für die Bodenhaftung des Aero und Querbeschleunigungen bis einem g sorgen nämlich gewaltige 18-Zoll-Magnesiumräder mit entsprechend voluminöser Bereifung ebenso wie seine breite Spur, Einzelradaufhängung ringsum mit langen Querlenkern und Eibach-Federn über Koni-Stoßdämpfern sowie eine intelligente Unterbodenkonstruktion, die sich den Venturi-Effekt zunutze macht. Arglose Beifahrer und die Chauffeure nachfolgender Fahrzeuge seien gewarnt: Bei voller Ausnutzung der innen belüfteten Rennbremsen von AP quellen den Insassen des Aero die Augen aus den Höhlen und der Morgan steht wie die gerade gelandete Maschine auf dem Flugzeugträger. Ein

fünftes Rad am Wagen sucht man vergebens. Für den Fall, der unbedingt vermieden werden sollte, meldet dafür ein aufmerksamer Monitor auf der Mittelkonsole abnehmenden Reifendruck und ein Notlaufsystem nimmt seine Arbeit auf.

Aero flott, titelt *auto motor und sport* in der Ausgabe vom 29. November 2000 in sinnreicher Anspielung auf die russische Luftfahrtgesellschaft. Und in der Tat stellt der Aero alles bisher Dagewesene in den Schatten. Auf Trab gebracht und in Schwung gehalten werden seine 1000 kg Wagengewicht durch die urkräftigen 286 PS eines BMW-V8 von 4398 cm^3, der unter seinen schwellenden Rundungen vorn mit dem sonoren Grollen eines großen Propellermotors auf seine Anwesenheit aufmerksam macht. Obwohl er nach dem Druck auf einen grün illuminierten Starterknopf umgehend in makellosen Leerlauf verfällt, ist mit dem Import-Bajuwaren nicht zu spaßen. Aufs Gaspedal spricht er an wie der Rauhaarteckel auf den Postboten. 2000/min in der ersten von sechs Fahrstufen des Getrag-Getriebes auf die Kupplung gebracht und schon kämpfen die dicken Dunlop-Pneus hinten um Traktion. 100 km/h sind in einem langen Atemzug erreicht, 258 km/h möglich, da sich der Bayern-Achter keinerlei Selbstbeschränkung auferlegt.

Dabei kommt es kaum zu Übergriffen des Fahrtwindes. Auf Grund einer durchgefeilten Aero-Dynamik im üblichen Wortsinn verspricht Morgan einen C_w-Wert von 0,39 in geschlossenem Zustand und wenn das straff gespannte Stoffverdeck hinter den Sitzen zusammengefaltet ist. Diesem Ziel dient nicht zuletzt der Verzicht auf die traditionellen ausgeschnittenen Türen. Auch sonst herrscht ungewohnte Humanität am Arbeitsplatz, gepaart mit Komfort und selbst Luxus. Allseits beheizbare Scheiben zählen dazu, eine stilvolle Innenarchitektur in Connolly-Leder, fein herausgearbeitete Strukturen aus massivem Eschenholz, ein Blaupunkt-Unterhaltungssystem und eine Klimaanlage. Ausreichend Stauraum bietet ein vom Cockpit aus zu öffnendes Gepäckabteil für die Utensilien des Golfers, dessen Wohlergehen die Produzenten von Supercars ja stets im Auge behalten. Aber auch der Geschäftsmann wittert Morgan-Luft: An der Stelle des Handschuhfachs findet sich ein transportables Lederköfferchen von Mulberry, in dem sich handelsübliche Laptops bequem unterbringen lassen.

AERO 8

Zu den Besserverdienenden sollten beide gehören, denn etwa am 1. Januar 2001 schlägt die Anschaffung des Morgan Aero 8 mit 162 500 Mark zu Buche.

Im Antlitz des Morgan Aero 8 mit seinem charakteristischen Schielblick, hier geparkt vor einem Rugbyfeld unweit der Fabrik in Malvern Link, mischen sich Klassik und Moderne. Sein Heck indessen wird zumindest aus dieser Perspektive geprägt vom Ensemble der sich auf engstem Raum tummelnden Leuchten und den bedrohlich herausragenden beiden Auspuffrohren.

Durch seine massive Stämmigkeit bringt der Morgan für das dritte Jahrtausend die Kraft zum Ausdruck, die ihm innewohnt. Potenz, Kampfbereitschaft und Gestimmtheit des BMW-Achtzylinders werden kontrolliert durch eine Fülle von Instrumenten. Unter der geöffneten Haube werden auch Elemente des Aluminiummonocoques in seinem rigiden Starrsinn sichtbar.

OZ RACING
MAGNESIO

CHARLES MORGAN

WEISER AUS DEM MORGAN-LAND

In der kleinen Welt der englischen Sportwagenmacher verdichtet sich menschliches Schicksal schlechthin: ständiger Kampf ums Dasein, fressen und gefressen werden, aufsteigen und verglühen, das Überleben des Fittesten, das Scheitern des Schrulligen.

Inmitten dieses tosenden Biotops scheint die Morgan Motor Co., von alters her zu erreichen unter der Anschrift Pickersleigh Road, Malvern Link, Worcestershire, ein lauschiges Plätzchen in Erbpacht zu halten, ein Idyll aus Kontinuität und Beständigkeit. Wie das Tafelsilber ist die Firma überliefert worden von Opa Harry Frederick Stanley Morgan über Papa Peter Morgan zum Enkel Charles Morgan. Das Einfrieren des Fortschritts im Familiären, das Abbremsen des Schnelllebigen zur Slow-Motion-Sequenz bildet sich in eigentümlicher Weise im Produkt ab, noch immer erkennbar ähnlich dem Original von 1936. Wie angenehm – und wie langweilig.

Aber der Schein trügt. Natürlich fallen die Besuche des Knaben Charles Morgan bei seinem Großvater in Maidenhead unweit London auf fruchtbaren Boden. Charles ist Jahrgang 1952, H.F.S. stirbt, als er neun Jahre alt ist. Das verklärt: „Er wirkte scheu auf seine Kunden und sogar auf seine Angestellten. Aber er war ein rührender Familienmensch und ein Erfinder par excellence. Immer gab es da diese prachtvollen Pedalautos, mit denen ich im Garten herumdüsen durfte, voller ausgeklügelter Gags und damals schon mit Luftreifen." Natürlich ist er hin und weg, wenn ihn sein Vater zu Motorsportveranstaltungen mitnimmt und – versteht sich – auf Morgan startet, „für lange Zeit der preiswerteste Weg, mit einem Automobil rasch um die Ecken zu fahren".

Aber dann büxt er aus dem umfriedeten Gehege der Familientradition aus, türmt erschrocken angesichts des bequem Vorgegebenen: „Um sich selbst zu finden, muss ein Mann mit diesem Hintergrund etwas ganz anderes machen, wenigstens eine Zeit lang." Das ganz andere: zehn Jahre im Fernsehgewerbe, bei ITV und ITN, als Kameramann und Journalist im Nachrichtensektor. Charles Morgan bürgert sich neugierig ein im Global Village, bereist den Iran und den Fernen Osten, ist anwesend, als aus Rhodesien Simbabwe wird, riskiert Kopf und Kragen, als die Russen in Afghanistan einmarschieren: „Zwei Wochen wollte ich bleiben. Es wurden drei Monate und ich nahm 15 Kilo ab." Nie legt ihm sein Vater einen Stein in den Weg, stets hört er ihm aufmerksam zu, ermutigt ihn gar zu dem, was er tut.

1985 kehrt der zeitweise verlorene Sohn an die Pickersleigh Road zurück, weltläufig nun und voller Erkenntnis: „Es genügt nicht, die Dinge einfach zu

OBEN: Die Morgan Motor Company gehört längst zu den Attraktionen von Malvern Link und deshalb macht die Stadtverwaltung seit zwei Jahren mit einem phantasievoll gestalteten Hinweis auf der anderen Straßenseite auf ihre Existenz aufmerksam.
LINKS: Da Charles Morgan in seiner Firma allgegenwärtig ist, wird man ihn selten an seinem Arbeitsplatz antreffen.

Das Portal des zweitältesten Fabrikgebäudes stammt aus dem Jahr der Morgan-Röte 1919. Es kontrastiert symbolträchtig mit den zweckdienlich-schmucklosen neuen Anlagen am anderen Ende des Geländes, in denen der Aero 8 entsteht.

übernehmen. Jede Generation muss sie neu erfinden." Nur so entstehe Leidenschaft, nicht, weil einem etwas zugefallen sei, sondern weil man die Wahl gehabt und sich selbst entschieden habe. Jawohl, bekennt Charles Morgan, er habe Morgan im Blut und jeden Tag werde die Passion ein bisschen stärker. Und nur so entgehe er dem geläufigen Vorurteil: „Der kommt ja aus diesem Clan und etwas anderes bleibt ihm gar nicht übrig."

Schon kurz nach seiner Ankunft wittert er gewissermaßen Morgan-Luft, empfindet und vermittelt Aufbruchstimmung: „Unsere Autos wurden leistungsmäßig immer mehr abgehängt von modernen Sportwagen." Etwas Neues muss her, aber nach Art des Hauses – zusätzlich und nicht im radikalen Bruch mit der Vergangenheit, sondern auf dem schmalen Grenzstreifen zwischen Tradition und Fortschritt wie der 4-4 ein halbes Jahrhundert zuvor. Da spukt ihm bereits die Idee vom Aero im Kopf herum, der allerdings erst 1996 ernsthaft in Angriff genommen wird.

Wenn Charles Morgan von seinem Modell fürs neue Jahrtausend plaudert, bekommt er etwas Dringlich-Missionarisches. Es steckt an, seine beiden niedlichen Töchter Harriet und Kate zum Beispiel, die bei der Präsentation in Genf 2000 unter dem Raunen der Zuschauer das Tuch von dem Prototyp lupften: „Die sind schon völlig autoverrückt."

Er hat sich mit dem Aero 8 ja auch perfekt ausgedrückt, das Geschöpf als Projektion und Sinnbild des Schöpfers. Nach hinten gewandt sind die Retro-Elemente in seinem Erscheinungsbild und die Anleihen beim klassischen Handwerk noch immer. Schließlich möchte man nicht nur neue Märkte erschließen, sondern auch die Unentwegten aus dem alten Kundenfundus bei der Stange halten. In die Zukunft hingegen weisen zum Beispiel das Bekenntnis zur buchstäblich atemberaubenden Leistung, der Einsatz von CAD-Methoden und jüngsten Klebetechniken für Aluminium, das High-Tech-Triebwerk von BMW. Dieses sei „hinsichtlich Leistung, Größe, Gewicht, Wirtschaftlichkeit und Emissionsarmut der beste V8 auf der Welt", verneigt er sich artig vor seinem bayerischen Partner. Und sich an eine so starke Schulter anlehnen zu dürfen tue wohl.Den echten Konservativen zeichnet aus, dass er vom sicheren Boden des Bestehenden aus tastende Schritte auf Neuland unternimmt.

Charles, der Dritte in der Dynastie der automobilen Morgans, ist schon ein gutes Stück weiter.

MORGAN MOTOR COMPANY LIMITED

NACH ART DER VÄTER

RECHTS: *Die hölzernen Türrahmen werden in den Aufbau eines Plus 8 eingepasst. Jede Tür ist ein Einzelstück – nicht so ohne weiteres austauschbar mit einer anderen oder bei einer Beschädigung aus dem Lager ersetzbar.*

Die Eschenholzteile, wie sie in der Pickersleigh Road angeliefert werden, fünf Tonnen pro Jahr.

Die gleichen Stücke, nun schon roh in Form gebracht, bevor sie den Weg in den Wood Shop antreten.

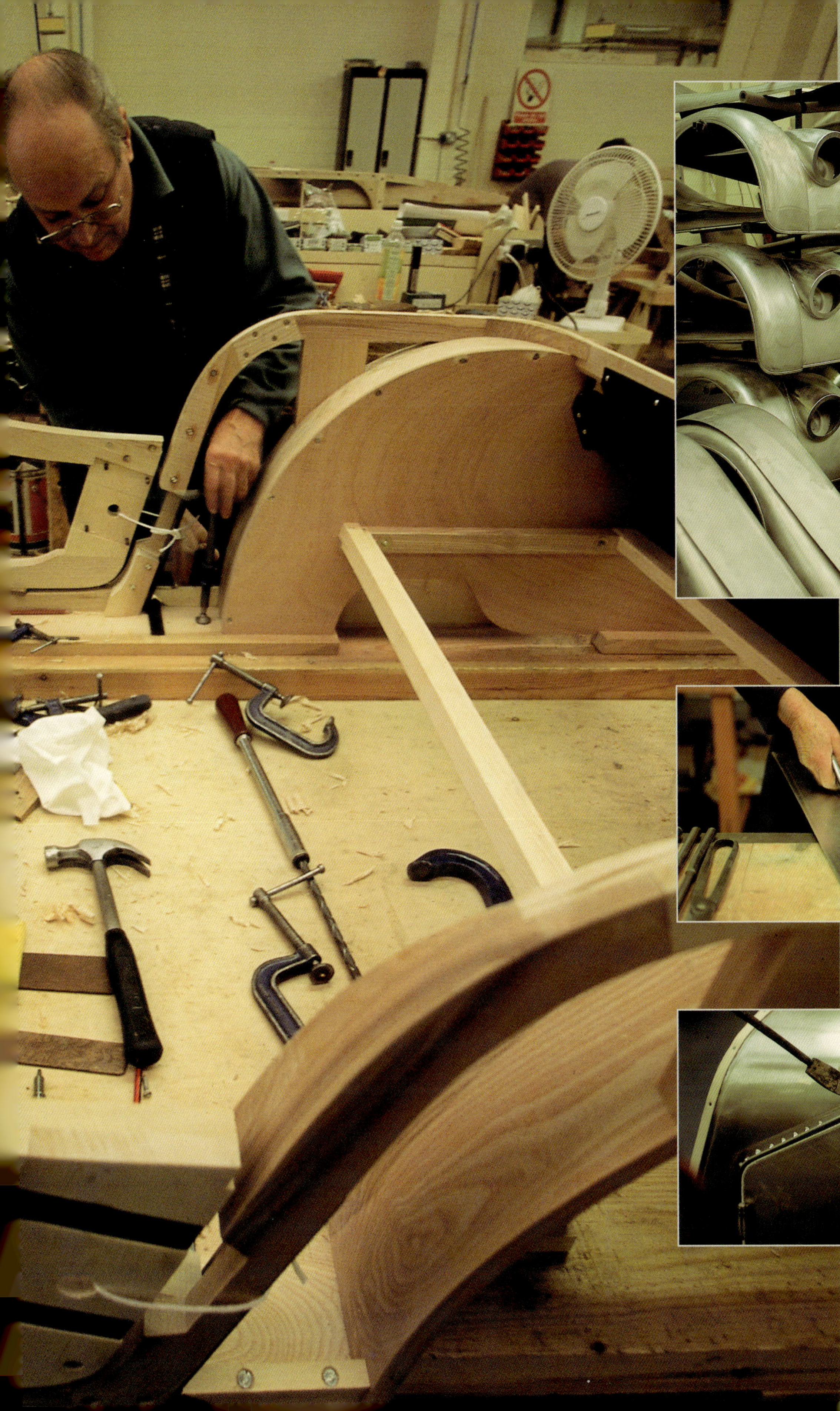

Vordere und hintere Kotflügel für Morgan-Modelle der konventionellen Bauart, jeder ein wenig anders.

Eine Paneele – vermutlich für eine Tür – wird per Hand zugeschnitten, ein arbeitsintensiver Vorgang.

Auf Höhe der Stirnwand wird ein Abweiser aufgelötet. Er soll verhindern, dass Wasser in die Tür dringt.

RECHTS: *An einem traditionellen Wagenkörper werden die Kotflügel angebracht. Es handelt sich um einen Morgan 4/4, erkennbar am Vierzylindermotor.*

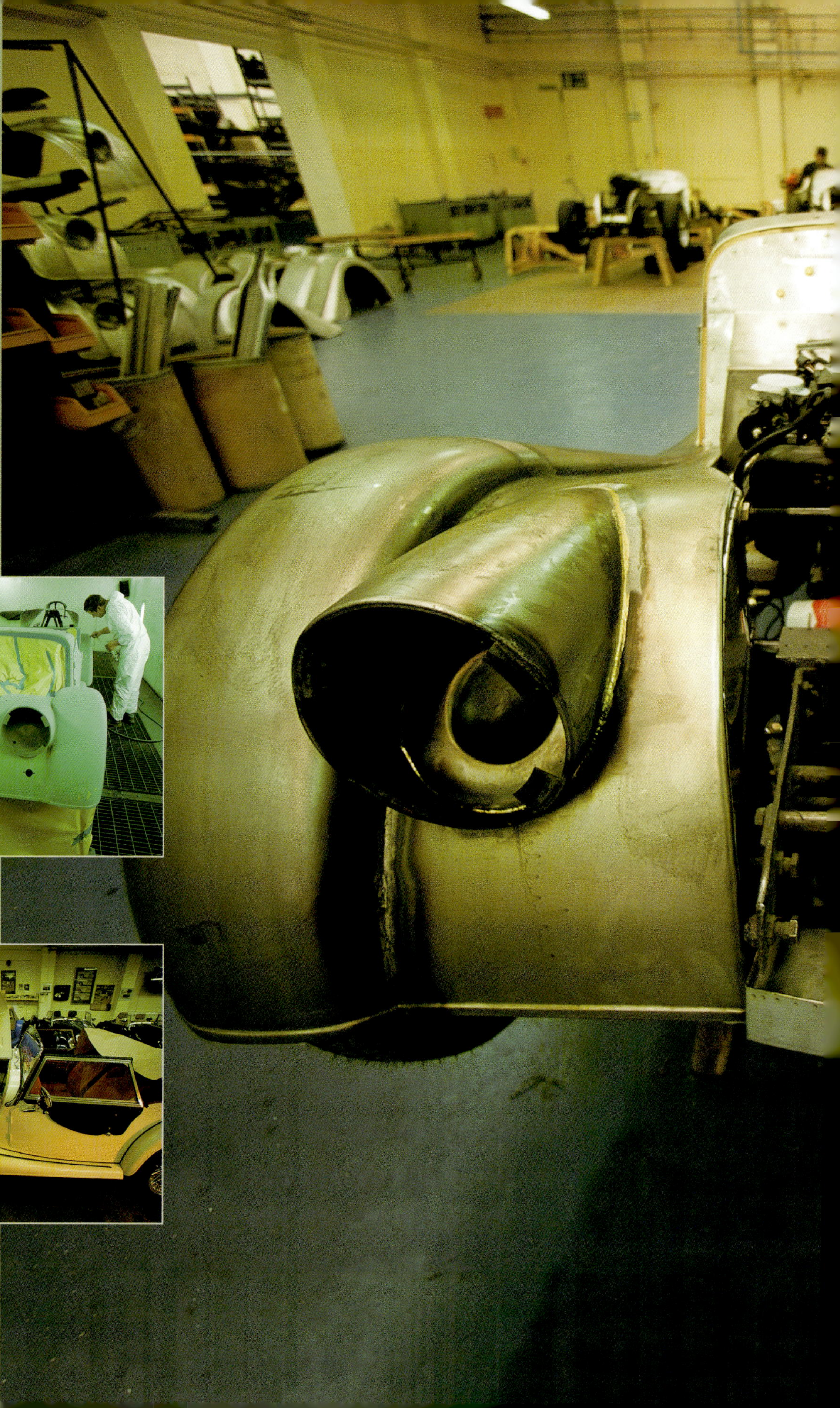

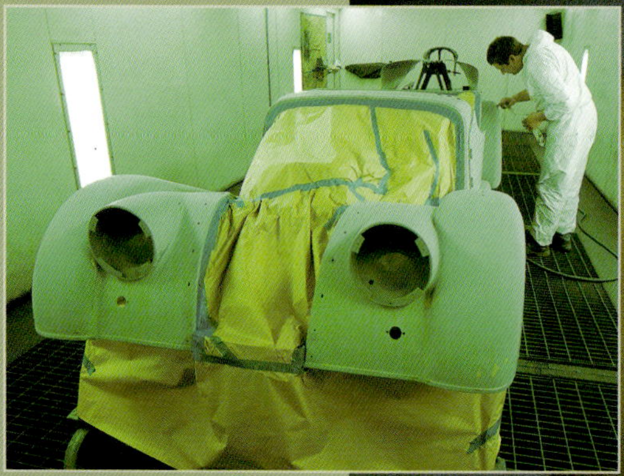

Fahrzeug in der Phase der Grundierung. Normalerweise werden sieben Farbschichten aufgetragen.

Mick Hand bemüht sich, vor der Auslieferung jedes Stäubchen zu entfernen. Das Auto hat bereits eine Probefahrt hinter sich.

Der Holzrahmen eines Aero 8 nebst seinen Aluminiumpaneelen wird mit dem Chassis verquickt.

Ein Aero 8, an dem die Kotflügel sowie der Windlaufrahmen angebracht wurden. In seiner Fertigung mischen sich Alt und Neu.

PANTHER KALLISTA

Im Stil der Dreißiger: freistehende Lampen, weit ausschwingende Kotflügel im eigentlichen Sinne des Worts, richtige Trittbretter, seitlich mündender Auspuff. Unter dem knappen Retro-Gewand geht es allerdings zeitgemäß zu.

Mit der Gründung der Panther West Winds Ltd. bezieht der Ingenieur Bob Jankel 1971 eine Marktnische, die es vorher gar nicht gab. Unter der Anschrift Oatlands Chase, Weybridge, Surrey, nehmen im Grunde verwegene Bubenträume Gestalt an, dichtet Jankel Autos nach, die einmal seine Phantasie bevölkert haben oder dies immer noch tun.

Schon sein erstes Geschöpf legt davon Zeugnis ab: Es schaut aus wie ein längst verblichener Rolls-Royce. Vom Jaguar SS 100 inspiriert zeigt sich 1972 der Panther J72 V12. Im Habit des Ferrari-Erstlings 125 S von 1947 kommt der FF von 1974 daher, unter dessen historisierender Hülle – aus Maranello angeliefert – sich die Technik des 330 GTC verbirgt. Bei der Formgebung des De Ville aus dem gleichen Jahr stand der Bugatti Royale Pate. Ungewöhnliche Impulse aus der zeitgenössischen Formel 1 fließen in den Panther Super Six von 1977 ein: Er rollt auf sechs Rädern wie die Tyrrell-Monstrosität P34 und vereint auch sonst Superlative zuhauf auf sich, einen turbogestärkten Cadillac-V8 mit 8,2 Litern Hubraum von 600 PS mittschiffs, laut Werk 320 Stundenkilometer Spitze, Verbrauch bis zu über 30 Litern, Preis nach oben offen. So recht mag sich niemand für diesen automobilen Extremisten erwärmen: Es bleibt bei

Ein wenig hoch ausgefallen ist das Heck und das Reserverad ragt so weit über die hintere Stoß-Stange hinaus, dass es bei rückwärtiger Feindeinwirkung unter Umständen selbst als Rammschutz wirkt. Der filigrane Gepäckträger steht dem Pseudo-Klassiker nicht unbedingt gut zu Gesicht.

einem Exemplar und einer Raubkopie. 1979 passt Jankels Wagemut im Retro-Look endgültig nicht mehr in die Zeitläufte. Die West Winds Ltd. meldet Konkurs an. Aber schon naht Hilfe vom anderen Ende des Global Village. Die südkoreanische Firmengruppe Jindo Industries unter ihrem dynamischen Boss Y.C. Kim erbarmt sich der schönen Reste. Mit Fahrzeugen von eigenwillig-sportivem Charakter müssten sich angesichts niedriger Produktionskosten im eigenen Lande gute Geschäfte machen lassen, zumal sich MG und Triumph mit ihren luftigen Zweisitzern just vom Markt verabschiedet haben.

Im Herbst 1982 meldet man sich wieder mit dem Kallista. Der nimmt, für jedermann sichtbar, Motive aus dem Panther Lima wieder auf, welcher zwischen 1976 und 1981 in 897 Exemplaren in etwas weitschweifiger Nostalgie Erinnerungen an die Dreißiger heraufbeschwor. Wo jener allerdings in Glasfiber eingekleidet war, ist dieser in Aluminium gewandet. Wo dessen mechanische Komponenten von Vauxhall bezogen wurden, baut man für den Kallista auf Teile von Ford. Ein ganzes Puzzle kommt da im Lauf der Zeit zusammen: Vierzylinder von 1,6 und später 2,3 Litern, V6-Aggregate von 2,8 und anschließend 2,9 Litern, Vierganggetriebe für das Einstiegsmodell und fünf Fahrstufen sowie, als Option, eine Automatik für den Sechszylinder. Aus den Ford-Regalen bedient man sich nicht zuletzt bei der Komposition der Aufhängung, doppelten Querlenkern und Schraubenfedern vorn und einer Starrachse mit jeweils zwei Längslenkern, Schraubenfedern und einem Panhardstab hinten. Chassis und Aufbau werden in Korea hergestellt, nach England verschifft und dort mit den einheimischen Zutaten vereint, bevor der Kallista in Weybridge einen Steinwurf vom einstigen britischen Motorsport-Mekka Brooklands den letzten Schliff erhält. Gemessen an den Gepflogenheiten des Hauses ist der schlanke Exot nur relativ billig: In Deutschland kostet der 2,8 Liter 1986 stramme 48 750 Mark.

Dieser Variante, einem Prototyp mit Leichmetallrädern des Kalibers 6J x 14 und Goodyear-Bereifung im Format 205/60 HR14, widmet Mike McCarthy im Februar 1983 in *Classic and Sportscar* eine wohlwollende Würdigung und vergleicht sie dabei mit einem Lima, den er ein paar Jahre zuvor beim Werk abgeholt hat. Geblieben seien der Mangel an Kofferraum und Ellbogenfreiheit – noch immer seien die Arme eingeklemmt zwischen Rippen und Tür. Wie damals drehten die Hinterräder bei jähem Vollgas selbst im zweiten Gang und sogar trotz der fetten Goodyear-Pneus durch. Wie gehabt glänze der Panther aber auch durch hinreißende Handlichkeit und viel Charakter. Im Übrigen sei der Kallista ein völlig neues Auto. Wo der Einstieg bei geschlossenem Verdeck früher nach gelenkiger Demut verlangt habe, sei er nun ein Leichtes. Rolls-Royce-Fahrer würden sich indessen, schon altersbedingt, kaum herablassen – im Doppelsinn des Wortes. Der Zuwachs an Länge von 76 mm komme vor allem dem Cockpit zugute, so dass kleinwüchsige Piloten sogar Schwierigkeiten haben könnten, die Pedale zu erreichen. Man lagere nun endlich tief. Die hohe Sitzposition des Vorgängers habe dazu geführt, dass eine Beule im Verdeck von der Anwesenheit eines Einmeterneunzigmanns zeugte.

Hohes Lob spendet der Autor der straffen Federung sowie der präzisen Lenkung, während gemessen am klassischen Außen-Styling die Armaturentafel viel zu wenig „TradBrit"-Atmosphäre verbreite. Dem kann allerdings abgeholfen werden: Auf der Zubehörliste finden sich zu deftigen Preisen 40 Accessoires und Ausstattungsvarianten wie Holz und Leder vom Feinsten, ein unbeholfen zusammengelötetes Gepäckgestell über dem Heck, Niederquerschnittsreifen sowie ein Kühlergrill aus rostfreiem Edelstahl.

Dem Charme des sorgfältig kultivierten Unzeitgemäßen erliegen bis 1991 immerhin 1741 Käufer. Dann gehört der Panther Kallista endgültig der Vergangenheit an.

RELIANT SCIMITAR SS1

Eigentlich folgt der Reliant Scimitar einer klassischen Formel und müsste deshalb zum Erfolg prädestiniert sein: zwei Sitze, nach oben offen, einfache Mechanik. Aber an seiner Form lässt sich auch die populäre Weisheit festmachen, dass viele Köche den Brei verderben. Michelotti hat schon viel Schöneres hervorgebracht und Demokratie führt häufig zu konfusen Ergebnissen – zumindest im Reich der Ästhetik.

In einem Punkt gibt es für den talentierten Ingenieur T.L. Williams keinen Zweifel: Die Zukunft – jedenfalls seine persönliche – rollt auf drei Rädern. Von diesem Credo zum Urvernünftig-Bescheidenen beseelt ruft er die Reliant Motor Company Ltd. ins Leben, krempelt in einer simplen Werkstatt im Garten seines Anwesens zu Tamworth, Staffordshire, die Ärmel hoch und lässt am 1. Januar 1935 seinen ersten Threewheeler zu, einen Kleinstlastwagen. Elementare Fortbewegung für drei bis vier Personen gestattet ab 1953 der Regal, bald eine vertraute Erscheinung auf englischen Straßen. Bei der Einkleidung des Regal Mk II von 1956 entdeckt man den Stoff, aus dem künftige Reliant-Träume sein werden: Glasfiber.

Ab 1961 begibt man sich mit tastenden Schritten auf Neuland, um die dröge Gebrauchsprosa minimaler Motorisierung mit einer Prise Poesie in Gestalt von ausgewachsenen Sportwagen aufzupeppen. Das Debüt mit dem Sabre (französisch für Säbel), einer bizarr gestalteten Kunststoff-Kreation und eigentlich als Auftragswerk für ein isrealisches Unternehmen zur Welt gekommen, fällt kümmerlich aus. Auch die Erträge, die der Scimitar GT (benannt nach einem türkischen Krummschwert) zwischen 1965 und 1970 einfährt, sind noch karg. Der Scimitar GTE (für Grand Touring Estate), dem zwischen August 1968 und Herbst 1986 ein langes Modell-Leben beschieden ist, gerät indessen zum Kultobjekt. Das gefällig geformte Notchbackcoupé ist wie geschaffen für den Transport von Zeptern, Purpurmänteln und sonstigem königlichen Outfit, zumindestens aber einer gut sortierten Golfausrüstung. Und so erfreut es sich umgehend allerhöchsten Wohlwollens, dient für ein Jahr Prinz Philip zur persönlichen Fortbewegung abseits des Protokolls und bereitet Prinzessin Anne in den Achtzigern gleichsam im Rahmen eines Dauerabonnements von sieben Exemplaren diebisches Fahrvergnügen.

Hoch gesteckt sind also die Erwartungen, die sich an den weiteren Spross der Scimitar-Familie knüpfen, den kleinen offenen Zweisitzer Scimitar SS1 (für Small Sportscar Number 1). Überdies hat Ende der Siebziger ein regelrechter Roadster-Schwund das Angebot auf dem Weltmarkt ausgedünnt. Bei der Premiere eines perlweißen Prototyps auf der London Motor Show 1984 gibt es indessen lange Gesichter und herabgezogene Mundwinkel. „Die verpatzte Gelegenheit des Jahres", meckert *Performance Car.* Eine andere Publikation legt gar noch nach: „Michelotti hätte sich besser den Arm gebrochen." Der unwirsche Satz verstößt schnöde gegen das Prinzip, von Toten solle man nur Gutes berichten. Der allseits geschätzte Formkünstler war damit betraut worden, den SS1 einzukleiden, und lieferte prompt am 11. Dezember 1978 erste Pläne bei Reliant ab. Dann verstarb „Micho", wie er in Tamworth liebevoll genannt wurde. Sein Part wurde von einem Team unter Richie Spencer übernommen, das sich dieser Aufgabe eher schlecht als recht entledigte. Der Entschluss, mit einfach herzustellenden und auszutauschenden Kompositpressteilen die Versicherungskosten zu drücken, war dem Erscheinungsbild auch nicht zuträglich: Ein bisschen fade und altertümlich, wird es durch Sicken und Wülste entstellt. Dazu gesellen sich handwerkliche Schnitzer wie schlecht sitzende Bleche. Wenig Anklang findet überdies das Interieur, von Jevon Thorpe, einem 25-jährigen Studenten am Lancester Polytechnikum, aus Teilen des Austin-Programms und des Mini-Moke ziemlich lieblos und dissonant zusammengeschustert.

Anfang 1985 geht der Neue in die Produktion, mit Ford-Motoren von 1,3 und 1,6 Litern aus dem aktuellen Escort-Programm. Der Name SS1 wird als unangemessen zu den Akten gelegt, als im Juli 1986 im Typ 1800ti das Turbo-Triebwerk aus dem Nissan Silvia Einzug gehalten hat. Man erkennt diese Version an ihren Leichtmetallfelgen sowie einem schwarzen Spoileraufsatz auf dem Kofferraumdeckel. Ohne Katalysator 138 PS stark und über 200 km/h schnell, räumt sie mit dem Vorurteil auf, dieser Scimitar komme reichlich schlaff daher. Durch Abgasentgiftung werden allerdings 16 PS erdrosselt, so dass sich etwa 1987 und '88 in Deutschland für die umweltfreundliche Variante lediglich drei Käufer finden. Auch beim Einstiegsmodell wird sanft aufgerüstet, als das harmlose 1,3-Liter-Aggregat 1987 einem etwas weniger harmlosen Triebwerk von 1,4 Litern Hubraum weicht.

Vorzügliche Noten stellt man dem Scimitar wegen guter Straßenlage aus, die nicht zuletzt eine sorgfältig abgestimmte Einzelradaufhängung gewährleistet: doppelte Dreiecksquerlenker und Schraubenfedern vorn, Schräglenker mit Schraubenfedern hinten, Kurvenstabilisatoren an beiden Enden.

Aber das Auge isst mit, auch bei der Anschaffung eines Automobils und erst recht eines Sportwagens. Da sich jedoch in dieser Hinsicht nicht so der rechte Appetit einstellen mag, setzt die Reliant Cars Limited bis zum Aussterben des Modells im Frühjahr 1990 lediglich 1507 Einheiten ab. Ursprünglich hatte man von 2000 geträumt – pro anno.

RILEY BROOKLANDS NINE

Der erste belegte Riley-Sieg datiert aus dem Jahr 1899. Der Fahrer, vermerkt der Chronist, sei Robert Crossley gewesen, das Fahrzeug ein motorisiertes Dreirad der jungen Firma.

Aus guten Gründen wird der Motorsport fest in die Philosophie der Riley Ltd., Durbar Avenue, Foleshill, Coventry, eingebunden. Er ist dem Image und damit den Verkäufen bekömmlich, zumal sich Riley-Renner durch ungewöhnliche Zuverlässigkeit auszeichnen. Und was sich im Dauerstress der Piste bewährt hat, adelt erst recht das Serienprodukt. Das erste reinrassige Sportmodell der Marke ist der 10 h.p. Speed von 1909, Unheil verkündend niedrig auf seinen abnehmbaren Speichenrädern, mit 1390 cm³ und „quadratischen" Zylindermaßen von 96 x 96 mm. 1922 und 1923 meldet sich eine neue Generation von sportiven Riley lärmend zu Wort, der Eleven Two Seat Sports und der Four Seat Sports, für die das Werk eine Höchstgeschwindigkeit von 70 beziehungsweise 60 mph garantiert, dazu ein Short Wheelbase Sports. Mit ihren 1498 cm³ ist man glänzend gerüstet für die internationale Klasse F bis 1,5 Liter.

Mit den Rennversionen des Riley Nine, dem seit 1926 auf Grund manifester Qualitäten der schmeichelhafte Beiname „The Wonder Car" anhaftet, beginnt 1928 die ertragreichste Sport-Dekade in der Geschichte des Unternehmens. Sie werden anfänglich bei Thomson and Taylor gewissermaßen vor Ort im Vollgas-Dorado Brooklands hergestellt und heißen erst Speed Model, dann Brooklands Speed Model und schließlich einfach Brooklands. Angestoßen wird der Bau des schnellsten Nine (Riley-Tempogarantie: 80 mph) durch die Erfolge von J.G. Parry-Thomas und Reid Railton mit dem Vorgängertyp, aber auch ihre Erkenntnisse fließen in seine Konzeption ein. Mit einer Fülle von zweisitzigen Karosserien in etwa 100 Exemplaren bis 1932 duckt er sich als niedrigster Riley aller Zeiten in den Wind. Als Rückgrat dient ein Rahmen aus U-Profil-Trägern, die unter der Hinterachse hindurchgeführt sind und vorne Schwanenhälse ausbilden. Die Räder hängen in einem Abstand von 2438 mm zwischen den Nabenmitten an Starrachsen mit Halbelliptikfedern. Die langen vorderen Kotflügel fallen vom höchsten Punkt in konsequenter Schräge ab bis zur tiefsten Stelle unterhalb der Türscharniere, während sich die hinteren, stramm anliegend, lediglich zu einer Rundung über den Antriebsrädern aufwerfen. Für den Rennbetrieb können alle vier rasch abgebaut werden.

In den frühen Modellen ruht ein Stahlaufbau auf einem hölzernen Rahmen. Eine Allwetterausstattung hält weniger, als der Name verspricht. Die flache Frontscheibe lässt sich umlegen und zwei winzige Türen eröffnen den Zugang zum spartanischen Innenraum. Auf dergleichen Luxus muss man bei den Fahrzeugen für die Tourist Trophy 1929 verzichten und über die Flanken aufsitzen. Ihre Bootshecks sind verkürzt, der Rahmen besteht aus Metall, das knapp sitzende Trikot des jüngeren Brooklands aus Aluminium. In Le Mans startet man 1933 und 1934 ebenfalls mit den türlosen Leichtgewichten.

Auch das Triebwerk mit seinen 1087 cm³ und den 9.01 Steuer-PS nach der Norm des R.A.C. (für Royal Automobile Club) weicht von dem des Standard-Nine ab, etwa durch eine Wasserpumpe, die von der gleichen Welle wie die Magnetzündung angetrieben wird. Dem großen Sumpf kann durch eine Öffnung vorn zügig Öl zugeführt werden. Allerdings quetscht deren Deckel, mit einer starken Feder versehen, schmerzhaft unvorsichtige Finger ein und wird deshalb mit liebevollem Respekt „Rattenfalle" genannt.

Bereits der frühe Pfad des Brooklands ist mit Rekorden gesäumt: So verschafft er sich mit H.W. Purdy am Volant über 200 Kilometer und 200 Meilen, 500 Kilometer und 500 Meilen sowie über drei und sechs Stunden neue Bestwerte zwischen 137 und 140 Stundenkilometern.

Drei Werkswagen sind 1928 bei der Tourist Trophy auf dem Circuit von Ards gemeldet, dazu zwei private Speed unter Edgar Maclure und K.S. Peacock. Letzterer kommt durch und holt sich den Klassensieg mit einem Schnitt von 95 Stundenkilometern. Ein Jahr später rückt man bei der gleichen Gelegenheit mit einer Streitmacht von sieben Autos an und belegt die Plätze eins bis drei. Der Sieger Sammy Davis ist schon zu Lebzeiten eine Legende.

1930 stiehlt ein Herrenfahrer den Werkspiloten die Schau: C.R. Whitcroft, der mit einem zwei Jahre alten Privatwagen, polizeiliches Kennzeichen: PK 2721, die 1100-cm³-Klasse beim Brooklands Double Twelve mit Leichtigkeit und einem Schnitt von 112,57 Stundenkilometern über die 24 Stunden gewinnt. Auf dem zweiten Platz landet mit Mrs. Scott eine flinke Lady. Und wie um zu zeigen, dass dies alles kein Zufall war, ist Whitcroft bei der Tourist Trophy 1932 wieder vorn, und Joan Richmond und Elsie Wisdom erkämpfen sich den ersten Rang beim 1000-Meilen-Rennen von Brooklands.

Zur Apotheose des Riley-Sports gerät jedoch das 24-Stunden-Rennen von Le Mans 1934. Da holt man sich die Plätze 2, 3, 5, 6, 12 und 13 im Gesamtklassement, Klassensiege bei den 1,1- und den 1,5-Litern, den Teampreis und den Rudge-Whitworth-Cup. Miss Dorothy Champney und Mrs. Kay Petre schreiben sich als schnellste Damenmannschaft in der Historie des Sarthe-Marathons in die Ergebnislisten ein. Dann aber treten die sechs Riley unverdrossen den Heimweg an – aus eigener Kraft.

Das spitz zulaufende Bootsheck des Brooklands Nine entspricht den sportlichen Bräuchen der Zeit und findet sich in ähnlicher Form an diversen Bugatti oder am Aston Martin International. Und wie an jenen kommt den Kotflügeln nur Alibi-Funktion zu – sie können rasch entfernt werden. Auch der geflügelte Tankverschluss belegt die Rennambitionen des Modells. Der Mittelbau ist absichtlich breit konzipiert, um zwei Personen Unterschlupf zu gewähren.

Die Konzeption des Brooklands stammt von J.G. Parry-Thomas, der gegen Ende des Jahres 1926 damit beginnt, einen Sportwagen aus den bürgerliche Nine zu entwickeln. Auf Grund der Konstruktion des Rahmens fällt das Produkt so niedrig aus, dass die Insassen mit der Handfläche die Straße berühren können. Mit der Mechanik leben sie gewissermaßen auf Du und Du.

Die Lenksäule steht fast waagerecht in den Innenraum hinein, das lederumwickelte Lenkrad damit fast senkrecht. Das wichtigste unter den Instrumenten – der Drehzahlmesser – zeichnet sich durch erhebliche Größe aus. Immerhin dreht der agile kleine Motor bis zu 6000/min und dürfte etwa 50 PS leisten.
Der Kühler, gekrönt von einem Schnellverschluss, steht über der Vorderachse.

Die hängenden Ventile des kleinen Vierzylinders werden von zwei hoch seitlich im Block installierten Nockenwellen auf Trab gehalten. Der Sportversion wird noch einmal besondere Aufmerksamkeit zuteil mit Kolben für hohe Kompression, speziellen Nocken, zwei Vergasern, einem vierfach verzweigten Auspuffkrümmer und einer anderen Ölpumpe.

RILEY SPRITE

Am Anfang steht ein Motor: Seit 1928 ist bei der Riley (Coventry) Ltd. die Tradition der Vierzylinder mit anderthalb Litern Inhalt ausgetrocknet, so dass ein attraktives Marktsegment brachliegt. Also wird der Getriebespezialist Hugh Rose damit betraut, diesem Missstand schleunigst abzuhelfen. Dem Auftrag scheint ein Zwist zwischen den Gebrüdern Riley um Grundsatzfragen vorausgegangen zu sein: Victor und Stanley befürworten vier Verbrennungseinheiten, Percy hätte sechs den Vorzug gegeben.

Im September 1934 liegt das Ergebnis vor, ein modernes Konzept mit zwei hoch angesetzten Nockenwellen, halbkugelförmigen Brennräumen, Stoffwechsel nach dem Querstrom-Prinzip, dreifach gelagerter Kurbelwelle und einem Zenith-Vergaser, später zwei Zerstäubern des gleichen Herstellers oder von SU. Leistungsmäßig lässt sich das kleine Wunderwerk, das sich vor allem jenseits von 4000/min wohlfühlt, nicht lumpen: In der Standardversion stellt es 45 und später 46 PS bereit, in einer Special-Series-Ausbaustufe 52 PS und in der Sprite-Option zunächst 59 und dann 61 PS. Es ist das Abschiedsgeschenk von Rose an seine Arbeitgeber. Noch im gleichen Jahr sucht er sich bei Lea-Francis ein neues Betätigungsfeld.

Getreu dem klassischen Grundsatz, alle Vereinzelung sei verwerflich, lassen es die Rileys bei dem neuen Triebwerk nicht bewenden. Dazu gesellt sich ein frisch konzipierter Kastenrahmen mit massiven Traversen, sehr steif und sehr stark. Im Zuge eines allgemeinen Innovationsschubs poliert man schließlich das Exterieur der bereits existierenden Typen Kestrel Saloon und Lynx auf und präsentiert stolz den Falcon Saloon in der modischen Aero-Line, einer Art prähistorischem Fastback. Dieser bietet vorn und hinten mehr Raum und Kopffreiheit und vier synchronisierte Vorwärtsgänge. Seine Reifen und seine attraktiven Speichenräder mit Zentralverschlüssen stammen wie bei der restlichen Anderthalbliter-Palette von Dunlop, die Keilspreizbremsen von Girling.

Die Rezeption bei der Motorpresse fällt wie üblich ungemein wohlwollend aus. Gleichwohl ist man bei Riley nicht gewillt, sich auf irgendwelchen Lorbeeren auszuruhen. Vielmehr bricht die ergiebigste Phase in der Geschichte der Marke an. Binnen eines Jahres wartet man mit zahlreichen Retuschen auf und zieht Novitäten wie den Riley Six Light Kestrel aus dem Ärmel, einen eleganten Saloon, der aus keinem Blickwinkel eine ästhetische Schwäche zeigt.

Ein wenig in seinem Schatten steht die Riley-Sportofferte Sprite, ein eleganter offener Zweisitzer mit Ansätzen zur Stromlinie auf einem Chassis, dessen Längsträger sich vorn emporkröpfen und im Umfeld der Hinterachse nach unten wölben. Ein früher Prospekt zeigt ihn noch mit dem traditio-

An den meisten Sprite-Produktionswagen gewährt wie am Riley 2-Litre Racing Six ein schräg eingesetzter Grill mit weit auseinander stehenden Chromstäben tiefe Einblicke.

Riley

BAR MEALS
WINES
THE WHITE HART
APM 351

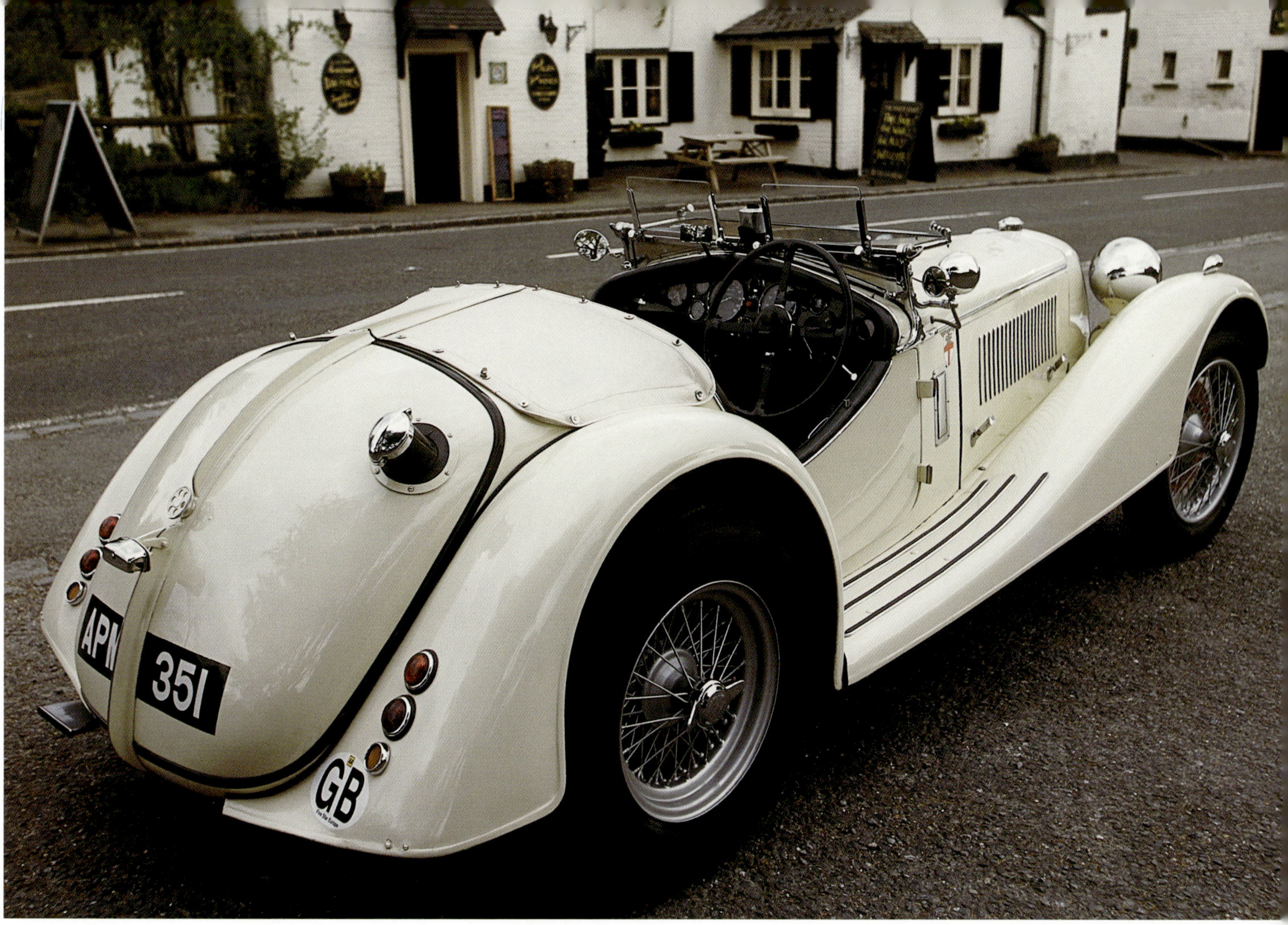

Im Sprite tut eine getunte Version der Riley 12/4-Maschine von 1496 cm³ Dienst. Spätere Versionen sind mit Querstromkühlung des Zylinderkopfs ausgestattet. Dies gestattet die höhere Kompression, die auf Benzin von 80 Oktan abgestimmt ist. Rasiermesserscharfe Heckfinnen – hier allerdings nur angedeutet – findet man auch an automobilen Zeitgenossen wie dem Lagonda M45 R Le Mans.

nellen Riley-Kühler, der am ersten Produktionsexemplar mit dem Kennzeichen BDU 727 und bei der eigentlichen Premiere des Sprite auf der Londoner Motor Show 1935 einer gefällig geformten windschlüpfigen Verkleidung gewichen ist.

Nicht für den allgemeinen Verkauf vorgesehen ist die Wettbewerbsvariante T.T. Sprite in vollem Kampftrimm mit der gleichen Maschine, einem Sechszylinder von fast identischem Volumen oder dessen aufgebohrter Spielart von 1808 und gelegentlich 1986 cm³. Dass der T.T.-Zweiliter gleichwohl in einer Werkbroschüre von 1936 für 550 Pfund aufscheint, muss eher eine Information als ein wirklicher Kaufanreiz gewesen sein. Der kleine Riley-Sechstöpfer hat manifeste Tugenden vorzuweisen – seidigen Lauf, kraftvollen Auftritt und knorrige Verlässlichkeit, die er etwa als Triebwerk der Kompressor-Rennwagen von ERA (für English Racing Automobiles) an den Tag legt. Dennoch verkümmert er zur Rarität, welcher der Eingang in die großen Serien verwehrt bleibt.

Dem Sprite-Vierzylinder-Aggregat hingegen ist alles andere als ein Mauerblümchendasein beschieden. Zunächst ist es auch für die Modelle Kestrel und Lynx, ab 1937 für das gesamte Anderthalbliter-Spektrum verfügbar, zum Aufpreis von jeweils 48 Pfund. Um 25 auf nunmehr 450 Pfund wird im letzten Jahr seiner Fertigung 1938 das Entgelt für den Sprite heraufgesetzt, der es auf eine nur sehr schmale Verbreitung bringt: Bekannt und durch ihre Zulassung belegt sind heute 47 Exemplare, ungefähr die Hälfte der ursprünglichen Population. Als Alternative zu seiner Vorwählschaltung wird ein manuell zu bedienendes Getriebe angeboten, allerdings von der Kundschaft als zu krude verworfen und von kaum jemandem gekauft.

Zur gleichen Zeit beutelt das ambitionierte Familienunternehmen eine verheerende Finanzkrise. Am 24. Februar 1938 nimmt Sir W.H. Peat am Steuerrad des Havaristen seine Tätigkeit als Konkursverwalter und Manager auf. Im September desselben Jahres ersteht Lord Nuffield die schönen Reste um 143 000 Pfund. Die Riley (Coventry) Ltd. – Slogan: As old as the industry, as modern as the hour – mutiert zur Riley (Coventry) Successors Ltd. Gleichwohl wird sie gewissermaßen unter Artenschutz gestellt, als man dem neuen Eigner die Zusage abringt, der Acquisition ihren besonderen Charakter zu belassen.

Nuffield hingegen veräußert diese kurz darauf an die Morris Motors Ltd. – um ein Pfund, wie gerüchtweise verlautet. Damit tritt der aparte Fall ein, dass eine komplette Autofabrik unter Umständen viel billiger an den Mann gebracht werden kann als eines ihrer Produkte.

RILEY RMC

Dass der Zweite Weltkrieg die Produktionsanlagen in Coventry in Schutt und Asche hinterlassen hat, sieht man bei Riley vor allem als Chance. Und so macht sich ein Team unter dem Projektleiter mit dem sprechenden Namen Harry Rush flugs an die Arbeit, gleichsam auf einem weißen Bogen Papier ein neues Kapitel zu schreiben. Den nötigen Elan spendet ein wohliges Wir-Gefühl, wie es schon in den frühen zwanziger Jahren in volltönigen Werbe-Vokabeln wie „Rileyability" anklingt. Der künftigen Baureihe gibt man – durchaus berechtigt, wie sich zeigen wird – den Slogan „Magnificent Motoring" mit auf den Weg. Ein weiterer Ansporn mag sein, dass die Markenehre versehrt ist, seitdem Lord Nuffield im September 1938 das Traditionsunternehmen seinem Firmenkombinat einverleibt hat: Der Name des Neuen, RM (für Riley Motors), verrät wohl auch eine trotzige Rückbesinnung auf die eigene Identität.

Im Spätsommer 1945 wird der erste Nachkriegs-Riley angekündigt und im Frühjahr 1946 ausgeliefert, eine Limousine von altmodisch-gediegenem Styling mit weitläufig geschwungenen Kotflügeln und Trittbrettern, aufrechtem Grill und teilweise eingeschalten Scheinwerfern. Als Basis dient ein Kastenrahmen mit Einzelradaufhängung vorn mit Querlenkern und Drehstäben und einer Starrachse an Halbelliptikfedern hinten. Zwei Radstände sind vorgesehen, überbrückt durch Spielräume bei der Länge der Motorhaube und der vorderen Kotflügel, 2858 mm für das kleinere der beiden Triebwerke mit 1496 cm^3 im Typ RMA, 3023 mm für das größere, das mit 2443 cm^3 Volumen als „weltgrößter Vierzylinder" im RMB eine gehobene Klientel ansprechen soll.

Obwohl die beiden Maschinen in verschiedenen Epochen der Riley-Geschichte wurzeln, ähneln sie einander als Langhuber mit zwei seitlich hoch im Block angesetzten Nockenwellen, Querstromköpfen und halbkugelförmigen Brennräumen. Ihre Kraft wird durch ein Schubrohr nach hinten übertragen, ab 1952, als auch die hydromechanischen durch voll hydraulische Bremsen ersetzt werden, vermittels einer geteilten Kardanwelle.

1948 folgt auf dem Fahrwerk des 2½-Liter-Saloons der Roadster RMC, adressiert vor allem an den lukrativen nordamerikanischen Markt, wovon tief angebrachte und weit in die verwundbaren Flanken gezogene Stoßfänger mit massiven Hörnern zeugen. Auf seiner durchgehenden Bank finden zwei Reisende bequeme, drei hingegen ziemlich beengte Sitzmöglichkeiten vor. Spielraum für den Dritten im Bunde hat man geschaffen, indem die Schaltung an die Lenksäule verpflanzt wurde. Ein Knopf auf dem Knauf muss gedrückt werden, ehe sich der Rückwärtsgang einlegen lässt. Die Dame im knappen

Der erste Eindruck trügt nicht: Der Riley RMC Roadster wirkt ungemein solide und ist es auch. Trotz fehlenden Festdachs zittert und wankt die Karosserie nicht, dank der ungemein stabilen Chassisstruktur. Front und Heck des

ROADSTER

Rock fühlt sich in der mittleren Position aus einem doppelten Grunde inkommodiert: Der breite Kardantunnel zwingt sie, rittlings die Beine zu spreizen, und von oben wölbt sich schnöde der Informationstrakt der Armaturentafel in ihren Schoß.

Dem Fischschwanz am Ende des Auspufftrakts entweicht gepflegt-sportiver Designersound. Im ewig langen Heck des Riley-Roadsters verbirgt sich dreierlei: ein Schacht, in dem das simpel zu bedienende Faltverdeck völlig aus dem Blickfeld verschwindet, das ungewöhnlich große Gepäckabteil sowie ein voluminöses Treibstoffbehältnis, das über zwei Stutzen unter dem Kofferraumdeckel betankt werden kann. Es fasst 91 Liter und gestattet auf englischen Straßen einen Aktionsradius von 725 Kilometern, wie *The Autocar* in der Ausgabe vom 24. September 1948 befriedigt feststellt, selbst mit dem minderwertigen Pool-Benzin jener Jahre.

Überhaupt zeigt sich das Blatt ungemein angetan von der flotten Windsbraut: Auf einer belgischen Autobahn hat man elektrisch für den fliegenden Kilometer hin und zurück bei heruntergeklappter Windschutzscheibe 158 Stundenkilometer gemessen. Im Normalbetrieb und von keiner Rekordlaune angestachelt habe man gelegentlich beim Blick auf den Tachometer überrascht festgestellt, dass man mit Tempo 120 unterwegs sei. Als offene Ergänzung zu den geschlossenen Produkten der Marke stehe der Roadster in einer Tradition, die aus der Zeit vor dem Kriege herüberreiche. Bei gleichen Übersetzungen, gleicher Leistung und ungefähr gleichem Gewicht seien natürlich auch die Messwerte ähnlich. Dabei rolle der Kandidat ohne sich zu verwinden selbst über miserable Wegstrecken – wie seine hochgeschlossenen Pendants. Die Lenkung sei zielgenau und leichtgängig. Bei niedriger Geschwindigkeit, während des Einparkens zum Beispiel, müsse man allerdings etwas mehr Kraft aufbringen. Alles wirke, wie von einem Riley nicht anders zu erwarten, ursolide und von anständiger Qualität. Sogar mit den zwischen Motorhaube und Kotflügeln halb eingelassenen Scheinwerfern mag der Autor sich anfreunden: Die seien halt ein Knicks vor dem Zeitgeist, täten aber dem durch und durch britischen Erscheinungsbild des Roadsters keinen Abbruch.

Zwischen dem September 1948 und dem Januar 1951 werden 507 RMC hergestellt, 121 noch am alten Standort Coventry. 1949 ist nämlich auf Geheiß des Konzern-Oberen Lord Nuffield ein Umzug zu MG nach Abingdon angesagt, wo er sich die sportlich-exklusiven Automobile seiner Firmen unter einem Dach wünscht.

Der 2½-Liter-Roadster ist gleichwohl der letzte Riley seiner Art.

Dreisitzers sind bewehrt durch kräftige um die Flanken gezogene Stoßstangen mit massiven Doppelhörnern. Der leicht angewinkelte Kühlergrill nimmt Riley-Gepflogenheiten aus der Vorkriegszeit wieder auf.

Das geöffnete Verdeck verschwindet zur Gänze hinter den Sitzlehnen. Unterhalb des Buckelansatzes dahinter findet sich ein Gepäckabteil von bemerkenswerten Dimensionen. Es folgt der Tank, dessen zwei Einfüllstutzen ebenfalls vom Kofferraumdeckel nach oben hin abgeschirmt werden. Wie bei den Riley-Limousinen ist die Motorhaube zweiflügelig.

7132 TU

SINGER ROADSTER

In vieler Hinsicht mag die Geschichte der Singer Motors Ltd. in Coventry als Paradigma für englische Firmenschicksale schlechthin dienen: bescheidene Anfänge mit Fahrrädern (1874) und Tricycles, Einstieg in die Motorradbranche (1900), Hinwendung zum Automobil (1905), Höhenflüge und Abstürze, Pleite (1908), feindliche Übernahme (1955 durch Rootes) und schließlich die Schattenexistenz als bloßer Name auf den Produkten anderer (Chrysler).

Ab 1933 versucht man sich an sportlichen Mobilen. Doch dann verhagelt es die Petersilie und die Bilanzen, als drei Werkswagen bei der Tourist Trophy in Ards am 7. September 1935 in der gleichen Kurve mit Schäden an der Lenkung vom rechten Kurs abkommen. Niemand außer den Autos wird verletzt, aber ein Fotograf ist anwesend und die Bilder gehen um die Welt. Da vergeht selbst dem hartgesottenen Freak jenes „Singer Smile", das ihm die Werbung in berufsspezifischem Optimismus aufs Gesicht gezaubert hat.

Überhaupt ist man um flotte Sprüche nicht verlegen: So wird zur Premiere des Nine-Roadsters am 6. März 1939 im Londoner Showroom der Marke mit den markigen Worten geladen: „Singer invite You to the Season's most important coming out." Die begleitende Abbildung zeigt zwei glückliche junge Damen, eine davon am großen Dreispeichenlenkrad des offenen Viersitzers, und einen Herrn, dem offensichtlich mulmig ist in seiner Haut. Bei dem abgelichteten Fahrzeug handele es sich um „The greatest little Roadster of our Time".

Das Beste an dem kleinen Gernegroß ist sein Motor, mit 1074 cm³ und 36 PS von bescheidenem Volumen und mäßiger Leistung, allerdings gekrönt von einer oben liegenden Nockenwelle. Dafür muss sich der Nine-Lenker mit drei Fahrstufen begnügen. Das Chassis gibt sich durch und durch konventionell, ein Kastenrahmen mit Starrachsen. Die schlicht gezeichnete Karosserie, der gleichwohl im Bestreben nach Stromlinie ein sanft ausschwingender Entenbürzel anverwandelt wurde, besteht aus Leichtmetall und wird wie das ganze Fahrzeug in Handarbeit gefertigt. Da die Passagiere in der zweiten Reihe hoch über der Hinterachse thronen, sind sie den Attacken des Fahrtwindes besonders ausgesetzt. Dies lässt sich demokratisch auf alle Insassen ausweiten, wenn die Frontscheibe nach vorne geklappt ist.

Kaum ist die Produktion angelaufen, da macht ihr der Zweite Weltkrieg einen vorläufigen Garaus. Nach den Kampfhandlungen ersteht der Nine dafür 1946 wieder hurtig aus Ruinen. Mit Detailänderungen geht man zunächst

ungemein knauserig um. Die Ausbaustufe 4A von 1949 wartet mit vier Gängen auf, die folgende Metamorphose 4AB vom Oktober 1950 mit einem neuen Fahrwerk, an dem der mutige Schritt zur unabhängigen Aufhängung der Vorderräder an Querlenkern und Schraubenfedern vollzogen wird.

Der 4AB ist bereits zum echten Altertümchen vergreist und kaum noch verkäuflich, da ist auf dem Genfer Frühjahrssalon 1951 der Singer SM Roadster (auch 4AD genannt) zu besichtigen als Versuch einer Symbiose zwischen Klassik und Moderne. Die Kontinuität zum Vorgänger stellen sein Chassis und auch die Karosserie mit einigen wenigen Retuschen wie veränderten rückwärtigen Leuchten her. Neu sind die Vergrößerung des Motors auf 1497 cm³ und ein Leistungszuwachs auf 48 PS mit einem Vergaser.

Im September 1952 angekündigt, stellt das Anderthalblitertriebwerk mit zwei Zerstäubern 58 PS bereit. Die Spitzengeschwindigkeit wächst mit deren Hilfe um etwa zehn Stundenkilometer. Bei Tempo 129 zeigt der Luftwiderstand dem trotzigen kleinen Klotz allerdings seine Grenzen auf. Zugleich verbessert man die Sicht nach hinten, räumt den Reisenden im Fond mehr Kniefreiheit ein, zieht die Stoßstangen als Flankenschutz um die Ecken und setzt ihnen robuste Hörner auf. Dies zeigt, wohin der Riley Roadster nach wie vor adressiert ist: an eine Klientel von beharrlichen Anglophilen in den Vereinigten Staaten, nicht unähnlich den Käufern der konkurrierenden MG-Modelle TC und TD.

Erst 1954 ist er auf dem heimischen Markt erhältlich. Da munkelt man allerdings bereits, die Tage der Singer Motors Ltd. als eines selbständigen Unternehmens seien gezählt. Immerhin bringt es der SM bis 1955 auf eine Population von 3440 Exemplaren. Auch die englische Fachpresse geht durchaus freundlich mit ihm um. Der neue Singer, meint etwa *The Motor*, eigne sich recht gut für den Transport von vier Personen mit wenig Gepäck über kurze oder von zwei Fahrgästen mit viel Gepäck über lange Strecken. Und *The Autocar* erkennt ihm ohne Wenn und Aber eine Marktnische und damit seine Daseinsberechtigung zu: Er gehöre bestimmt nicht in die noble Kaste der Supersportwagen, gewähre dafür aber vier Leuten einen vergnüglichen Aufenthalt an der frischen Luft und erwecke entschieden mehr Fahrspaß als die durchschnittliche Familienkutsche. Das Magazin schließt mit den Worten, der SM sei ein „kompaktes, williges kleines Auto von lebhaftem Naturell".

Der 4AB, besagt eine ganzseitige Anzeige in *The Autocar* vom 9. Februar 1951, sei „der berühmte Nine Roadster mit neuem Aussehen, neuem Fahrgefühl – und einer Zugangsberechtigung zum heimischen Markt". Die unabhängige Aufhängung vorn führe die Leistungsfähigkeit auf der Straße, Komfort und Delikatesse des Handlings „neuen Gipfeln entgegen". Zumindest die Aussage über das revidierte Erscheinungsbild ist eine charmante Übertreibung, da im Wesentlichen Substanz aus den vorderen Kotflügeln entfernt und die Motorhaube abgesenkt worden ist.

AMPERES
30 40 50
20 60
10 70
5 80

Der kleinwüchsige Roadster verkörpert Hand-Werk im edelsten Sinne mit herzlicher Hingabe ans Detail, wie sie auch an der sparsam ausgestatteten Armaturentafel unter den beiden dekorativen Hügeln nachgewiesen werden kann. Man sitzt eng beieinander hinter dem winzigen Motor, einigermaßen geschützt gegen den Fahrtwind durch die gotisch hohe Windschutzscheibe. Das Wägelchen gleißt in üppigem Chromschmuck.

SUNBEAM ALPINE

Sunbeam und Motorsport – für die Generation derer, die so alt sind wie das Jahrhundert selber, sind das am Anfang der Fünfziger Synonyme. Zwischen 1911 und 1925 ist die Marke streckenweise zuständig für die Alleinvertretung des Vereinigten Königreichs bei den Grands Prix. Aus der Zeit zwischen den Kriegen leuchtet der Sieg von Sunbeam-Pilot Henry Segrave beim Großen Preis von Frankreich 1923 in Tours herüber, unterbaut durch die Plätze zwei und vier.

Gleichwohl muss die Autowelt zwischen 1937 und 1953 auf die noblen Produkte des Unternehmens aus Wolverhampton und später Coventry verzichten. Bereits im Jahre 1935 hat die vielköpfige Firmen-Hydra Rootes den Konkurrenten Talbot geschluckt, 1938 die Sunbeam Motor Company selbst. Eine Zeit lang schmückt der illustre Namen Sunbeam-Talbot biedere Modelle von Hillman und Humber. Zugleich macht man sich daran, den matt gewordenen Sport-Mythos der beiden Rootes-Töchter zu reanimieren. Als geeignetes Forum dafür bietet sich die Alpenrallye an, zumal diverse Trophäen an die Erfolge 1932, '34, '48, '49, '50 und '51 erinnern.

Zum Glück kann Norman Garrad, dynamischer Leiter des Competition Department, den steil aufsteigenden Stern des jungen Stirling Moss in seine Dienste einspannen. Moss möchte gerne bei der Rallye Monte Carlo starten, hat bei einem Bummel über die London Motor Show 1951 einfach mal nachgefragt, wird mit Vergnügen eingestellt und verzichtet sogar auf die fürstlichen Honorare, die sein Manager Ken Gregory sonst in seinem Namen einzutreiben pflegt. Bei der Alpenrallye 1952 holt sich die Elite-Riege Moss/Cutts, Hawthorn/Chipperton und Murray-Frame/Pearman mit dem Sunbeam-Talbot 90 den Mannschaftspreis sowie den Challenge Cup der Automobile Clubs Marseille und Provence.

Im gleichen Jahr modelt George Hartwell, Rootes-Händler in Bournemouth, passionierter Rallyefahrer und bekannt wegen seines rohen Umgangs mit seinen Fahrzeugen, ein Sunbeam-Talbot 90 Mk II A Drophead Coupé zu seinem

Anfang der fünfziger Jahre ist ein echtes 150-Stundenkilometer-Auto mit ausreichendem Gepäckraum eine Seltenheit, ein offener Zweisitzer zumal. Im eleganten Heck des Sunbeam Alpine findet sich in der Tat ein geräumiges, wenn auch etwas flaches Kofferabteil. Seine Anmutung von etwas schwerfällig-solider Behäbigkeit macht man durch eine gezielte Offensive vor allem im Rallyesport wieder wett. Wer seine ansprechende Linie – vorn eher konventionell, hinten auf dem letzten Stand der Dinge – tatsächlich geschaffen hat, verliert sich im Dunkeln.

Hausgebrauch um in einen offenen Zweisitzer. Die genaue Genese von dessen Silhouette verliert sich im Dunkeln. Der Entwurf stammt wohl von Hartwell selbst und der bekannte Formenkünstler Raymond Loewy nickt ihn in seinem Studio im amerikanischen South Bend zumindest ab. Auffällig sind das lange gerundete Heck hinter den beiden Schalensitzen sowie die in ihrem oberen Teil durch Kühlschlitze vielfach aufgebrochene Motorhaube. Der Kastenrahmen des ursprünglichen Vierplätzers wird durch robustere Längsträger und eine zusätzliche Quertraverse unter dem Triebwerk verstärkt. Die Aufhängung bleibt, wie sie ist: Querlenker und Schraubenfedern vorn, eine Starrachse mit Halbelliptikfedern hinten. Die Leistung des 2,3-Liters von 2267 cm³ wird durch leicht erhöhte Verdichtung, geänderte Ventilsteuerung und eine andere Vergaserbestückung um vier auf 81 PS angehoben.

So wandelt sich ein etwas schläfriges Familienmobil zu einem etwas weniger behäbigen Auto für das Leben zu zweit, zweifellos aber hübsch anzusehen und von harmonischen Proportionen. Es ist übrigens auch mit allem Luxus ausgestattet, den Fahrzeuge dieses Fabrikats normalerweise zu bieten haben. Schon seine Lenkradschaltung verrät, dass es eigentlich in friedfertiger Absicht daherkommt.

Als Hartwell nach Coventry fährt und seine Kreation Bernard Winter vorstellt, Chef der Konstruktionsabteilung von Sunbeam-Talbot, entschließt sich dieser spontan, den schönen Findling zu adoptieren und eine angemessen erscheinende Serie aufzulegen. Als Name bietet sich Alpine an wegen der allgemein bekannten Errungenschaften der Marke im Umfeld europäischer Gipfel. Und da im Segment der sportlichen Fahrzeuge Zahlen noch mehr zählen als im übrigen Bereich, macht man sich mit einem frühen Alpine, polizeiliches Kennzeichen MWK 969, umgehend auf den Weg nach Belgien. Dort lockt ein Stück Autobahn bei Jabbeke zu Vollgasexzessen, die auf den britischen Inseln nicht möglich sind. In deren Genuss kommt Sheila van Damm, eine stämmige Renn-Amazone, die sich den Ruf völliger Unerschrockenheit erworben hat und von der die Legende geht, sie habe bei einer Reifenpanne das betroffene Wagenende so lange angehoben, bis das Rad gewechselt worden sei. Mit ein paar Modifikationen wie einer Persenning über dem Beifahrersitz, einer Fahrerverkleidung anstelle der Windschutzscheibe und einer Unterbodenplatte erzielt sie Tempo 193 über den fliegenden Kilometer. Über den phlegmatischen Charakter des Alpine täuscht der Wert eher hinweg: Mit dem vom Herbst 1954 an serienmäßigen Overdrive bringt er es mit knapper Not auf 160 Stundenkilometer. Stirling Moss, der 1953 ebenso einen Coupe des Alpes gewinnt wie seine Teamgefährten Murray-Frame, van Damm und John Fitch, gesteht 30 Jahre später dem englischen Motorschriftsteller Graham Robson, sein Auto sei geradezu qualvoll langsam gewesen. Dennoch wiederholt er den Erfolg 1954 zum dritten Mal hintereinander. Zu diesem Zeitpunkt stehen bereits immer mehr Rallyesiege immer weniger Verkäufen gegenüber, nicht zuletzt, weil Triumph mit dem TR2 und Austin-Healey mit dem Hundred preiswertere und schnellere Alternativen offerieren. Und so übersteht der Sunbeam Alpine der ersten Generation das Jahr 1955 nicht – nach rund 3000 Exemplaren.

SUNBEAM TIGER

Zweifellos ist der Sunbeam Alpine der zweiten Generation ein hübsches Auto. Rootes-Designer Kenneth Howes und Roy Axe haben ihn mit klaren Linien ausgestattet. Ein kleiner Makel: Im Dienst einer konsequenten Horizontalen sind die Heckfinnen ein bisschen zu lang und damit der Diener vor dem Zeitgeschmack ein wenig zu tief ausgefallen – 1964 werden sie deshalb auf ein bekömmliches Maß zurückgeschnitten. Aber schon dass der Alpine über der Bodengruppe des Hillman Husky errichtet worden ist, setzt dem Konzept gewisse Grenzen. Und so klebt ihm das Image der Harmlosigkeit an wie Pech, obwohl sich für die fünf Serien zwischen dem Juli 1959 und dem Januar 1968 immerhin 69 251 Liebhaber finden und die Mark-V-Version ab 1965 zu echten 160 Stundenkilometern fähig ist.

Dieser Mangel an Machismo verdrießt Ian Garrad ungemein, Manager der Rootes-Tochter Rootes Motors Inc. an der amerikanischen Westküste. Latentes Unbehagen schlägt um in zornige Entschlossenheit, als sein getunter Alpine eines Tages an einer Ampel von einer Limousine mit einer kleinen alten Dame am Lenkrad ausbeschleunigt wird. Das Schlimmste ist: Die Missetäterin bemerkt noch nicht einmal, welche Schmach sie dem ehrgeizigen Geschäftsmann zugefügt hat.

Mit dieser Episode beginnt die Geschichte vom Tiger. Formel-1-Weltmeister Jack Brabham rät Garrad, er solle den braven 1,6-Liter-Vierzylinder durch einen amerikanischen V8 ersetzen. Der verkörpere zwar nicht gerade Technik vom Feinsten, sei dafür aber kraftvoll, lässig und zuverlässig. Garrad beauftragt seinen Service Manager Walt McKenzie, das Motorenabteil des Alpine akkurat auszumessen. Und siehe: Das kompakte Smallblock-Aggregat des Ford Fairline mit 4,2 Litern und 164 PS passt, der leichteste gusseiserne V8 auf dem Weltmarkt, wenn er auch jedes Winkelchen ausfüllt.

Dieses Szenario in die Tat umsetzen soll Carroll Shelby, der sich mit dem AC Cobra gerade um die Welt der Macho-Mobile verdient gemacht hat und gute Verbindungen zu Ford unterhält. Nach einer Sitzung am Shelby-American-Standort Venice in Kalifornien mit Shelby selbst, seinem Entwicklungsingenieur und Testfahrer Ken Miles, Ford-Verbindungsmann Ray Geddes und Ian Garrad gibt es grünes Licht für das

Projekt. Für 10 000 Dollar Honorar sowie eine Beteiligung an jedem künftig verkauften Exemplar wird der Texaner binnen acht Wochen – tatsächlich werden es zwölf – einen Prototyp herstellen.

Dieser steht am 29. April 1963 zur Besichtigung und einem ersten Ausritt bereit. Man hat den Achtzylinder ganz weit zurückgenommen und die Spritzwand verstärkt, um den Aufbau insgesamt zu versteifen, die Alpine-Lenkung durch die des MGA ersetzt und die Batterie nach hinten umgesiedelt. Die Aufhängung der Vorderräder an Querlenkern und Schraubenfedern blieb im Prinzip unverändert, während ein Panhardstab die Bewegungen der Hinterradaufhängung – einer Starrachse mit Halbelliptikfedern – im Zaum hält. Kinderkrankheiten werden durch Ken Miles ausgemerzt und dann verbringt Garrad 40 000 Meilen hinter dem Lenkrad und lässt dem weißen Prüfling den entsprechenden Feinschliff angedeihen. Lord Rootes zeigt sich nach einer Probefahrt hellauf begeistert und das, obwohl die Handbremse angezogen war und sich stechender Gestank verbreitete. Bei einem rasch anberaumten Treffen auf den Bahamas sagt Henry Ford II ihm 3600 Triebwerke pro anno zu, mit der Klausel, Ford-Präsident Lee Iacocca müsse einverstanden sein. Der ist's.

Thunderbolt sollte der hurtige Hybride ursprünglich heißen, aber die Rechte auf diesen Namen hat sich bereits Chrysler gesichert. Folglich entsinnt man sich ruhmreicher Vergangenheit in Gestalt von Henry Segraves Sunbeam-V12-Weltrekordwagen von 1926 und nennt den Neuen Tiger. Erstmalig vorgeführt wird er auf der New York Auto Show im Frühjahr 1964. Rootes ist indessen ein fataler Fehler unterlaufen: Zum wilden Namen fehlt das dräuende Erscheinungsbild. Während die Konkurrenten Cobra und Corvette Sting Ray auch visuell gewissermaßen vor Kraft kaum laufen können, ist die Muskel-Variante des Alpine zum Paradigma für englisches Understatement geraten, ein Tiger im Schafspelz sozusagen. Nur ein schmaler Chromstreifen auf der Flanke sowie ein entsprechendes Logo verweisen auf die Anwesenheit des starken Stücks unter der vorderen Haube und darauf, dass hier nicht der viel geschmähte Normal-Alpine friedfertig seines Weges zieht.

Der Auftrag für die Massenfertigung ergeht mangels eigener Kapazitäten an Jensen Motors, West Bromwich, Birmingham. Nach 6495 Einheiten eines ersten Schubes bis 1966 rüstet man noch einmal auf: Ein größeres Ford-Aggregat von 4,7 Litern Inhalt schüttelt nun 200 PS aus dem Ärmel und stellt uriges Drehmoment bereit. Überdies wirkt die anglo-amerikanische Raubkatze durch ein paar Retuschen eine Idee grimmiger. Indes: 1967 hat die Chrysler Corporation die Kommandogewalt über die Rootes-Gruppe übernommen. Und dies hat in einem Punkt die gleiche Konsequenz wie die indische Siedlungspolitik im Pandschab: es gibt keinen Platz für den Tiger. Das letzte von 571 Exemplaren der zweiten Serie verlässt die Werktore zu West Bromwich am 30. Juni 1967.

Ausgerechnet die Tugend des englischen Understatements wird ihm zum Verhängnis. Der Sunbeam Tiger ist ein Wolf im Schafspelz, nur dass niemand etwas merkt in dieser Welt der demonstrativen Äußerlichkeit. Denn er kommt daher im schlichten, aber gänzlich unveränderten Gewand des Sunbeam Alpine. Zu diesem zählen zunächst etwas zu groß geratene Heckfinnen, die erst in der Ausbaustufe V beschnitten werden.

Auch im Cockpit des Tiger verrät nicht die geringste Kleinigkeit, dass sich unter der nach vorn abklappbaren vorderen Haube ein gusseiserner Smallblock-V8 von Ford/USA breit macht. Indizien dafür sind allein schmale Chromstreifen auf den Flanken, der dezente Schriftzug Tiger vor den Türen sowie ein sanftes Grollen am Auspuff. Gleichwohl fordert eine aggressive Werbung in den Vereinigten Staaten Demut ein: „Down cats – here comes the real Tiger."

MPH
RPM
WATER
FUEL
V8

SWALLOW DORETTI

Swallow Coachbuilding – der Name löst bei den Kundigen ein Déjà-vu-Erlebnis aus: So hieß ja das Unternehmen von Sir William Lyons, ehe er in den dreißiger Jahren zu lockenden neuen Ufern aufbrach, zunächst Standard Swallow ins Leben rief, dann Jaguar. Die altehrwürdige Firma, mit der er sich erste Sporen verdient hatte, wechselte indessen den Besitzer wie eine abgegriffene Halfpenny-Münze und findet sich schließlich unter dem Kuratel des Mutterkonzerns Tube Investments wieder.

Zugleich wird eine grundlegende Neuorientierung fällig: Der Markt für Seitenwagen, mit denen man sich wie in den Gründerjahren der Gesellschaft über Wasser gehalten hat, verfällt zusehends. Eine kaufkräftigere Klientel gibt zumindest dem Bubble Car mit seinem rudimentären Wetterschutz den Vorzug. Ein sportliches Auto muss her und so verhandelt die Swallow Coachbuilding Co. (1935) Ltd. von ihrem neuen Standort Walsall Airport, Staffordshire, aus mit Standard-Triumph-Boss Sir John Black. Ist er bereit, eingedenk früherer Kooperation das Projekt mit Bausteinen aus den Triumph-Regalen zu unterstützen, mit Motor und Getriebe, Aufhängungsteilen und Achsen vom TR2? Black gibt sein Einverständnis zum Erstaunen vieler Beobachter, die argwöhnen, er könne sich da eine Natter am eigenen Busen heranziehen.

Den Auftrag, das Fahrzeug zu entwickeln, erhält Frank Rainbow, Ingenieur bei Tube Investments. Als Rahmen soll ein Gitterwerk aus Reynolds-531-Röhren dienen, als Außenhaut Stahlbleche, die noch einmal mit Aluminiumpaneelen beplankt sind.

Zehn Monate später gibt es 1954 den Swallow Doretti als neue Attraktion im englischen Sportwagenangebot. Die Rechte an dem Modellnamen mit seinem südlichen Wohlklang hat man sich bereits in den Dreißigern gesichert, nur dass er bisher ungenutzt herumgelegen hat. Seine noble Ausstattung und exzellente Straßenlage tragen ihm hohes Lob ein. Auch die schmucke Linienführung des Doretti kommt gut an, so dass spontane Bestellungen eintreffen, vor allem aus dem sonnigen Kalifornien. Die Triumph-Oberen jedoch und ihre Händler ringsum im Lande sind bestürzt – da scheint den eigenen Produkten tatsächlich eine veritable Bedrohung zu erwachsen. Und auch Tube-Investments-Kunde Jaguar zeigt

sich betroffen. Man legt der Swallow-Dachgesellschaft dringlich nahe, entweder den Rivalen vom Markt zu nehmen oder die einträgliche Lieferung von Teilen an Jaguar einzustellen.

Der Wink mit dem Zaunpfahl erweist sich indessen als überflüssig. Zur Emanzipation des neuen Herstellers reicht es nämlich in weiteren zehn Monaten und nach 276 Exemplaren keineswegs. Die Schwalbe macht nur einen Sommer und der Triumph-Triumph ist am Ende nicht mehr aufzuhalten. Denn der Doretti geht zu Grunde an in ihm selbst angelegten Widersprüchen und an Fakten, die durchaus abzusehen waren. Allzu hastig ist seine Genese gewesen. Dass Triebwerk und Getriebe im Chassis weit zurückgenommen wurden, kommt zwar dem Handling zugute. Aber das Fahrgastabteil ist dadurch zu klaustrophobischer Enge geschrumpft und kleine Sitze gewähren lediglich kümmerlichen Halt. Gewiss gereicht es dem robusten Zweisitzer zur Zierde, dass das geöffnete Verdeck vom Aufbau aufgenommen wird und dadurch völlig aus dem Blickfeld verschwindet. Aber in dem verbleibenden Teil des Hecks lässt sich dafür nur wenig Gepäck verstauen, ein Missstand, den Swallow mit einem serienmäßig gelieferten maßgeschneiderten Kofferset aus Leder aufzufangen versucht.

Vor allem aber wird dem Doretti zum Verhängnis, dass er in derselben Liga antreten muss wie der gleichzeitig erschienene TR2. Was sein Aussehen und seine Handlichkeit anbelangt, mag er dem Triumph ebenbürtig sein. Ansonsten ist er ihm in allen Belangen unterlegen. Wo der Konkurrent 103 mph läuft, ist er mit der gleichen Maschine von 1991 cm³ und 90 PS sechs Meilen langsamer – in der Leistungsgesellschaft der Sportwagen alle Male ein Argument. Wo der TR2 auf 60 Meilen in 11,9 Sekunden beschleunigt, braucht der Doretti anderthalb Sekunden mehr – was zumindest nummerischen Ehrgeiz schmerzt. Wo der Roadster aus Coventry bereits für 844 Pfund zu haben ist, muss der Kunde für den Roadster aus Walsall mit 1102 Pfund 30 % mehr auf den Tisch des Hauses blättern – als Gegenwert für das dubiose Abstraktum höherer Exklusivität. Der TR-Kunde hingegen profitiert vergnügt von der banalen Tatsache, dass große Stückzahlen einen wohltuenden Einfluss auf die Preisgestaltung zeitigen. Wo Standard-Triumph über ein großes und gut ausgebildetes Kundendienstnetz verfügt, darf der Swallow-Lenker weite Wege zu Wartung, Pflege und Reparatur nicht scheuen.

Schließlich wird das Modell auch noch unschuldig schuldig: In einem Doretti erleidet Sir John Black im Herbst 1953 jenen Unfall, der seinem Verwaltungsrat den offiziellen Vorwand an die Hand gibt, seine Entlassung zu erklären. Ein kommoderer Nachfolger namens Sabre in 2+2-Konfiguration existiert bereits in drei Exemplaren, wird aber dann fallen gelassen. Und so vereinigt der Doretti vor allem zwei Superlative auf sich: Er ist das erste Automobil der Swallow Coachbuilding Co. Ltd. – und das letzte.

Die schmucke Linie des Swallow Doretti lässt so etwas schon erahnen: Nicht seine Unattraktivität wird ihm zum Verhängnis, sondern sein potentieller Erfolg. Hersteller Tube Investments fürchtet den Groll von Jaguar-Boss und einstigem Swallow-Chef William Lyons und zieht es am Ende vor, den Konkurrenten weiterhin mit automobiler Prosa wie Türgriffen, Stoßstangen und dergleichen zu beliefern und das eigene Produkt sang- und klanglos vom Markt zu nehmen.

Bei der Formgebung des Doretti macht Designer Frank Rainbow gewisse Anleihen beim Austin-Healey 100. Motor und Aufhängung stammen ganz konkret vom Triumph TR2. Was seine mögliche Klientel anbelangt, wird er in den Umkreis dieser beiden positioniert, allerdings deftig teurer selbst angesichts von Annehmlichkeiten wie einer Heizung und maßgeschneidertem Gepäck.

TRIUMPH ROADSTER

Mitten hinein in den üppig florierenden Fahrradboom ausgangs des 19. Jahrhunderts gründen die beiden Deutschen Siegfried Bettmann und Mauritz Johann Schulte 1887 in Coventry die New Triumph Cycle Co. Ltd. Die Entscheidung für den Namen Triumph fällt, da man sein Licht auf keinen Fall unter den Scheffel stellen möchte und weil das Wort in vielen europäischen Sprachen verständlich ist. 1923 – Schultes Part ist inzwischen von dem Oberstleutnant Claude Holbrook übernommen worden und der tüchtige Bettmann hat es 1913 als einziger Ausländer unter 559 Amtskollegen zum Bürgermeister von Coventry gebracht – erscheint mit dem 10/20 das erste Automobil der Marke, ohne indessen einen nachhaltigen Eindruck zu hinterlassen. Dies gelingt schon eher mit der Palette der Dreißiger, deren Profil sich mit den Begriffen gut ausgestattet und sportlich umreißen lässt, in der eigenen Hierarchie der Automobile angesiedelt in der oberen Mittelklasse und als echte Alternative zu den Produkten der rivalisierenden S.S. Cars Ltd.

Gleichwohl gerät die Triumph Motor Co. wie so manche andere ins Trudeln und meldet 1939 den Bankrott an. Am 24. November 1944 nimmt Standard-Boss Sir John Black die kläglichen Reste der moribunden Firma unter seine Fittiche. Der autoritär, aber sehr zur Zufriedenheit seiner Aktionäre regierende Neo-Aristokrat zieht eine nüchterne und ernüchternde Bilanz: Die Triumph-Pleite kam nicht von ungefähr als Halali über einer verfehlten Politik und überdies verwüsteten bereits im November 1940 deutsche Luftangriffe einen beträchtlichen Teil der Produktionsanlagen. Ein umfassender Neubeginn ist angesagt und zwar möglichst rasch. Rationalisierung heißt das Gebot der Stunde. Zwei verschiedene Modelle werden auf der gleichen technischen Basis fußen. Viele Teile sollen aus der Standard-Fertigung abgezweigt werden, ohne dass dabei der gewachsene Begriff Triumph Gefahr läuft, zum Feigenblatt für bloßes Badge Engineering zu verkümmern. An Stahl, dem blauen Gold der späten Kriegs- und frühen Nachkriegsjahre, muss gespart werden. Aber auch eine persönliche Rechnung hat Black zu begleichen: Mit den neuen Fahrzeugen gedenkt er in jenen Jagdgründen zu wildern, in denen sich SS-Jaguar-Chef William Lyons sicher wähnt.

Anfang März 1946 haben sie Gestalt angenommen, der Triumph 1800 Roadster und der 1800 Town and Country Saloon. Als Rahmen dient beiden eine von Ray Turner gezeichnete unter der Hinterachse geführte Rohrstruktur, die unterschiedliche Radstände gestattet, 2740 mm bei der Limousine, 2540 mm bei dem offenen Tourer. Die Räder vorn sind unabhängig aufgehängt an oberen Dreiecksquerlenkern und einer unteren Querblattfeder, hinten an einer Starrachse, die sich an Halbelliptikfedern abstützt und mit einem Stabilisator komplettiert ist. Die Maschine, ein Vierzylinder von 1776 cm^3 und 63 PS aus den Flying Standards, wurde bis 1939 ausschließlich an Jaguar geliefert und findet sich noch immer in zeitgenössischen Tourenwagen des Konkurrenzfabrikats. Man verwendet das gleiche Vierganggetriebe wie diese, gibt allerdings einer Lenkradschaltung den Vorzug.

Was die Silhouette des Saloons anbelangt, hat Designer Walter Belgrove, bei Triumph zwischen 1933 und 1955 tätig, den scharf akzentuierenden Messerkantenschnitt der dreißiger Jahre wieder aufleben lassen – ähnlich geformte würdige Mobile von Rolls-Royce, Bentley und Daimler lassen grüßen. Für die ausladenden Rundungen des Roadsters verantwortlich zeichnet Frank Callaby, der Black bereits im Oktober 1944 erste Entwürfe vorgelegt hat, bis eine Zeichnung von einem Achtel der natürlichen Größe den Zuschlag erhielt. Wie so häufig sonnt sich Sir John dabei in der Mutmaßung, der Entwurf könnte von ihm selber stammen, ein kreativer Zug, den er William Lyons neidet. Während die Detailausführung der Partie ab der B-Säule nach hinten von Callabys Kollegen und Freund Arthur Ballard stammt, regt Black lediglich einen echten Anachronismus an: Zusätzlich zu den drei schmalen Sitzgelegenheiten auf einer durchgehenden Bank vorn werden zwei weitere als dickey seats zugänglich, wenn man einen Doppel-Deckel über dem Kofferraum öffnet, dessen vorderes Element sich brillenartig als zweite Windschutzscheibe emporreckt. Zu betreten ist diese Notunterkunft via winziger Trittbretter auf den Stoßfängerenden. Bevor sie über einen Rahmen aus Eschenholz gezogen werden, bringt man die Aluminiumpaneelen des Roadsters in Form mit Gummipressen, wie sie während der Kriegsjahre im Flugzeugbau verwendet wurden.

Das Resultat trifft jedoch auf ein kontroverses Echo. Vor allem auf dem erhofften Markt jenseits des Atlantiks mag man sich überhaupt nicht dafür zu erwärmen. 2501 Einheiten umspannt eine erste Auflage, als man mit einer retuschierten Version auf der Motor Show von Earls Court 1948 noch einmal einen Anlauf versucht. Sie erhält das 2088-cm^3-Aggregat des Standard Vanguard mit zwei Vergasern, simpel, langlebig und leicht zu warten, aber mit lediglich fünf PS mehr und deshalb auch nur unwesentlich schneller, zumal das Vanguard-Dreiganggetriebe den Anlauf bis zur 60-Meilen-Marke mit knapp einer halben Minute nur eine Idee verkürzt.

Im Oktober 1949 entschläft der Triumph 2000 Roadster so friedfertig, wie er gelebt hat – in der schütteren Verbreitung von 2000 Exemplaren. Dass nur 148 exportiert wurden spricht eine deutliche Sprache.

Im Gegensatz zu den scharfen Konturen des 1800 Saloon, von dem er sich herleitet, ist der Triumph Roadster von verbindlicher Rundlichkeit, nimmt aber dennoch mit ausgeprägten Kotflügeln vorn und entsprechenden Andeutungen hinten Motive aus der Vergangenheit auf. Beide Karosserien werden bei Mulliners in Birmingham hergestellt.

GBC 199

GBC 199

GBC 199

Die Klappsitze unter den beiden hinteren Hauben waren in den zwanziger Jahren der letzte Schrei. Sie gingen allerdings entschieden auf Kosten des Kofferraums und bei den Passagieren in der zweiten Reihe stellte sich unweigerlich das mulmige Gefühl ein, irgendwie unterprivilegiert zu sein. Das Aufsitzen erfolgte ziemlich umständlich über die Trittbrettlein links und rechts auf der Stoßstange. Der Triumph Roadster ist mit einiger Sicherheit das letzte Produktionsfahrzeug mit dieser Vorkehrung.

TRIUMPH TR2

Drei Dinge gereichen Standard-Triumph-Chef Sir John Black 1950 zum Verdruss: Lieblingsrivale Jaguar wird durch den Siegertyp XK 120 in unerreichbare Sphären entrückt. Der Roadster-Nachfolger TRX, von Haus-Designer Walter Belgrove bauchig-indifferent gestylt wie ein glatt gelutschter Riesenbonbon, verkommt zum Flop in einer Auflage von drei Prototypen, während die kantig-antikischen MG TC vor allem im Ausland weggehen wie warme Semmeln. Und der Morgan-Clan widersteht mannhaft des rührigen Magnaten Schecks und Sirenenrufen, seiner in Ehren ergrauten Motor Company unter dem Standard-Dach eine neue Heimstatt jenseits existentieller Nöte zu gewähren.

Kein Wunder, dass Black auf Genugtuung sinnt. Die beiden Letztgenannten müssen auf ihrem eigenen Territorium geschlagen werden, mit einem simplen, leichten und schnellen zweisitzigen Roadster. Wie immer wird seine Genese mit der Auflage befrachtet, das Projekt mit einem Minimum an Aufwand und Kosten zu Wege zu bringen und so viele Komponenten als möglich der laufenden Produktion zu entnehmen. Noch bindet ein neuer kleiner Standard, der Eight, die Kapazitäten, so dass der geplante Sportwagen erst im Juli 1952 so richtig in Angriff genommen werden kann. Aber schon drängt die Zeit: Als Deadline ist die Eröffnung der London Motor Show im Oktober vorgesehen.

Der Auftrag für das Chassis ergeht an John Turnbull, der sich mit Vergnügen daran erinnert, dass in der Standard-Rumpelkammer noch ein paar Kastenrahmen vom Vorkriegsmodell Flying Nine herumliegen. Einen solchen modifiziert er für seine neue Verwendung und verwandelt ihm die Aufhängung des Triumph Mayflower an, Querlenker mit Schraubenfedern vorn, hinten die übliche Starrachse an Halbelliptikfedern. Als Motor dient die überarbeitete Zwei-Vergaser-Maschine aus dem TRX mit 1991 cm³ und 75 PS, als Kraftübertragung das Getriebe aus dem Standard Vanguard, allerdings mit vier Fahrstufen und zentral angesiedeltem Schaltknüppel. Die Form – wiederum vom Reißbrett Walter Belgroves und aus einfach zu schneidenden und schlicht geschnittenen Paneelen komponiert – nimmt grundsätzlich die des TR2 vorweg, endet jedoch in einem plumpen rundlichen Kurzheck. Dass das Reserverad huckepack darüber thront, ist eine Marotte Blacks, der für stilistische Feinheiten nicht immer das rechte Gespür an den Tag legt. Bei dem Exponat in Earls Court, „The Triumph Sports Car" geheißen, handelt es sich de facto um den TR1, nur dass noch niemand an eine fortlaufende Nummerierung denkt.

Die Rezeption ist kühl, vor allem wegen des wenig attraktiven Hinterteils. Der ehemalige BRM-Ingenieur und Rennfahrer Ken Richardson, der dem Triumph bei ein paar Runden um den Block erste Fahreindrücke abgewinnt, erstattet ihn zurück mit dem erschrockenen Kommentar „a bloody death trap" – eine echte Todesfalle. Black reagiert geschickt: Er bindet Richardson in die weitere Entwicklung ein, der sich bei Wind und Wetter mit unzähligen Vollgas-Meilen auf der MIRA-Teststrecke, den geraden Landstraßen der Grafschaft Warwickshire und den buckligen und gebirgigen Pisten von Wales revanchiert. Zusammen mit den Triumph-Bediensteten John Turnbull und Harry Webster wirkt er in den nächsten drei Monaten ein veritables Wunder, auch visuell.

Aus dem hässlichen Entlein TR1 wird der schöne Schwan TR2. Am 10. Dezember meldet man der Direktion Vollzug. Das Chassis, zuerst ungemein verwindungsfreudig, ist viel steifer geworden, nichts von der Substanz des Flying-Nine-Rahmens übrig geblieben. 90 PS leistet jetzt der Vierzylinder, in behutsamen Schritten in seiner Potenz gesteigert, ohne dies mit einer geringeren Lebenserwartung zu ahnden.

Vor allem aber hat man die rückwärtige Partie retuschiert, den Tank über der Achse untergebracht anstatt dahinter, das Reserverad flach hinter einem eigenen Deckel mit dem Nummernschild darauf verstaut, eine Menge willkommenen Kofferraum frei gemacht und das Ganze mit dem gelungenen Vorderteil zu einer Linie aus einem Guss verquickt.

Und so ist der Triumph TR2, vorgestellt auf dem Genfer Frühjahrssalon im März 1953, unversehends zu einer Autopersönlichkeit mit dem gewissen Etwas gereift, sparsam überdies und noch flinker als erhofft: Auf dem MIRA-Kurs zirkuliert Richardson problemlos mit Schnitten jenseits der magischen 100 Meilen pro Stunde. Auf einem Stück belgischer Autobahn bei Jabbeke erzielt er im Mai fast im Serientrimm 185 Stundenkilometer über den fliegenden Kilometer. Zwei Monate später kommt die eigentliche Produktion in die Gänge. Die ersten 1400 Rahmen werden durch Standard-Triumph selber gefertigt, spätere beim Spezialisten Sankey. Bereits im Frühjahr 1954 erreicht man den kühn angepeilten Wert von 100 Einheiten pro Woche. Ab Juni ordert man gar bei der Karosseriefabrik Mulliners in Birmingham 600 Aufbauten im Monat. Da blüht bereits das Geschäft mit Zubehör wie einem Overdrive oder Drahtspeichenrädern. Ein Hardtop aus Glasfiber wird ab Herbst verfügbar, als in einem zweiten Schub der 8628 TR2 insgesamt bis zum Oktober 1955 gewisse Kinderkrankheiten geheilt und die Türen höher angesiedelt und verkürzt worden sind.

Ironie des Schicksals: Zu Beginn jenes Jahres erschien der erste enthusiastische Testbericht in einer englischen Fachpublikation. In der gleichen Woche trat Sir John Black als Vorsitzer von Standard-Triumph zurück.

Wenn das Verdeck aus dem Gesichtsfeld verschwunden ist, besticht der TR2 durch seine gefällige und zugleich zweckmäßige Form. Gegenüber dem Exponat von Earls Court im Oktober 1952 ist die Heckpartie ästhetisch zufriedenstellend und strömungsgünstig überarbeitet worden und enthält nun einen ausreichenden Kofferraum sowie ein Chambre séparée für das Reserverad. Für die Reise hart am Wind lässt sich die Frontscheibe flugs abbauen.

Testberichte aus jenen Jahren heben die hervorragende Sicht durch die große Windschutzscheibe zwischen ihren filigranen Säulen hervor. Ebenfalls eine gute Lösung: der ungewöhnlich geformte Tunnel, der den Fahrtwind auf den Kühler kanalisiert und so die Motortemperaturen auf moderatem Niveau hält. Heiße Luft wird am Ende der Haube durch entsprechende Führungen entsorgt.

Die Instrumente, berichtet zum Beispiel *Light Car* im Juli 1953, sind einleuchtend angeordnet, vor allem die großen Runduhren für Tachometer und Drehzahlmesser, Handbremse und Schalthebel da platziert, wo sie der Fahrer am liebsten hat. Das große Handschuhfach ist abschließbar, damals durchaus eine Tugend.

Das Heck des TR2, ein Anblick, der vielen zuteil wird – sehr zum Vergnügen einer ehrgeizigen Klientel. Man empfindet den Triumph TR2 als wirklichen Sportwagen. Die 200 km/h zum Beispiel, die Testfahrer Ken Richardson bei Jabbeke im Frühjahr 1953 über den fliegenden Kilometer erzielt, sind ein echtes Verkaufsargument. Der Tank mit seinem zentralen Einfüllstutzen liegt zwischen den Sitzlehnen und dem Gepäckabteil.

TRIUMPH TR3

Karl Ludvigsen bringt es im März 1958 in *Sports Cars Illustrated* auf den Punkt: Selten oder gar nicht, schreibt er, habe er einen Mann getroffen, der einen TR2 oder TR3 gekauft und die Anschaffung bedauert habe: „Ich erinnere mich noch sehr gut an das erste Mal, damals 1954, als ich in den TR2 stieg. … Nach einem Tag mit ihm konnte ich nur noch staunen, wie sie so viel Auto für so wenig Geld zusammenzuschrauben vermögen. Er gehörte in der Tat zu jenen wenigen Fahrzeugen, aus denen man nur höchst ungern wieder herausklettert."

Der Artikel bezieht sich bereits auf den TR3A, der ab dem 9. September 1957 in den Markt eingespeist wird. Aber so sind sie alle, wie geschaffen zur Illustration eines Lexikoneintrags mit der Überschrift „Roadster", von archetypischer Form und jener Macho-Härte, die bereits ein bisschen an Masochismus grenzt wie ein viriles, aber heftig brennendes Rasierwasser. Und so ist Stabilität im Konzept, aber Mobilität im Detail angesagt.

Der TR3 erscheint im Oktober 1955 rechtzeitig zum Gefecht mit dem MGA, mit einem Basispreis von 650 Pfund (ohne Kaufsteuer) 55 Pfund teurer, aber deutlich lebendiger und fast zehn Stundenkilometer schneller. Wo früher ein Grill am Ende des trichterförmigen Schachts zwischen den vorderen Stoßstangenhörnern das Gröbste vom Kühler dahinter fern hielt, versperrt nun bündig in seine Umgebung eingelassenes Gitterwerk diesen Einblick. Hinter den schmalen Lehnen der Vordersitze hat man, falls der Extra-Wunsch besteht, eine Notunterkunft eingerichtet für einen möglichst quer zur Fahrtrichtung Mitreisenden. Die Mehrleistung von fünf PS gegenüber dem Vorgänger wird durch ein erhöhtes Gewicht wieder aufgefangen. Als Option ist ein Overdrive von Laycock de Normanville erhältlich, den Fahrstufen zwei bis vier vermittels eines Kippschalters in unmittelbarer Nähe des Lenkrads elektrisch zuschaltbar. Ein so genanntes GT-Kit umspannt ein stählernes Hardtop und äußere Türgriffe.

Vom Chassis No. TS 13046 im Oktober 1956 an kann der TR3 mit einer spektakulären Neuerung aufwarten: Scheibenbremsen vorn inmitten der eigentümlichen Leere hinter den Lochscheibenrädern, als erstes englisches Produktionsfahrzeug. Welt-Pionier war der Chrysler Crown von 1949. 1955 hat man das 24-Stunden-Rennen von Le Mans mit drei Werkswagen beschickt, einer davon mit Dunlop-Scheibenbremsen ringsum, die beiden anderen mit einem Mischsystem: Trommeln hinten, Scheiben von Girling vorn. Alle drei kommen durch mit geringen Abständen voneinander. Aber der hybriden Lösung gibt man für die Serienfertigung den Vorzug. Racing improves the breed – ebenfalls im Fegefeuer des Sarthe-Marathons wird jener mild getunte Zylinderkopf geschmiedet, der bis zum Mittsommer 1956 für den Stoffwechsel des Motors und weitere fünf Pferdestärken sorgt, ehe ihn der so genannte High-Port-Kopf ablöst.

Der TR3 wird vom TR3A nach 13 377 Exemplaren klammheimlich abgelöst, gewissermaßen ohne jegliches Triumph-Geschrei. Ein neues Modell war bereits im Gespräch, dann jedoch entschied man sich für ein Update des bestehenden Erfolgstyps. Das Pikante daran: Das Interimsmodell gerät zum Bestseller in einer Auflage von 58 326 bis zum Oktober 1961. Zu erkennen ist es an seinem breiter grinsenden Kühlergrill, kaum noch verschalten Scheinwerfern über dessen Mundwinkeln sowie serienmäßigen externen Griffen für Türen und Gepäckabteil und mehr Platz hinter dem Gestühl. Die 100 PS des knochig brummenden Vierzylinders stehen offenbar üppig im Saft: Reinhard Seiffert äußert 1958 in *auto motor und sport* die Vermutung, sie gebe es spürbar nicht nur auf dem Papier, sondern sie würden auch – durchaus gewusst und gewollt vom Produzenten – in deftiges Getöse umgemünzt, als akustische Imagepflege sozusagen.

Zwischen TR2 und TR3B spielt sich die formale Evolution des populären Triumph Roadsters gleichsam von Angesicht zu Angesicht ab. So unterscheidet sich der TR3A von 1957 vom Vorgänger TR3 durch einen breiteren Grill mit Parklämpchen in den Winkeln, Teil einer neuen Frontpartie mit robusteren Stoßstangen sowie zurückgezogenen Scheinwerfern. Hinten führen Bremsleuchten und Fahrtrichtungsanzeiger, vorher innig miteinander vereint, ihr Dasein getrennt fort. Türen und Kofferraumhaube sind erstmalig mit Griffen ausgestattet.

Schon längst schwelgen Triumph-Chef Alick Dick und die Direktorenriege an seiner Seite im Rausch süffigen Erfolgs. Schier unersättlich scheint der amerikanische Markt. Im Boom-Jahr 1959 muss Karosserielieferant Mulliners bis zu 2000 Aufbauten im Monat liefern. Wahlweise kann der Kunde nun ein Triebwerk mit 2138 cm^3 (mit 86 mm Bohrung) bestellen, bewährt in zahllosen Sporteinsätzen und solide und gelassen wie der Standard-Motor. Im Winter überarbeitet man das Bremssystem und ändert Kleinigkeiten an Cockpit, Windschutzscheibe und Befestigung des Dachs.

Ende 1960 knickt die Verkaufskurve jäh ab. Noch einmal gibt es einen Nachschlag, den TR3B, von dem zwischen März und Oktober 1962 bei der Forward Radiator Company 3331 gebaut werden – alle für den Export in die USA. In den letzten 2801 zeugen bereits die 2138-cm^3-Maschinen und voll synchronisierte Getriebe von den Dingen, die da kommen werden in Gestalt des TR4. Dann stirbt eine Legende, wenn auch nur physisch.

Schon 1957 hat *Autosport* die Tugenden des Triumph TR3 griffig zusammengefasst: Er sei schnell, sparsam und nach den Maßstäben der Zeit ungemein preiswert in der Anschaffung. Er verfüge über ausreichend Leistung für den Einsatz in Wettbewerben, aber seine eigentliche Stärke lägen beim zügigen Reisen über lange Strecken. Vor allem sei er ein praktisches Automobil mit guter Wetterausrüstung, angemessenem Komfort und beträchtlichem Gepäckraum für einen Sportwagen.

Dem ist nichts hinzuzufügen.

Die Silhouette mit der tiefen Einkehlung kurz hinter der Wagenmitte gehört zum Charme im Repertoire dieses Modells. Sie bleibt ebenso erhalten wie das Triebwerk, das – so *Sports Cars Illustrated* vom März 1958 – 100 überaus aktive Pferdestärken freisetzt. Man zeigt sich sehr angetan von der vernünftigen Anordnung unter der Haube und der guten Zugänglichkeit beispielsweise der Vergaser, der Zündkerzen und des Ölmessstabs.

TRIUMPH TR4 & TR5

Wer auch immer das schwierige Erbe des alternden Superstars TR3 antritt, muss in allen Belangen besser sein und mehr zu bieten haben – italienische Maßkonfektion zum Beispiel. Folglich wird im Sommer 1957 für die Einkleidung des Neuen Giovanni Michelotti verpflichtet. Der Triumph-Wunschzettel lässt Spielraum für Visionen, schränkt aber zugleich ein: ein sportliches Dream Car auf der Basis des viel geliebten Vorgängers.

Und so brauchen die Dinge ihre Zeit. Aus diversen Prototypen wie dem Zest und dem Zoom wird in der endgültigen Version das Beste verquickt. Die Vervielfältigung der Karosserie obliegt einem hauseigenen Unternehmen in Liverpool, der ehemaligen Hall Engineering (Holdings) Ltd. Dem Misstrauen der eher konservativ gestimmten US-Händler begegnet man mit dem Versprechen, den TR3 in einer B-Variante noch eine Zeit lang weiterzubauen. Der erste Produktions-TR4 verlässt die Werkshallen im August 1961. Zur öffentlichen Premiere kommt es einen Monat später. „Alick Dick's last Triumph" titelt eine englische Publikation in höhnischem Doppelsinn – nach der Übernahme von Standard-Triumph durch Leyland Motors zu Beginn jenes Jahres ist der Triumph-Boss just gefeuert worden.

Michelotti hat zweifellos eine regelrechte Revolution angezettelt, die Diagonale gestürzt, in der sich stilistische Ansätze aus den dreißiger Jahren erhalten haben, die Horizontale inthronisiert und sich ganz allgemein an der Idee des klassischen englischen Sportroadsters vergangen. Vorbei ist die Zeit der schrägen Türausschnitte, in die man so lässig seine Unterarme lagern konnte, vorüber auch die Ära der vom Fahrtwind gewellten weichen Seitenscheiben. Das so entstandene Ideologiedefizit wird durch schlichte Praktikabilität wettgemacht, Kurbelfenster zum Beispiel und einen großen Kofferraum. Aber das Produkt ist auch einfach schön: Niedrig und breit kommt es daher, denn die Spur ist vorn von 1140 auf 1220 mm und hinten von 1160 auf 1245 mm erweitert worden. Breit und niedrig ist die Motorhaube mit einer dekorativen Schwellung rechts, die den beiden SU-Vergasern des 2138-cm³-Triebwerks von 100 PS (das Zweiliteraggregat bleibt auf Wunsch verfügbar) die nötige Kopffreiheit einräumt. Ein wahlweise verfügbares schmuckes Hardtop, von Michelotti urprünglich für einen Ferrari entworfen, besteht

Der Triumph TR5, Erster einer neuen TR-Generation von Sechszylindern, bleibt nur 15 Monate lang im Angebot. Bis auf eine entsprechende Beschriftung bleibt die Linie der Vorgänger TR4 und TR4A unangetastet. Sogar die tropfenförmige Wölbung rechts auf der Motorhaube belässt man an ihrem Platz, mit der Giovanni Michelotti einst die bei den Vierzylindern nötige Kopffreiheit für die Dashpots der beiden SU-Vergaser geschaffen hat.

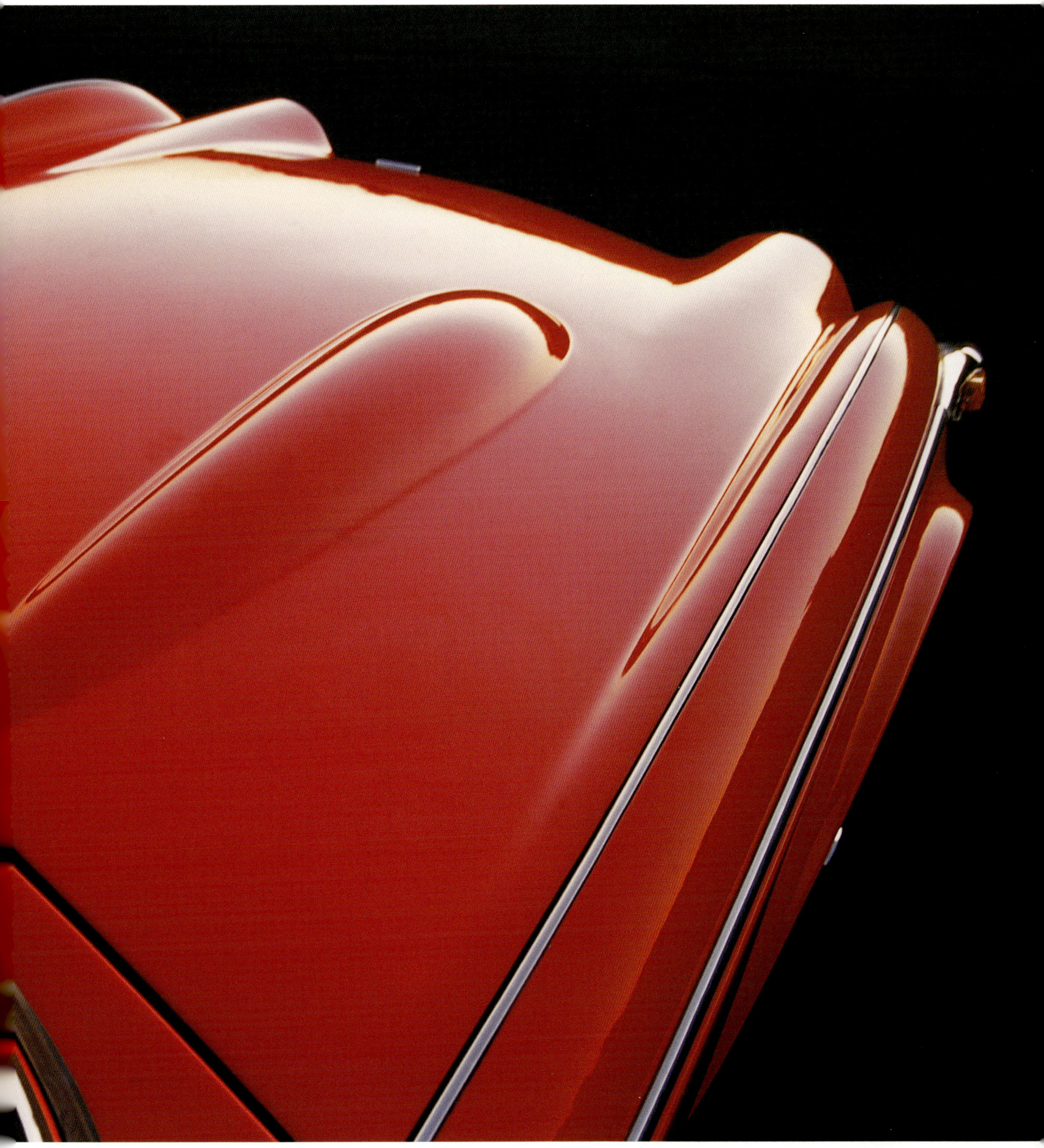

aus einem hinteren Aluminiumrahmen und einer Platte aus Pressstahl oben und vermittelt behaglichen Limousinen-Komfort und hervorragende Rundumsicht. Als weniger populäre Option erweist sich das so genannte Surrey-Top, ein leichtes Stützgerüst mit einer Vinylauflage nach Art des späteren Targa-Dachs bei Porsche.

Ende 1962 werden die ersten 100 TR4 mit Zenith-Stromberg-Vergasern des Typs 175CD ausgerüstet, nach rund 4000 Exemplaren vorn die Geometrie der Aufhängung verbessert sowie kleinere und leichtere Bremssättel installiert und die Sitze überarbeitet. Noch immer vermittelt das Fahrwerk des Triumph den asketischen Komfort eines Nagelbretts, nicht zuletzt dank des Underslung-Prinzips, das der Federung nur geringes Spiel lässt. Im Januar 1965 trägt man einem vielfachen Wunsch Rechnung und versieht (nach 40 253 TR4) den TR4A, der nach außen hin an einem neuen Frontgrill, anderen Fahrtrichtungsanzeigern und etwas mehr Dekor zu erkennen ist, mit Einzelradaufhängung der Antriebsräder.

Allerdings gilt es vorher den Widerstand der Händler in den Vereinigten Staaten niederzukämpfen. Diese fürchten Mehrkosten und das unvermeidbare zusätzliche Gewicht, weshalb ihnen ein Kontingent mit der konventionellen Auslegung zugesichert und geliefert wird. Für die neue ist der kräftige Profilrahmen leicht abgeändert worden. Analog zum Triumph 2000 führen zwei Ausleger rechts und links breit gelagerte Schräglenker aus Aluminium. Schraubenfedern übernehmen die Funktion der Blattfedern bislang. Dafür bewahrt sich aus Raumnot Historisches in Gestalt von Hebelstoßdämpfern. Am 2. August 1967 rollt der letzte von 28 465 TR4A vom Band. Am Ende hat man für den in Ehren ergrauten Vierzylinder 104 PS angegeben.

Die Ankündigung des Nachfolgers im Oktober zeugt zunächst einmal davon, dass sich die Triumph-Oberen mit leichter Hand über den Imperativ hinwegsetzen, wer A sagt, müsse sich auch zu B bekennen. Der TR4A bleibt ein logischer Torso – wie eine englische Schlange, die aus nur einer Person besteht. Das neue Modell heißt nämlich TR5 (auf dem US-Markt TR250), da in seinem Motor-Appartement eine durchgreifende Neuerung stattgehabt hat: Dort siedelt nun in einer Verbreitung von 11 431 Einheiten insgesamt ein Reihensechszylinder, dessen Wurzeln gleichwohl bis zum Standard Eight der Endvierziger zurückreichen. Mit seinen 2498 cm³ leistet der Langhuber durch eine Lucas-Einspritzung genährt 150 PS, im Hinblick auf die amerikanischen Emissionsgesetze in immerhin 8484 Exemplaren durch Vergaser entmannt jedoch wieder 104 PS. Auch mit seinen hohen Kolbengeschwindigkeiten beschwört er altbritische Traditionen herauf. Selbst bei zügiger Fortbewegung zeigt der Drehzahlmesser Werte an, die eines Schiffsdiesels würdig wären: Bei Tempo 160 zirkuliert die Kurbelwelle im vierten Gang plus Overdrive behäbige 3800 Mal pro Minute. In beiden Varianten aber bleibt der Triumph TR5 so hart, dass Zyniker darauf drängen, man solle sich vor schlechten Wegstrecken mit einem Nierenschutz umgürten.

Längst sind Scheibenräder die Norm, Speichenfelgen aufpreispflichtig. Der von einer Lucas-Einspritzung ernährte Reihensechszylinder, eigens für den TR5 entwickelt, passt wie maßgeschneidert in das Motorenappartement, nachdem der Kühler eine Idee nach vorn versetzt worden ist. Nur das Chassis darunter musste etwas modifiziert werden.

TRIUMPH SPITFIRE

Von rastlosem Schaffensdrang ist er, der kleine Turiner Designer Giovanni Michelotti, voll mit ewig sprudelndem Ideenreichtum – ein Besessener der Form. Zum Essen eingeladen, bekritzelt er alle erreichbaren Speisekarten mit Autosilhouetten und Detailansichten und hinterlässt sie Kellnern und Gastgebern als Souvenir. „Und das Schönste war", entsinnt sich der damalige Triumph-Chef Alick Dick, „er konnte sich völlig auf seinen Kunden einstellen und in fünf Minuten etwas auf das Blatt zaubern, das diesem zusagte."

So entsteht, was die Abteilung von Triumph-Konstrukteur Harry Webster in ihrem Faible für dekorative *four letter words* mit dem Arbeitsnamen Bomb belegt, im September 1960 durch Alick Dick abgesegnet. Als Leyland Motors im April 1961 die Kontrolle über Standard-Triumph übernimmt, findet man in einer Ecke einen mit Spinnweben überzogenen Prototyp vor. Unter dem schmucken Michelotti-Gewand verbirgt sich der kräftige Zentralträgerrahmen aus dem Triumph Herald, allerdings mit einem entsprechend verkürzten Radstand, sowie dessen Vierzylinder von 1147 cm³ und 63 PS. Ein bisschen schüchtern kauert er da hinter der mächtigen und im Ganzen hochklappbaren Frontverkleidung, die einen ungehinderten Zugang zum gesamten Vorderwagen eröffnet.

Militant liest sich bereits der Code – wie die Absicht hinter dem Projekt: Man möchte damit den Konkurrenten Austin-Healey Sprite und MG Midget zu Leibe rücken. Aggressiv klingt schließlich die endgültige Benennung Spitfire für den kleinen Roadster nach einem gefürchteten R.-A.-F.-Kampfflugzeug des Zweiten Weltkriegs trotz der pädagogischen Bedenken eines Teils der Triumph-Führung, diese könnte zu einem wüsten Fahrstil verleiten.

Dabei bleibt das Säbelrasseln rein verbal. Zum friedfertigem Umgang mit dem Feuerspeier erzieht bereits seine Pendelachse hinten an einer Querblattfeder mit ihrem cholerischen Eigenleben im Grenzbereich, während die Vorderräder an Querlenkern und Schraubenfedern verlässlicher Kurs halten. Jedenfalls schlägt er tatsächlich im Feindesland ein wie eine Bombe, hübscher, schneller als die Spridgets und im Gegensatz zu diesen mit Scheibenbremsen vorn ausgestattet. Ihre Verkaufszahlen in der Addition übertrifft er im Nu. Als weitere Pluspunkte stellen begeisterte Rezensenten in aller Welt den kleinen Wendekreis heraus, den großzügig dimensionierten Kofferraum sowie die wegen des separaten Rahmens nach einer Beschädigung leicht auswechselbaren Paneelen der Außenhaut. Erst spät 1963 werden Hardtop, Speichenräder und Overdrive als willkommene Optionen angeboten, im März 1965 eine Mark-2-Version mit vier PS mehr.

Als ausgesprochener Muntermacher erweist sich ab Frühjahr 1967 ein willig ansprechendes größeres Triebwerk mit 1296 cm³ und 75 PS, die den Spitfire frech an der 100-Meilen-Mauer kratzen lassen. Gleichzeitig erscheint die vordere Stoßstange im Hinblick auf rüde Parkgewohnheiten und eine strikter werdende Gesetzgebung in den USA gewissermaßen in Vorhalte vor dem Kühlergrill. Dies sei, vermerken die Chronisten, die Generation mit dem Knochen zwischen den Zähnen gewesen. Andererseits gereichen ihr das Holzfurnier auf dem Armaturenbrett und ein kleineres Lenkrad zur Zierde. Ende jenes Jahres feiert man vergnügt den Spitfire Nummer 100 000 – von 314 338 insgesamt, wie sich herausstellen wird.

Aber schon hat das ursprüngliche Design ein paar Runzeln und Krähenfüßchen angesetzt. 1968 wird Maestro Michelotti erneut zu Rate gezogen. Die Früchte seines Nachsitzens verkörpern sich im Mark 4, der 1970 kurz nach der

Motor Show von Earls Court vorgestellt wird: ein retuschiertes Gesicht, ein kantigeres Heck und ein eckigeres Hardtop, ein neues Layout für die Instrumententafel, deren Uhren sich zentral im Blickfeld des Fahrers gruppieren. Auch die erste Fahrstufe ist nun synchronisiert, die Hinterachsübersetzung länger, was keinen Zuwachs an Spitzengeschwindigkeit bringt, da der Spitfire stetig zugenommen hat. Die beste Nachricht zuletzt: Dass sich die Querblattfeder hinten neuerdings auf einem Drehpunkt am Differentialgehäuse abstützt, verbessert die Straßenlage erheblich, hält indessen Harry Websters Nachfolger Spen King nicht von einem Überschlag während einer Probefahrt ab.

Aber auch die Motorenpalette von British Leyland altert, hat teilweise ihr Verfallsdatum deutlich überschritten. Auf Grund radikaler Eingriffe zur Entgiftung ist die US-Variante 1972 auf rachitische 48 PS erschlafft und erhält ein Jahr später zeitgleich mit scheußlichen Gummistoßfängern ein 1493-cm³-Triebwerk, das immerhin neun PS mehr bereitstellt. Mit dieser Maschine, die auf dem europäischen Markt mit 71 stattlichen Pferdestärken aufwartet und auch den ehemaligen Rivalen MG Midget zu höheren Leistungen beflügelt, ist die fünfte Ausbaustufe ab 1974 ausgerüstet, wiederum um die 100 Meilen schnell und in 13,2 Sekunden bei 60 mph angelangt. Der 1500 stellt die Apotheose der Baureihe dar, 1980 jedoch auch ihren Abschluss. Da ist sein ganzes Konzept in die Jahre und ins Gerede geraten, schon weil die Großserienteile nicht mehr verfügbar sind, die den Triumph Spitfire so ungemein preiswürdig gemacht haben.

Abgesehen von Türen und Hauben besteht die Karosserieschale des Triumph Spitfire aus einem Stück und ist erstaunlich steif. Bei seiner Windschutzscheibe handelt es sich um eine Mitgift vom großen Bruder TR4. Für die Version Mark 3 von 1967 hat man die Frontpartie revidiert. Am meisten ins Auge fällt der auf die Höhe des Kühlergrills angehobene vordere Stoßfänger. Der Spitfire trägt ihn gleichsam ein Soldat sein Gewehr in Vorhalte.

TRIUMPH
Overdrive
Spitfire
MK3
MK 369 G

Der Gepäckträger zählt zur Zusatzausstattung wie der Overdrive und die Speichenräder. Im geräumigen Motorabteil des Spitfire hat nun, hier sorgfältig gepflegt und liebevoll aufbereitet, ein 1296-cm^3-Aggregat Unterschlupf gefunden, das ihn in 12,5 Sekunden auf Tempo 100 und in die Liga der 160-km/h-Autos befördert. Auskünfte über das Befinden der Maschine erhält der Fahrer bei einem Blick zur Mitte oberhalb des Getriebetunnels. Nach dem Hochklappen der voluminösen Fronthaube bekommt man auch die vordere Aufhängung zu Gesicht.

TRIUMPH GT6

Ein nobler Spitfire soll er werden mit einem Festdach aus Stahl und viel Komfort, ein Gran Turismo, der seinem Namen Ehre macht, weil man in ihn gerne einsteigt, um eine lange Reise anzutreten, und ihn nur ungern wieder verlässt. Dass er ausschaut wie ein bei der Autowäsche eingelaufener Jaguar E-Type macht ja nichts. Es spiegelt nur die wirklichen Verhältnisse: Man kommt hin mit einem viel kleineren finanziellen Aufwand und überdies erweisen sich jockeyhafter Wuchs und jugendliche Biegsamkeit als wünschenswert beim Aufsitzen und beim Einsitzen.

Aus der Zusammenarbeit von Giovanni Michelotti und Harry Webster erwächst Ende 1963 ein Prototyp auf Basis des Roadsters, aber hochgeschlossen und mit einer großen Hatchback-Tür über einem voluminösen Kofferraum. Vorgestellt werden soll er im Jahre 1964 als Spitfire GT mit dem gleichen Vierzylinderaggregat wie das offene Modell und macht im Frühjahr jenes Jahres auch schon einmal eine kleine Pilgerfahrt nach Le Mans, jenem Lourdes unter den Wallfahrtsstätten des Motorsports, das den englischen Freak schon durch die Anziehungskraft seines bloßen Namens über den Kanal lockt.

Dann aber überstürzen sich die Ereignisse: Es wird ruchbar, dass MG für den Herbst 1965 eine Fastbackvariante des MGB plant, und so möchte die Standard-Triumph International Ltd. keineswegs zurückstehen und dem Prestigeangebot des Rivalen in Abingdon etwas Ebenbürtiges entgegenstellen. Im Mai gibt es grünes Licht für den GT6, wie der Neue einvernehmlich genannt wird: Die Ziffer steht für die Zahl der in Reihe angetretenen Verbrennungseinheiten seiner Zweilitermaschine, die er mit dem im Oktober 1966 gleichzeitig eingeführten Triumph Vitesse gemeinsam hat. Auch ein länglicher Wulst auf der Motorhaube weist auf die Anwesenheit des sanft und seidig summenden Sechszylinders hin. Dieser ist mit einem voll synchronisierten Getriebe vermählt worden, wie es in den Renn-Spitfires schon seit einiger Zeit Dienst tut.

Hat sich der Passagier in Demut geneigt und durch die niedrige Tür eingefädelt, erwarten ihn intime Enge und sanfter Luxus wie Walnussfurnier, in das schwarze Rundinstru-

Der Triumph GT6 ist im Prinzip ein Spitfire mit sechs Zylindern und einem voll integrierten Fastbackaufsatz. Das Heckfenster dient zugleich als Zugang zum Gepäckraum. Als Mark II übernimmt der GT6 1968 die Retuschen, die dem Spitfire der dritten Ausbaustufe zuteil geworden sind, also auch die höher angesiedelte Stoßstange vorn. Sein Zylinderkopf stammt vom TR5 und eine andere Nockenwelle tut ein Übriges für eine gesteigerte Leistungsausbeute.

mente eingebettet sind, prall knackende Kippschalter sowie weicher Teppichflor über den Fußböden, eine Hochwert-Anmutung, die der gewöhnliche Spitfire gänzlich vermissen lässt. Das Baukastenprinzip scheint hier eine schöne Blüte getrieben zu haben, ohne das Triumph-Budget ungebührlich zu belasten.

Nur: Bei der hastigen Konzeption des Coupés sind seinen Vätern auch ein paar Denkfehler unterlaufen. So ist die Ventilation miserabel und die Scheiben beschlagen beim geringsten Anlass heftig. Vor allem aber wurde das Triebwerk so weit nach vorne positioniert, dass der GT6 in schnell gefahrenen Kurven einem kopflastigen und kaum zu bändigenden Untersteuern frönt. Ist die Straßenlage des Feld-, Wald- und Wiesen-Feuerspeiers auf Grund seiner Schwingachse bereits problematisch – die seiner bedachten Version entartet ins Diabolische und überfordert selbst geübte Lenker. Dramatische Fotos in der Fachpresse sind eher angetan, potentielle Kunden zu verprellen: Da scheinen sich beim Verkehr im Grenzbereich alle vier Räder in gewissermaßen demokratischem Dissens uneins über die einzuschlagende Richtung. Auf Holperstraßen wird der kleine Brite vollends unwirsch, stampft und stößt, versetzt und springt, und allzu schwache Stoßdämpfer vermögen nicht, den Aufgebrachten zu besänftigen.

Gleichwohl finden sich für die erste Auflage bis 1968 immerhin 15 818 unverdrossene Liebhaber. Für die zweite, 12 066 Exemplare bis 1970, stellt man diese bedrohliche Launenhaftigkeit ab, indem man ihm – ein aufwändiges und kostspieliges Verfahren – die revidierte Hinterradaufhängung aus dem Vitesse Mark 2 verpasst: Schubstreben und umgekehrte Querlenker unten sowie Halbwellen mit Hardyscheiben. Die obere Querblattfeder bleibt. Wie der Spitfire der dritten Generation trägt nun der GT6 den vorderen Stoßfänger vor dem Kühlergrill. Cockpitausstattung und Be- und Entlüftung sind verbessert und tragen zu einer Aufwertung bei, die mit 79 Pfund mehr gegenüber dem früheren Preis von 800 Pfund lediglich bescheiden honoriert werden muss. Die Leistung der Maschine wurde mit dem Zylinderkopf des TR5 und schärferen Nockenwellen um zehn auf 105 PS angehoben, so dass sich der kleine Renner etwa auf deutschen Autobahnen mit 180 Stundenkilometern gegen flinke einheimische Limousinen zur Wehr setzen kann. Die entgiftete US-Spielart lässt es allerdings bei 95 PS bewenden, mit fallender Tendenz: Durch die jährlichen schmerzlichen Aderlässe auf dem Altar der amerikanischen Emissionsbestimmungen ist die Manneskraft des eigentlich so agilen Zweiliters im Jahr der Schwäche 1972 auf bloße 79 PS eingetrocknet.

Der dritten Serie zwischen 1970 und 1973 (13 042 Einheiten) lässt man das gleiche Styling-Update angedeihen wie dem Spitfire Mark 4 – revidierte Front, kantiges Heck. Und im letzten Jahr seines Modelldaseins verhilft dessen optimierte hintere Fahrwerksauslegung dem GT6 noch einmal zu verbindlicheren Umgangsformen auf der Straße. Da indessen ist die Kurve mit den Verkaufsabschlüssen bereits scharf abgeknickt und wo die Nachfrage aufhört, versiegt am Ende auch das Angebot. Im Schatten seines älteren Bruders stand der Triumph GT6 ohnehin immer.

TRIUMPH TR6

Im Juni 1976 verlässt in Liverpool der letzte von insgesamt 94 619 TR6-Aufbauten die Triumph-Fertigungsstätte Nummer 1, vormals Hall Engineering, und wird in Coventry mit seiner mechanischen Hälfte vereint sowie für den Gebrauch zubereitet. Dieses Ereignis liefert den Chronisten, Statistikern und Analytikern reichlich Stoff, Bilanz zu ziehen, Entwicklungen nachzuzeichnen sowie kluge Kommentare aller Art abzugeben. Zum Beispiel diesen: dass die Zeit die Baureihe gleichsam links beziehungsweise rechts überholt habe. Der TR2 von 1953, mit dem alles begann, sei noch *state of the art* gewesen, während man mit dem TR6 just den letzten Dinosaurier verabschiedet habe. Mit ihm verschwindet in der Tat das Schlusslicht hinter den „massenproduzierten Sportwagen mit Haaren auf der Brust", wie es der englische Autohistoriker Graham Robson ins Drastisch-Physische übersetzt, im Dunkel des Präteritums.

Nichts ist mehr identisch, aber dennoch verbindet die beiden Meilensteine der TR-Geschichte eine Kette unablässiger Evolution, in die sich deutlich erkennbare Gelenkstellen einlagern. Dazu zählen der Wachwechsel zwischen der Schräge und der Horizontalen im TR4, angeordnet durch Giovanni Michelotti, der Übergang von der Starrachse zur unabhängigen Aufhängung auch der Antriebsräder im TR4A, die Ablösung des Vierzylinders durch den Sechszylinder im TR5. In eigentümlicher Weise spiegelt dieser Prozess die Geschicke der Firma seit dem Krieg wider: Anbau, Ausbau, Umbau, Expansion.

Der TR5 lebt noch und erfreut sich bester Gesundheit, als man sich bereits Gedanken um seinen Nachfolger macht. Wieder wird der Turiner Meister konsultiert. Aber der zeigt sich diesmal gänzlich abgeneigt, da durch Vollbeschäftigung ausgelastet. Auf der Suche nach Ersatz werden die Triumph-Emissäre schließlich bei der deutschen Karosseriefabrik Karmann in Osnabrück, bekannt durch ihre Ghia-Versionen auf VW-Basis und Porsche-Auftragsarbeiten, fündig und handelseinig. Was man von den westfälischen Ansprechpartnern erwartet, ist keineswegs ein Pappenstiel: die vorhandene Linie zeitgemäß und möglichst kostenneutral zu entrümpeln und die für die Serienproduktion erforderlichen Werkzeugmaschinen bereitzustellen und nach Liverpool zu liefern – und zwar binnen 14 Monaten. Nur 15 Monate nach der Präsentation des TR5 folgt ihm der TR6 im Januar 1969 gleichsam auf dem Fuße.

Ab Januar 1969 werden TR5 und TR250 ersetzt durch den TR6. Im Prinzip behält man die Urform des TR4 im Michelotti-Design bei. Front und Heckpartie sind allerdings wunschgemäß durch den deutschen Triumph-Partner Karmann neu und zeitgemäß gestaltet worden. Dies impliziert einen vereinfachten Grill, andere Kotflügel, eine geglättete Motorhaube ohne den redundant gewordenen Wulst rechts ebenso wie das jäh abgehackte Heck.

Karmann hat sich nämlich elegant – und pünktlich – aus der Affäre gezogen. Der gefällig eingebrachte rechte Winkel wird zur Maxime erhoben, Michelottis Silhouette gewissermaßen von allem barocken Beiwerk befreit und auf das vereinfacht, was der Maestro eigentlich meinte. So wird das bislang etwas verquollene TR-Gesicht chirurgisch gestrafft, indem man die Scheinwerfer aus ihrer halb exponierten Höhenlage erlöst und beiderseits eines klar gegliederten, mattschwarzen Kühlergrills unterbringt. Zum bloß dekorativen Relikt aus längst vergangenen Vierzylinder-Zeiten verkommen, wird der asymmetrische Hügel rechts auf der Motorhaube abgetragen. Zwei seitliche Zierleisten verschwinden, die in den Leuchteinheiten für Blinker und Standlicht mündeten. Dafür werden die nunmehr horizontal angeordneten hinteren Lampen-Ensembles bis in die Flanken herumgewinkelt. Noch kantiger gerät das weit überhängende Heck, noch üppiger der Kofferraum darin. Ein kleiner Rückschritt: Wo schwere Gepäckstücke früher nur bis Oberkante Stoßstange zu liften waren, müssen sie nun über eine Rückwand gewuchtet werden. Das ebenfalls eckiger gewordene Hardtop, von Triumph selbst als Extra geliefert wie auch der Overdrive und die Drahtspeichenräder, besteht aus einem Stück. Der TR6 rollt auf 5,5-Zoll-Rädern, was zusammen mit einer Spurverbreiterung von 25 mm vorn und 24 mm hinten sowie einem kräftigen vorderen Stabilisator für neutraleres Fahrverhalten sorgt. Die traditionelle Härte bleibt. Auf

schlechten Wegstrecken setzt es Hiebe von unten und die Karosserie des urtümlichen Roadsters erbebt und ächzt ungehalten. Schon diese Unmutsbekundungen erziehen zu gelassen-defensivem Fahren. Der Sechszylinder tut ein Übriges, indem er bereits bei niedrigen Drehzahlen knorrige Kraft bereitstellt, sich mit hohen jedoch gar nicht abfinden mag. Überhaupt führt er sich – ab 1970 mit einem robusteren Getriebe zusammengegeben – als rauer Naturbursche auf. 1973 mildert eine sanftere Nockenwelle seine Manieren, befördert aber auch ein paar Pferdestärken ins Jenseits. Zugleich wuchert die unvermeidliche Plastik-Spoilerlippe unter dem vorderen Stoßfänger hervor, an dessen Stelle ein Jahr später schwarze Protuberanzen in den Versionen für den Export nach Nordamerika gesprossen sind. Diese, im Werksjargon als TR6 Carb (für Carburettor wegen ihrer Vergaserbestückung) vom TR6 PI (für Petrol Injection) unterschieden, bescheiden sich mit lediglich 104 PS wie bereits ihre Vorfahren TR4A und TR250. Neue Stromberg-Zerstäuber spenden ab 1972 zwei PS mehr, während eine weitere Reduktion des Verdichtungsverhältnisses von 8,5 auf 7,5 : 1 in dieser Hinsicht folgenlos bleibt.

In mancher Hinsicht halten US-Bürger zäher am Gewohnten und für gut Befundenen fest als ihre Vettern jenseits des Atlantiks: Noch zwei Jahre nach der Einführung des TR7 findet der TR6 Carb im Land der unbegrenzten Möglichkeiten seine treuen Abnehmer.

Das Cockpit des TR6, verheißt die Triumph-Werbung vollmundig, sei sicherer geworden, weil zum Beispiel die Kippschalter ein zurückgezogeneres Dasein in der Armaturentafel führten. Im Übrigen bleibt man in dieser Hinsicht beim Layout des TR5. Das Triebwerk scheint äußerlich unverändert, legt aber im Laufe der Zeit auf Grund behutsamer chirurgischer Eingriffe in seinem Inneren bessere Manieren an den Tag. Sie müssen allerdings mit einem Verlust an Potenz erkauft werden.

TRIUMPH STAG

Wie die Story vom Spitfire beginnt die Saga vom Stag mit dem Fund einer verhohlenen Michelotti-Kreation. Anlässlich eines Routinebesuchs im Atelier des Maestro entdeckt nämlich Harry Webster, technischer Direktor bei Triumph, Anfang 1966 ein rankes und resches viersitziges Cabriolet als sportliche Ausformung des von Michelotti selbst entworfenen Triumph 2000. Sublimiert hat es der unermüdliche Turiner Genius aus einem geschundenen und abgegriffenen Prototyp, der während des Spitfire-Debüts 1964 in Le Mans als Mädchen für alles herhalten musste. Was er damit bezwecke, fragt Webster. Nun, er wolle es als Gelegenheits-Blickfang auf ein paar Autosalons schicken, mehr nicht, antwortet Michelotti in seinem singenden Englisch.

Webster jedoch entschließt sich spontan, das hübsche Findelkind zu adoptieren, und auch die Lieben daheim schließen Michelottis Fingerübung wie erwartet ins Herz. Pläne und erste Teile werden geschmiedet. Eine Jahresproduktion von 12 000 Exemplaren müsste im Bereich des Möglichen liegen. Alfa Romeo und Lancia, ja sogar Mercedes gedenkt man Kunden abspenstig zu machen. 1968 soll die Welt vom neuen Triumph erfahren. Stag (englisch für Hirsch) nennt man ihn in der Entwicklungsphase und so wird er in seiner endgültigen Form heißen, weil alle den Namen mögen. Damit indessen – nur weiß das noch niemand – nimmt die Passion des Hirschs ihren Anfang. Denn während sich der Spitfire zum Publikumsliebling mausert, ist dem Stag ein düsteres Geschick beschieden.

Zunächst einmal gerät er in die Mühlen der Politik. Die Elefantenhochzeit zwischen Leyland Motors und den British Motor Holdings Anfang 1968 mit der englischen Regierung als Trauzeuge beginnt sich abzuzeichnen. Wegen des schwierigen Nebeneinanders von gewachsenen Identitäten wie Austin-Morris, Triumph-Standard, MG und Jaguar-Daimler gilt es eine Menge Empfindlichkeiten, Befindlichkeiten und Prestigeansprüche zu berücksichtigen sowie dem neuen Groß-Gebilde eine Struktur zu geben.

Zum Zweiten gerät das Projekt viel teurer als geplant, zumal es sich immer mehr vom Massenprodukt Triumph 2000 emanzipiert. Ursprünglich hat man den Reihensechszylinder aus dem TR5 als Triebwerk ins Auge gefasst. Dann ist zum Verdruss des Triumph-Kaders der Rover V8 im Gespräch, der den Vorzug der Serienreife ins Spiel bringt, aber nicht ganz in den Motorraum des Stag passt. Schließlich entscheidet man

Immer wieder liest man bei der Konzeption des Stag die nordamerikanischen Sicherheitsbestimmungen. Konkretes Resultat ist der T-förmige Überrollbügel. Stag ist zunächst sein Codename und Stag heißt er am Ende wirklich – ein einmaliger Fall in der Triumph-Geschichte.

STAG

Vielleicht nicht jedermanns Sache, gewiss aber mit großer Konsequenz inszeniert: Das Styling des Stag an Front und Heck. Am Bügel-freien Prototyp von 1966 fristen die Doppelscheinwerfer ihr Dasein halb verborgen hinter einer störanfälligen Gitterjalousie, im Produktionswagen treten sie frei zu Tage.

sich für eine Maschine in der gleichen Konfiguration aus eigener Herstellung, zusammengesetzt aus zweien der schräg eingebauten Dolomite-Vierzylinder mit je einer oben liegenden Nockenwelle. In ihrer Dreiliterversion überfordert sie vorhandene Komponenten und so gibt Websters Nachfolger im Amt Spen King 1968 widerstrebend grünes Licht für ein stärkeres Getriebe, eine robustere Hinterachse, voluminösere Bremsen und größere 14-Zoll-Räder. Ohnehin hat man zwar das ursprüngliche Konzept im Großen und Ganzen nicht angetastet, dafür aber Tausende von Details geändert. So entstellt ein trotziger Überrollbügel in T-Form die reine Linie des Michelotti-Entwurfs, kann allerdings gnädig verhüllt werden durch ein massives, aber schönes aufpreispflichtiges Hardtop, das den Stag in einen kommoden Gran Turismo verwandelt. Und die Scheinwerfer, ursprünglich halb verborgen hinter elektrisch einziehbaren Gitterstäben links und rechts des Grills, sind gänzlich freigelegt worden. Nicht eine einzige Paneele der selbsttragenden Karosserie, montiert in der Liverpooler Fabrik 1, lackiert und mit dem opulenten Trimm des Modells versehen im brandneuen Werk 2 und mit der mechanischen Hälfte vereinigt in der traditionellen Fertigungsstätte zu Canley-Fletchamstead, entspricht mehr dem 2000.

Darunter sieht es gleichwohl aus wie vorgesehen mit einer Servolenkung, vorderen Scheibenbremsen sowie in aufwändiger Unabhängigkeit geführten Rädern, an MacPherson-Federbeinen, unteren Querlenkern mit Schrägstreben und Schraubenfedern vorn und Längslenkern und Schraubenfedern hinten.

Inmitten eines Umfelds von versteckten Fallen und fatalen Fehlern, von Fusion und Konfusion wird im Oktober 1968 gerade mal ein zweiter Prototyp fertig. Selbst nachdem der Hirsch im Juni 1970 offiziell das Licht dieser Welt erblickt hat, muss sich der Interessent noch ein Weilchen gedulden. Dann aber gibt es lange Gesichter. Mit der Verlässlichkeit steht es keineswegs zum Besten. Der hauseigene V8, nicht ganz zu Ende gedacht und unter beträchtlichem Zeitdruck hastig zusammengeschustert, hat mit erheblichen thermischen Schwierigkeiten zu kämpfen. Dichtungen brennen durch, Zylinderköpfe krümmen sich gequält, Lagerschäden häufen sich, mithin die Garantieansprüche einer vergrätzten Klientel. Des Stags Design, schon bei seiner Präsentation längst Schnee von gestern, altert zügig in die siebziger Jahre hinein. Vor allem der nordamerikanische Markt spricht nicht mit dem erhofften Enthusiasmus an: Von den 25 877 Triumph Stag insgesamt – 5446 im besten Jahr 1973 – werden lediglich 6780 zum Export verschifft.

Also bläst man im Juni 1977 das Halali über dem Hirsch – zur klammheimlichen Freude der Budgetverwalter, die ihn schon allzu lange irgendwie mit durchgefüttert haben.

TRIUMPH TR7 & TR8

Einfache Normen, einfache Formen: Viel zierlicher als die Vorfahren TR4 bis TR6, pfeilt sich das Triumph TR8 Convertible als simpler Keil in den Fahrtwind. Diese Anmutung wird noch unterstützt, wenn sich die Scheinwerfer in elektrisch herbeigeführtem Ruhestand der Silhouette anpassen. Im Vergleich mit dem Coupé wirkt die offene Version ranker und stellt gewiss die gelungenere Lösung dar. Im Cockpit regieren indessen unumschränkt der rechte Winkel und ein wenig anheimelnder Plastik-Look.

Nach der Fusion von Leyland Motors und British Motor Holdings zu British Leyland ist 1968 just die Symbiose des Unvereinbaren zur tagtäglichen Realität geworden, da beginnen sich die Innenpolitiker der Firmen-Föderation bereits die Köpfe über die künftige Modellpalette zu zerbrechen und einzuschlagen.

Bald ist auch der TR dran. Gewiss – man hat den TR6 gerade auf die Schiene in die Siebziger hinein gesetzt. Bald aber muss ein moderneres Konzept her, in Anlehnung an die Dolomite-Baureihe, mit selbsttragender Karosserie und formal fit für die Zukunft, mit einer Automatik als Option. Die traditionelle Auslegung von Frontmotor und Heckantrieb möchte man beibehalten, gar reuig zur Starrachse zurückkehren: Triumph-Cheftechniker Spencer King mag sich für die unabhängige Aufhängung der Hinterräder nur in ihren aufwändigeren – sprich teureren – Spielarten erwärmen. Eine Reihe von Vorgaben diktieren den Technikern auch die rigorosen nordamerikanischen Bestimmungen hinsichtlich Emissionen und Sicherheit in die Feder. Für den Fall eines Überschlags verlangen sie eigentlich gebieterisch nach einem Festdach.

Ein Karosserieentwurf, den Harris Mann zu Papier gebracht hat, Stylist im Schönheitsstudio der Leyland-Tochter Austin-Morris in Longbridge, wird flugs in natürlicher Größe aus Ton nachgebildet und Ende 1971 abgenickt. Alsbald erheben sich Hickhack und schrilles Gezänk, wer wo was tun soll. Selbst Badge Engineering zieht man in Betracht, womöglich gar im Duett mit dem früheren Erzrivalen MG.

Im April 1972 fällt die Entscheidung: Der Neue wird in seiner Gänze in Liverpool gebaut, das Puzzle der Paneelen im Werk 1 gepresst, alles andere im Werk 2 erledigt. Da weiß noch niemand, dass dem Modell unruhige Zeiten ins Haus stehen, der Ortswechsel eines Tages zur Norm gerät. Ab Mitte 1978 wird man die Karosserieteile von der Pressed Steel Co. in Cowley bei Oxford beziehen und die Montage wie bereits früher in Canley vornehmen. Diese Aufgabe wird 1980 der modernen Rover-Fabrik in Solihull bei Birmingham übertragen.

Kein Wunder, dass dabei Stabilität und Kontinuität ebenso auf der Strecke bleiben wie die Gründung einer geplanten TR-7-Familie, mit Streiks, Energiekrisen und Aufwertungen des Pfundes Sterling als düsterem Generalbass im Hintergrund.

Als das Hardtop-Coupé, mit dem die Modellreihe ihren Anfang nimmt, schließlich im Januar 1975 vorgestellt wird, fragt man sich wie so häufig nach revolutionären Akten, ob denn nun die Dinge wirklich um so viel besser geworden sind. Spötter nörgeln, auf einen groben Klotz sei nun ein grober Keil gefolgt. Die ungewöhnlich hohe Gürtellinie und die niedrigen Seitenfenster sind in der Tat der Sicht wie der Übersicht ebenso abträglich wie die stark abfallende Motorhaube, die den Piloten schelmisch darüber im Unklaren lässt, wo sein Auto eigentlich aufhört. Auch über die Ästhetik des Stufenhecks kann man trefflich streiten, während die zellenhafte Enge des Fahrgastraums einfach Fakt ist.

Die herrscht auch unter der vorderen Haube: Dort duckt sich ein kurzhubiger Vierzylinder von 1998 cm³ und 105 PS mit oben liegender Nockenwelle und nach dem Querstromprinzip angeordneten Ventilen im Winkel von 45 Grad nach der Seite ab, ein Bekannter aus dem Saab 99 und dem Triumph Dolomite. Die ursprünglich verheißene Sprint-Variante mit 16 Ventilen erscheint nie, obwohl an 25 Vorserienwagen ausgetestet. In der US-Version werden 13 PS erdrosselt von zwei Stromberg-Vergasern 175CD SEV (sonst SU HS 6), einer Verdichtung von 8 : 1 (sonst 9,25 : 1) sowie weiteren Parasiten, die Abgasgift und Kräfte verzehren. Der Popularität des TR7 in den Vereinigten Staaten tut dies keinen Abbruch. Seine Vorderräder hängen einzeln an Federbeinen und Querlenkern, die hinteren plangemäß an einer Starrachse, allerdings mit Längs- und Schräglenkern und Schraubenfedern.

Nach einer umzugsbedingten Pause ist der TR7 ab Herbst 1978 wieder zu haben, nunmehr mit einer serienmäßigen Fünfgangschaltung. Bis zum Sommer des Jahres 1979 verzögert sich die Einführung des TR7 Drophead, zunächst nur in die USA verschifft und ab März 1980 auch dem Rest der Welt zugänglich. Mit seiner stärker geneigten und massiv eingefassten Windschutzscheibe kommt es ohne entstellenden Überrollbügel aus und bietet insgesamt einen erfreulicheren und rundum ausgewogeren Anblick als seine geschlossenen Geschwister. Ebenfalls lange erwartet, aber viel zu spät hat sich Anfang 1980 der TR8 auf die Reise ausschließlich nach Übersee gemacht. Es handelt sich de facto um einen TR7 mit dem viel geliebten Rover-V8 von 3,5 Litern Inhalt, zum wirklich schnellen Auto mutiert: Selbst in der behördlich vorgeschriebenen umweltfreundlicheren Variante mit Vergasern leistet er noch 133 PS und läuft über 190 Stundenkilometer – zum diebischen Vergnügen all derer, die den Highway Cops unbedingt ein Schnippchen schlagen wollen. Doch da bläst der Wind dem Triumph schon mächtig ins Gesicht. Mitte 1980 steigt der Wert des Pfundes von 1,80 auf 2,40 Dollar und überdies ist der durstige V8 prinzipiell ins Gerede geraten.

Zum Heimspiel im Vereinigten Königreich kommt es erst gar nicht mehr, da British Leyland mit jedem verkauften TR eine Menge Geld verliert. Das Requiem wird fällig im Oktober 1981 nach dem Letzten der alles in allem 112 368 TR7. Der TR8 hat es auf die schmale Verbreitung von 2722 gebracht.

TVR GRANTURA

Von eigenwilliger Kreativität ist der Blackpooler Bürger Trevor Wilkinson bereits bei der Wahl des Etiketts für das Unternehmen, das er 1947 zusammen mit seinem Freund Jack Pickard in seiner Heimatstadt gründet, um durch und durch spezielle Sportwagen in die Welt zu setzen: TVR Engineering. Für den ersten Teil hat er kurzerhand ein paar Buchstaben aus seinem Vornamen herausgeworfen und der zweite ist eine charmante Übertreibung. Denn man vertraut zunächst vor allem unsicherer Inspiration und peilt so manches über den Daumen.

Während der technische Standard und das Finish stetig besser werden, gerät die Finanzierung des Wagnisses TVR über lange Zeit zum Ritt über den Bodensee. Der Erlös aus dem Verkauf zweier früher Prototypen gestattet Wilkinson den Bau eines dritten, den er eine Zeit lang für seinen persönlichen Bedarf nicht zuletzt bei lokalen Wettbewerben benutzt. Weitere folgen und einige finden sogar ihren Weg in die Vereinigten Staaten unter dem Signet Jomar, komponiert aus den Namen John und Margaret. So heißen die Kinder von Wilkinsons Geschäftsfreund und künftigem TVR-Importeur Ray Saidel in Manchester, New Hampshire. 1958 verfährt man auf dem Hoo Hill Industrial Estate im Weichbild von Blackpool längst nach einem gut eingespielten Szenarium. Ein knapp sitzendes Glasfiberkleid wird über einen Rohrrahmen aus eigener Fertigung und mechanische Komponenten aus großen Serien gestreift.

Im gleichen Jahr weist bereits ein Grantura-Vorläufer das für die nächsten Jahre typische TVR-Profil von trollartiger Kürze auf: mählich aufsteigende Front, ein winziger Pavillon für zwei Fahrgäste, über den Antriebsrädern jäh abstürzendes Heck. Trevor Wilkinson hat es aus einem Wust von Entwürfen herausziseliert. Als unabhängige Aufhängung der Drahtspeichenräder dienen vorn und hinten die vorderen Führungselemente aus dem Volkswagen, Kurbellängslenker und gebündelte Torsionsstäbe. Unter Umgehung der Kaufsteuer wird der Sportzwerg zunächst ausschließlich im Vereinigten Königreich als Kit angeliefert. Der Heimwerker hat die Qual der Wahl zwischen diversen Motoren, vom betagten Ford 100E mit 1172 cm^3 und 35 PS über das MGA-Triebwerk mit 1489 cm^3 und 72 PS bis hin zum Coventry Climax von 1216 cm^3 und 83 PS.

1960 bereitet sich der Pleitegeier zum Landeanflug über dem kleinen Unternehmen vor. Dennoch folgt nach rund 100 Exemplaren einer ersten Serie von Grantura eine Mk-II-Version, insgesamt verbessert und einen Zentner schwerer mit einer Zahnstangenlenkung und der MGA-Maschine als Norm. Mit vorderen Scheibenbremsen sowie dem Aggregat des aktuellen MGA von 1622 cm^3 und 86 PS wird er ab 1961 Grantura Mk IIA geheißen. Zusammen bringen es Mk II und Mk IIA auf eine Verbreitung von etwa 400.

Der Mk III, vorgestellt auf der New Yorker Show im April 1962, leitet in vieler Hinsicht eine Wende zum Besseren ein. Ein steifes, in Dreiecke gegliedertes Fachwerk aus der Feder von TVR-Ingenieur John Thurner ersetzt die bisherige etwas unbeholfene Rohrstruktur und befreit zugleich den Kunststoffaufbau von seiner dienenden Rolle als mittragendes Element. Alle vier Räder hängen nun an Querlenkern und Schraubenfedern und der Radstand ist um 38 mm auf 2170 mm verlängert worden. Im September 1963 findet sich im Mk III 1800 der Motor des MGB mit 1798 cm^3 und 95 PS. *The Motor* hebt in der Ausgabe vom 30. Oktober jenes Jahres vor allem die verbesserte Traktion des Grantura hervor: selbst auf den welligsten Straßen durchs Moor würden sich die Hinterräder unbeirrt in die Piste krallen.

Ungefähr 90 Mk III sind zum Teil durch ausgewählte Händler für den Kunden zusammengebaut worden, da schließt sich Mitte des Jahres der Grantura 1800S an. Man erkennt ihn am so genannten Manx-Heck mit den markanten Rückleuchten des Ford Cortina und dem größeren, umgreifenden hinteren Fenster, unter dem im Nacken der Passagiere das Reserverad lagert. Als im November 1965 TVR von der wohlhabenden Familie Lilley übernommen wird, sind 90 Einheiten des 1800S entstanden, ein ungefährer Wert wie alle bisher genannten Fertigungszahlen. Manager Martin Lilley hingegen – sein Vater Arthur wird Vorsitzender der TVR Engineering Ltd. neuer Art – achtet auf exakte Buchführung. Und diese hält fest, dass zwischen Februar und September 1966 noch einmal 38 weitere 1800S, zwischen dem Juli 1966 und dem Oktober 1967 jedoch 78 Exemplare des rundum optimierten Mk IV 1800S hergestellt wurden, allesamt mit der Maschine des MGB 1800.

Warum um Gottes willen, fragt *Cars & Car Conversions* vom Mai 1967 sich selbst und den geneigten Leser, solle man sich denn einen Grantura Mk IV 1800S anschaffen, wenn der dem MGB so viel verdanke? Doch dann folgt ein ganzer Katalog von guten Gründen: Er wiege vier Zentner weniger, habe größere Räder, einen kürzeren Radstand, eine weitere Spur und sei somit viel handlicher. Dazu handele es sich um ein ordentlich entwickeltes Auto, gut ausgedacht und gut gemacht, komfortabel, schnell und sehr sportlich. Überdies errege er beträchtliches Aufsehen auf jedem öffentlichen Parkplatz – gewiss ein Argument für alle, die auf so etwas Wert legen.

Den letzten TVR hat der Rezensent acht Jahre zuvor gefahren und so gelangt er zu dem Schluss, der Fortschritt sei wirklich kolossal.

Die auffälligsten Merkmale des TVR-Zwergs sind die steil abfallende Motorhaube und die weit herumgezogene Panoramascheibe hinten. Die Stoßstangen genügen ihrer Funktion den Buchstaben, gewiss nicht dem Geiste nach.

OO 9507

OO 9507

Das Lenkrad steht steil unmittelbar vor dem dicht besiedelten Armaturenbrett. Massivere Speichen wie an den gerne gewählten Nardi-Volants würden den Blick auf Tachometer und Drehzahlmesser behindern.

Bei dem warnenden Hinweis an den Beifahrer handelt es sich um einen kleinen Scherz des jetzigen oder eines früheren Besitzers. Die Sache wird ernst, wenn jemand den Aufenthalt in engen Räumen nicht vertragen kann.

In dem etwas unbeholfenen TVR-Emblem mit dem geflügelten Mittel-V hat sich Gründervater Trevor Wilkinson verewigt, nicht ohne drei Buchstaben seines Vornamens dabei einzubüßen.

Das von Wilkinson ins Leben gerufene Unternehmen firmierte zwischen 1954 und 1957 unter Layton Engineering und bis 1962 unter Layton Sports Cars Ltd. Im folgenden Jahr wurde diese in Grantura Engineering Ltd. umgewidmet.

TVR VIXEN

Die eigentliche Premiere besteht darin, dass der Vixen 1967 als erster TVR auf der prestigeträchtigen Earls Court Motor Show vorgestellt wird. Ansonsten verabreichen Vater und Sohn Lilley, unter deren Regie sich die monetäre Lage in der kleinen Manufaktur am Hoo Hill in Blackpool beruhigt und geglättet hat und das Betriebsklima von einem beständigen Hoch geprägt wird, ihrer Klientel den Fortschritt in homöopathischen Dosen. Der Neue ist eigentlich nichts weiter als ein qualitativ aufgewerteter Grantura 1800S nach einer Motorentransplantation: In dem dafür vorgesehenen Abteil haust nach den anfänglichen 12 der 117 Vixen (zu Deutsch: Füchsin) der ersten Serie zwischen dem Oktober 1967 und dem gleichen Monat ein Jahr später nicht mehr die vertraute Maschine des MGB, sondern das Querstrom-Triebwerk aus dem Ford Cortina GT von 1599 cm^3 und 88 PS. Auf seine Anwesenheit weisen ein deutlich verändertes Auspuffidiom sowie ein breiter und flacher Lufteinlass in der Mitte des Glasfiberdeckels über ihm hin, der den Doppel-Fallstromvergaser von Weber mit Frischluft beschickt.

Autocar begrüßt diese Lösung in der Ausgabe vom 26. Juni 1969: Der Ford-Vierzylinder sei die ideale Wahl für einen Sportwagen, da er freudig am Gas hänge und mit einem ungemein günstigen Drehmoment aufwarte. Im Übrigen sei der TVR eine auffällige Erscheinung wie eh, wo immer man mit ihm aufkreuze. Wie gehabt stellt er sich auch seinem Piloten dar. In dessen Blickfeld liegt die relativ lange Haube, mithin die Hälfte des gesamten Fahrzeugkörpers, ein voluminöser Mitteltunnel stellt die gebotene Distanz zum Begleiter oder zur Begleiterin her und hinter ihm hört der TVR plötzlich auf. Bekannt ist schließlich das Fahrgestell, ein Rohrgeflecht, in dem die rennwagenmäßige Aufhängung verwurzelt ist, doppelte Querlenker und Schraubenfedern für alle vier Räder, vier Stoßdämpfer allein hinten.

Als noch populärer erweist sich der Vixen S2, der ab dem Oktober 1968 für exakt zwei Jahre in 438 Exemplaren gebaut und verkauft wird. In nicht weniger als 75 Punkten sei er verbessert worden, lockt TVR Engineering seine angestammte und künftige Kundschaft. Die wichtigsten: Der Radstand ist

um 70 mm auf 2290 mm verlängert worden, so dass breitere Türen den Zugang zum Arbeitsplatz eröffnen – eine längst überfällige Maßnahme. Der Aufbau ist nicht mehr mit dem Chassis verklebt, sondern verschraubt und kann somit im Falle eines Falles zur Gänze abgehoben werden. Die Heckleuchten, dem Cortina Mk II entlehnt, schneiden nun eckig in die Seiten, und über dem Motor erhebt sich eine lange, schlanke Wölbung, die ab dem Frühjahr 1969 vorn von zwei Lufteinlässen flankiert wird.

Zwischen dem Oktober 1970 und dem April 1972 zeugen 168 Vixen S3 vom beständigen Bemühen ihrer Väter ums Detail wie ums Ganze. Die ersten werden ausgeliefert vor dem Hintergrund des Umzugs in die Blackpooler Bristol Avenue. Felgen aus gegossenem Aluminium wie am TVR Tuscan V6 sind Standard und filigrane Chromgrills aus den Ford-Modellen Zephyr und Zodiac decken die seitlichen Auslässe links und rechts unter der Motorhaube ab. Durch diese schafft sich die Maschine des Ford Capri 1600GT Luft, mit 86 PS etwas schwächer, gleichwohl jedoch viel temperamentvoller als ihre Vorgängerin im Amt.

Das Rückgrat der vierten und letzten Vixen-Generation von lediglich 23 Einheiten – 22 im Jahre 1972, 1973 nur noch eine – bildet bereits der so genannte M-Rahmen. Dabei handelt es sich um eine Gemeinschaftsarbeit von Firmenchef Martin (daher das M) Lilley und Mike Bigland mit Rohren unterschiedlicher Stärke und Vierkantelementen, steifer als die bisherige Struktur und dennoch einfacher zu fertigen.

Nach oben hin abgerundet wird die Baureihe durch den TVR 2500, mit dem die Lilleys 1970 in Earls Court für Gesprächsstoff sorgen. Ihre jüngste Kreation kann gleich zwei Superlative für sich in Anspruch nehmen: der Welt kürzester Sechszylinder zu sein und zugleich der kompakteste 2,5-Liter-Wagen aller Zeiten – mit 3695 mm kaum länger als ein Renault 4. Bis 1973 ergreifen 385 Nonkonformisten die Gelegenheit beim Schopfe, sich durch den Erwerb des 2500 von der Masse der normal Motorisierten auf markante Art, von der Loge der anderen TVR-Adepten indes insgeheim abzuheben. Letztere auch auf der Straße hinter sich zu lassen gelingt ihnen nicht so ohne weiteres. Denn erklärtes TVR-Ziel ist es, mit dem kleinen Riesen zumindest den Fuß in die Tür zum nordamerikanischen Markt zu stellen. Im Zuge seiner Entgiftung ist der gusseiserne Reihenmotor, der auch in den Triumph-Modellen TR250 und TR6 für den Export in die Vereinigten Staaten abgasarm Dienst nach Vorschrift schiebt, nämlich um 46 PS zur Ader gelassen worden und rafft sich daher nur noch zu 104 PS auf. 190 Stundenkilometer läuft der TVR 2500 noch immer – genug, um den Groll und die hemdsärmeligen Maßnahmen gereizter Highway Cops auf sich zu ziehen.

Zu solchen strafbaren Spitzenleistungen fehlt den Besitzern der 15 Einstiegs-TVR vom Typ 1300 der Baujahre 1971 und '72 für nur 50 Pfund Sterling weniger als ein normaler Vixen S3 einfach die Stärke: Ihre Spitfire-Maschinen rücken gerade mal 63 PS heraus.

Rein quantitativ gesehen erwirbt der Kunde mit dem TVR Vixen 2500 viel Motor mit wenig Auto. Er sollte eher von kleinem Wuchs sein, denn die Raumverteilung bevorzugt entschieden das Auto selbst: lange Haube, kleiner Wohnraum mit auch seitlich beengten Sitzverhältnissen, nach kurzem Überhang jäh abbrechendes Heck, in dem sich auch noch das Reserverad breit macht. Einen eigenen Kofferraum gibt es nicht und das Heckfenster ist permanent geschlossen.

Unter der Haube erwischt man den aus den Triumph-Modellen TR5 und TR6 bekannten Sechszylinder bei einem Seitensprung, allerdings durch potenzsenkende Maßnahmen im Zuge seiner Abgasentgiftung arg geschwächt. Im Bunde mit nur 920 kg Gewicht und der exemplarischen Handlichkeit des TVR stattet er den Vixen gleichwohl mit pfeffrigem Temperament aus.

Beim Beziehen seines Schalensitzes und auch später muss sich der Pilot überall mit dem TVR arrangieren, vor allem weil der massive Mitteltunnel und die Türschwellen viel Raum in Anspruch nehmen.
Die Triumph-Schaltung ist für ein größeres Auto gedacht und reckt sich in dem TVR in ungebührlicher Höhe. Die Instrumententafel des abgebildeten Vixen 2500 ist ebenso wenig serienmäßig wie seine Ausstattung mit Speichenrädern.

TVR M-SERIES

Die zahlreichen Neugierigen, die bei der Eröffnung der Motor Show von Earls Court 1971 hartnäckig um den TVR-Stand lungern, warten vor allem auf die Rückkunft zweier hüllenloser junger Damen, die dort kurzfristig ihren Schabernack getrieben haben. Dieser flotte PR-Gag richtet sich in der Tat eher an elementare männliche Bedürfnisse, als dass er der wohlwollenden Kenntnisnahme eines neuen Automobils dienlich wäre. Auch schafft er nicht unbedingt die seriöse Basis für die Gründung einer Modellfamilie und just diese soll das raffiniert ausgeleuchtete Exponat ankündigen.

Dafür bringt der 2500M die besten Voraussetzungen mit, der erste wirklich neue TVR, seitdem Vater und Sohn Lilley 1965 das sieche Unternehmen unter ihre Obhut genommen haben. Von Martin (daher das M) Lilley und Mike Bigland stammt der Rohrrahmen aus Gebälk von wechselnder Wandstärke und runden und eckigen Profilen. Eine aufwändige Radführung an Dreiecksquerlenkern, Schraubenfedern und Teleskopstoßdämpfern (hinten je zwei) lagert sich an. Verankert zwischen den vier Hauptträgern ruht der Reihensechszylinder von 2498 cm^3 (deshalb das 2500 im Typensigel) aus dem Triumph TR6, für den US-Export entgiftet und deshalb auf 106 PS erschlafft. Bei der Gestaltung des Kunststoffaufbaus über diesem rigiden Fachwerk hat man gewissermaßen die Möglichkeiten freigelegt, die in der Form des Grantura schlummerten: Er ist gestreckter, ausgewogener, geräumiger, irgendwie klassischer in Sinne einer alterslosen Simplizität. Die Arbeit am ersten Produktions-2500M beginnt im März 1972.

Im Juni jenes Jahres stellt sich zwiefacher Zuwachs ein. Da ist zum einen, in der Nachfolge des TVR 1300, die Sparversion 1600M, in deren Motorraum das muntere Querstrom-Triebwerk des Ford Capri von 1599 cm^3 und 86 PS genügsam seiner Arbeit nachgeht. Nach einem ersten Schub bis zum April 1973 stockt seine Fertigung mit der Einführung der englischen Mehrwertsteuer VAT (für Value Added Tax), die zugleich dem Kit-Car-Prinzip das Wasser abgräbt: Viele handwerklich versierte Kunden haben den 1600M noch in kostengünstiger Heimarbeit zusammengesetzt. Ein zweiter Schub, nun ausschließlich fertig montiert, folgt zwischen 1973 und 1975.

Da ist zum anderen vorzugsweise als Offerte für den heimischen Markt der 3000M. Unter seiner vorderen Haube macht sich ein weiteres Ford-Triebwerk stark, der „Essex"-V6 mit 2994 cm^3 und 136 PS. Mit einer Spitze von 201 Stundenkilometern und dem Sprint auf Tempo 100 in knapp acht Sekunden ist der TVR viel flinker und geht dennoch ungleich haushälterischer mit seiner fossilen Nahrung um als der Capri, in dem diese kompakte Kraftquelle sonst ihren

Großseriendienst schiebt. Das hilft dem Modell durch die künstlich inszenierte Energiekrise von 1974. Variationen zum Thema 3000M sind der ML (für Luxury) von 1973, in dem edles Holz und gepflegte Auslegeware für kostspielige Behaglichkeit sorgen, und der Martin, mit dem 1976 in einer limitierten Edition von zehn Exemplaren die Erfolgs-Dekade unter der Lilley-Ägide zelebriert wird.

Massiverer Eingriffe hat es indessen bedurft, bevor auf der London Motor Show im gleichen Jahr der TVR Taimar seine Aufwartung macht, dessen Name Anklänge an einen fiktiven Grenzfluss zwischen Devon und Cornwall wachruft. Mit ihm trägt man dem vielfachen Wunsch nach einem Hatchback Rechnung, ohne die Silhouette des 3000M im Geringsten anzutasten. In früheren TVR mussten Einkaufstüten, Koffer und Mäntel grundsätzlich in einem manuellen Hindernislauf über die Sitze nach hinten bugsiert werden.

1978 gipfelt die Baureihe in einem Convertible, identisch mit dem Coupé bis hin zur Windschutzscheibe, dann aber ganz anders – ein Schmuckstück, das rasch zur begehrten Rarität wird. Die Exklusivität der ganz kleinen Zahl indessen garantiert der Erwerb eines jener 63 Turbo-TVR zwischen 1975 und 1979, deren „Essex"-Motoren unter den kundigen Händen des PS-Exorzisten Ralph Broad und dem Druck eines vorn und unter dem Triebwerk verborgenen Laders von Broadspeed, Holset oder AiResearch 230 knorrige Pferdestärken zugewachsen sind. Sie stellen sich diszipliniert und gänzlich ohne den üblichen Lag ein und tun dem Image der TVR Engineering Ltd. wohl, erweisen sich zugleich jedoch als gottlose Trunkenbolde, die gierig weit über 15 Liter je hundert Kilometer herunterstürzen. Zum Appeal dieses TVR, heißt es in einem Test in *Motor* vom 28. April 1979, gehöre vor allem seine völlige Kompromisslosigkeit. Keiner unter den zeitgenössischen Sportwagen sei würdiger, in die Fußstapfen des legendären AC Cobra zu treten. Mit ihm könne man fast allen und allem die Stirn bieten, was da so auf der Straße kreuche und fleuche.

Bis zum Ende der M-Produktion 1979 entstehen 947 2500M, 148 1600M, 674 3000M (davon 20 Turbo), 425 Taimar (davon 30 Turbo) und 271 Convertible (davon 13 Turbo).

Das letzte Glied in der weit verzweigten M-Familie von TVR ist das Convertible von 1978 und '79, gelegentlich auch 3000S genannt. Das rollende Chassis ist identisch mit dem seiner hochgeschlossenen Brüder, ebenso der Vorderteil des Aufbaus. Bei Spritzwand, Windschutzscheibe, Türen und der kompletten Heckpartie handelt es sich um Maßanfertigungen. Die Seitenfenster können lediglich aufgesteckt oder gänzlich entfernt werden.

TVR
TASMIN & DERIVATE

Drei Männer und ein Mädchen spielen eine Rolle bei der Konzeption des Tasmin, des TVR für die achtziger Jahre. Die junge Dame, eine attraktive Freundin von Firmenchef Martin Lilley, steuert einen Hauch von anonymem Charme und ihren Namen bei, der durchaus erwünschte Anklänge an den des Maserati Khamsin zum Tönen bringt.

Die Zutaten der Herren sind handfester. Lilley selbst leitet das ehrgeizige Projekt. Zwei ehemalige Lotus-Bedienstete arbeiten ihm dabei zu: Oliver Winterbottom wird 1977 mit dem Entwurf der Form betraut, Ian Jones zeichnet verantwortlich für das Fahrwerk. Unangetastet bleibt das TVR-Credo zu Kunststoffkarosserie, Gitterrohrrahmen und Ford-Triebwerken, lässt aber gleichwohl Spiel-Räume für Ideenflug und zeitgemäße Innovation. Am Ende umhüllt Winterbot-

toms strenge Auslegung der aktuellen Keillinie ein von Jones nachhaltig retuschiertes Röhrenfachwerk, in das sich die unabhängige Aufhängung der Räder hineinlagert, mit Querlenkern aus dem Ford Cortina vorn und einer hinteren hausgemachten Längslenkerachse à la Lotus. In den Motorentrakt ist der V6 aus dem deutschen Ford Capri eingezogen, mit 2792 cm³, mechanischer Einspritzung von Bosch, 160 PS stark und auch sonst von ganz anderen Maßen und Dimensionen als sein englischer Essex-Kollege, überdies vorschriftsgemäß entgiftet, so dass dem Export in die Vereinigten Staaten nichts mehr im Wege steht.

In dieser Konfiguration erscheint der Tasmin auf der Brüsseler Ausstellung im Januar 1980, als zweisitziges Fastbackcoupé für den Querdenker, der sich abseits der Trampelpfade seinen eigenen Weg sucht. Und schon im Oktober legt Lilley in Earls Court nach, mit der Option eines Dreigangautomaten von Ford, vor allem aber mit einem Convertible sowie einer +2-Variante. Um zwei karge Sitzgelegenheiten im Fond hinter den Fauteuils freilegen zu können, hat man das letzte Quäntchen verfügbaren Raums herausgequetscht, was durch eine Erweiterung des Radstands von 100 mm gegenüber dem 3000M auf 2385 mm überhaupt erst möglich wurde. Der Bug des +2 ist kürzer, sein Heck länger, anders die Linienführung des Dachs und der Radausschnitte, neu sind die Schürzen, die sich zwischen diesen abspreizen. Diese Züge werden in einer zweiten Serie ab April 1981 auf beide geschlossenen Versionen übertragen. Im Oktober des Jahres rundet man die Palette nach unten ab in Gestalt

An die versenkbaren Scheinwerfer des TVR 350i, anfänglich noch Tasmin genannt, knüpft sich eine gute und eine schlechte Nachricht. Die gute: Im Schlafhang fügen sie sich nahtlos in die glatt aufsteigende Front des Convertibles und werden damit zum positiven Element seines Stylings wie seiner windschlüpfigen Qualitäten. Die schlechte: Zum Dienst emporgestülpt drängen sie sich aufdringlich ins Bild und kosten auch etliche Stundenkilometer. Die Leuchten zwischen der Stoßstange und dem schaufelförmigen Frontspoiler spenden zusätzliches Fernlicht.

des Tasmin 200, mit einem Ford-„Pinto"-Vierzylinder von 1993 cm³ und 101 PS.

Am anderen Ende des Spektrums angesiedelt wird Mitte 1983 der 350i – den Namen Tasmin verwendet man ab 1984 nur noch im TVR-Hausgebrauch. Die unauffällige Kürzelgruppe kündet von Umsturz: Im Motor-Appartement haust nämlich der allgegenwärtige Leichtmetall-V8 des Rover Vitesse, der 193 PS aus 3532 cm³ aktiviert – auf ungemein sanfte Art. Dieses Kulturereignis, berichtet der ehemalige Lotus-Pilot und kompetente Tester John Miles in *Autocar* vom 27. August 1983, sei durch eine Eingabe aus einem arabischen Land angestoßen worden. Da zeige man lebhaftes Interesse für den Tasmin. Aber der bloße Name Ford habe wegen der Israel-Connections des Megakonzerns gewirkt wie ein Tournedo Rossini auf einen Vegetarier. Zugleich gerät die Entscheidung für den britischen Achtzylinder zu einem Schachzug, mit dem sich das TVR-Management in einer anderen Hinsicht selbst aus der Klemme hilft: Der Turbo-

Tasmin, vorgestellt auf der Birmingham Motor Show im Herbst 1982, missriet zum Mauerblümchen und ist nun gänzlich überflüssig geworden. Vor allem jedoch kündet der 350i von einer neuen Politik der Stärke. Peter Wheeler, der seit 1982 die Geschicke der TVR Engineering Limited lenkt, hat nämlich nur Hohn und Spott für gewisse rachitische Nuckelpinnen, die in der Vergangenheit unter dem Schmuck-Epitheton Sportwagen dahingelahmt sind. Diesem Vorwurf braucht sich der jüngste TVR in der Tat nicht mehr auszusetzen: Er gehe nicht nur ganz anders zur Sache als seine Schwestern mit dem Ford-V6, schreibt Miles weiter, sondern verfüge über ein viel besseres Chassis, dessen Handling und Fahrkomfort durchaus dem Maßstäben entsprächen, die man an einen Supersportwagen halten müsse. Eigentlich sei er ein völlig neues Auto, der TVR Tasmin 350i.

In diesem Sinne geht es weiter, wobei Wheeler die diversen Ausbaustufen des Rover V8 zupass kommen. Noch im Jahre seiner Premiere wird nachgerüstet mit dem 390 SE, dessen 275 PS die Leichtgewichte aus Blackpool zu dynamischen Fahrleistungen beflügeln.

1986 folgt der 420 E mit 300 PS, Bauelementen aus Kevlar und Kohlefaser und dem unhandlichen Zusatz SEAC in der Typenbezeichnung, für Special Equipment Aramid Composite. 1987 schlägt das letzte Stündlein der Ford-motorisierten TVR 280i, 1988 die Stunde des 400 SE mit revidierter Form, neuer Innenausstattung und gemäßigten 286 PS, während der Besitzer des 450 SE von 1989 schon wieder über 319 PS gebietet und kein Kräftemessen mit den Lenkern renommierterer Sportwagen zu scheuen braucht bei jenen am Stammtisch raunend entfesselten Duellen, die dann doch nie stattfinden.

1990 beginnt die Baureihe zu versiegen: Der letzte 350i entsteht im August, der letzte 450 SE im Dezember, der letzte 400 SE im Oktober 1991. Mit einer Verbreitung von insgesamt 2618 hat sie sich um das Unternehmen TVR verdient gemacht.

Wie der Formel-I-Wagen Lotus 72 oder der Triumph TR7 nimmt sich der TVR den Keil in seiner aerodynamischen Effizienz zum Vorbild. Unter seiner langen Haube walten indessen ungleich handfestere Kräfte, mobilisiert von dem Rover V8, dessen Hubraum ihm den Namen gibt. 1988 ist seine Leistung bei 200 PS angelangt. Auch strömt das Cockpit des TVR 350i Convertible schon durch die Verwendung von edlem Holz und noblen Instrumenten (ab 1986 von VDO) ein ungleich attraktiveres Wohn- und Verwöhnambiente aus.

S996 JCK

TVR GRIFFITH

Der TVR Griffith schlägt 1990 auf der Motor Show in Birmingham ein wie eine Bombe. Er sei „so nahe an echter Größe, dass es schon schmerzt“, schwärmt zum Beispiel *Autocar & Motor.* Und viele Betrachter stellen sich und einander die berechtigte Frage, warum gewisse Konkurrenten denn einen unverschämt teuren italienischen Couturier anheuern müssten, wenn doch so etwas Großartiges aus dem eigenen Hause hervorgehen könnte. In Stoßzeiten der Ausstellung nehmen die TVR-Repräsentanten alle acht Minuten einen Auftrag entgegen. An deren Ende haben sich 350 Bestellungen angesammelt. So mancher Interessent ist sogar bereit, eine massive Anzahlung zu leisten, um unter den Ersten zu sein, die den Beau aus Blackpool beziehen werden.

Was TVR-Chef Peter Wheeler zusammen mit John Ravenscroft geschaffen hat, geriet in der Tat zur Augenweide: sinnlich, brutal und schön. Geraden, Ecken und Kanten hat man konsequent vermieden, eine Tendenz, die durch den kühnen Verzicht auf Stoßfänger noch unterstrichen wird. Ein unverwechselbares Stylingelement der GFK-Karosserie sind die vorn unter das Niveau der Kotflügel gezogenen Türen, deren Griffe hinter den rückwärtigen Kanten verborgen sind. Die schwellende Rundung als Leitmotiv klingt auch innen an, wo sich die Mittelkonsole unterhalb des Radios zu einem sanften Hügel aufwirft. In zwei Schächten halb verborgen, wachsen daraus die Handbremse und der Schaltknauf hervor. Das abnehmbare Dachelement lässt sich mit knapper Not im Kofferraum verstauen. Viele spätere Kunden machen von dieser Möglichkeit keinen Gebrauch, sondern vertrauen sich unbekümmert den Wechselfällen der Witterung an.

Dies sind teilweise bereits Merkmale der Produktionsversion ab 1992. Bevor der erste Griffith-Eigner nämlich den rundlichen Roadster den ebenso neugierigen wie gierigen Blicken der Mitwelt präsentieren darf, muss er sich in Geduld üben. Die Idee hinter dem Neuen ist gewesen, dem Tasmin-Derivat S3 unter möglichst geringem Aufwand mit einem V8 auf die Sprünge zu helfen. Einem solchen Kraft-Akt wäre indessen das bisherige Fahrwerk nicht gewachsen gewesen. Folglich entschließt man sich, das Chassis des TVR Tuscan für diese neue Aufgabe einzurichten. Das Rückgrat des Serien-Griffith bildet ein ungemein steifer Gitterrohrrahmen, geätzt, phosphatiert, grundiert und schließlich pulverbeschichtet. Vorn wie hinten lagern sich stämmige und weit gespreizte Trapezquerlenker mit Teleskopstoßdämpfern, Schraubenfedern und Stabilisatoren an

Am TVR Griffith findet sich eine große Zahl von attraktiven Details zusammen zu einem sinnlich sich einschmeichelnden Gesamteindruck. Kein Zweifel: Das Ganze ist dabei mehr als die Summe der Teile.

dieses Röhrengebälk an. Weit hinten angesiedelt haust der allgegenwärtige V8 von Rover, damit die Gewichtsverhältnisse gut austariert sind und Raum geschaffen wird für die Katalysatoren künftiger Generationen. Man hat die Qual der Wahl zwischen 3948 cm^3 Volumen und 240 PS oder 4280 cm^3 und 280 PS – für alle, die es etwas heißer mögen. Bei einer der gewiss raren Begegnungen der feindseligen Art mit einem Porsche Turbo oder einem Ferrari Testarossa vermag der TVR-Pilot durchaus wacker mitzuhalten, jedenfalls was die Beschleunigung anbelangt: 11,1 Sekunden misst *Autocar & Motor* für den Sprint auf 100 Meilen pro Stunde mit der stärkeren Version, knapp 260 Stundenkilometer als Spitze – ein Wert, bei dem es in einem Cabriolet allemal ungemütlich wird. Das Blatt zeigt sich sehr angetan von der Fertigungsqualität des Griffith. Ähnlich urteilen Mark Hales und Andrew English in *Performance Car* – dieser „Blackpool Flyer" sei hinsichtlich Design und Finish der beste TVR aller Zeiten.

Der gleichen Meinung sind die zahlreichen Käufer, die den Griffith in einer Fülle von Farbschattierungen bis hinein ins Exotische erstehen können. Allein 1992 macht der Typ mit 602 Exemplaren 73 % der TVR-Produktion aus. Der Rest der Palette verkümmert in der geschäftigen Enge der Werkhallen an der Blackpooler Bristol Avenue buchstäblich zu Nischen-Modellen. Mitten hinein in dieses moderne Märchen von einem, der kam, sah und siegte, platzt die Ankündigung, man werde sich ab Dezember jenes Jahres zeitweise vom heimischen Markt zurückziehen, auf dem das Modell überwiegend verkauft worden ist. Man wolle dem Export, vor allem in die Vereinigten Staaten, eine Chance geben, die Installation des Katalysators mit der gebotenen Sorgfalt regeln, ein preiswerteres Derivat vorbereiten, den Chimaera.

Ungebrochen bleibt indes die Nachfrage, der man im August 1993 mit dem Griffith 500 begegnet. Die Zahl steht für die fünf Liter (genau 4988 cm^3) der letzten Ausbaustufe des 325 PS starken Rover-Aggregats. Was lange währt, wird endlich gut: Für dieses Volumen war es bei seiner Konzeption in den sechziger Jahren vorgesehen gewesen. Es kommt zustande, indem bei gleicher Bohrung der Hub von 71,12 auf 90 mm vergrößert wird. Diese Aufrüstung geht Hand in Hand mit einer leichten Modifikation der Front, wo die Zusatzscheinwerfer in den Winkeln der Kühleröffnung eine Zuflucht finden. In Japan und Portugal ist der Griffith auch mit einem Vierlitermotor, auf besonderen Wunsch überall mit 4,5 Litern erhältlich. Die letzten 100 (bis zum Juni 2001 legt man insgesamt 2253 Exemplare auf) werden im Rahmen einer Sonderedition noch einmal an Vorderpartie und Heck retuschiert, mit neuen Rückpiegeln versehen und hinsichtlich ihres Interieurs dem Standard der jüngeren Modelle der Marke angeglichen.

Im Nachruf auf den Verblichenen wird eines nicht mehr fernen Tages nur Gutes zu lesen sein. Vor allem dies: Der Griffith hat sich um den Fortbestand der TVR Engineering Ltd. verdient gemacht.

Zum Kunstwerk gerät auch das Cockpit hinsichtlich Formen, Materialien, Haptik und ergonomischer Anmutung. In dem mächtig sich emporwölbenden Mitteltunnel verbergen sich Teile des Rohrrahmens. Unter der glatten vorderen Haube herrscht die Raumökonomie eines Kurzflugsnacks. Denn der knorrige Fünfliter, ebenfalls geradezu kulinarisch aufbereitet und ein Genuss auch für das Auge, duldet nichts und niemanden neben sich. Immerhin hat er sich bereits mit der voluminösen Katalysatoranlage abgefunden.

TVR CERBERA

Ein Ausflug in die griechische Mythologie erweist sich nur teilweise als hilfreich: Cerberus – so heißt der Höllenhund, meist dreiköpfig und mit Schlangenschweif, der den Eingang des Hades bewacht. Im Gegensatz zu den Rausschmeißern von heute indessen verhindert die glutäugige Bestie mit hundertprozentiger Trefferquote, dass jemand die ungastliche Stätte wieder verlässt. Von einem weiblichen Gegenstück Cerbera erwartet man instinktiv Schlimmeres, zumal das Wort im Italienischen eine fiese, einschüchternde Frau bezeichnet. Mit seinem sagenhaften Namenspatron teilt der TVR Cerbera, da mit strotzender Kraft ausgestattet, gewiss seine potentielle Wildheit. Ist man indessen mit ihm erst einmal per Du wie die meisten seiner bisher 1350 Besitzer, lässt er sich durchaus bändigen – behutsam, aber mit kundiger und fester Hand.

Seine Existenz beginnt das nur 1220 mm hohe 2+2-sitzige Coupé als Styling-Studie der TVR-Ingenieure. Ihr Versuch weiß zu gefallen, so dass die Firmenleitung rasch grünes Licht gibt für den Bau einer Attrappe in natürlicher Größe. Diesmal scheut man die zweidimensionale Abstraktion auf Papier und auch die kreative Kälte des Computers und modelliert die endgültige Form aus Schaumstoffblöcken. Ein voll funktionstüchtiger Prototyp findet sich auf der Londoner Motor Fair 1993, wie so häufig von TVR als Sonde in die Publikumsgunst eingeführt, um die Chancen am Markt zu erkunden. Analog zum Griffith drei Jahre zuvor ist die Rezeption höchst ermutigend. Eine Menge Bestellungen treffen ein, allein beim offiziellen Debüt des Cerbera auf der Show in Birmingham 1994 die stattliche Zahl von 276.

In seine Kompositkarosserie integriert ist ein Überrollbügel von der Stärke der Strukturen, die bei den haarsträubenden Unfällen des TVR-Rennmodells Tuscan das Schlimmste von den Piloten abhalten. Auch sonst weiß sich der Cerbera-Bändiger auf der sicheren Seite. Das Rückgrat des Leichtgewichts wird gebildet von einem robusten Röhrenfachwerk, fürsorglich gegen Korrosion phosphatiert und pulverbeschichtet. Renntechnik stand Pate für die Aufhängung: innen belüftete Zweikreis-Scheibenbremsen, doppelte Trapezquerlenker mit Schraubenfedern und Gasdruckdämpfern ringsum, Stabilisatoren vorn und hinten, allerdings relativ weich abgestimmt für das Reisen nach Gran-Turismo-Art. Dies wird überdies von Reifen mit höherem Profil für mehr Komfort und weniger Fahrgeräusch begünstigt. Selbst auf zeitgenössischen Luxus der gehobenen Art muss der Reisende nicht verzichten: Wurzelholzfurnier und Colorverglasung zählen ebenso zur Serienausstattung wie elektrische Fensterheber, eine Alarmanlage mit Innenraumüberwachung sowie einstellbare Pedale. Dass der flotte Flachmann vor allem an Kundschaft im Vereinigten Königreich interessiert ist, zeigt sich daran, dass man ihn ausschließlich mit Rechtslenkung erwerben kann.

Als Triebwerk ist ursprünglich der von TVR für den Hausgebrauch modifizierte Rover-V8 geplant. Er findet sich in der Tat unter der vorderen Haube von Vorserienwagen. Dann indessen geht man ein für kleine Hersteller ungewöhnliches Wagnis ein und entscheidet sich für eine eigene Maschine.

Dies aber kommt so: 1990 begegnet TVR-Boss Peter Wheeler seinem Landsmann Al Melling, seines Zeichens Motorendesigner in Rochdale. Melling, so heißt es, habe in den achtziger Jahren als graue Eminenz hinter namhaften Rennprojekten gewirkt, sein Licht aber stets bescheiden unter den Scheffel gestellt. Man mag einander auf Anhieb und fasst den Bau eines Achtzylinders aus Leichtmetall ins Auge, Werkscode: AJP8. Auf der Motor Show 1992 in Earls Court wird nach einer Inkubationszeit von lediglich acht Monaten ein Vorläufer enthüllt. Im Prinzip ähnelt der leichte und kompakte V8, dessen Bänke im Winkel von 75 Grad zueiander stehen, Formel-1-Aggregaten wie dem Cosworth HB. Allerdings folgt seine Architektur nur streckenweise gängigen Baumustern, da sich Melling mit jeweils zwei Ventilen pro Verbrennungseinheit und einer oben liegenden Nockenwelle je Zylinderreihe bescheidet. Seinen ersten Schrei auf einem Testbett hat er noch nicht getan, folglich gibt es noch eine Menge zu tun. So kommt der AJP8 für den Griffith nicht in Frage, für den er anfänglich vorgesehen war.

Mit den 4185 cm^3 der Ur-Version mobilisiert er schon muntere 360 PS. Um die 420 PS einer Variante von 1998 mit 4475 cm^3 in den Griff zu bekommen, bedarf es bereits diverser Retuschen an Fahrwerk und Übertragung wie größeren Reifen und Bremsen sowie dem „denkenden" Differential Hydratrac. Wenig später gesellt sich der Modellreihe der Cerbera Speed Six hinzu, in dessen Maschinenraum ein Reihensechszylinder mit 24 Ventilen, 3966 cm^3 und 350 PS fast ebenso energisch zur Sache geht wie seine V8-Kollegen, ein Vergnügen nicht zuletzt für das Ohr. Presse und Fernsehen sind begeistert: „Kraft, Geräusch und Tempo wachsen progressiv an. Die Bremsen sind ungeheuer effizient. Dies ist der bedienerfreundlichste TVR bislang", frohlockt Angus Frazer 1998 im BBC *Top Gear Magazine*. Nicht dass der Dressurakt am Höllenhund damit beendet wäre: Für den Modelljahrgang 2000 werden Dachlinie, Sitze und Scheinwerfer geändert und der 4,5-Liter verliert mit Türen und Hauben aus Leichtmetall noch mal ein bisschen an Gewicht.

Der Spurt auf Tempo 100 in 4,1 Sekunden verschlug den Insassen indessen schon vorher Atem und Sprache.

Das kleine und knuffige Zweispeichenlenkrad des TVR Cerbera, mit diversen Funktionen versehen, gewährt dennoch oben wie unten vollen Durchblick auf die lebenswichtigen Instrumente. Leder gehört zur Serienausstattung wie das Wurzelholzfurnier des Armaturenbretts.

Ein wenig verwinkelt und zerklüftet, lässt das Kompositcoupé die konsequent flüssigen Linien des Griffith vermissen, mit dem er unter anderem die Sporträder teilt. Der Speed Six ist der erste TVR mit dem hausgemachten Reihensechszylinder, der mit sonorem Belcanto aufwartet. Neben Sportlichkeit ist Komfort angesagt: eine weichere Aufhängung und Reifen mit höheren Profilen.

TVR TUSCAN

Die offizielle Ankündigung des TVR Tuscan vom August 1988 weist das Modell als Jekyll-und-Hyde-Charakter aus, fest verwurzelt in Historie und Philosophie der Firma. Es handele sich „um einen Namen aus der Vergangenheit und eine Herausforderung für die Zukunft". Der Neue sei benannt „nach einem der schnellsten TVR bisher, damals in den Sechzigern". Zugleich mit dem Tuscan werde man „eine speziell vorbereitete Wettbewerbsversion vorstellen für eine Markenserie ab 1989, den Tuscan Challenge".

Dann kommt alles anders. Die Straßenvariante, für die auf der Rennstrecke gleichsam rasende Werbung stattfinden sollte, fällt weg. Zersplitterung droht: Die Modelle S, 350i bis 450 SE, vor allem aber der Griffith binden Mittel und Mannschaft der TVR Engineering Limited in Blackpool. Der Tuscan Challenge jedoch gehört seit 1989 zum festen Repertoire der englischen Rennszene. Wieder gehen beim Styling des flinken Roadsters kräftige Impulse aus von Firmenchef Peter Wheeler. Er ist viel rundlicher als frühere TVR. Die Scheinwerfer führen ein zurückgezogenes Dasein hinter den Abdeckungen. Das stumpfe Heck kündet von der aerodynamischen Effizienz des kleinsten Abreißquerschnitts.

Die langhubige 4,4-Liter-Spielart des Rover V8 stellt 400 PS bereit, so dass Fahrwerk und Übertragung auf diese strotzende Potenz ein- und abgestimmt werden müssen. Trotziger als je zuvor widersetzt sich der TVR-typische Gitterrohrrahmen den Kräften, die an ihm zerren, hebeln und winden. Breit gespreizt sind die Querlenker ringsum, die unteren hinten, wo eine Strebe zur Momentabstützung zum Chassis führt, an vier Punkten befestigt. Das Fünfganggetriebe von Rover ist der Urkraft des grollenden Achtzylinders nicht gewachsen. Folglich tritt eines von Borg Warner an seine Stelle wie in den Power-Paketen Ford Sierra Cosworth und RS 500.

Mit 16 000 Pfund zuzüglich Mehrwertsteuer ist der Tuscan außergewöhnlich preiswürdig zu haben. Allerdings knüpft sich daran eine Klausel: Der Käufer muss mindestens sechs der zwölf Rennen des Challenge bestreiten, sonst ist noch einmal eine Rechnung in gleicher Höhe fällig. Zum ersten Lauf 1989 in Donington treten bereits 21 Starter an. Was sie zu bieten haben, entpuppt sich als spektakulärer Sport und trägt ungemein zur Unterhaltung der Zuschauer bei. Denn der Tuscan ist gewissermaßen schneller als seine Reifenausstattung auf 9-Zoll-Felgen und seine Bremsen. „Wir sind", räumt beispielsweise Peter Dron in der Bleifuß-Postille

Das extravagante Äußere des TVR Tuscan Speed Six verhüllt seine Doppelnatur als Coupé und Roadster in einem. Geschlossen ist er ein kommoder Reisewagen für alle Jahreszeiten. Geöffnet wird er am Urlaubsort zum spektakulären Hin- und Hinausgucker. Diese Reihenfolge sollte man schon einhalten: Wenn Dachteil und Heckfenster im 275 Liter fassenden Gepäckraum verstaut sind, muss sich der Reisende in der strengen Kunst der Beschränkung üben.

In seinem Interieur hält der Tuscan ebenfalls Detaillösungen von teilweise bizarrer Attraktivität bereit. Da schwelgt ein kleiner Hersteller in der Freiheit seiner außergewöhnlichen Möglichkeiten, ohne dass dabei der Blick für die Funktion verloren geht. So ist der Aluminiumbogen oberhalb der Armaturentafel zugleich Teil der Rahmenstrukur. Und wie im Rennwagen raten im Interesse des durchaus vernehmlich arbeitenden Sechszylinders Lämpchen oberhalb des Lenkrads an, wann Gangwechsel geboten sind: grün bei 6000/min, gelb bei 6500/min, rot bei 7000/min.

Fast Lane ein, „genauso verrückt wie die TVR-Leute und sollten eigentlich in Gummizellen eingesperrt werden. Man überlege nur: 400 PS für 800 kg!" *Autosport* hingegen warnt, dieses Automobil tauge nur „für die Hochbegabten oder die Furchtlosen". Und noch 2001 empfiehlt TVR-Racer Steve Guglielmy Tuscan-Novizen und ratlosen Kollegen: „Du musst dich in die Bestie hineinversetzen, sie auf deine Seite ziehen und sie dir zum Freund machen."

Kaum weniger unnachsichtig in der Sache, aber weitaus verbindlicher in der Methode gibt sich der Tuscan Speed Six, ein „Convertible für zwei Leute und ihr Gepäck für einen Monat Urlaub". So jedenfalls stellen ihn seine Väter vor, als 1996 auf der Show in Birmingham ein Prototyp als Lockvogel ausgesetzt wird. Erst 2000 indessen wird er käuflich: „Wir haben ihn die ganze Zeit kontinuierlich weiterentwickelt", gibt TVR-Pressesprecher Ben Samuelson als Begründung an.

Die Feinarbeit hat sich offensichtlich gelohnt. „Ein britisches Auto, auf das wir stolz sein dürfen", lobt *Autocar* vom 10. Mai 2000 andächtig. Das Blatt weiß zu berichten, dass bereits 1600 Kunden eine Anzahlung geleistet haben. Das Six steht für den Vierliter-Reihensechszylinder des Testkandidaten, ein eigenes Produkt des Hauses TVR mit 24 Ventilen und Trockensumpfschmierung. In Verbindung mit nur 1100 kg Gewicht sorgen seine 360 PS in der Tat für Speed. Wie sein Pisten-Pendant ist der Tuscan nach vier Sekunden bei 60 Meilen pro Stunde angelangt. Seine Höchstgeschwindigkeit siedelt die Werksliteratur gar im Bereich jenseits von 290 Stundenkilometern an. All dies bereitet nicht zuletzt einen Genuss für das Ohr: *Autocar* nennt seinen Belcanto in einem Atemzug mit den aufreizenden Emissionen des Ferrari 360 Modena oder des Lamborghini Diablo.

Für die eigenwillige Form des Speed Six zeichnet ein Team unter Peter Wheeler und Damien McTaggart verantwortlich. Durch die tief schnüffelnde Nasenpartie scheint eine MG-Garbe hindurchgefetzt zu sein. Das dekorative Lochmotiv setzt sich fort im Umfeld der vorderen Leuchten, wo Gasentladungslampen gleißendes Licht entfachen. Dem Zug der Zeit folgend wirkt das Komposit-Convertible wie ein Festdachcoupé, nur dass sich unter Verzicht auf alles Stoffliche die obere Paneele nebst Heckfenster im Kofferraum verstauen lässt. Wheeler & Cie. ließen sich von der zeitlosen Maxime leiten, die Form habe der Funktion zu folgen. So dient etwa das gewölbte Aluminiumelement über der Armaturentafel zugleich als Querverstrebung im Dienst der Rahmenstruktur.

Auch im Interieur des Tuscan Speed Six manifestiert sich augenscheinlich der Wille, abseits der Trampelpfade nach neuen Wegen zu suchen bis hin ins Verblüffende und ästhetisch Bizarre. Wohin man schaue, staunt *Autocar*, begegneten einem Anwärter für die Liste der „Sexiest Car Components of All Time". *Evo* bringt es im Juni 2000 auf den Punkt: Nur ganz wenige Autos sähen so spektakulär aus, hörten sich derartig sensationell an und böten einen vergleichbaren Gegenwert fürs Geld.

In diesen Genuss sind ein Jahr später bereits 800 Käufer gekommen.

TVR ENGINEERING LIMITED

IN TREVORS FUSSSTAPFEN

1. Die Bauelemente des Gitterrohrrahmens, so wie sie angeliefert werden. Sie sind bereits geordnet entsprechend dem Querschnitt und der zukünftigen Platzierung im Chassisgeflecht.

2. Grobes Zurechtschneiden der Röhren für das Chassis. Dieses ist für Chimaera und Griffith weitgehend identisch. Anschließend werden sie mit Schablonen auf die genaue Länge gebracht.

3. Teile der Unterbodengruppe für einen Cerbera Speed Six. TVR nimmt für sich in Anspruch, dass pro Auto mehr Mitarbeiter Hand anlegen als bei jeder anderen Marke.

4. Einbau einer Scheibenbremse. Das Chassis ist erst zusammengeschweißt und dann pulverbeschichtet worden. Viele Dreiecke nehmen Zug und Druck auf.

5. Formwerkzeug für den Cerbera mit eingepresstem Karosserieteil.

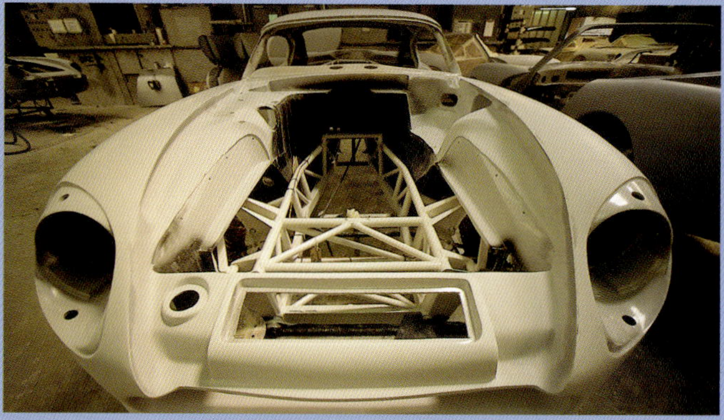

6. Chassis und Aufbau sind hier bereits verschraubt, ein Vorgang, der 18 Stunden dauert.

RECHTS: Das Zusammenfügen des Rohrrahmens nähert sich dem Ende, ein Prozess von 16 Stunden Dauer. Jeweils sechs Mitarbeiter sind in diesen eingespannt. Jedes Chassis wird für den künftigen Besitzer nummeriert.

RECHTS: *Der Aufbau wird mit vier Schichten Grundierung überzogen. Nach jeder wird er 30 Minuten lang bei 62 Grad gebacken. Anschließend glättet man ihn, bevor die vom Kunden gewünschte Farbe – eine von 12 000 – aufgesprayt wird. Ein Fächer aus braunem Papier schützt die Aufhängungsteile dahinter.*

Die Haube eines Chimaera wird im Umkreis der Scharniere durch Metallelemente verstärkt.

Die Auslässe einer Klimaanlage werden geformt. Selbst ein Cerbera muss nicht spartanisch sein.

Teile des Fußraums für Griffith oder Chimaera werden ausgeschnitten. Der Umgang mit Kunststoff wurde zu einer Wissenschaft.

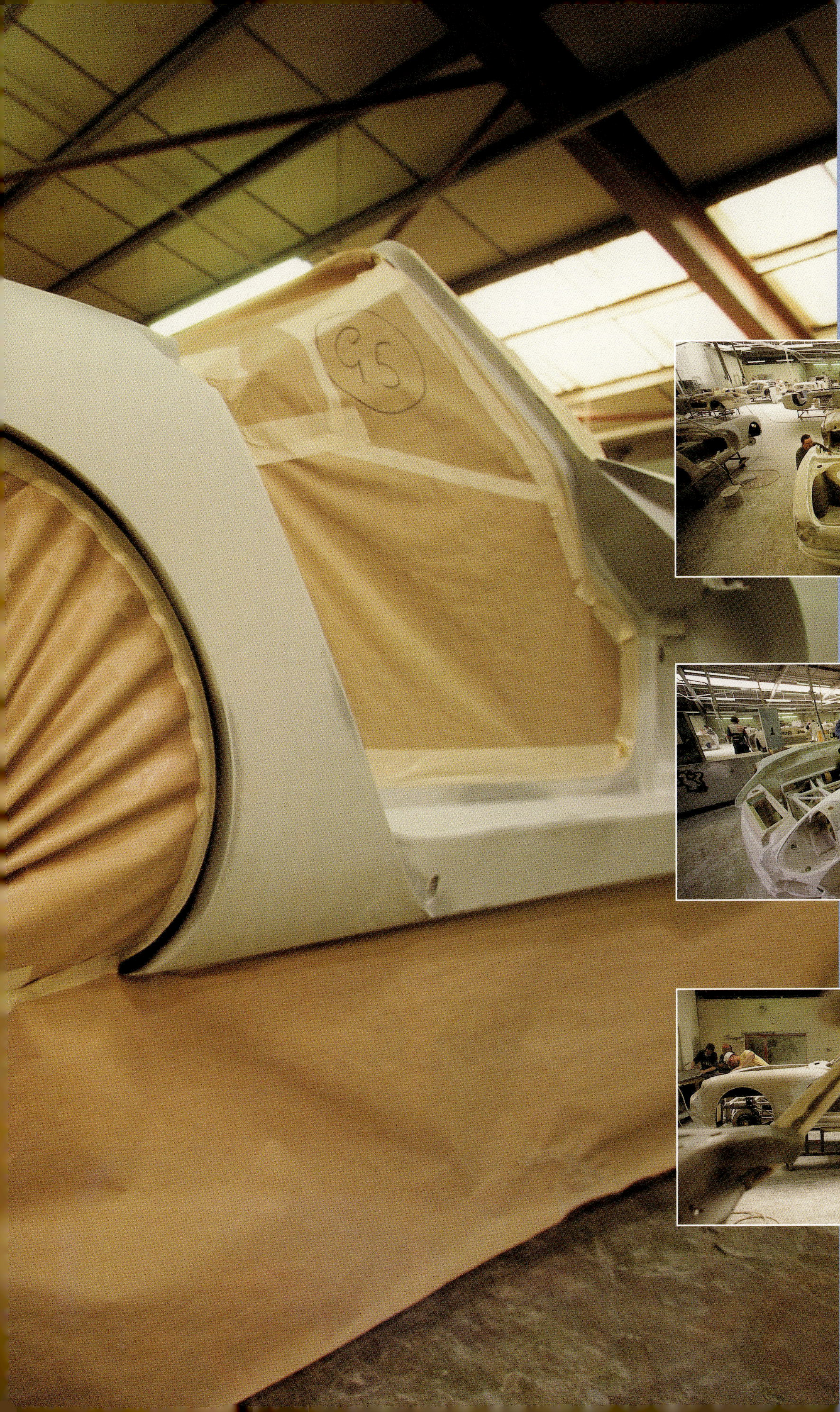

Ein Chimaera am Anfang der Lackierung. Vorher wurde er acht Stunden im Ofen ausgehärtet.

Um kleine Unregelmäßigkeiten auszubügeln, wird Spachtelmasse aufgetragen und …

… anschließend von einem eigenen Team mit großer Akribie geglättet, bis der Aufbau zum Auftragen der ersten Farbschicht bereit ist.

RECHTS: *Das Fahrzeug nach dem Lackieren. TVR mischt in einer speziellen Anlage seine Zweikomponentenfarben selbst.*

Die Vereinigung eines Reihensechszylinders mit dem dazugehörigen Getriebe in ihrem Endstadium.

Der Rover-V8 hat den Motorraum eines Chimaera bezogen und erhält nun seine Zusatzaggregate.

Der Mitteltunnel des Chimaera wird mit Leder bekleidet. 24 verschiedene Farben stehen für das Tapezieren zur Wahl.

Letzte Lackschicht für den Chimaera. Bis zu seiner Entlassung sind es nur noch wenige Stunden.

Diese Cerbera – jeder ein Unikat – sind bereits aus den sieben Fertigungsstraßen gerollt.

Nach einem kurzen Straßentest von ungefähr 50 Kilometern und der letzten Durchsicht winken Freiheit und Abenteuer.

WESTFIELD SEVEN

In der artenreichen Vielfalt, die durch das Biotop der Automobile wimmelt, markiert Colin Chapmans Lotus Seven ein Extrem ganz nahe an der äußersten Abstraktion des Formelwagens und weit entfernt von der kommoden Sterilität der rollenden High-Tech-Boudoirs von heute. Manche sprechen von einem Rennauto, mit ein paar Alibimaßnahmen notdürftig verkappt, um im Straßenverkehr bestehen zu können. Andere fassen es noch nüchterner: Chapman habe eine Brücke geschlagen zwischen zwei Paar Rädern, Platz herausgeschunden für zwei Personen und einen Motor und dem Ganzen widerstrebend eine Karosserie und vier Kotflügel übergestreift, die wie ein Bikini die ärgsten (und entscheidenden) Blößen verhüllten. Der Seven sei nichts weiter als ein Werkzeug zur Herstellung von Tempo.

Natürlich hat dieser Minimalismus Chapmanscher Prägung etwas Bestechendes: Im Grunde, schreibt etwa Peter Egan in *Road & Track* vom März 1996, handele es sich nicht um ein Design, sondern um einen Gemütszustand, der sich immer wieder einstelle. Und wie immer in solchen Fällen finden sich Jünger und Freaks bis hin zum hitzigen Fundamentalismus – und Epigonen, obwohl Chapman 1973 Caterham-Chef Graham Nearn zum Hüter der reinen Seven-Lehre bestallt hat. Nachahmung ist, wie man weiß, die aufrichtigste Form der Schmeichelei.

Aus dem sprudelnden Überfluss der Ideen, die der findige Lotus-Lenker und Branchen-Vordenker hinterlassen hat, bedient sich auch die Westfield Sports Cars Ltd. zu Kingswinford in den West Midlands. Dies geschieht gewiss nicht zuletzt aus Wahlverwandtschaft: Gründer Chris Smith ist dem Hause Lotus von Herzen zugetan und fährt bis auf den heutigen Tag historische Rennen mit Formel-1-Fahrzeugen der Marke aus den frühen Sechzigern. Bereits sein in Glasfiber gewandeter Westfield Eleven von 1983 ist dem gleichnamigen Lotus nachempfunden. Als er ein Jahr später eine unverhohlene Raubkopie des Seven folgen lässt, gibt es Ärger. Die Sache wird gerichtsanhängig, Smith 1987 zur Auflage gemacht, das Design so zu modifizieren, dass ein eigenes Profil zum Vorschein kommt. Auch unterhalb des knappen Trikots setzt man im Gibbons Industrial Park in Kingswinford zu chirurgischen Eingriffen an: Die Hinterräder der Westfield Seven werden an doppelten Querlenkern geführt, während die Caterham-Kollegen eine De-Dion-Auslegung bevorzugen. Im Laufe der Jahre findet im schmalen Motorenabteil des Westfield Seven eine Fülle von meist

muskulösen Mietern Unterschlupf. Die Spannweite reicht vom notdürftig besänftigten Formel-Ford-Aggregat über den Ford-Zetec-Sechzehnventiler, von 1992 bis zum Juli 2001 als Kit in 2700 und fertig montiert in 630 Exemplaren vertreten, bis hin zum getunten Turbo-Diesel vom gleichen Spender. Zwei Drittel der Produktion stellen zur Zeit die Versionen Mega Bird und Mega Busa mit Motorradmaschinen von Honda und Suzuki. Im Gleichschritt mit diesen Verwerfungen – so Smith – ist seine Klientel im Wandel, immer mehr Zweiradfahrer, die auf ein wesensverwandtes Fahrzeug mit vier Rädern umsteigen wollen.

Stärkstes Stück im Angebot stellt seit 1991 der Westfield Seight dar, eine Kontamination, die etwas unbeholfen aus der Typenbezeichnung SE und der Zahl Eight zusammengezimmert ist. Gemeinschaftliches Vielfaches: der Rover V8 in seinen unterschiedlichen Ausbau- und Tuningstufen bis zu 300 PS und mehr, dessen Verfügbarkeit in der Welt der englischen Sportwagen ebenso einschlug wie ab 1967 der Cosworth DFV in der Formel 1. Der Seight teilt ihn mit solchen gleichen und ungleichen Bettgenossen wie dem Morgan Plus 8 oder dem Land Rover Discovery. Gepaart mit 720 kg Wagengewicht verlangt er indessen selbst in seiner aktuellen Version mit 3950 cm^3 und 200 glänzend im Futter stehenden Pferdestärken nach einem Waffenschein – wie die Pistole in der Schublade, die man am besten niemals abfeuern sollte. Als höchster Wert im Westfield-Kosmos gilt der für den Spurt auf 60 mph: In 4,3 Sekunden lässt sich der Beifahrer zweifellos wirkungsvoll vom Anzünden der Zigarette abhalten. Puristen bedauern dabei das Ausbleiben jenes Donners, der den Seight-Piloten bis 1996 ergötzte und die Umwelt verschreckte. Im Zuge der Einbürgerung des wieselflinken Westfield in das friedfertige Miteinander auf englischen Verkehrsstraßen unterbinden seit fünf Jahren zwei Dreiweg-Katalysatoren das Klanginferno, das sich mit ihm entfachen ließ. Die Geschwindigkeit, klagt zum Beispiel die altehrwürdige Fachpublikation *Autocar* am 30. Oktober jenes Jahres, werde nun nicht mehr so intensiv wahrgenommen. Erfreut zeigt sich das Blatt über die bürgernahe Preisgestaltung: Nur 25 950 Pfund und damit einen Bruchteil von leistungsmäßig vergleichbaren Supercars koste der Seight voll montiert, 6000 Pfund weniger die Kit-Version und immerhin 4000 Pfund mehr der Morgan Plus 8. Absurd sei es, ein derartig schnelles Auto ohne Deckel über dem Handschuhfach anzubieten, dessen Inhalt sich beim zügigen Beschleunigen über den Schoß des Beifahrers ergieße. Gleichwohl sei der Seight gewissermaßen ein Seven, der die Reifeprüfung abgelegt habe. Beispielsweise der grelle Schrei früherer kleinvolumiger Motoren bleibe einem erspart.

Im Juni 2001 nach 653 Exemplaren sind diese Tugenden offenbar nicht mehr erwünscht: Der Seight, sagt Chris Smith sachlich, sei ebenso zum Auslaufmodell geworden wie sein Zetec-motorisiertes Pendant.

Die Evolution eines Seven vollzieht sich langsam: Von seinem Vorgänger Westfield SEi unterscheidet sich der ZEi durch leichte kosmetische Eingriffe an seiner GRP-Karosserie wie einen veränderten Grill. Das i steht stellvertretend für das Markenkennzeichen *independent rear suspension*, die unabhängige Aufhängung hinten. Wie üblich kann der ZEi mit Motorrad- oder lang ausschwingenden Kotflügeln geordert werden.

Anfänglich erkennt man das Modell an der Power Bulge rechts auf der Motorverkleidung, mit der die Atemwege für die Ford-Zetec-Maschine freigeräumt worden sind. Dessen Ansaugbrücke besteht erst aus Aluminium, später aus Kunststoff, so dass die Paneele darüber wieder plan gehalten werden kann. Dennoch hat der Besitzer dieses ZEi der so genannten V8-Haube den Vorzug gegeben, die gewöhnlich den Rover-Achtzylinder mit seinem erhöhten Raumbedarf einkleidet.

ZAUBER
WESTFIELD

TECHNISCHE DATEN

AC Ace 1953–1963
Modell 1954

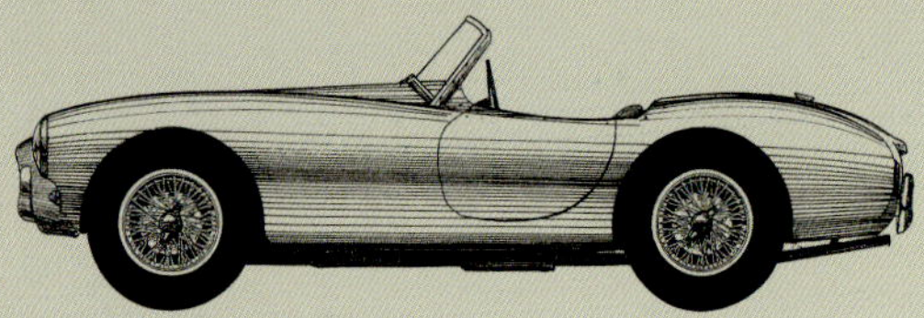

Motor	*Konfiguration*	6 Zylinder in Reihe, oben liegende Nockenwelle
	Hubraum	1991 cm³
	Bohrung x Hub	65 x 100 mm
	Kraftstoffversorgung	3 Horizontalvergaser SU H 2
	Leistung	86 PS bei 4500/min
	Getriebe	Viergang
Chassis	*Rahmen*	Rohrrahmen mit Traversen
	Aufhängung vorn	untere Querlenker, oben liegende Querblattfeder
	Aufhängung hinten	untere Querlenker, oben liegende Querblattfeder
Maße	*Radstand*	2286 mm
	Länge x Breite x Höhe	3780 x 1510 x 1240 mm
	Gewicht	765 kg (trocken)
Höchstgeschwindigkeit		167 km/h

Allard J2X 1952–1954
Allard J2X Le Mans 1952

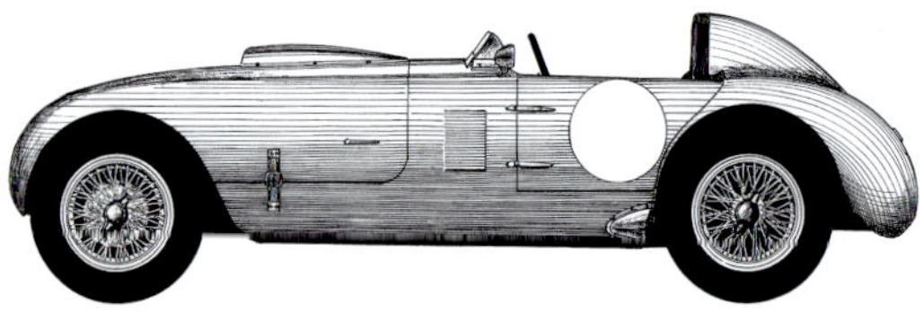

Motor	*Konfiguration*	V8
	Hubraum	5420 cm³
	Bohrung x Hub	96,8 x 92 mm
	Kraftstoffversorgung	1 Vierfachfallstromvergaser Rochester No 1
	Leistung	162 PS bei 4800/min
	Getriebe	Viergang Cadillac Seville
Chassis	*Rahmen*	Kastenrahmen mit Rohrtraversen
	Aufhängung vorn	schwingende Halbachsen, Schraubenfedern
	Aufhängung hinten	De-Dion-Achse, Stabilisatordreieck, Gleitstein am Differentialgehäuse, Schraubenfedern
Maße	*Radstand*	2540 mm
	Länge x Breite x Höhe	3910 x 1600 x 1170 mm
	Gewicht	914 kg (trocken)
Höchstgeschwindigkeit		200 km/h

Alvis TB 21 1950–1953
Modell 1951

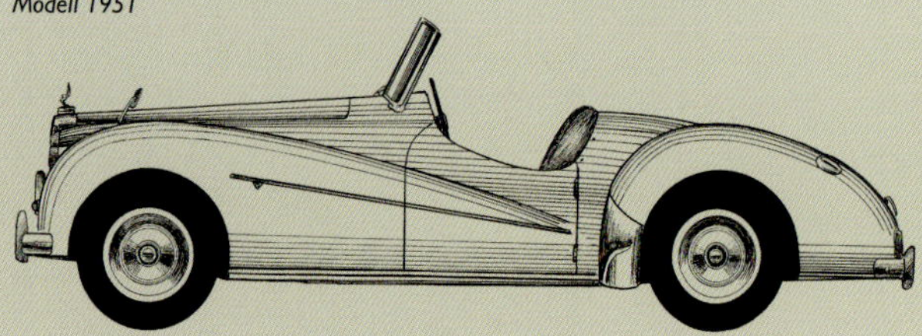

Motor	*Konfiguration*	6 Zylinder in Reihe
	Hubraum	2993 cm³
	Bohrung x Hub	84 x 90 mm
	Kraftstoffversorgung	2 Vergaser SU H 4
	Leistung	93 PS bei 4000/min
	Getriebe	Viergang
Chassis	*Rahmen*	U-Profil-Längsträger mit Traversen
	Aufhängung vorn	doppelte Querlenker, Schraubenfedern
	Aufhängung hinten	Starrachse, Halbelliptikfedern
Maße	*Radstand*	2832 mm
	Länge x Breite x Höhe	4500 x 1780 x 1390 mm
	Gewicht	1370 kg
Höchstgeschwindigkeit		156 km/h

Aston Martin International 1929–1932
Modell 1930

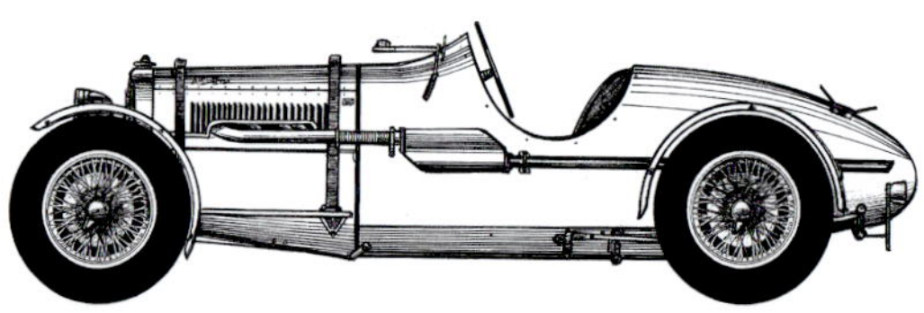

Motor	*Konfiguration*	4 Zylinder in Reihe, oben liegende Nockenwelle
	Hubraum	1494 cm³
	Bohrung x Hub	69 x 99 mm
	Kraftstoffversorgung	2 Horizontalvergaser SU
	Leistung	56 PS bei 4250/min
	Getriebe	Viergang
Chassis	*Rahmen*	stählerne U-Profile
	Aufhängung vorn	Starrachse, Blattfedern
	Aufhängung hinten	Starrachse, Blattfedern
Maße	*Radstand*	2590 mm
	Länge x Breite x Höhe	3900 x 1640 x 1300 (mit hochgestellter Scheibe) mm
	Gewicht	860 kg
Höchstgeschwindigkeit		125 km/h

Aston Martin 2-Litre Sports (DB1) 1948–1950
Modell 1950

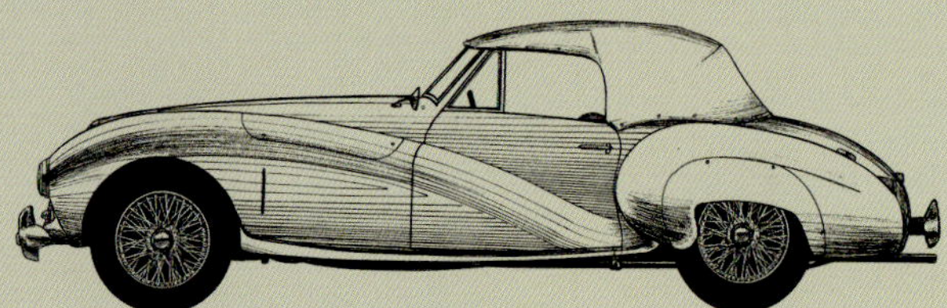

Motor	*Konfiguration*	4 Zylinder in Reihe
	Hubraum	1970 cm³
	Bohrung x Hub	82,55 x 92 mm
	Kraftstoffversorgung	2 Vergaser SU TH 4 Spec. 485
	Leistung	90 PS bei 4750/min
	Getriebe	Viergang
Chassis	*Rahmen*	Fachwerkrahmen
	Aufhängung vorn	Kurbellängslenker, Schraubenfedern
	Aufhängung hinten	Starrachse, Längslenker, Schraubenfedern, Panhardstab
Maße	*Radstand*	2740 mm
	Länge x Breite x Höhe	4470 x 1710 x 1410 mm
	Gewicht	1145 kg (trocken)
Höchstgeschwindigkeit		127 km/h

Aston Martin DB2 1950–1953
Modell 1953

Motor	*Konfiguration*	6 Zylinder in Reihe, 2 oben liegende Nockenwellen
	Hubraum	2580 cm³
	Bohrung x Hub	78 x 90 mm
	Kraftstoffversorgung	2 Horizontalvergaser SU H 4
	Leistung	108 PS bei 5000/min
	Getriebe	Viergang
Chassis	*Rahmen*	Fachwerkrahmen
	Aufhängung vorn	Kurbellängslenker, Schraubenfedern
	Aufhängung hinten	Starrachse, Längslenker, Schraubenfedern, Panhardstab
Maße	*Radstand*	2511 mm
	Länge x Breite x Höhe	4130 x 1650 x 1360 mm
	Gewicht	1180 kg (trocken)
Höchstgeschwindigkeit		177 km/h

Aston Martin DB4 1958–1963
Modell 1961

Motor	*Konfiguration*	6 Zylinder in Reihe, 2 oben liegende Nockenwellen
	Hubraum	3670 cm³
	Bohrung x Hub	92 x 92 mm
	Kraftstoffversorgung	2 Horizontalvergaser SU HD 8
	Leistung	243 PS bei 5500/min
	Getriebe	Viergang
Chassis	*Rahmen*	Plattformrahmen mit Fachwerkgerippe
	Aufhängung vorn	Dreiecksquerlenker, Schraubenfedern
	Aufhängung hinten	Starrachse, Längslenker, Schraubenfedern, Wattgestänge
Maße	*Radstand*	2489 mm
	Länge x Breite x Höhe	4480 x 1680 x 1310 mm
	Gewicht	1296 kg (trocken)
Höchstgeschwindigkeit		225 km/h

Aston Martin DB6 1965–1970
Modell 1967

Motor	*Konfiguration*	6 Zylinder in Reihe, 2 oben liegende Nockenwellen
	Hubraum	3995 cm³
	Bohrung x Hub	96 x 92 mm
	Kraftstoffversorgung	3 Horizontalvergaser SU HD 8
	Leistung	286 PS bei 5500/min
	Getriebe	Fünfgang
Chassis	*Rahmen*	Plattform mit Rohrrahmen
	Aufhängung vorn	Dreiecksquerlenker, Schraubenfedern
	Aufhängung hinten	Starrachse, Längslenker, Schraubenfedern, Wattgestänge
Maße	*Radstand*	2580 mm
	Länge x Breite x Höhe	4620 x 1680 x 1360 mm
	Gewicht	1475 kg (leer)
Höchstgeschwindigkeit		238 km/h

Aston Martin DBS V8/V8 1969–1989
Modell 1972

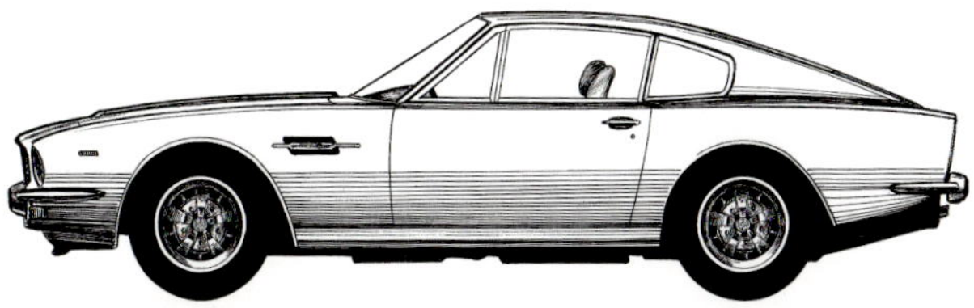

Motor	*Konfiguration*	V8, 4 oben liegende Nockenwellen
	Hubraum	5340 cm³
	Bohrung x Hub	100 x 85 mm
	Kraftstoffversorgung	Einspritzung in die Ansaugrohre
	Leistung	315 PS bei 5000/min
	Getriebe	3-Gang-Getriebeautomat Borg-Warner
Chassis	*Rahmen*	Plattformrahmen
	Aufhängung vorn	Dreiecksquerlenker, Schraubenfedern
	Aufhängung hinten	De-Dion-Achse, Schraubenfedern, Wattgestänge
Maße	*Radstand*	2610 mm
	Länge x Breite x Höhe	4585 x 1830 x 1325 mm
	Gewicht	1727 kg (leer)
Höchstgeschwindigkeit		241,7 km/h

Aston Martin Virage/V8 1989–2000
Aston Martin Virage Volante 1993

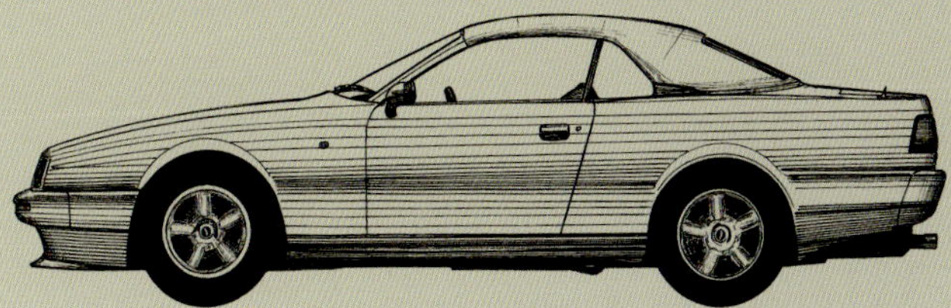

Motor	*Konfiguration*	V8, 4 oben liegende Nockenwellen, 4 Ventile je Zylinder
	Hubraum	5340 cm³
	Bohrung x Hub	100 x 85 mm
	Kraftstoffversorgung	elektronische Benzineinspritzung Weber-Marelli
	Leistung	330 PS bei 5300/min
	Getriebe	Fünfgang
Chassis	*Rahmen*	Plattformrahmen
	Aufhängung vorn	Dreiecksquerlenker, Schraubenfedern
	Aufhängung hinten	De-Dion-Achse, Wattgestänge, schräge Längslenker, Schraubenfedern
Maße	*Radstand*	2610 mm
	Länge x Breite x Höhe	4745 x 1855 x 1400 mm
	Gewicht	2000 kg (leer)
Höchstgeschwindigkeit		253 km/h

Aston Martin DB7 1994 bis heute
Modell 1995

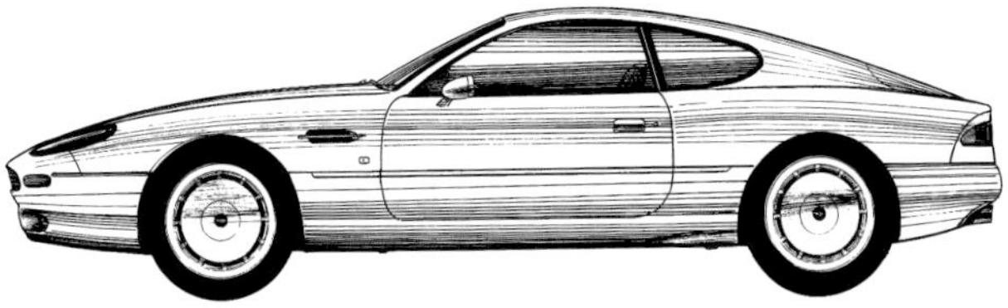

Motor	*Konfiguration*	6 Zylinder in Reihe, 2 oben liegende Nockenwellen, 4 Ventile je Zylinder
	Hubraum	3239 cm³
	Bohrung x Hub	91 x 83 mm
	Kraftstoffversorgung	elektronische Einspritzung, 1 Kompressor Roots (Eaton)
	Leistung	317 PS bei 5500/min
	Getriebe	Vierstufenautomatik GM Hydramatic
Chassis	*Rahmen*	selbsttragende Karosserie
	Aufhängung vorn	doppelte Dreiecksquerlenker, Schraubenfedern
	Aufhängung hinten	Längs- und Querlenker, mittragende Halbachsen, Schraubenfedern
Maße	*Radstand*	2591 mm
	Länge x Breite x Höhe	4645 x 1830 x 1238 mm
	Gewicht	1700 kg
Höchstgeschwindigkeit		258 km/h

Aston Martin Vanquish ab 2001
Modell 2001

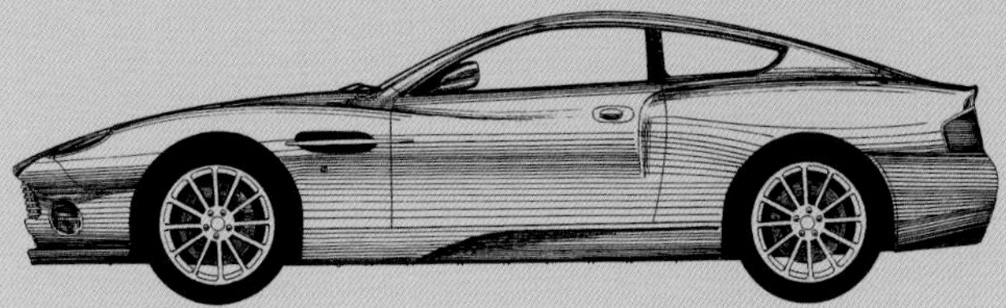

Motor	*Konfiguration*	V12, 4 oben liegende Nockenwellen, 4 Ventile je Zylinder
	Hubraum	5935 cm³
	Bohrung x Hub	89 x 79,5 mm
	Kraftstoffversorgung	elektronisches Motormanagement
	Leistung	457 PS bei 6500/min
	Getriebe	Sechsgang manuell mit Auto Shift oder Select Shift
Chassis	*Rahmen*	Monocoque aus Aluminium und Kohlefaser
	Aufhängung vorn	Doppelquerlenker, Feder-Dämpfereinheiten
	Aufhängung hinten	Doppelquerlenker, Feder-Dämpfereinheiten
Maße	*Radstand*	2690 mm
	Länge x Breite x Höhe	4665 x 1923 x 1318 mm
	Gewicht	1835 kg (leer)
Höchstgeschwindigkeit		306 km/h

Austin-Healey 100 1953–1959
Austin-Healey 100S 1955

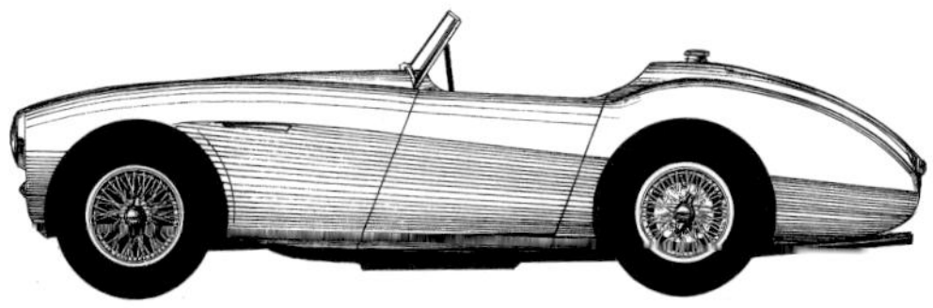

Motor	*Konfiguration*	4 Zylinder in Reihe
	Hubraum	2660 cm³
	Bohrung x Hub	87,3 x 111,1 mm
	Kraftstoffversorgung	2 Horizontalvergaser SU H 6
	Leistung	132 PS bei 4700/min
	Getriebe	Viergang
Chassis	*Rahmen*	Underslung-Kastenrahmen mit Kreuzverstrebung
	Aufhängung vorn	Dreiecksquerlenker, Schraubenfedern
	Aufhängung hinten	Starrachse, Halbelliptikfedern
Maße	*Radstand*	2290 mm
	Länge x Breite x Höhe	3760 x 1525 x 1060 mm
	Gewicht	850 kg (trocken)
Höchstgeschwindigkeit		191 km/h

Austin-Healey Sprite Mk I 1958–1961
Modell 1958

Motor	*Konfiguration*	4 Zylinder in Reihe
	Hubraum	948 cm³
	Bohrung x Hub	62,9 x 76,2 mm
	Kraftstoffversorgung	2 Halbfallstromvergaser SU HI
	Leistung	42,5 PS bei 3300/min
	Getriebe	Viergang
Chassis	*Rahmen*	Kastenrahmen mit Karosserie verschweißt
	Aufhängung vorn	Trapez-Dreiecksquerlenker, Schraubenfedern
	Aufhängung hinten	Starrachse, Viertelelliptikfedern, zwei Längslenker
Maße	*Radstand*	2030 mm
	Länge x Breite x Höhe	3490 x 1350 x 1210 mm
	Gewicht	640 kg (trocken)
Höchstgeschwindigkeit		126 km/h

Austin-Healey 3000 1959–1968
Austin-Healey 3000 Mk I BN7 1960

Motor	*Konfiguration*	6 Zylinder in Reihe
	Hubraum	2912 cm³
	Bohrung x Hub	83,34 x 88,9 mm
	Kraftstoffversorgung	2 Halbfallstromvergaser SU HD 6
	Leistung	124 PS bei 4600/min
	Getriebe	Viergang
Chassis	*Rahmen*	Kastenrahmen mit Kreuzverstrebung
	Aufhängung vorn	Trapez-Dreiecksquerlenker, Schraubenfedern
	Aufhängung hinten	Starrachse, Halbelliptikfedern
Maße	*Radstand*	2329 mm
	Länge x Breite x Höhe	4000 x 1524 x 1250 (offen) mm
	Gewicht	1080 kg (trocken)
Höchstgeschwindigkeit		183,5 km/h

Bentley 4½-Litre Supercharged 1929–1931
Modell 1930

Motor	*Konfiguration*	4 Zylinder in Reihe, oben liegende Nockenwelle, 4 Ventile und 2 Zündkerzen je Zylinder, Amherst Villiers Doppelblattkompressor
	Hubraum	4298 cm³
	Bohrung x Hub	100 x 140 mm
	Kraftstoffversorgung	2 Vergaser SU HVG 5 links seitlich am Kompressor
	Leistung	182 PS bei 3900/min
	Getriebe	Viergang
Chassis	*Rahmen*	Längsträger, Querverstrebungen, rohrförmige Stützen
	Aufhängung vorn	Starrachse, Halbelliptikfedern
	Aufhängung hinten	Starrachse, Halbelliptikfedern
Maße	*Radstand*	2984 mm
	Länge x Breite x Höhe	4470 x 1778 x 1524 mm
	Gewicht	1730 kg (trocken)
Höchstgeschwindigkeit		169 km/h

Bristol 404 1953–1955
Modell 1954

Motor	*Konfiguration*	6 Zylinder in Reihe
	Hubraum	1971 cm³
	Bohrung x Hub	66 x 96 mm
	Kraftstoffversorgung	3 Fallstromvergaser Solex 32 BI
	Leistung	107 PS bei 5000/min
	Getriebe	Viergang
Chassis	*Rahmen*	Plattformrahmen mit Kastenträgern
	Aufhängung vorn	obere Dreiecksquerlenker, untere Querblattfeder
	Aufhängung hinten	Starrachse, Längstorsionsstäbe
Maße	*Radstand*	2445 mm
	Länge x Breite x Höhe	4400 x 1727mm x 1390 mm
	Gewicht	1040 kg (trocken)
Höchstgeschwindigkeit		169 km/h

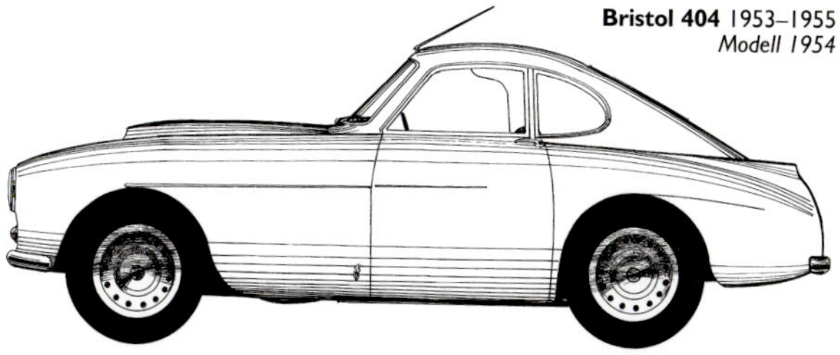

Caterham Seven ab 1973
Caterham Seven HPC 1992

Motor	*Konfiguration*	4 Zylinder in Reihe, 2 oben liegende Nockenwellen, 4 Ventile je Zylinder
	Hubraum	1998 cm³
	Bohrung x Hub	86 x 86 mm
	Kraftstoffversorgung	2 Horizontalvergaser Weber 45 DCOE
	Leistung	175 PS bei 6000/min
	Getriebe	Fünfgang
Chassis	*Rahmen*	Rohrrahmen
	Aufhängung vorn	Trapez-Dreiecksquerlenker, Schraubenfedern
	Aufhängung hinten	De-Dion-Achse, Schraubenfedern
Maße	*Radstand*	2250 mm
	Länge x Breite x Höhe	3380 x 1570 x 1090 mm
	Gewicht	590 kg (leer)
Höchstgeschwindigkeit		202,7 km/h

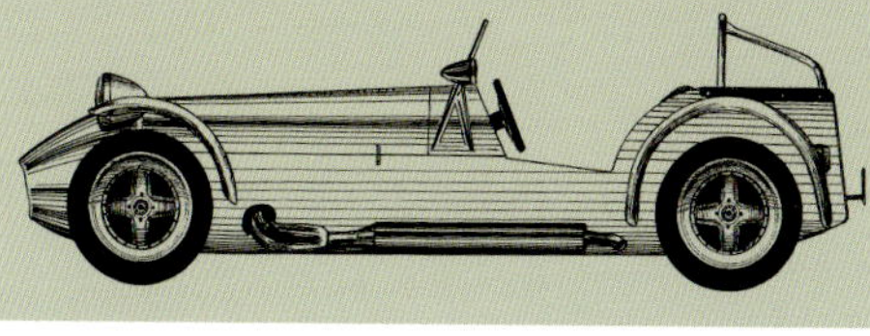

Caterham 21 1994–2000
Modell 2000

Motor	*Konfiguration*	4 Zylinder in Reihe, 2 oben liegende Nockenwellen, 4 Ventile je Zylinder
	Hubraum	1795 cm³
	Bohrung x Hub	80 x 89,3 mm
	Kraftstoffversorgung	elektronische Einspritzung
	Leistung	190 PS bei 7500/min
	Getriebe	Sechsgang manuell
Chassis	*Rahmen*	Rohrrahmen
	Aufhängung vorn	Dreiecksquerlenker, Schraubenfedern
	Aufhängung hinten	De-Dion-Achse, Wattgestänge, Längslenker, Schraubenfedern
Maße	*Radstand*	2225 mm
	Länge x Breite x Höhe	3800 x 1580 x 1045 mm
	Gewicht	650 kg (trocken)
Höchstgeschwindigkeit		220 km/h

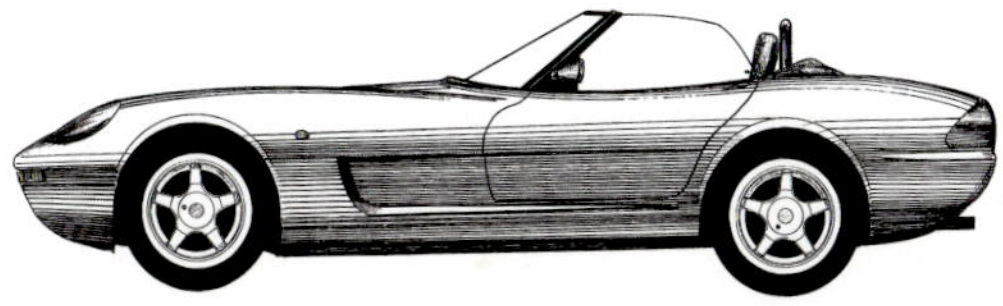

Daimler SP250 1959–1964
Modell 1962

Motor	*Konfiguration*	V8
	Hubraum	2548 cm³
	Bohrung x Hub	76,2 x 69,85 mm
	Kraftstoffversorgung	2 Halbfallstromvergaser SU HD 6
	Leistung	140 PS bei 5800/min
	Getriebe	Viergang
Chassis	*Rahmen*	Kastenrahmen mit Kreuzverstrebung
	Aufhängung vorn	Dreiecksquerlenker, Schraubenfedern
	Aufhängung hinten	Starrachse, Halbelliptikfedern
Maße	*Radstand*	2337 mm
	Länge x Breite x Höhe	4080 x 1540 x 1292 mm
	Gewicht	948 kg (trocken)
Höchstgeschwindigkeit		193,6 km/h

Elva Courier 1958–1968
Elva Courier Mk II 1960

Motor	*Konfiguration*	4 Zylinder in Reihe
	Hubraum	1588 cm³
	Bohrung x Hub	75,6 x 88,9 mm
	Kraftstoffversorgung	2 Horizontalvergaser SU H 4
	Leistung	78 PS bei 5500/min
	Getriebe	Viergang
Chassis	*Rahmen*	Rohrrahmen, Querverstrebungen
	Aufhängung vorn	Trapez-Dreiecksquerlenker, Schraubenfedern
	Aufhängung hinten	Starrachse, Schraubenfedern, Längslenker, Panhardstab
Maße	*Radstand*	2286 mm
	Länge x Breite x Höhe	3912 x 1511 x 1180 mm
	Gewicht	648 kg (trocken)
Höchstgeschwindigkeit		165 km/h

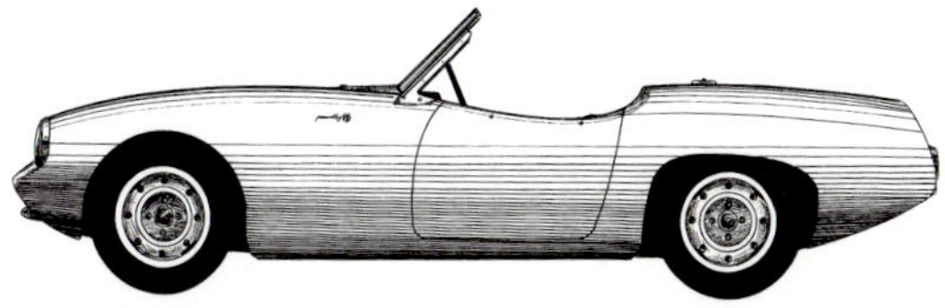

Frazer Nash Mille Miglia 1950–1952
Modell 1952

Motor	*Konfiguration*	6 Zylinder in Reihe
	Hubraum	1971 cm³
	Bohrung x Hub	66 x 96 mm
	Kraftstoffversorgung	3 Fallstromvergaser Solex
	Leistung	101 PS bei 5000/min
	Getriebe	Viergang
Chassis	*Rahmen*	Rohrrahmen
	Aufhängung vorn	oberer Dreiecksquerlenker, untere Querblattfeder
	Aufhängung hinten	Starrachse, Stabilisatordreieck, Längstorsionsstäbe
Maße	*Radstand*	2440 mm
	Länge x Breite x Höhe	3810 x 1470 x 1290 mm
	Gewicht	820 kg (trocken)
Höchstgeschwindigkeit		200 km/h

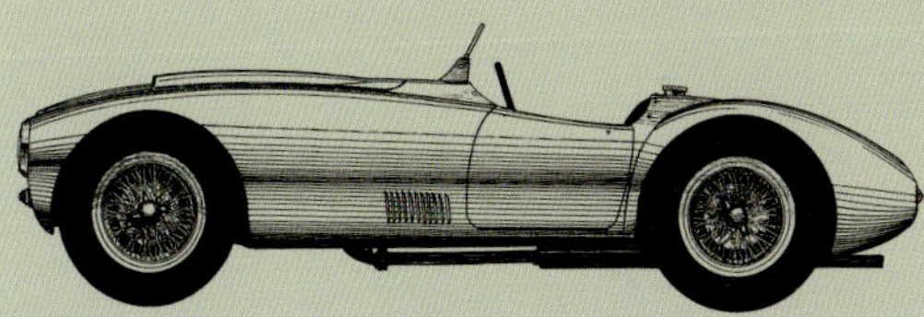

Ginetta G4 1961–1968
Ginetta G4 Series II 1964

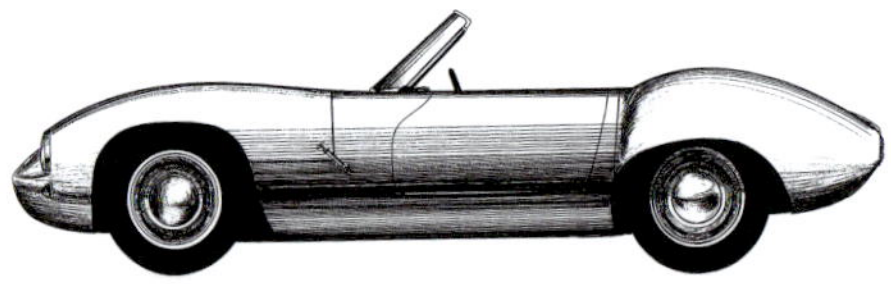

Motor	*Konfiguration*	4 Zylinder in Reihe
	Hubraum	1498 cm³
	Bohrung x Hub	80,96 x 72,65 mm
	Kraftstoffversorgung	1 Doppelfallstromvergaser Weber 38
	Leistung	78 PS bei 6000/min
	Getriebe	Viergang
Chassis	*Rahmen*	Gitterrohrrahmen
	Aufhängung vorn	Dreiecksquerlenker, Schraubenfedern
	Aufhängung hinten	Starrachse mit deichselförmiger Längsführung, Schraubenfedern
Maße	*Radstand*	2030 mm
	Länge x Breite x Höhe	3353 x 1422 x 940 mm
	Gewicht	510 kg (leer)
Höchstgeschwindigkeit		185 km/h

Ginetta G27 ab 1985
Modell 1999

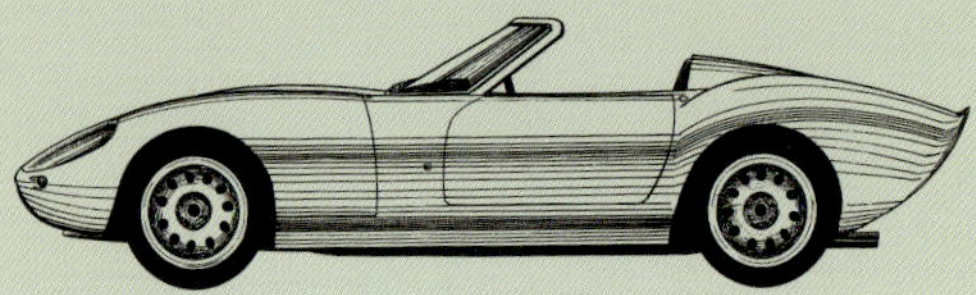

Motor	*Konfiguration*	4 Zylinder in Reihe, oben liegende Nockenwelle
	Hubraum	2093 cm³
	Bohrung x Hub	93 x 76,93 mm
	Kraftstoffversorgung	1 Horizontal-Doppelvergaser Dell'Orto 45
	Leistung	145 PS bei 5800/min
	Getriebe	Fünfgang manuell
Chassis	*Rahmen*	Gitterrohrrahmen mit Zentralträger
	Aufhängung vorn	doppelte Querlenker, Schraubenfedern
	Aufhängung hinten	Starrachse, Längslenker, Panhardstab
Maße	*Radstand*	2148 mm
	Länge x Breite x Höhe	3690 x 1583 x 1040 mm
	Gewicht	730 kg (leer)
Höchstgeschwindigkeit		206 km/h

Healey Silverstone 1949–1951
Modell 1949

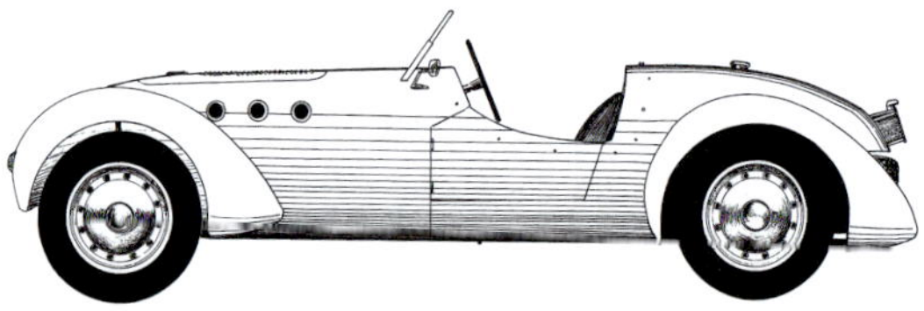

Motor	*Konfiguration*	4 Zylinder in Reihe
	Hubraum	2443 cm³
	Bohrung x Hub	80,5 x 120 mm
	Kraftstoffversorgung	2 Horizontalvergaser SU H 4
	Leistung	100 PS bei 5300/min
	Getriebe	Viergang
Chassis	*Rahmen*	Kastenrahmen mit Kreuzverstrebung
	Aufhängung vorn	Kurbellängslenker, Schraubenfedern
	Aufhängung hinten	Starrachse, Schraubenfedern
Maße	*Radstand*	2591 mm
	Länge x Breite x Höhe	4000 x 1480 x 1020 mm
	Gewicht	940 kg (trocken)
Höchstgeschwindigkeit		160 km/h

H.R.G. 1500 1939–1956
Modell 1948

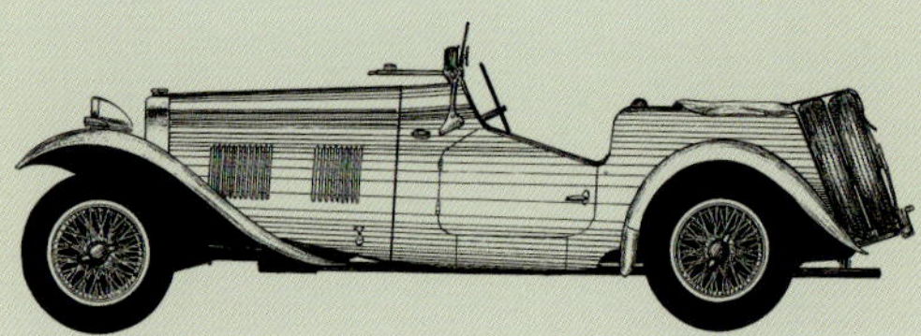

Motor	*Konfiguration*	4 Zylinder in Reihe, oben liegende Nockenwelle
	Hubraum	1496 cm³
	Bohrung x Hub	68 x 103 mm
	Kraftstoffversorgung	2 Horizontalvergaser SU
	Leistung	61 PS bei 4800/min
	Getriebe	Viergang
Chassis	*Rahmen*	Underslung-Rahmen, Längsträger und Traversen
	Aufhängung vorn	Starrachse, Viertelelliptikfedern
	Aufhängung hinten	Starrachse, Halbelliptikfedern
Maße	*Radstand*	2610 mm
	Länge x Breite x Höhe	3710 x 1435 x 1320 mm (Windschutzscheibe umgelegt: 1075 mm)
	Gewicht	736 kg
Höchstgeschwindigkeit		140 km/h

Jaguar SS 100 1936–1940
Modell 1936

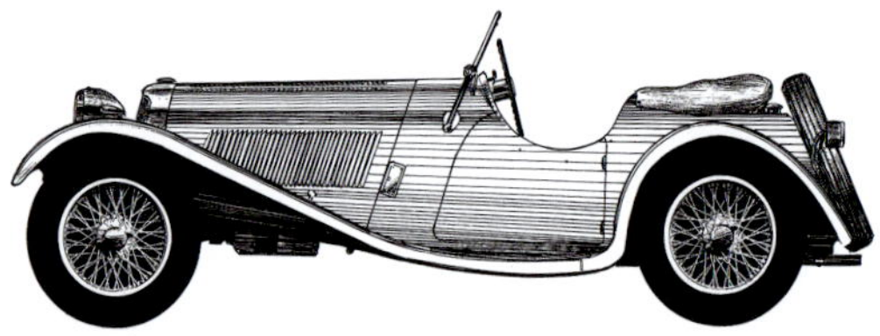

Motor	*Konfiguration*	6 Zylinder in Reihe
	Hubraum	3485 cm³ (urspr. 2,5 Liter, 3,5 Liter später eingebaut)
	Bohrung x Hub	82 x 110 mm
	Kraftstoffversorgung	2 Horizontalvergaser SU
	Leistung	125 PS bei 4250/min
	Getriebe	Viergang
Chassis	*Rahmen*	Kastenrahmen mit Kreuzverstrebung
	Aufhängung vorn	Starrachse, Halbelliptikfedern, Reibungsstoßdämpfer
	Aufhängung hinten	Starrachse, Halbelliptikfedern, hydraulische Stoßdämpfer
Maße	*Radstand*	2642 mm
	Länge x Breite x Höhe	3810 x 1575 x 1397 mm
	Gewicht	1180 kg (trocken)
Höchstgeschwindigkeit		163 km/h

Jaguar XK 120 1948–1954
Jaguar XK 120 Roadster 1951

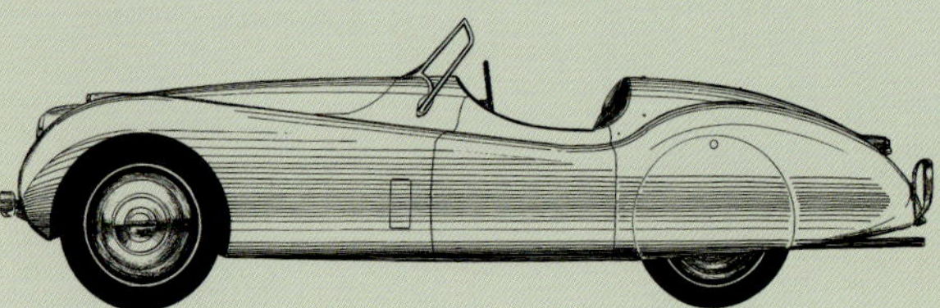

Motor	*Konfiguration*	6 Zylinder in Reihe, 2 oben liegende Nockenwellen
	Hubraum	3442 cm³
	Bohrung x Hub	83 x 106 mm
	Kraftstoffversorgung	2 Horizontalvergaser SU H 6
	Leistung	162 PS bei 5200/min
	Getriebe	Viergang
Chassis	*Rahmen*	kastenförmige Längsträger mit Kreuztraverse
	Aufhängung vorn	Trapez-Dreiecksquerlenker, Längstorsionsstäbe
	Aufhängung hinten	Starrachse, Halbelliptikfedern
Maße	*Radstand*	2590 mm
	Länge x Breite x Höhe	4406 x 1574 x 1332 mm
	Gewicht	1120 kg (trocken)
Höchstgeschwindigkeit		194 km/h

Jaguar XK 150 1957–1960
Jaguar XK 150 Coupé 2+2
3.8 Litre 1960

Motor	*Konfiguration*	6 Zylinder in Reihe, 2 oben liegende Nockenwellen
	Hubraum	3781 cm³
	Bohrung x Hub	87 x 106 mm
	Kraftstoffversorgung	2 Horizontalvergaser SU HD 6
	Leistung	220 PS bei 5500/min
	Getriebe	Viergang
Chassis	*Rahmen*	X-Rahmen mit Kastenträgern
	Aufhängung vorn	Trapez-Dreiecksquerlenker, Längstorsionsstäbe
	Aufhängung hinten	Starrachse, Halbelliptikfedern
Maße	*Radstand*	2590 mm
	Länge x Breite x Höhe	4470 x 1640 x 1395 mm
	Gewicht	1420 kg (trocken)
Höchstgeschwindigkeit		219 km/h

Jaguar XK SS 1957
Jaguar D-Type 1955, 1957 auf SS-Spezifikation gebracht

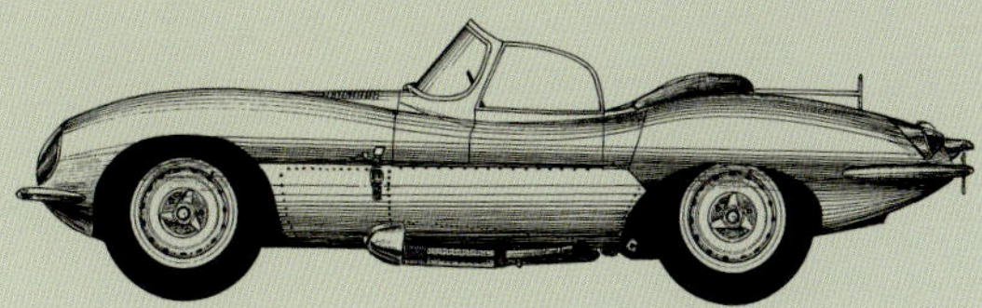

Motor	*Konfiguration*	6 Zylinder in Reihe, 2 oben liegende Nockenwellen
	Hubraum	3781 cm³
	Bohrung x Hub	83 x 106 mm
	Kraftstoffversorgung	3 Horizontal-Doppelvergaser Weber 45 DCO 3
	Leistung	265 PS bei 5500/min
	Getriebe	Viergang
Chassis	*Rahmen*	Fachwerkrahmen mit selbsttragender Außenhaut
	Aufhängung vorn	Trapez-Dreiecksquerlenker, Längstorsionsstäbe
	Aufhängung hinten	Starrachse, Längslenker, Quertorsionsstäbe, Stabilisatordreieck
Maße	*Radstand*	2270 mm
	Länge x Breite x Höhe	3960 x 1660 x 1015 mm
	Gewicht	916 kg (trocken)
Höchstgeschwindigkeit		200 km/h

Jaguar E-Type 1961–1971
Jaguar E-Type 4.2 Litre Cabriolet 1967

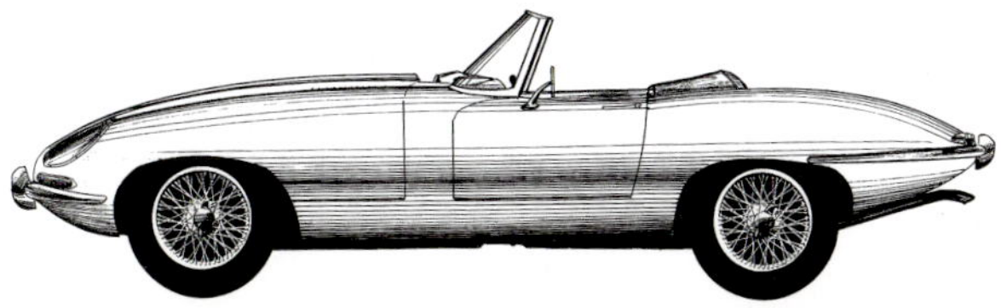

Motor	*Konfiguration*	6 Zylinder in Reihe, 2 oben liegende Nockenwellen
	Hubraum	4235 cm³
	Bohrung x Hub	92,07 x 106 mm
	Kraftstoffversorgung	3 Horizontalvergaser SU HD 8
	Leistung	265 PS bei 5400/min
	Getriebe	Viergang
Chassis	*Rahmen*	selbsttragende Karosserie
	Aufhängung vorn	Dreiecksquerlenker, Längstorsionsstäbe
	Aufhängung hinten	untere Querlenker, obere mittragende Doppelgelenkantriebswellen, Längslenker, doppelte Schraubenfedern
Maße	*Radstand*	2438 mm
	Länge x Breite x Höhe	4450 x 1660 x 1220 mm
	Gewicht	1180 kg (leer)
Höchstgeschwindigkeit		240 km/h

Jaguar V12 1971–1975
Jaguar 5.3 E-Type Coupé 2+2 1972

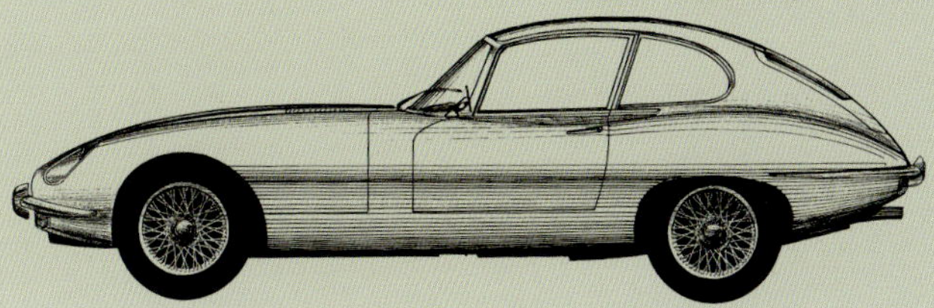

Motor	*Konfiguration*	V12, 2 oben liegende Nockenwellen
	Hubraum	5343 cm³
	Bohrung x Hub	90 x 70 mm
	Kraftstoffversorgung	4 Horizontalvergaser Zenith 175 CD SE
	Leistung	276 PS bei 5850/min
	Getriebe	Viergang
Chassis	*Rahmen*	selbsttragende Karosserie
	Aufhängung vorn	Dreiecksquerlenker, Längstorsionsstäbe
	Aufhängung hinten	obere Querlenker, untere mittragende Doppelgelenkantriebswellen, Längslenker, doppelte Schraubenfedern
Maße	*Radstand*	2667 mm
	Länge x Breite x Höhe	4685 x 1680 x 1305 mm
	Gewicht	1511 kg (leer)
Höchstgeschwindigkeit		228 km/h

Jaguar XJ-S 1975–1995
Jaguar XJ-S 5.3 V12 Cabriolet 1991

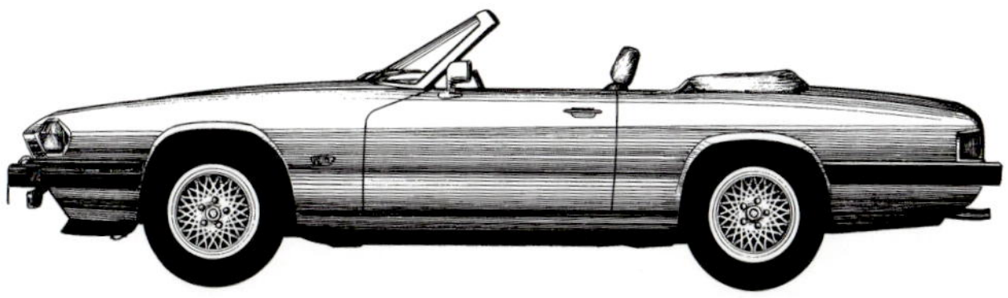

Motor	*Konfiguration*	V12, 2 oben liegende Nockenwellen
	Hubraum	5343 cm³
	Bohrung x Hub	90 x 70 mm
	Kraftstoffversorgung	indirekte elektronische Einspritzung
	Leistung	289 PS bei 5570/min
	Getriebe	Dreigangautomatik
Chassis	*Rahmen*	selbsttragende Karosserie
	Aufhängung vorn	Trapez-Dreiecksquerlenker, Schraubenfedern
	Aufhängung hinten	untere gegabelte Führungsarme, obere mittragende Halbachsen und Längslenker
Maße	*Radstand*	2591 mm
	Länge x Breite x Höhe	4765 x 1795 x 1250 mm
	Gewicht	1920 kg (leer)
Höchstgeschwindigkeit		241 km/h

Jaguar XJ220 1992–1994
Pre-production Chassis 1992

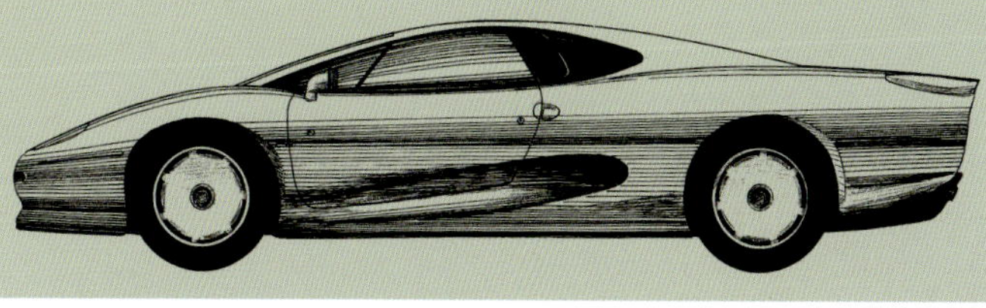

Motor	*Konfiguration*	Mittelmotor V6, 4 oben liegende Nockenwellen, 4 Ventile je Zylinder, 2 Abgasturbolader Garrett, 2 Intercooler
	Hubraum	3498 cm³
	Bohrung x Hub	94 x 84 mm
	Kraftstoffversorgung	elektronisches Motormanagement
	Leistung	549 PS bei 7200/min
	Getriebe	Fünfgang manuell
Chassis	*Rahmen*	Monocoque und Karosserie aus Leichtmetall
	Aufhängung vorn	doppelte Dreiecksquerlenker, Schraubenfeder-Dämpfereinheiten
	Aufhängung hinten	doppelte Dreiecksquerlenker mit zusätzlichen Querlenkern, Schraubenfeder-Dämpfereinheiten
Maße	*Radstand*	2640 mm
	Länge x Breite x Höhe	4930 x 2010 x 1150 mm
	Gewicht	1375 kg (leer)
Höchstgeschwindigkeit		349 km/h

Jaguar XK8 ab 1996
Modell 1996

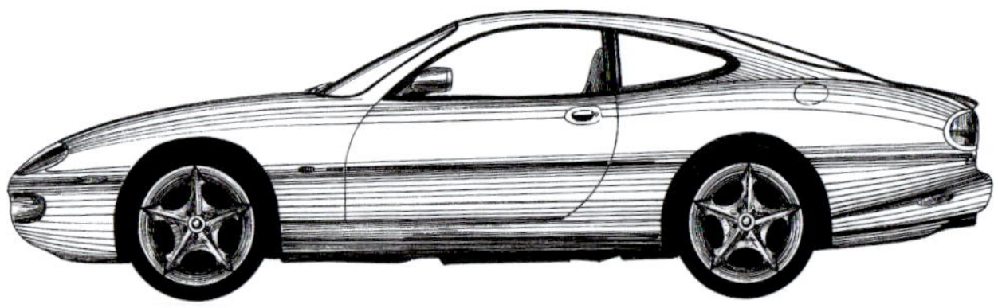

Motor	*Konfiguration*	V8, 4 oben liegende Nockenwellen, 4 Ventile je Zylinder
	Hubraum	3996 cm³
	Bohrung x Hub	86 x 86 mm
	Kraftstoffversorgung	elektronische Einspritzung
	Leistung	284 PS bei 6100/min
	Getriebe	Fünfstufenautomatik
Chassis	*Rahmen*	selbsttragende Karosserie mit vorderem und hinterem Hilfsrahmen
	Aufhängung vorn	doppelte Dreiecksquerlenker, Schraubenfedern
	Aufhängung hinten	untere Querlenker, mittragende Halbachsen, Schraubenfedern
Maße	*Radstand*	2590 mm
	Länge x Breite x Höhe	4760 x 1830 x 1290 mm
	Gewicht	1615 kg (leer)
Höchstgeschwindigkeit		251 km/h

Jensen 541 1954–1961
Modell 1954

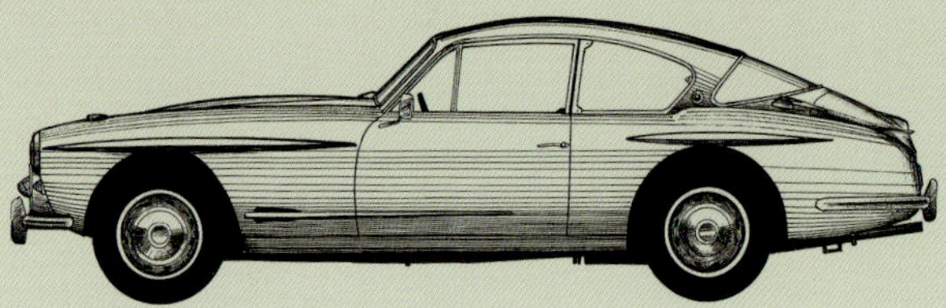

Motor	*Konfiguration*	6 Zylinder in Reihe
	Hubraum	3993 cm³
	Bohrung x Hub	87 x 111 mm
	Kraftstoffversorgung	3 Horizontalvergaser SU HD 6
	Leistung	131 PS bei 3700/min
	Getriebe	Viergang
Chassis	*Rahmen*	Kastenrahmen mit rohrförmigen Längsträgern und Traversen
	Aufhängung vorn	Trapez-Dreiecksquerlenker, Schraubenfedern
	Aufhängung hinten	Starrachse, Längslenker, Schraubenfedern
Maße	*Radstand*	2670 mm
	Länge x Breite x Höhe	4420 x 1600 x 1350 mm
	Gewicht	1220 kg (trocken)
Höchstgeschwindigkeit		168 km/h

Jensen-Healey 1972–1976
Jensen-Healey Mk II 1975

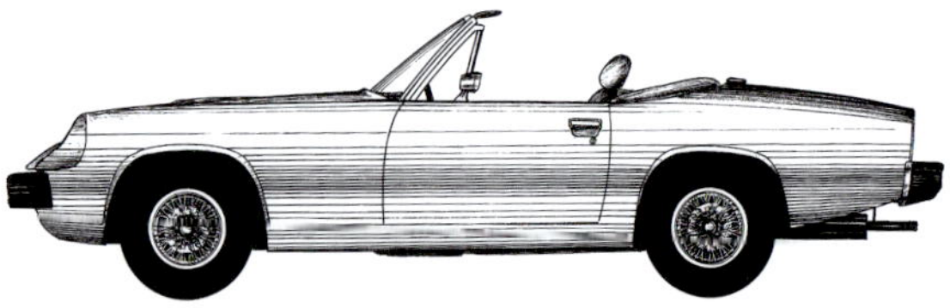

Motor	*Konfiguration*	4 Zylinder in Reihe, 2 oben liegende Nockenwellen, 4 Ventile je Zylinder
	Hubraum	1973 cm³
	Bohrung x Hub	95,2 x 69,3 mm
	Kraftstoffversorgung	2 Horizontalvergaser Stromberg 175 CD 2SE
	Leistung	140 PS bei 6500/min
	Getriebe	Fünfgang
Chassis	*Rahmen*	selbsttragende Karosserie
	Aufhängung vorn	Dreiecksquerlenker, Schraubenfedern
	Aufhängung hinten	Starrachse, Schraubenfedern, untere Längslenker, obere Schräglenker
Maße	*Radstand*	2340 mm
	Länge x Breite x Höhe	4205 x 1610 x 1210 mm
	Gewicht	980 kg (voll getankt mit 50 Litern)
Höchstgeschwindigkeit		191,5 km/h

Jowett Jupiter 1950–1954
Jowett Jupiter Mk IA 1954

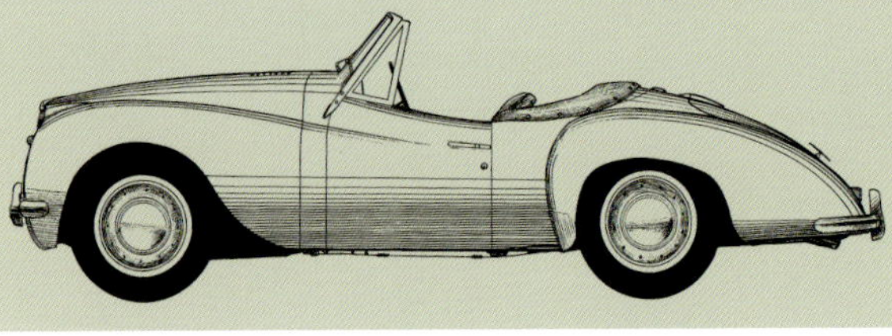

Motor	*Konfiguration*	Vierzylinder-Boxer
	Hubraum	1486 cm³
	Bohrung x Hub	72,5 x 90 mm
	Kraftstoffversorgung	2 Fallstromvergaser Zenith 30 VM
	Leistung	63 PS bei 4500/min
	Getriebe	Viergang
Chassis	*Rahmen*	Rohrrahmen mit Längsträgern und Kreuzverstrebung
	Aufhängung vorn	Trapez-Dreiecksquerlenker, Längstorsionsstäbe
	Aufhängung hinten	Starrachse, Doppellängslenker, Quertorsionsstäbe
Maße	*Radstand*	2360 mm
	Länge x Breite x Höhe	4270 x 1570 x 1420 mm
	Gewicht	945 kg (trocken)
Höchstgeschwindigkeit		145 km/h

Lea Francis 2½-Litre Sports 1950–1953
Modell 1950

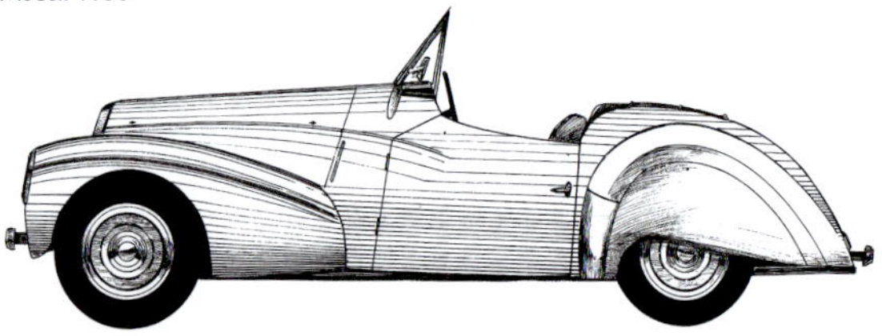

Motor	*Konfiguration*	4 Zylinder in Reihe, 2 seitliche Nockenwellen
	Hubraum	2496 cm³
	Bohrung x Hub	85 x 110 mm
	Kraftstoffversorgung	2 Horizontalvergaser SU H 3
	Leistung	106 PS bei 4000/min
	Getriebe	Viergang
Chassis	*Rahmen*	Kastenrahmen
	Aufhängung vorn	Trapez-Dreiecksquerlenker, Längstorsionsstäbe
	Aufhängung hinten	Starrachse, Halbelliptikfedern
Maße	*Radstand*	2514 mm
	Länge x Breite x Höhe	4190 x 1600 x 1370 mm
	Gewicht	1168 kg (trocken)
Höchstgeschwindigkeit		158 km/h

Lotus Elite 1957–1963
Modell 1960

Motor	*Konfiguration*	4 Zylinder in Reihe, oben liegende Nockenwelle
	Hubraum	1216 cm³
	Bohrung x Hub	76,2 x 66,6 mm
	Kraftstoffversorgung	1 Horizontalvergaser SU H 4
	Leistung	76 PS bei 6100/min
	Getriebe	Viergang
Chassis	*Rahmen*	selbsttragende Karosserie
	Aufhängung vorn	Dreiecksquerlenker, Federbeine
	Aufhängung hinten	Schubstreben, Federbeine, mittragende Antriebswellen
Maße	*Radstand*	2235 mm
	Länge x Breite x Höhe	3660 x 1470 x 1170 mm
	Gewicht	585 kg (trocken)
Höchstgeschwindigkeit		181 km/h

Lotus Seven 1957–1973
Lotus Seven S3 Twin Cam SS 1969

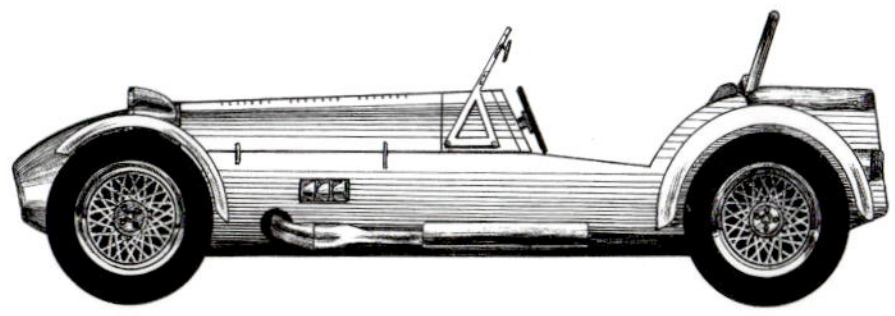

Motor	*Konfiguration*	4 Zylinder in Reihe, 2 oben liegende Nockenwellen
	Hubraum	1558 cm³
	Bohrung x Hub	82,6 x 72,8 mm
	Kraftstoffversorgung	2 Horizontalvergaser Weber 40 DCOE
	Leistung	125 PS bei 6200/min
	Getriebe	Viergang
Chassis	*Rahmen*	Gitterrohrrahmen mit mittragender Außenhaut
	Aufhängung vorn	Dreiecksquerlenker, Federbeine
	Aufhängung hinten	Starrachse, Längslenker, Federbeine
Maße	*Radstand*	2260 mm
	Länge x Breite x Höhe	3378 x 1550 x 940 mm
	Gewicht	570 kg (leer)
Höchstgeschwindigkeit		181 km/h

Lotus Elan 1962–1973
Modell 1963

Motor	*Konfiguration*	4 Zylinder in Reihe, 2 oben liegende Nockenwellen
	Hubraum	1558 cm³
	Bohrung x Hub	82,55 x 72,75 mm
	Kraftstoffversorgung	2 Doppelvergaser Weber 40 DCOE
	Leistung	105 PS bei 5500/min
	Getriebe	Viergang
Chassis	*Rahmen*	Zentralträgerrahmen
	Aufhängung vorn	Trapez-Dreiecksquerlenker, Schraubenfedern
	Aufhängung hinten	untere Dreiecksquerlenker, schräge Federbeine
Maße	*Radstand*	2130 mm
	Länge x Breite x Höhe	3670 x 1420 x 1120 mm
	Gewicht	620 kg (leer)
Höchstgeschwindigkeit		174 km/h (mit Drehzahlbegrenzer)

Lotus Europa 1966–1975
Lotus Europa S2 1969

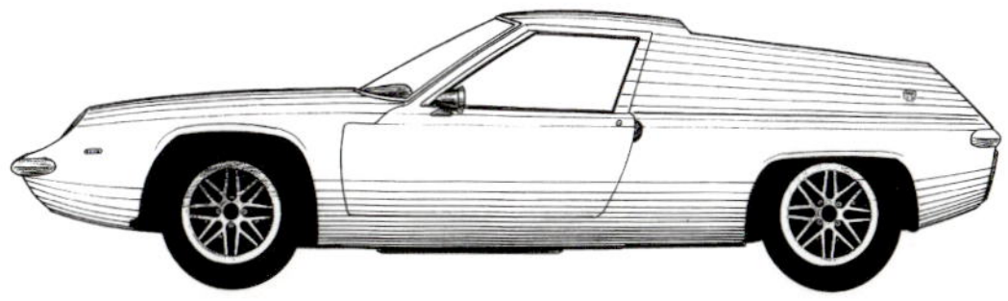

Motor	*Konfiguration*	Mittelmotor, 4 Zylinder in Reihe
	Hubraum	1470 cm³
	Bohrung x Hub	76 x 81 mm
	Kraftstoffversorgung	1 Doppelhorizontalvergaser Solex 35 DIDS A2
	Leistung	82 PS bei 6000/min
	Getriebe	Viergang
Chassis	*Rahmen*	Zentralträgerrahmen
	Aufhängung vorn	Trapez-Dreiecksquerlenker, Schraubenfedern
	Aufhängung hinten	Längslenker, Querlenker, Federbeine
Maße	*Radstand*	2310 mm
	Länge x Breite x Höhe	3990 x 1640 x 1090 mm
	Gewicht	610 kg (leer)
Höchstgeschwindigkeit		185 km/h

Lotus Elan +2 1969–1974
Lotus Elan +2S 1970

Motor	*Konfiguration*	4 Zylinder in Reihe, 2 oben liegende Nockenwellen
	Hubraum	1558 cm³
	Bohrung x Hub	82,55 x 72,75 mm
	Kraftstoffversorgung	2 Doppelvergaser Weber 40 DCOE
	Leistung	118 PS bei 6250/min
	Getriebe	Viergang
Chassis	*Rahmen*	Zentralträgerchassis, vorn und hinten gegabelt
	Aufhängung vorn	Trapez-Dreiecksquerlenker, Schraubenfedern
	Aufhängung hinten	untere Dreiecksquerlenker, schräge Federbeine
Maße	*Radstand*	2450 mm
	Länge x Breite x Höhe	4290 x 1680 x 1190 mm
	Gewicht	945 kg (leer)
Höchstgeschwindigkeit		193 km/h

Lotus Elite 1974–1983
Lotus Elite S1 1975

Motor	*Konfiguration*	4 Zylinder in Reihe, 2 oben liegende Nockenwellen, 4 Ventile je Zylinder
	Hubraum	1973 cm³
	Bohrung x Hub	95,3 x 69,3 mm
	Kraftstoffversorgung	2 Horizontaldoppelvergaser Dell'Orto DHLA 45E
	Leistung	155 PS bei 6500/min
	Getriebe	Fünfgang
Chassis	*Rahmen*	Zentralträgerrahmen, vorn und hinten gegabelt
	Aufhängung vorn	obere Dreiecksquerlenker, untere Querlenker, Schraubenfedern
	Aufhängung hinten	Schräglenker, Querstreben und Antriebswellen, Schraubenfedern
Maße	*Radstand*	2480 mm
	Länge x Breite x Höhe	4457 x 1816 x 1207 mm
	Gewicht	1170 kg (leer)
Höchstgeschwindigkeit		199,5 km/h

Lotus Esprit 1975–1990
Lotus Esprit S3 1982

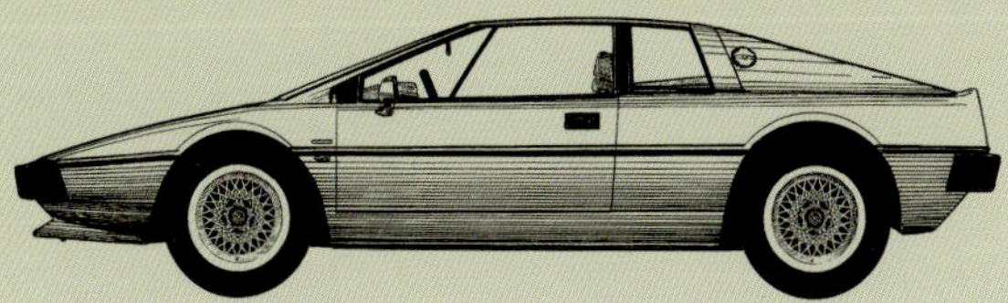

Motor	*Konfiguration*	4 Zylinder in Reihe, 2 oben liegende Nockenwellen, 4 Ventile je Zylinder
	Hubraum	2174 cm³
	Bohrung x Hub	95,25 x 76,2 mm
	Kraftstoffversorgung	2 Horizontaldoppelvergaser Dell'Orto DHLA 45
	Leistung	162 PS bei 6500/min
	Getriebe	Fünfgang
Chassis	*Rahmen*	Zentralträgerchassis mit Gitterrohr-Hilfsrahmen
	Aufhängung vorn	obere Dreiecksquerlenker, untere einfache Querlenker, Federbeine
	Aufhängung hinten	Querlenker, Längsstreben, Federbeine
Maße	*Radstand*	2440 mm
	Länge x Breite x Höhe	4190 x 1860 x 1110 mm
	Gewicht	1020 kg (leer)
Höchstgeschwindigkeit		215 km/h

Lotus Esprit Turbo ab 1980
Lotus Esprit Turbo SE 1989

Motor	*Konfiguration*	Mittelmotor, 4 Zylinder in Reihe, 2 oben liegende Nockenwellen, 4 Ventile je Zylinder, Turbolader, Intercooler
	Hubraum	2174 cm³
	Bohrung x Hub	95,29 x 76,2 mm
	Kraftstoffversorgung	elektronische Saugrohreinspritzung
	Leistung	264 PS bei 6500/min
	Getriebe	Fünfgang
Chassis	*Rahmen*	Zentralträgerchassis mit Gitterrohr-Hilfsrahmen
	Aufhängung vorn	obere Dreiecksquerlenker, untere einfache Querlenker, Federbeine
	Aufhängung hinten	Querlenker, Längsstreben mit Federbeinen
Maße	*Radstand*	2440 mm
	Länge x Breite x Höhe	4330 x 1860 x 1150 mm
	Gewicht	1339 kg (leer)
Höchstgeschwindigkeit		249 km/h

Lotus Elan 1989–1995
Lotus Elan S2 Turbo 1995

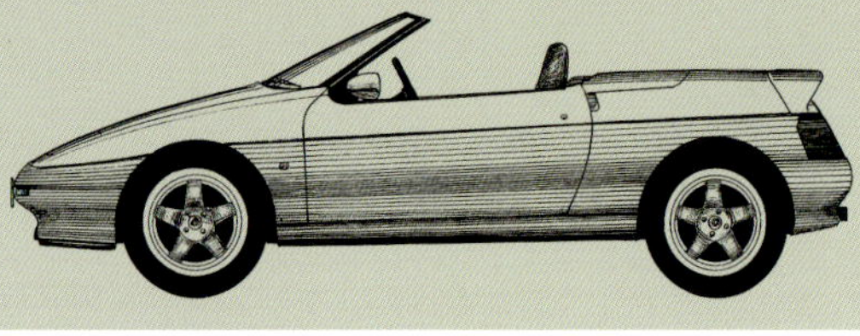

Motor	*Konfiguration*	4 Zylinder in Reihe vorn quer, 2 oben liegende Nockenwellen, 4 Ventile je Zylinder, Abgasturbolader, Ladeluftkühler
	Hubraum	1588 cm³
	Bohrung x Hub	80 x 79 mm
	Kraftstoffversorgung	elektronische Einspritzung
	Leistung	158 PS bei 6600/min
	Getriebe	Fünfgang
Chassis	*Rahmen*	Zentralträgerrahmen mit vorderer Hilfsstruktur
	Aufhängung vorn	doppelte Querlenker, Schraubenfedern
	Aufhängung hinten	doppelte Querlenker, Schraubenfedern
Maße	*Radstand*	2250 mm
	Länge x Breite x Höhe	3803 x 1734 x 1230 mm
	Gewicht	1075 kg (leer)
Höchstgeschwindigkeit		221 km/h

Lotus Elise ab 1995
Modell 2000

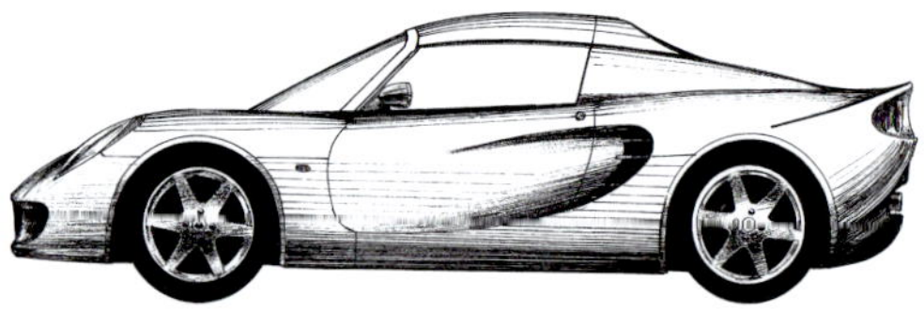

Motor	*Konfiguration*	4 Zylinder in Reihe, 2 oben liegende Nockenwellen, 4 Ventile je Zylinder
	Hubraum	1795 cm³
	Bohrung x Hub	80 x 89,3 mm
	Kraftstoffversorgung	elektronische Einspritzung
	Leistung	120 PS bei 5500/min
	Getriebe	Fünfgang
Chassis	*Rahmen*	Leichtbauchassis aus epoxidverstrebten Strangpressteilen
	Aufhängung vorn	Doppelquerlenker, Feder-Dämpfereinheiten
	Aufhängung hinten	Quer- und Schräglenker, Feder-Dämpfereinheiten
Maße	*Radstand*	2300 mm
	Länge x Breite x Höhe	3726 x 1700 x 1200 mm
	Gewicht	733 kg mit 40 Litern Treibstoff
Höchstgeschwindigkeit		202 km/h

Lotus Exige ab 2000
Modell 2000

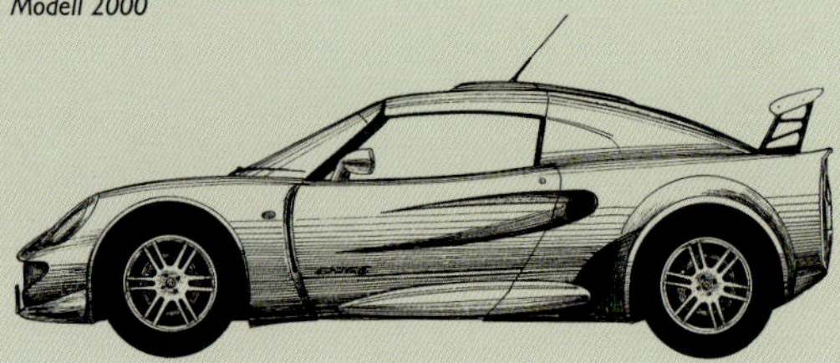

Motor	*Konfiguration*	4 Zylinder in Reihe, 2 oben liegende Nockenwellen, 4 Ventile je Zylinder
	Hubraum	1795 cm³
	Bohrung x Hub	80 x 89,3 mm
	Kraftstoffversorgung	elektronische Einspritzung
	Leistung	179 PS bei 7800/min
	Getriebe	Fünfgang
Chassis	*Rahmen*	Leichtbauchassis aus epoxidverklebten Strangpressteilen, integrierte Stahlüberrollstruktur
	Aufhängung vorn	Doppelquerlenker, Federbeine
	Aufhängung hinten	Doppelquerlenker, Federbeine
Maße	*Radstand*	2300 mm
	Länge x Breite x Höhe	3780 x 1720 x 1175 mm
	Gewicht	787 kg (leer)
Höchstgeschwindigkeit		218 km/h

Marcos GT 1800 bis 3-Litre 1964–1971
Marcos GT 1800 1964

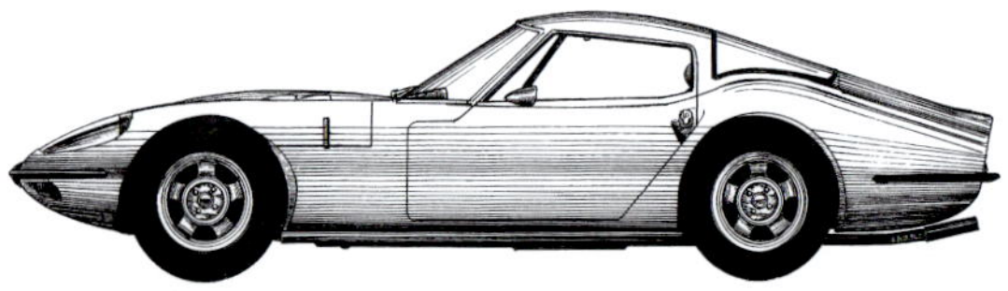

Motor	*Konfiguration*	4 Zylinder in Reihe
	Hubraum	1780 cm³
	Bohrung x Hub	84,14 x 80 mm
	Kraftstoffversorgung	2 Horizontalvergaser Stromberg 175 CD
	Leistung	114 PS bei 5800/min
	Getriebe	Viergang
Chassis	*Rahmen*	selbsttragend/Holz-Halbmonocoque
	Aufhängung vorn	Trapez-Dreiecksquerlenker, Schraubenfedern
	Aufhängung hinten	Starrachse, schräge Führungsarme, Schraubenfedern
Maße	*Radstand*	2250 mm
	Länge x Breite x Höhe	4090 x 1580 x 1050 mm
	Gewicht	660 kg (leer)
Höchstgeschwindigkeit		199 km/h

Marcos Mantara 1993–1998
Modell 1997

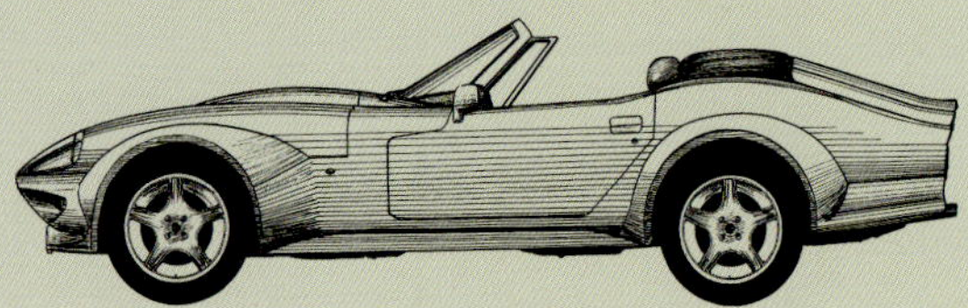

Motor	*Konfiguration*	V8
	Hubraum	3946 cm³
	Bohrung x Hub	94 x 80 mm
	Kraftstoffversorgung	elektronische Einspritzung
	Leistung	190 PS bei 4750/min
	Getriebe	Fünfgang
Chassis	*Rahmen*	Stahlrohrrahmen
	Aufhängung vorn	Querlenker, Federbeine
	Aufhängung hinten	Querlenker, Schraubenfedern
Maße	*Radstand*	2273 mm
	Länge x Breite x Höhe	4005 x 1680 x 1150 mm
	Gewicht	1020 kg (47-Liter-Tank halb gefüllt)
Höchstgeschwindigkeit		211 km/h

McLaren F1 1992–1998
Modell 1994

Motor	*Konfiguration*	Mittelmotor, V12, 4 oben liegende Nockenwellen, 4 Ventile je Zylinder
	Hubraum	6064 cm³
	Bohrung x Hub	86 x 87 mm
	Kraftstoffversorgung	elektronische Benzineinspritzung
	Leistung	627 PS bei 7400/min
	Getriebe	Sechsgang quer eingebaut
Chassis	*Rahmen*	Monocoque aus Kohlefaser
	Aufhängung vorn	Doppelquerlenker, innen liegende Feder-Dämpfereinheiten
	Aufhängung hinten	Doppelquerlenker, innen liegende Feder-Dämpfereinheiten
Maße	*Radstand*	2718 mm
	Länge x Breite x Höhe	4288 x 1820 x 1140 mm
	Gewicht	1134 kg (leer)
Höchstgeschwindigkeit		371 km/h

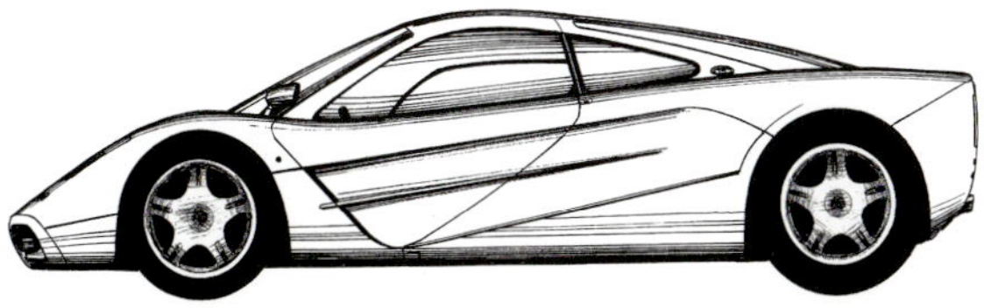

MG J2 1932–1934
Modell 1934

Motor	*Konfiguration*	4 Zylinder in Reihe
	Hubraum	847 cm³
	Bohrung x Hub	57 x 83 mm
	Kraftstoffversorgung	2 Halbfallstromvergaser SU
	Leistung	36 PS bei 5500/min
	Getriebe	Viergang
Chassis	*Rahmen*	Kastenrahmen
	Aufhängung vorn	Starrachse, Halbelliptikfedern
	Aufhängung hinten	Starrachse, Halbelliptikfedern
Maße	*Radstand*	2184 mm
	Länge x Breite x Höhe	3200 x 1290 x 1240 mm
	Gewicht	710 kg (leer)
Höchstgeschwindigkeit		112 km/h

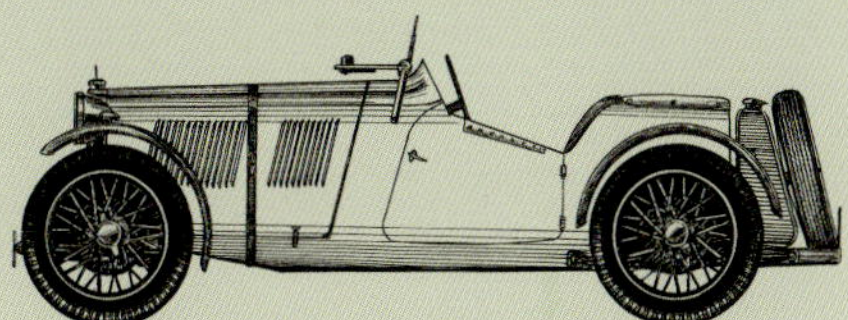

MG TA 1936–1939
Modell 1936

Motor	*Konfiguration*	4 Zylinder in Reihe
	Hubraum	1292 cm³
	Bohrung x Hub	63,5 x 102 mm
	Kraftstoffversorgung	2 Halbfallstromvergaser SU
	Leistung	52,4 PS bei 5000/min
	Getriebe	Viergang
Chassis	*Rahmen*	Kastenrahmen mit U-Profilen
	Aufhängung vorn	Starrachse, Halbelliptikfedern
	Aufhängung hinten	Starrachse, Halbelliptikfedern
Maße	*Radstand*	2388 mm
	Länge x Breite x Höhe	3350 x 1460 x 1250 mm
	Gewicht	880 kg (leer)
Höchstgeschwindigkeit		125 km/h

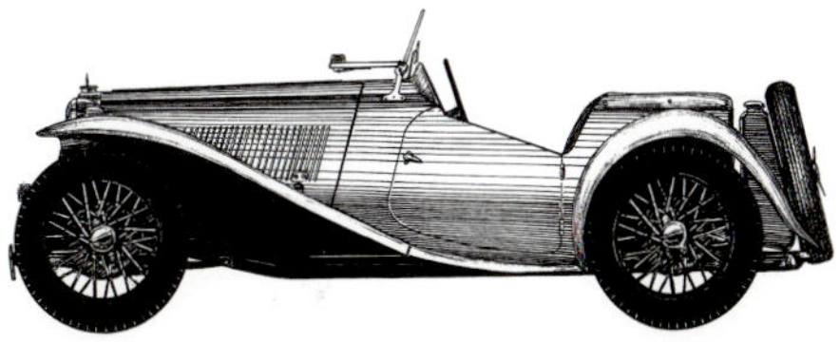

MG TC 1945–1949
Modell 1947

Motor	*Konfiguration*	4 Zylinder in Reihe
	Hubraum	1250 cm³
	Bohrung x Hub	66,5 x 90 mm
	Kraftstoffversorgung	2 Halbfallstromvergaser SU H 2
	Leistung	54,4 PS bei 5200/min
	Getriebe	Viergang-Fernschaltung
Chassis	*Rahmen*	Underslung-Kastenrahmen
	Aufhängung vorn	Starrachse, Halbelliptikfedern
	Aufhängung hinten	Starrachse, Halbelliptikfedern
Maße	*Radstand*	2388 mm
	Länge x Breite x Höhe	3543 x 1422 x 1346 mm
	Gewicht	788 kg (leer)
Höchstgeschwindigkeit		124,9 km/h

MG TD 1949–1953
Modell 1950

Motor	*Konfiguration*	4 Zylinder in Reihe
	Hubraum	1250 cm³
	Bohrung x Hub	66,5 x 90 mm
	Kraftstoffversorgung	2 Halbfallstromvergaser SU H 2
	Leistung	54,4 PS bei 5200/min
	Getriebe	Viergang
Chassis	*Rahmen*	Kastenrahmen mit Rohrtraversen
	Aufhängung vorn	Trapez-Dreiecksquerlenker, Schraubenfedern
	Aufhängung hinten	Starrachse, Halbelliptikfedern
Maße	*Radstand*	2388 mm
	Länge x Breite x Höhe	3630 x 1489 x 1346 mm
	Gewicht	885 kg (trocken)
Höchstgeschwindigkeit		132,9 km/h

MG TF 1953–1955
Modell 1954

Motor	*Konfiguration*	4 Zylinder in Reihe
	Hubraum	1466 cm³
	Bohrung x Hub	72 x 90 mm
	Kraftstoffversorgung	2 Halbfallstromvergaser SU H 4
	Leistung	63 PS bei 5000/min
	Getriebe	Viergang
Chassis	*Rahmen*	Kastenrahmen mit Rohrtraversen
	Aufhängung vorn	Trapez-Dreiecksquerlenker, Schraubenfedern
	Aufhängung hinten	Starrachse, Halbelliptikfedern
Maße	*Radstand*	2388 mm
	Länge x Breite x Höhe	3730 x 1517 x 1330 mm
	Gewicht	875 kg (trocken)
Höchstgeschwindigkeit		141,9 km/h

MGA 1955–1962
MGA Coupé 1957

Motor	*Konfiguration*	4 Zylinder in Reihe
	Hubraum	1489 cm³
	Bohrung x Hub	73,025 x 88,9 mm
	Kraftstoffversorgung	2 Halbfallstromvergaser SU
	Leistung	72 PS bei 5500/min
	Getriebe	Viergang
Chassis	*Rahmen*	Kastenrahmen mit Rohrtraversen
	Aufhängung vorn	Trapez-Dreiecksquerlenker, Schraubenfedern
	Aufhängung hinten	Starrachse, Halbelliptikfedern
Maße	*Radstand*	2388 mm
	Länge x Breite x Höhe	3960 x 1473 x 1270 mm
	Gewicht	955 kg (leer)
Höchstgeschwindigkeit		161 km/h

MG Midget 1961–1979
MG Midget Mk II 1966

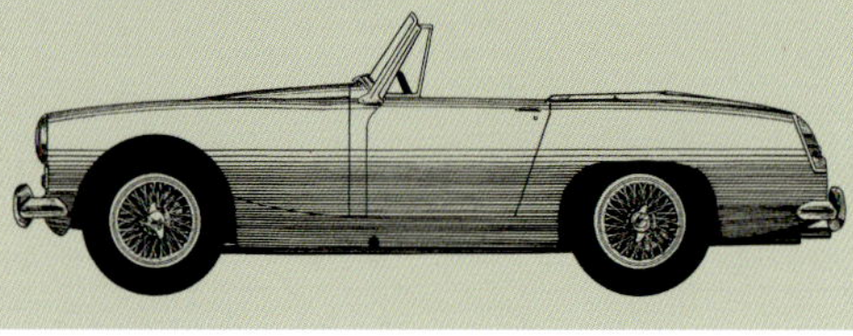

Motor	*Konfiguration*	4 Zylinder in Reihe
	Hubraum	1098 cm³
	Bohrung x Hub	64,58 x 83,72 mm
	Kraftstoffversorgung	2 Halbfallstromvergaser SU HS 2
	Leistung	56 PS bei 5750/min
	Getriebe	Viergang
Chassis	*Rahmen*	Kastenrahmen mit Karosserie verschweißt
	Aufhängung vorn	Trapez-Dreiecksquerlenker, Schraubenfedern
	Aufhängung hinten	Starrachse, Halbelliptikfedern
Maße	*Radstand*	2030 mm
	Länge x Breite x Höhe	3500 x 1350 x 1260 mm
	Gewicht	694 kg (leer)
Höchstgeschwindigkeit		137 km/h

MGB 1962–1980
MGB Roadster 1967

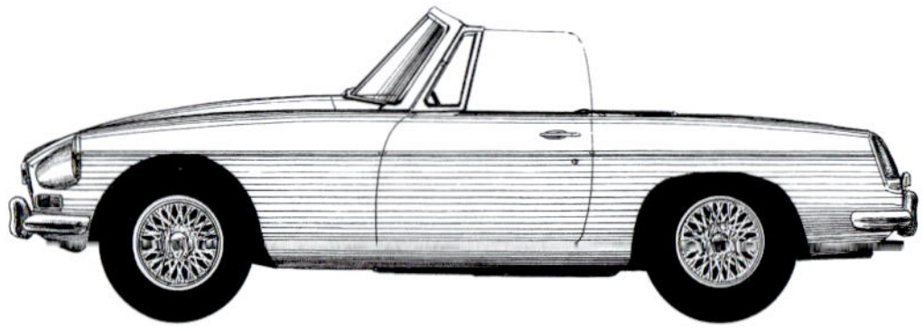

Motor	*Konfiguration*	4 Zylinder in Reihe
	Hubraum	1798 cm³
	Bohrung x Hub	80,26 x 89 mm
	Kraftstoffversorgung	2 Halbfallstromvergaser SU HS 4
	Leistung	95 PS bei 5400/min
	Getriebe	Viergang
Chassis	*Rahmen*	selbsttragende Karosserie
	Aufhängung vorn	Trapez-Dreiecksquerlenker, Schraubenfedern
	Aufhängung hinten	Starrachse, Halbelliptikfedern
Maße	*Radstand*	2311 mm
	Länge x Breite x Höhe	3890 x 1520 x 1250 mm
	Gewicht	920 kg (leer)
Höchstgeschwindigkeit		167,3 km/h

MGF ab 1995
Modell 2001

Motor	*Konfiguration*	4 Zylinder in Reihe, 2 oben liegende Nockenwellen, 4 Ventile je Zylinder
	Hubraum	1795 cm³
	Bohrung x Hub	80 x 89,3 mm
	Kraftstoffversorgung	elektronische Einspritzung
	Leistung	120 PS bei 5500/min
	Getriebe	Steptronic
Chassis	*Rahmen*	selbsttragende Karosserie, vorderer und hinterer Hilfsrahmen
	Aufhängung vorn	doppelte Dreiecksquerlenker
	Aufhängung hinten	doppelte Dreiecksquerlenker, Hydragas-Verbundfederung
Maße	*Radstand*	2380 mm
	Länge x Breite x Höhe	3910 x 1630 x 1270 mm
	Gewicht	1060 kg (leer)
Höchstgeschwindigkeit		193 km/h

Morgan Threewheeler 1909–1951
Super Sports Aero 1932

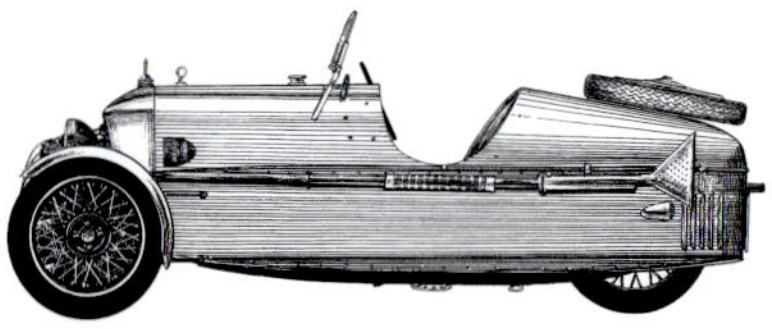

Motor	*Konfiguration*	V2
	Hubraum	1096 cm³
	Bohrung x Hub	85,7 x 95 mm
	Kraftstoffversorgung	1 Amal-Vergaser mit Doppelschwimmer
	Leistung	25 PS bei 2400/min
	Getriebe	Dreigang
Chassis	*Rahmen*	Zentralrohrrahmen
	Aufhängung vorn	senkrechte Führungsrohre, Schraubenfedern
	Aufhängung hinten	Doppelschwinge, Blattfeder
Maße	*Radstand*	2209 mm
	Länge x Breite x Höhe	2921 x 1442 x 831 mm
	Gewicht	451 kg (leer)
Höchstgeschwindigkeit		130 km/h

Morgan 4/4 Series I 1936–1950
Morgan 4-4 1936

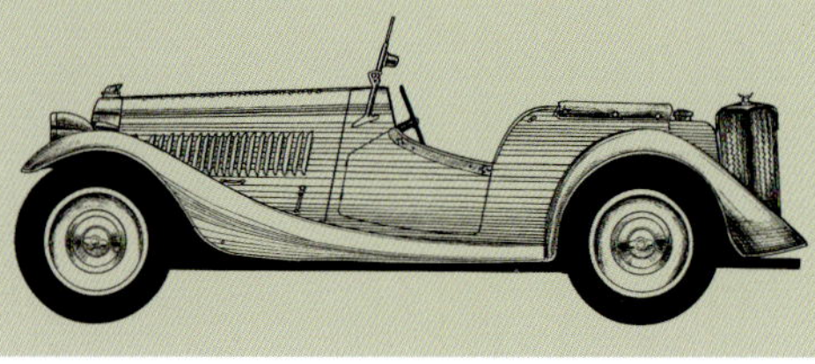

Motor	*Konfiguration*	4 Zylinder in Reihe
	Hubraum	1122 cm³
	Bohrung x Hub	63 x 90 mm
	Kraftstoffversorgung	1 Fallstromvergaser Solex 30 HBFG
	Leistung	39 PS bei 4500/min
	Getriebe	Viergang
Chassis	*Rahmen*	Kastenrahmen mit Traversen
	Aufhängung vorn	senkrechte Führungsrohre, Schraubenfedern
	Aufhängung hinten	Starrachse, Halbelliptikfedern
Maße	*Radstand*	2489 mm
	Länge x Breite x Höhe	3480 x 1330 x 1100 mm
	Gewicht	718 kg (trocken)
Höchstgeschwindigkeit		120 km/h

Morgan Plus 4 1950–2000
Morgan Plus 4 Tourer 1990

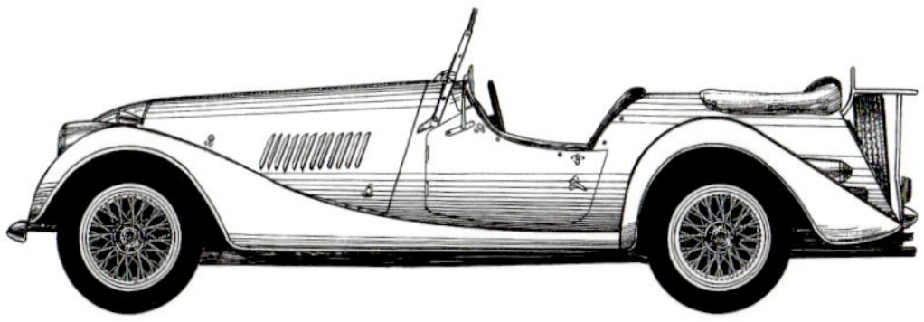

Motor	*Konfiguration*	4 Zylinder in Reihe, 2 oben liegende Nockenwellen, 4 Ventile je Zylinder
	Hubraum	1994 cm³
	Bohrung x Hub	84,5 x 89 mm
	Kraftstoffversorgung	elektronische Einspritzung
	Leistung	138 PS bei 6000/min
	Getriebe	Fünfgang
Chassis	*Rahmen*	Kastenrahmen mit Kreuzverstrebung
	Aufhängung vorn	senkrechte Führungsrohre, Schraubenfedern
	Aufhängung hinten	Starrachse, Halbelliptikfedern
Maße	*Radstand*	2440 mm
	Länge x Breite x Höhe	3890 x 1500 x 1350 mm
	Gewicht	980 kg (leer)
Höchstgeschwindigkeit		195 km/h

Morgan 4/4 ab 1955
Morgan 4/4 1600 1983

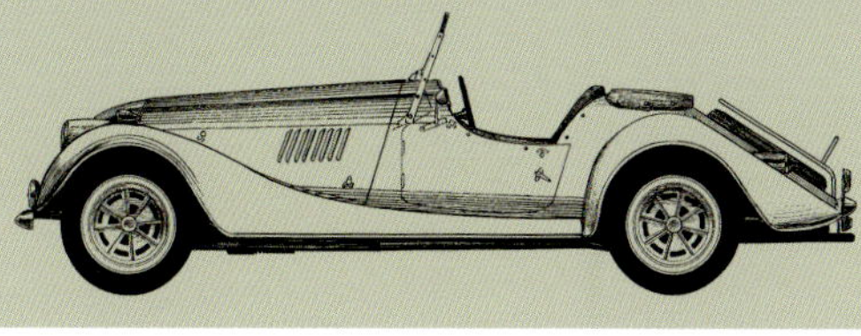

Motor	*Konfiguration*	4 Zylinder in Reihe, oben liegende Nockenwelle
	Hubraum	1597 cm³
	Bohrung x Hub	80 x 79,5 mm
	Kraftstoffversorgung	1 Fallstromzweifachvergaser Weber 32/34 DFT
	Leistung	96 PS bei 6000/min
	Getriebe	Fünfgang
Chassis	*Rahmen*	Kastenrahmen mit Kreuzverstrebung
	Aufhängung vorn	Führungsrohre, Schraubenfedern
	Aufhängung hinten	Starrachse, Halbelliptikfedern
Maße	*Radstand*	2440 mm
	Länge x Breite x Höhe	3660 x 1420 x 1295 mm
	Gewicht	735 kg (leer)
Höchstgeschwindigkeit		167 km/h

Morgan Plus 8 ab 1968
Modell 1978

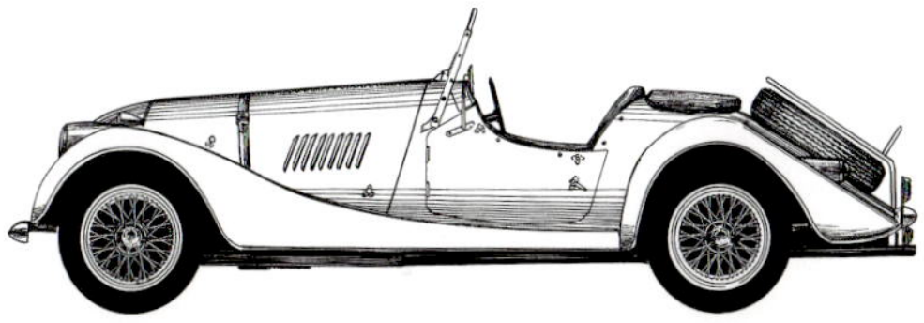

Motor	*Konfiguration*	V8
	Hubraum	3532 cm³
	Bohrung x Hub	88,9 x 71,12 mm
	Kraftstoffversorgung	2 Halbfallstromvergaser SU HIF 6
	Leistung	155 PS bei 5250/min
	Getriebe	Fünfgang
Chassis	*Rahmen*	Kastenrahmen mit Kreuzverstrebung
	Aufhängung vorn	senkrechte Führungsrohre, Schraubenfedern
	Aufhängung hinten	Starrachse, Halbelliptikfedern
Maße	*Radstand*	2490 mm
	Länge x Breite x Höhe	3740 x 1575 x 1320 mm
	Gewicht	830 kg (leer)
Höchstgeschwindigkeit		201 km/h

Morgan Aero 8 ab 2001
Modell 2001

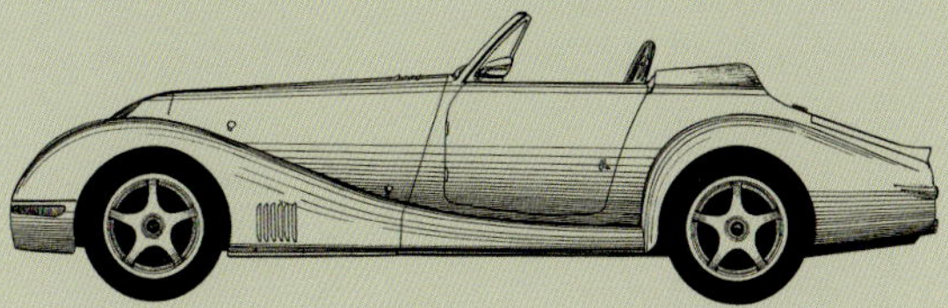

Motor	*Konfiguration*	V8, 4 oben liegende Nockenwellen, 4 Ventile je Zylinder
	Hubraum	4398 cm³
	Bohrung x Hub	82,7 x 92 mm
	Kraftstoffversorgung	Einspritzung im Rahmen eines Motormanagements
	Leistung	286 PS bei 5500/min
	Getriebe	Sechsgang manuell
Chassis	*Rahmen*	Chassis aus geklebten und genieteten Aluminiumblechen, Eschenholzrahmen
	Aufhängung vorn	obere Dreiecksquerlenker, untere Querlenker, Zugstreben, Feder-Dämpfereinheiten
	Aufhängung hinten	doppelte Dreiecksquerlenker, untere Spurstangen, Feder-Dämpfereinheiten
Maße	*Radstand*	2530 mm
	Länge x Breite x Höhe	4089 x 1753 x 1092 mm
	Gewicht	1000 kg (leer)
Höchstgeschwindigkeit		258 km/h

Panther Kallista 1982–1991
Modell 1984

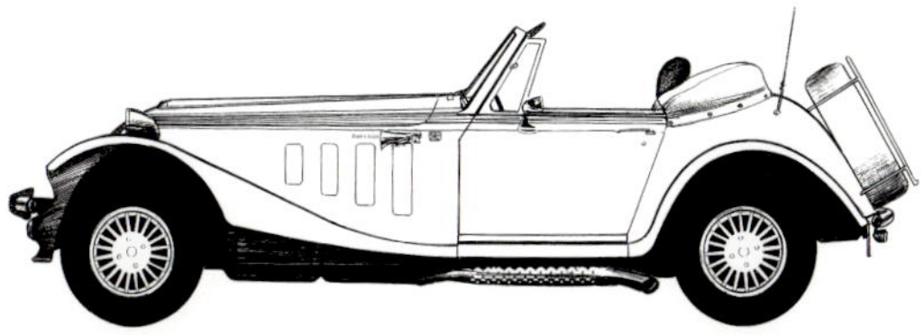

Motor	*Konfiguration*	V6
	Hubraum	2792 cm³
	Bohrung x Hub	93 x 68,5 mm
	Kraftstoffversorgung	mechanische Benzineinspritzung
	Leistung	150 PS bei 5700/min
	Getriebe	Fünfgang
Chassis	*Rahmen*	Kastenrahmen
	Aufhängung vorn	Dreiecksquerlenker, Schraubenfedern
	Aufhängung hinten	Starrachse, Schraubenfedern, obere und untere Längslenker, Panhardstab
Maße	*Radstand*	2550 mm
	Länge x Breite x Höhe	3905 x 1710 x 1245 mm
	Gewicht	870 kg (leer)
Höchstgeschwindigkeit		198 km/h

Reliant Scimitar 1984–1989
Reliant Scimitar 1800Ti 1986

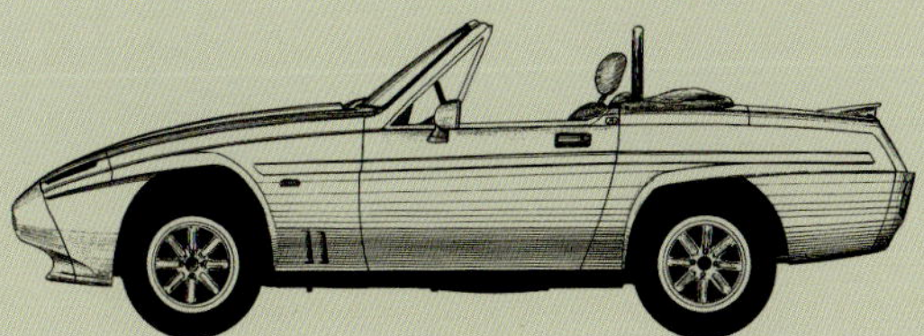

Motor	*Konfiguration*	4 Zylinder in Reihe, oben liegende Nockenwelle, Turbolader
	Hubraum	1809 cm³
	Bohrung x Hub	83 x 83,6 mm
	Kraftstoffversorgung	elektronische Benzineinspritzung
	Leistung	135 PS bei 6000/min
	Getriebe	Fünfgang
Chassis	*Rahmen*	Kastenrahmen mit Hilfsrohrrahmen
	Aufhängung vorn	doppelte Dreiecksquerlenker, Schraubenfedern
	Aufhängung hinten	Schräglenker, Schraubenfedern
Maße	*Radstand*	2135 mm
	Länge x Breite x Höhe	3885 x 1580 x 1240 mm
	Gewicht	840 kg (leer)
Höchstgeschwindigkeit		208 km/h

Riley 9 h.p. Brooklands Speed 1928–1932
Riley Brooklands Speed 1930

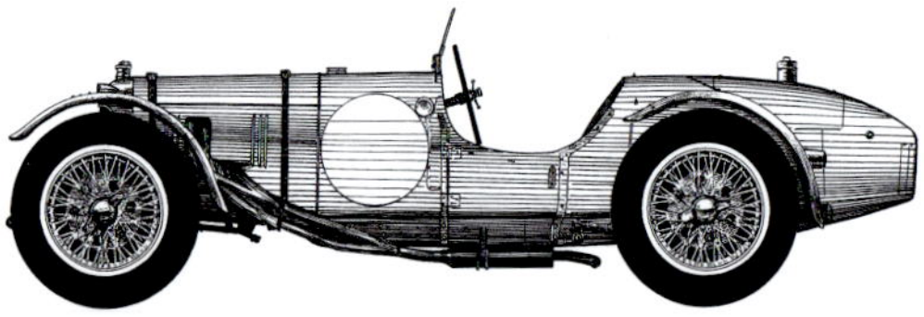

Motor	*Konfiguration*	4 Zylinder in Reihe, 2 Nockenwellen
	Hubraum	1087 cm³
	Bohrung x Hub	60,3 x 95,2 mm
	Kraftstoffversorgung	2 Horizontalvergaser SU OM
	Leistung	nie veröffentlicht
	Getriebe	Viergang
Chassis	*Rahmen*	U-Profilträger mit Schwanenhals vorn, hinten unterbaut
	Aufhängung vorn	Starrachse, Blattfedern
	Aufhängung hinten	Schubrohrachse, Blattfedern
Maße	*Radstand*	2438 mm
	Länge x Breite x Höhe	3810 x 1450 x 1040 mm
	Gewicht	700 kg (trocken)
Höchstgeschwindigkeit		schnellste Runde in Brooklands mit 175 km/h

Riley 12 h.p. Sprite 1936–1938
Riley Sprite 1937

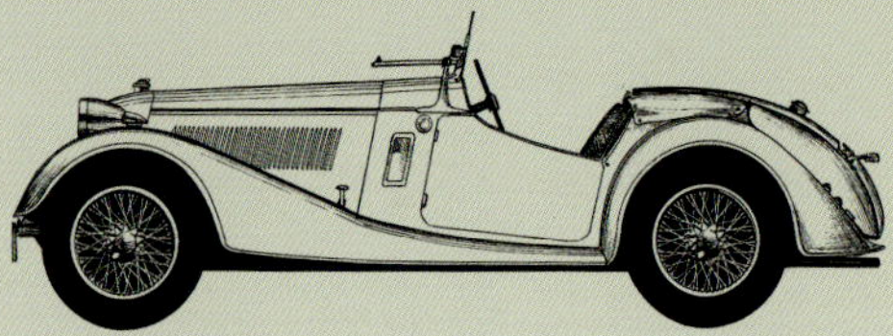

Motor	*Konfiguration*	4 Zylinder in Reihe, 2 Nockenwellen
	Hubraum	1496 cm³
	Bohrung x Hub	69 x 100 mm
	Kraftstoffversorgung	2 Horizontalvergaser SU HV 2
	Leistung	45 PS bei 4650/min
	Getriebe	Viergang
Chassis	*Rahmen*	Kastenrahmen mit Kreuzverstrebung
	Aufhängung vorn	Starrachse, Blattfedern
	Aufhängung hinten	Starrachse, Blattfedern
Maße	*Radstand*	2476 mm
	Länge x Breite x Höhe	3500 x 1435 x 1220 mm
	Gewicht	915 kg (leer)
Höchstgeschwindigkeit		137 km/h

Riley RMC Roadster 1948–1951
Modell 1949

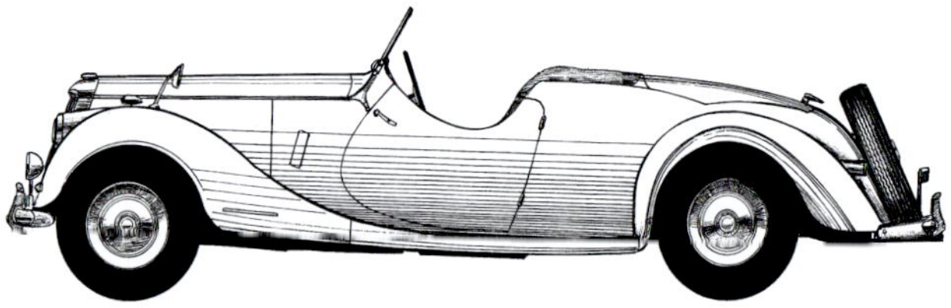

Motor	*Konfiguration*	4 Zylinder in Reihe, 2 Nockenwellen
	Hubraum	2443 cm³
	Bohrung x Hub	80,5 x 120 mm
	Kraftstoffversorgung	2 Horizontalvergaser SU H 4
	Leistung	100 PS bei 4400/min
	Getriebe	Viergang
Chassis	*Rahmen*	Kastenrahmen mit Kreuzverstrebung
	Aufhängung vorn	Querlenker, Torsionsstäbe
	Aufhängung hinten	Starrachse, Halbelliptikfedern
Maße	*Radstand*	3023 mm
	Länge x Breite x Höhe	4720 x 1680 x 1390 mm
	Gewicht	1386 kg (leer)
Höchstgeschwindigkeit		158 km/h

Singer Roadster 1939–1955
Singer Roadster 4AB 1952

Motor	*Konfiguration*	4 Zylinder in Reihe, oben liegende Nockenwelle
	Hubraum	1074 cm³
	Bohrung x Hub	60 x 95 mm
	Kraftstoffversorgung	1 Horizontalvergaser Solex
	Leistung	36 PS bei 5000/min
	Getriebe	Viergang
Chassis	*Rahmen*	Kastenträger mit Kreuzverstrebung
	Aufhängung vorn	Trapez-Dreiecksquerlenker, Schraubenfedern
	Aufhängung hinten	Starrachse, Halbelliptikfedern
Maße	*Radstand*	2337 mm
	Länge x Breite x Höhe	3696 x 1473 x 1486 mm
	Gewicht	787 kg (leer)
Höchstgeschwindigkeit		112 km/h

Sunbeam Alpine 1953–1955
Modell 1953

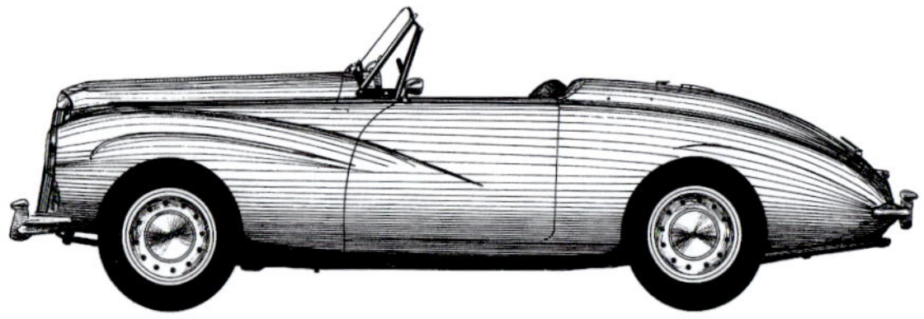

Motor	*Konfiguration*	4 Zylinder in Reihe
	Hubraum	2267 cm³
	Bohrung x Hub	81 x 110 mm
	Kraftstoffversorgung	1 Fallstromvergaser Stromberg DAA 36
	Leistung	81 PS bei 4200/min
	Getriebe	Viergang
Chassis	*Rahmen*	Underslung-Kastenrahmen mit Kreuztraverse
	Aufhängung vorn	Trapez-Dreiecksquerlenker, Schraubenfedern
	Aufhängung hinten	Starrachse, Halbelliptikfedern
Maße	*Radstand*	2476 mm
	Länge x Breite x Höhe	4260 x 1580 x 1540 mm
	Gewicht	1296 kg (trocken)
Höchstgeschwindigkeit		153 km/h

Sunbeam Tiger 1964–1967
Modell 1965

Motor	*Konfiguration*	V8
	Hubraum	4261 cm³
	Bohrung x Hub	96,5 x 73 mm
	Kraftstoffversorgung	1 Fallstromdoppelvergaser Ford C4DF 9510
	Leistung	164 PS bei 4400/min
	Getriebe	Viergang
Chassis	*Rahmen*	selbsttragende Karosserie
	Aufhängung vorn	Trapez-Dreiecksquerlenker, Schraubenfedern
	Aufhängung hinten	Starrachse, Halbelliptikfedern
Maße	*Radstand*	2180 mm
	Länge x Breite x Höhe	3940 x 1540 x 1310 mm
	Gewicht	1145 kg (leer)
Höchstgeschwindigkeit		188 km/h

Swallow Doretti 1954–1955
Modell 1954

Motor	*Konfiguration*	4 Zylinder in Reihe
	Hubraum	1991 cm³
	Bohrung x Hub	83 x 92 mm
	Kraftstoffversorgung	2 Horizontalvergaser SU H 4
	Leistung	90 PS bei 4800/min
	Getriebe	Viergang
Chassis	*Rahmen*	Rohrrahmen
	Aufhängung vorn	Trapez-Dreiecksquerlenker, Schraubenfedern
	Aufhängung hinten	Starrachse, Längslenker, Halbelliptikfedern
Maße	*Radstand*	2410 mm
	Länge x Breite x Höhe	3860 x 1550 x 1300 mm
	Gewicht	920 kg (trocken)
Höchstgeschwindigkeit		156 km/h

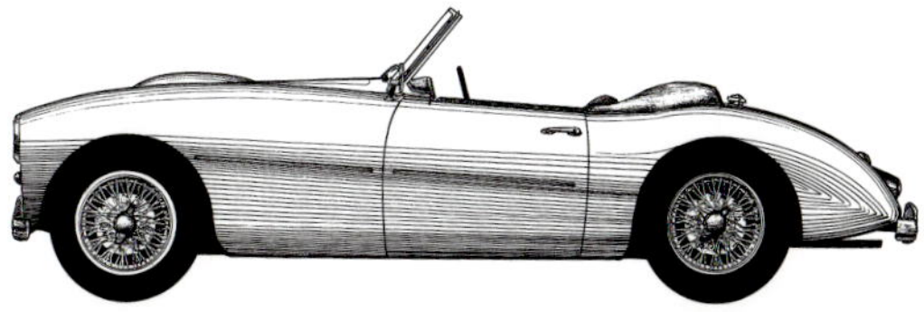

Triumph Roadster 1946–1949
Triumph Roadster 2000 1949

Motor	*Konfiguration*	4 Zylinder in Reihe
	Hubraum	2088 cm³
	Bohrung x Hub	85 x 92 mm
	Kraftstoffversorgung	1 Fallstromvergaser Solex 32 BIPC
	Leistung	68 PS bei 4200/min
	Getriebe	Dreigang
Chassis	*Rahmen*	Underslung-Kastenrahmen mit röhrenförmigen Verstrebungen
	Aufhängung vorn	obere Dreieckslenker, untere Querblattfeder
	Aufhängung hinten	Starrachse, Halbelliptikfedern
Maße	*Radstand*	2540 mm
	Länge x Breite x Höhe	4280 x 1626 x 1422 mm
	Gewicht	1154 kg (leer)
Höchstgeschwindigkeit		124 km/h

Triumph TR2 1953–1955
Modell 1954

Motor	*Konfiguration*	4 Zylinder in Reihe
	Hubraum	1991 cm³
	Bohrung x Hub	83 x 92 mm
	Kraftstoffversorgung	2 Horizontalvergaser SU H 4
	Leistung	90 PS bei 4800/min
	Getriebe	Viergang
Chassis	*Rahmen*	Kastenrahmen mit Kreuzverstrebung
	Aufhängung vorn	Trapez-Dreiecksquerlenker, Schraubenfedern
	Aufhängung hinten	Starrachse, Halbelliptikfedern
Maße	*Radstand*	2235 mm
	Länge x Breite x Höhe	3840 x 1410 x 1270
	Gewicht	900 kg (trocken)
Höchstgeschwindigkeit		167,3 km/h

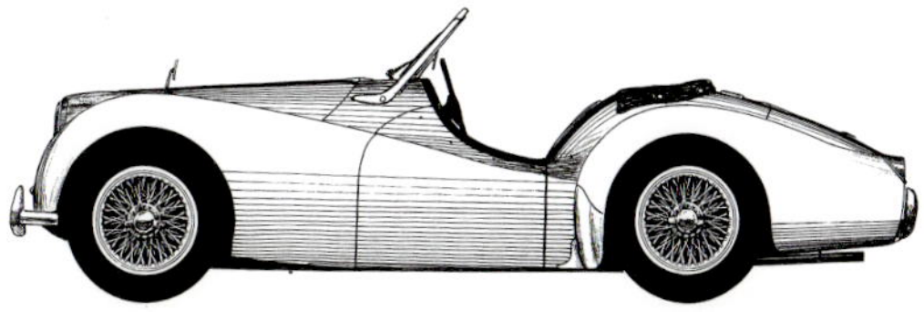

Triumph TR3 1955–1962
Triumph TR3A 1958

Motor	*Konfiguration*	4 Zylinder in Reihe
	Hubraum	1991 cm³
	Bohrung x Hub	83 x 92 mm
	Kraftstoffversorgung	2 Halbfallstromvergaser SU H 6
	Leistung	101 PS bei 5000/min
	Getriebe	Viergang
Chassis	*Rahmen*	Kastenrahmen mit Kreuzverstrebung
	Aufhängung vorn	Trapez-Dreiecksquerlenker, Schraubenfedern
	Aufhängung hinten	Starrachse, Halbelliptikfedern
Maße	*Radstand*	2235 mm
	Länge x Breite x Höhe	3840 x 1410 x 1270 mm
	Gewicht	940 kg (trocken)
Höchstgeschwindigkeit		166 km/h

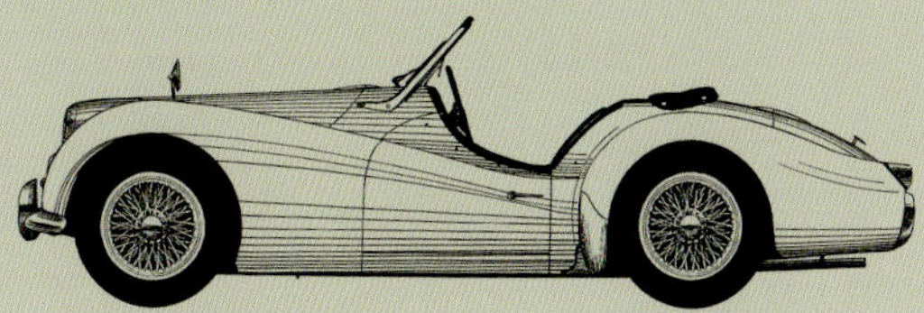

Triumph TR5 1967–1968
Triumph TR5 PI 1968

Motor	*Konfiguration*	6 Zylinder in Reihe
	Hubraum	2498 cm³
	Bohrung x Hub	74,7 x 95 mm
	Kraftstoffversorgung	Einspritzung
	Leistung	150 PS bei 5500/min
	Getriebe	Viergang
Chassis	*Rahmen*	Kastenrahmen mit Kreuzverstrebung
	Aufhängung vorn	Trapez-Dreiecksquerlenker, Schraubenfedern
	Aufhängung hinten	Schräglenker, Schraubenfedern
Maße	*Radstand*	2240 mm
	Länge x Breite x Höhe	3900 x 1470 x 1270 mm
	Gewicht	1034 kg (leer)
Höchstgeschwindigkeit		189,5 km/h

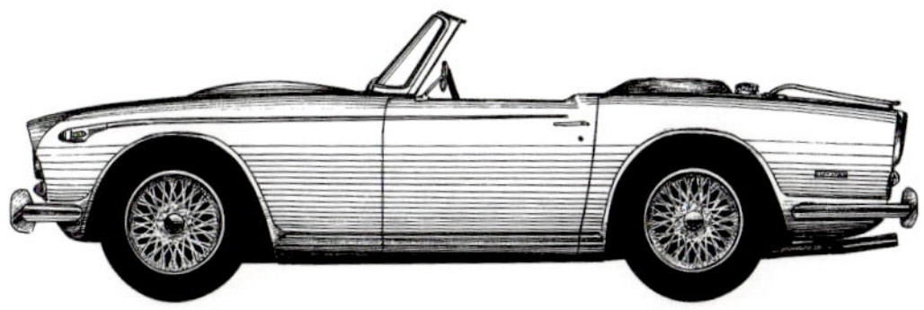

Triumph Spitfire 1962–1980
Triumph Spitfire Mark 3 1969

Motor	*Konfiguration*	4 Zylinder in Reihe
	Hubraum	1296 cm³
	Bohrung x Hub	73,7 x 76 mm
	Kraftstoffversorgung	2 Horizontalvergaser Weber 40 DCOE
	Leistung	80 PS bei 6000/min
	Getriebe	Viergang und Overdrive
Chassis	*Rahmen*	Kastenrahmen mit Traversen
	Aufhängung vorn	Trapez-Dreiecksquerlenker, Schraubenfedern
	Aufhängung hinten	Pendelachse, Querblattfeder, Längsschubstreben
Maße	*Radstand*	2110 mm
	Länge x Breite x Höhe	3721 x 1448 x 1205 (mit Verdeck) mm
	Gewicht	748 kg (leer)
Höchstgeschwindigkeit		161 km/h

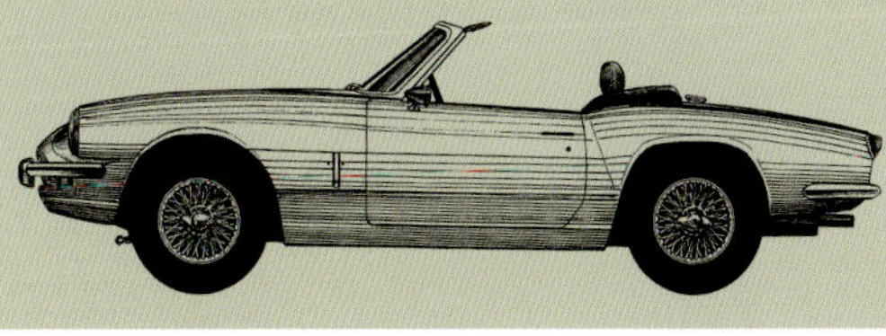

Triumph GT6 1966–1973
Triumph GT6 Mark 2 1969

Motor	*Konfiguration*	6 Zylinder in Reihe
	Hubraum	1998 cm³
	Bohrung x Hub	74,7 x 76 mm
	Kraftstoffversorgung	2 Horizontalvergaser Stromberg 1.50 CD
	Leistung	105 PS bei 5300/min
	Getriebe	Viergang
Chassis	*Rahmen*	Kastenrahmen mit Traversen
	Aufhängung vorn	Trapez-Dreiecksquerlenker, Schraubenfedern
	Aufhängung hinten	umgekehrte Dreiecksquerlenker und Schubstreben, obere Querblattfeder
Maße	*Radstand*	2110 mm
	Länge x Breite x Höhe	3735 x 1450 x 1195 mm
	Gewicht	915 kg (leer)
Höchstgeschwindigkeit		180 km/h

Triumph TR6 1968–1976
Modell 1974

Motor	*Konfiguration*	6 Zylinder in Reihe
	Hubraum	2498 cm³
	Bohrung x Hub	74,7 x 95 mm
	Kraftstoffversorgung	Einspritzung
	Leistung	127 PS bei 5000/min
	Getriebe	Viergang
Chassis	*Rahmen*	Kastenrahmen mit Kreuzverstrebung
	Aufhängung vorn	Trapez-Dreiecksquerlenker, Schraubenfedern
	Aufhängung hinten	Schräglenker, Schraubenfedern
Maße	*Radstand*	2240 mm
	Länge x Breite x Höhe	3940 x 1470 x 1270 mm
	Gewicht	1075 kg (voll getankt mit 51 Litern)
Höchstgeschwindigkeit		193,5 km/h

Triumph Stag 1970–1977
Modell 1970

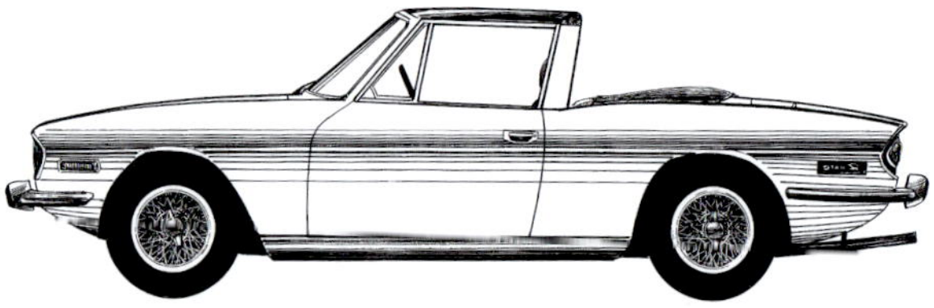

Motor	*Konfiguration*	V8, 2 oben liegende Nockenwellen
	Hubraum	2997 cm³
	Bohrung x Hub	86 x 64,5 mm
	Kraftstoffversorgung	2 Horizontalvergaser Stromberg 175 CDS
	Leistung	145 PS bei 5500/min
	Getriebe	Viergang
Chassis	*Rahmen*	selbsttragende Karosserie
	Aufhängung vorn	senkrechte Führungsrohre, untere Querlenker mit Schrägstreben, Schraubenfedern
	Aufhängung hinten	Dreieckslängslenker, Schraubenfedern
Maße	*Radstand*	2540 mm
	Länge x Breite x Höhe	4420 x 1610 x 1260 mm
	Gewicht	1275 kg (leer)
Höchstgeschwindigkeit		193 km/h

Triumph TR8 1980–1981
Modell 1981

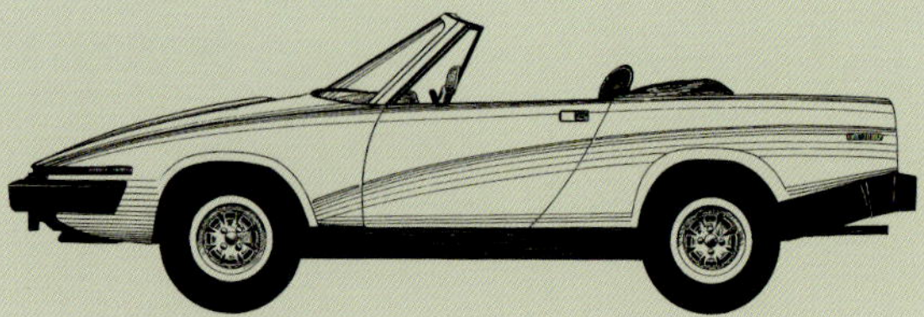

Motor	*Konfiguration*	V8
	Hubraum	3528 cm³
	Bohrung x Hub	88,9 x 71,1 mm
	Kraftstoffversorgung	Einspritzung
	Leistung	137 PS bei 5000/min
	Getriebe	Fünfgang
Chassis	*Rahmen*	selbsttragende Karosserie
	Aufhängung vorn	McPherson-Federbeine, untere einfache Querlenker
	Aufhängung hinten	Starrachse, Schraubenfedern, 2 Längs- und 2 Schräglenker
Maße	*Radstand*	2160 mm
	Länge x Breite x Höhe	4175 x 1680 x 1270 mm
	Gewicht	1165 kg (leer)
Höchstgeschwindigkeit		194 km/h

TVR Grantura 1958–1967
TVR Grantura MK IIA 1962

Motor	*Konfiguration*	4 Zylinder in Reihe
	Hubraum	1340 cm³
	Bohrung x Hub	80,96 x 65,07 mm
	Kraftstoffversorgung	2 Horizontalvergaser SU H 4
	Leistung	69 PS bei 4900 mm
	Getriebe	Viergang
Chassis	*Rahmen*	Gitterrohrrahmen
	Aufhängung vorn	Längstorsionsstäbe, Kurbellängslenker
	Aufhängung hinten	Längstorsionsstäbe, Kurbellängslenker
Maße	*Radstand*	2132 mm
	Länge x Breite x Höhe	3505 x 1626 x 1219 mm
	Gewicht	700 kg (leer)
Höchstgeschwindigkeit		158 km/h

TVR Vixen 1967–1973
TVR Vixen 2500 1972

Motor	*Konfiguration*	6 Zylinder in Reihe
	Hubraum	2498 cm³
	Bohrung x Hub	74,7 x 95 cm
	Kraftstoffversorgung	2 Horizontalvergaser Stromberg 175 CD 2 SE
	Leistung	104 PS bei 4950/min
	Getriebe	Viergang
Chassis	*Rahmen*	Fachwerkrahmen
	Aufhängung vorn	Trapez-Dreiecksquerlenker, Schraubenfedern
	Aufhängung hinten	Trapez-Dreiecksquerlenker, Schraubenfedern
Maße	*Radstand*	2290 mm
	Länge x Breite x Höhe	3695 x 1625 x 1220 mm
	Gewicht	920 kg
Höchstgeschwindigkeit		190 km/h

TVR M-Series 1972–1979
TVR 3000S Convertible 1979

Motor	*Konfiguration*	V6
	Hubraum	2994 cm³
	Bohrung x Hub	90,67 x 72,42 mm
	Kraftstoffversorgung	1 Fallstromdoppelvergaser Weber 38 DGAS
	Leistung	136 PS bei 5300/min
	Getriebe	Viergang
Chassis	*Rahmen*	Fachwerkrahmen
	Aufhängung vorn	Trapez-Dreiecksquerlenker, Schraubenfedern
	Aufhängung hinten	Trapez-Dreiecksquerlenker, doppelte Schraubenfedern
Maße	*Radstand*	2286 mm
	Länge x Breite x Höhe	3930 x 1625 x 1190 mm
	Gewicht	980 kg (voll getankt mit 55 Litern)
Höchstgeschwindigkeit		201 km/h

TVR 350i 1983–1990
TVR 350i Convertible 1988

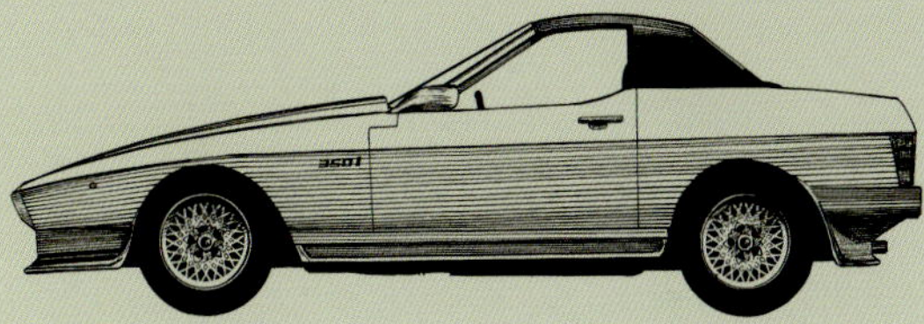

Motor	*Konfiguration*	V8
	Hubraum	3532 cm³
	Bohrung x Hub	88,9 x 71,12 mm
	Kraftstoffversorgung	elektronische Einspritzung
	Leistung	193 PS bei 5280/min
	Getriebe	Fünfgang
Chassis	*Rahmen*	Stahlrohrrahmen
	Aufhängung vorn	obere Dreiecks- und untere Querlenker, Schraubenfedern
	Aufhängung hinten	Quer- und Längsträger, mittragende Halbachsen, Schraubenfedern
Maße	*Radstand*	2385 mm
	Länge x Breite x Höhe	4015 x 1730 x 1205 mm
	Gewicht	1120 kg (leer)
Höchstgeschwindigkeit		219 km/h

TVR Griffith 1992–2001
TVR Griffith 500 1998

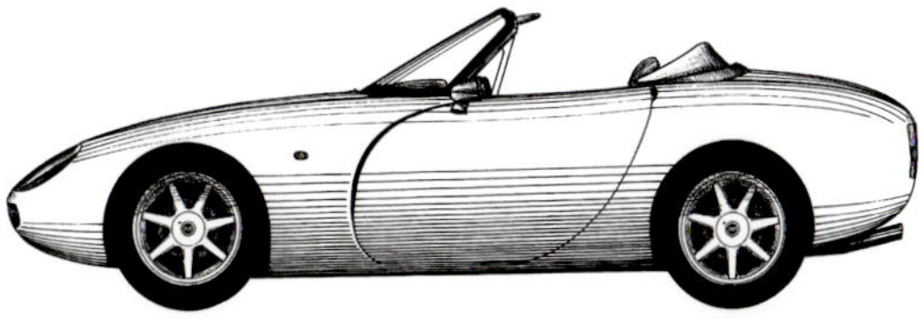

Motor	*Konfiguration*	V8
	Hubraum	4988 cm³
	Bohrung x Hub	94 x 90 mm
	Kraftstoffversorgung	elektronische Einspritzung
	Leistung	325 PS bei 5500/min
	Getriebe	Fünfgang
Chassis	*Rahmen*	Stahlrohrrahmen
	Aufhängung vorn	doppelte Dreiecksquerlenker, Schraubenfedern
	Aufhängung hinten	doppelte Dreiecksquerlenker, Schraubenfedern
Maße	*Radstand*	2286 mm
	Länge x Breite x Höhe	3892 x 1943 x 1205 mm
	Gewicht	1060 kg (leer)
Höchstgeschwindigkeit		269 km/h

TVR Cerbera ab 1994
TVR Cerbera Speed Six 1999

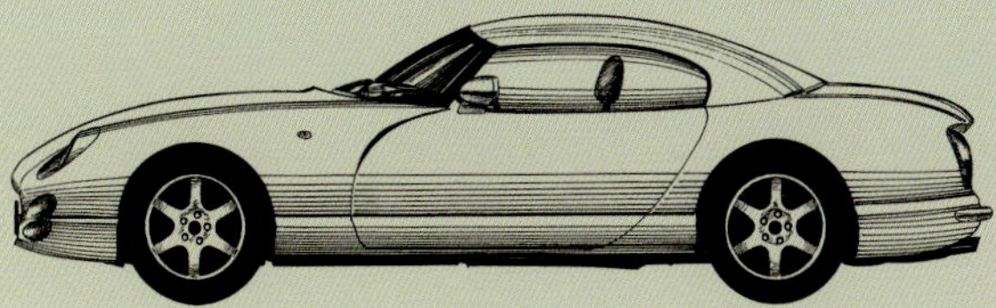

Motor	*Konfiguration*	6 Zylinder in Reihe, 2 oben liegende Nockenwellen, 4 Ventile je Zylinder
	Hubraum	3966 cm³
	Bohrung x Hub	96 x 92 mm
	Kraftstoffversorgung	elektronische Einspritzung
	Leistung	350 PS bei 6800/min
	Getriebe	Fünfgang
Chassis	*Rahmen*	Stahlrohrrahmen
	Aufhängung vorn	doppelte Dreiecksquerlenker, Schraubenfedern
	Aufhängung hinten	doppelte Dreiecksquerlenker, Schraubenfedern
Maße	*Radstand*	2565 mm
	Länge x Breite x Höhe	4280 x 1865 x 1220 mm
	Gewicht	1030 kg (leer)
Höchstgeschwindigkeit		273 km/h

TVR Tuscan Tuscan ab 1989, Speed Six ab 2000
TVR Tuscan Speed Six 2000

Motor	*Konfiguration*	6 Zylinder in Reihe, 2 oben liegende Nockenwellen, 4 Ventile je Zylinder
	Hubraum	3996 cm³
	Bohrung x Hub	96 x 92 mm
	Kraftstoffversorgung	elektronische Einspritzung
	Leistung	360 PS bei 7000/min
	Getriebe	Fünfgang
Chassis	*Rahmen*	Stahlrohrrahmen
	Aufhängung vorn	doppelte Dreiecksquerlenker, Schraubenfedern
	Aufhängung hinten	doppelte Dreiecksquerlenker, Schraubenfedern
Maße	*Radstand*	2360 mm
	Länge x Breite x Höhe	4235 x 1810 x 1200 mm
	Gewicht	1100 kg (leer)
Höchstgeschwindigkeit		über 290 km/h (Werksangabe)

Westfield Seven ab 1983
Westfield Seven ZEi 2000

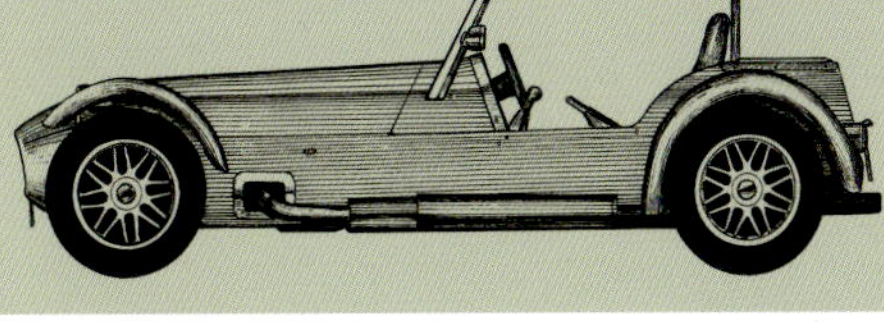

Motor	*Konfiguration*	4 Zylinder in Reihe, 2 oben liegende Nockenwellen, 4 Ventile je Zylinder
	Hubraum	1796 cm³
	Bohrung x Hub	80,6 x 88 mm
	Kraftstoffversorgung	elektronische Einspritzung
	Leistung	170 PS bei 4800/min
	Getriebe	Fünfgang
Chassis	*Rahmen*	kunststoffbeschichteter Gitterrohrrahmen
	Aufhängung vorn	doppelte Querlenker, Feder-Dämpfereinheiten
	Aufhängung hinten	doppelte Querlenker, Feder-Dämpfereinheiten
Maße	*Radstand*	2360 mm
	Länge x Breite x Höhe	3360 x 1650 x 1190 mm
	Gewicht	690 kg
Höchstgeschwindigkeit		215 km/h

REGISTER

DANKSAGUNG

Für die Bereitstellung ihrer Fahrzeuge bedanke ich mich bei
Joachim Adloff, Axel Anders, Horst Auer, Martin Baas, Werner Bald, Horst Ballé, Thomas Berther, Rocky Boecher, Peter Brodt, Wolfgang Buchholz, Hans-Hermann Christensen, Muhammed Darr, Markus Deppert, Johannes Ditz, Simon Draper, Hans Dreger, Erik Ehing, Walter Einhäuser, Herbert Engel, Jorge Ferreira-Basso, Thomas Fischer, Christof Flugel, Jean-Pierre Frottier, Miriam Geisler, Richard Gerstner, Eberhard Göcke, Karl-Heinz Gombert, Hermann Graf Hatzfeldt, Werner Groh, Dieter Haack, Peter Hart, Hans Hausmann, Heribert Herold, Michael Höfer, Kai-Uwe Hohn-Simons, Dr. Hans Jantsch, Wolf-Dieter Juchem, Klaus Keck, Peter Klee, Matthias Klemp, Alexander C. Knapp-Voith, Lorenz Koch, Rainer Köllmann, Helmut Kopp, Fredy Kumschick, Robert Leyba, Hans Lienhard, Martin Lorscheider, Werner Lübke, Martin Lützeler, Werner Maurer, Günter Memminger, Kevin Moore, Tony O'Keeffe, Arved Otto, Lucas Patras, Daniel Paulus, Barbara Prince, Dr. Wolf Pröpsting, Dr. Georg Prugger, Reinhard Rebel, Klaus Rehm, Matthias Reuter, Joachim Rimpl, Karlheinz Rüdebusch, Klaus Salomon, Joachim C. Schairer, Dr. Ralf Scheffler, Paul Schinhofen, Hugo Schneider, Ulrich Schödel, Norbert Schumann, Thorsten Seegräber, Frank Seitz, Wolfgang Seitz, Marcel Spiess, Klaus Steinmetz, Dirk Strassl, David & Lucas Tasa, Peter Taylor, Frank Teschner, Richard Thomson, Joos Tollenaar, Chris Tubbs, Klaus Tweddell, Wolfgang Vogt, Barbara Volkenandt, Dr. Manfred Westphal, Graham White, Kurt Wilms, Guido Wittig, Johannes Woskowski, Ernst Zahnweh, Peter Zimmermann, Peter Zizka, Erich Zöller.

Mein besonderer Dank gilt
Mark Aston, John Atkins, John Blunsden, Clive Chapman, Adriano Cimarosti, Howard R. Davies, Debby Feeley, Hans Griebling, Sandra Hayashi, Anthony L. Hussey, Beate Jung, Ian Law, Hartmut Lehbrink, Heinz-Josef Meeßen, Lord Montagu, Charles Morgan, Jochen von Osterroth, Barbara Prince, Dr. Manfred Schlick, Christopher K. Smith, Tim Ward, Ralf Weber.

Ebenso danke ich für die hilfreiche Kooperation den Geschäftsleitungen der Flugplätze Egelsbach, Michelstadt, Karlsruhe-Forchheim, Oberschleißheim, Flughafen Siegerland und dem Luftfahrtverein Mainz-Finthen.

Ich danke für das Engagement auch dem Redaktions-Team: Sally Bald, Peter Feierabend, Sabine Gerber sowie Roman Bold & Black: Malgorzata Calusinska und Thomas Lindner.

Rainer W. Schlegelmilch

Sonderausgabe

Fotografien: Rainer W. Schlegelmilch
Text: Hartmut Lehbrink
Art Direktion: Peter Feierabend
Redaktion: Sabine Gerber
Gestaltung: Roman Bold & Black, Köln

Gesamtherstellung: Tandem Verlag GmbH, Potsdam

Printed in China

ISBN 3-8331-9943-1